大气中氧气辐射吸收被动测距技术

闫宗群　张　瑜　著

科 学 出 版 社

北　京

内 容 简 介

本书围绕对争夺战场主动权、制空权以及实现战场单向透明等极具意义的远距离、高精度光电被动测距技术的热点和难点，以氧气光谱吸收为基础，重点研究新型被动测距技术的可行性、原理及系统，以及目标提取与背景抑制、距离反演等技术与应用难题。全书共 8 章，第 1 章是对被动测距技术相关知识、现状及关键技术的概述；第 2 章分析地球大气物理分布特征及氧气的吸收光谱；第 3 章分析基于氧气吸收被动测距技术的原理和系统；第 4 章是背景光谱特性分析；第 5 章研究基于氧气吸收率差异的目标提取方法；第 6 章研究基于混合像元分解技术的背景抑制方法；第 7 章建立氧气吸收率与路径长度关系的数学模型；第 8 章是不同探测系统下的测距效果验证分析。

本书可供光学工程、仪器科学与技术以及大气科学等专业的高年级本科生和研究生阅读参考，也可供从事大气遥感、大气辐射传输、光学被动测距等研究的科研人员参考使用。

图书在版编目(CIP)数据

大气中氧气辐射吸收被动测距技术 / 闫宗群，张瑜著. —北京：科学出版社，2020.6

ISBN 978-7-03-063596-9

Ⅰ. ①大… Ⅱ. ①闫… ②张… Ⅲ. ①大气辐射－被动测距－研究 Ⅳ. ①P422

中国版本图书馆CIP数据核字(2019)第273872号

责任编辑：张海娜 赵微微 / 责任校对：王瑞
责任印制：吴兆东 / 封面设计：蓝正设计

科 学 出 版 社 出版

北京东黄城根北街 16 号
邮政编码: 100717
http://www.sciencep.com

北京九州迅驰传媒文化有限公司 印刷

科学出版社发行 各地新华书店经销

*

2020 年 6 月第 一 版 开本：720 × 1000 B5
2020 年 6 月第一次印刷 印张：19 1/4
字数：385 000

定价：128.00 元

(如有印装质量问题，我社负责调换)

前　言

在现代战场上，如何对远距离来袭目标进行精确距离测量是构建远程侦测预警系统的关键技术之一。传统的主动测距系统虽然能够对远距离目标进行精确测距，但易暴露的弊端却愈加明显。发展以隐蔽性见长的被动测距技术，已成为世界各国军方的迫切需求，对提高我方战场生存能力具有重要意义。大气辐射吸收被动测距技术中基于氧气光谱吸收效应的单目被动测距技术，是一种利用大气中氧气分子对喷气式战机、导弹尾焰辐射光谱的吸收特性，被动反演目标距离的一种被动测距技术，具有作用距离远、测距精度高和性能稳定等优点，发展该技术对于提升我方战场生存能力和实现战场单向透明具有重要意义。

本书以作者课题组多年的科研成果为基础，围绕大气中氧气分子的光谱吸收效应，结合多光谱和高光谱成像技术，开展了不同形式被动测距系统的氧气光谱吸收效应被动测距试验，获得了利用氧气光谱吸收效应进行目标远距离、高精度被动测距的一系列研究成果。

本书共 8 章，第 1 章对被动测距技术的概念、研究意义及研究范围进行概述，重点介绍基于氧气光谱吸收特性被动测距技术的关键技术现状；第 2 章在介绍地球大气基本特性的基础上，详细分析氧气分子吸收光谱的形成机理、不同波段吸收谱线特性、吸收带测距能力分析及雨雪等气象因素对氧气吸收带的影响等；第 3 章以基于氧气光谱吸收效应被动测距技术的基本原理为基础，系统分析可实现被动测距的不同形式系统的系统构成、参数分析、优缺点对比及建模仿真；第 4 章分析对被动测距性能影响较大的天空背景、地面背景及极端天气状况下的背景光谱特性，并探讨不同背景光谱特性影响下的测距精度变化；第 5 章以氧气吸收率为研究对象，分析目标辐射与天空背景辐射氧气吸收率之间的差异性，实现基于氧气吸收率差异的目标提取技术；第 6 章介绍极端天气条件下目标与背景产生光谱混合情况下的背景抑制方法；第 7 章以相关 K 分布法为基础，建立被动测距中解决目标距离反演的氧气吸收率和目标距离之间的数学模型，并分析数学模型中固有误差对测距精度的影响；第 8 章介绍课题研究过程中不同研究阶段、不同试验系统下被动测距试验的试验条件、试验设备、试验数据、测距结果及误差等详细情况，主要包括点探测式多光谱被动测距系统测距试验和成像式多光谱被动测距系统测距试验。

本书由陆军装甲兵学院闫宗群和军事科学院系统工程研究院张瑜共同撰写，具体分工如下：本书的第 1～3、7、8 章由闫宗群撰写，第 4～6 章由张瑜撰写，全书由闫宗群总体设计和统稿。王暖臣、陈国玖、余皓、史云胜、王顺、杨建昌、吴健、王元琛等参与了资料收集、数据整理和书稿校对等工作，在此对他们表示衷心感谢。在本书撰写过程中还参考了国内外大气辐射吸收被动测距技术领域同行们的经验和成果，在此一并表示感谢。

在本书出版之际，作者谨向共同的导师刘秉琦教授表示诚挚的谢意。刘秉琦教授(陆军工程大学石家庄校区光学工程专业学科带头人)不但是作者进入被动测距技术研究领域的引路人，还以其渊博的专业知识、踏实的工作作风、严谨的治学态度引领作者在研究工作中不断地取得进步。在本书撰写过程中同时得到了易瑔、谢志宏、李萍、王莹、庄严、孙振华、芦英明、樊泽凯、邢萌、王佳、赵越、杜琳琳、高超等的帮助，在此对他们的无私帮助表示衷心感谢；并向本书参考文献的各位作者、译者深表感谢。

由于学识水平所限，加之大气辐射吸收被动测距技术和光谱探测技术正处于迅速发展的进程中，书中难免存在不妥之处，敬请广大读者批评指正。

作　者

2019 年 11 月

目　　录

第1章 概　　述

随着科技的日益进步和战争形势的不断变化，飞机、导弹等已经成为现代战争敌我双方重要的战术打击和战略威慑手段，也必将是未来高技术战争的主战武器装备。在近年来几场局部战争中，这些武器装备均被作为战场的“开路先锋”，打击目标的种类越来越多，所发挥的作战效能也越来越大。

美军在海湾战争中 F-117 战斗机出击次数多达 1271 次，摧毁伊军防空雷达、指挥中心等重要战略目标，其摧毁的目标数量占美国空军攻击目标总数的 40%，而且无一架次受损。在海湾战争、阿富汗战争和第二次伊拉克战争中，从飞机、舰船等武器平台上共发射 1600 多枚“战斧”Block3 巡航导弹袭击对方的情报收集机构、指挥中心、通信设施、电力系统、防空反导系统等重要的军事目标[1,2]；在利比亚战争中，一开始便用 112 枚“战斧”巡航导弹摧毁了利军的防空系统，为后续联军轰炸扫清障碍[3]；在如今对伊拉克极端组织的打击中，美军更是发动了多达 96 次的空袭来支援伊拉克军队和摧毁极端组织的军事武装设施。这都显示了这些武器装备在现代高技术战争中超强的突防和毁伤打击能力。

在科技的推动下，飞机和导弹的技术性能不断提高、完善，已经形成了一系列能够满足各种战争需要的装备类型。现在已有 75 个国家装备了来自 19 个国家的 130 多种类型战术导弹；现今公开报道的隐身飞机和隐身导弹主要有美国的 F-117A 隐身战斗机、F-22 隐身战斗机、B-2 隐身轰炸机，俄罗斯的 T-50 隐身战斗机，我国的歼-20 隐身战斗机、歼-31 隐身战斗机；俄罗斯的 Kh-102 隐身巡航导弹，美国的 AIM-9X 隐身空空导弹、AGM-129 隐身巡航导弹、AGM-129A 隐身巡航导弹，英国的风暴阴影远程巡航导弹，日本的 AAM 系列和美国的 AIM 系列空空导弹及各种先进的地地战术导弹。如图 1-1 所示，这些隐身的攻击性武器装备通过采用外形隐身技术、材料隐身技术、电子干扰和欺骗技术、阻抗加载

图 1-1　隐身飞机和隐身导弹

技术等，大幅度地减小了飞机、导弹等隐身武器对电磁波的反射，具有较好的隐雷达、隐红外和隐声学的性能[4,5]，能够在对敌方重要军事目标进行攻击的同时，有效躲避敌方的雷达和地面防空体系，大大提高命中率和战场生存能力，使敌方防空系统探测概率极大降低甚至失效。

正是由于飞机、导弹的快速发展和在现代战争中的大量使用，大气层内飞机和导弹攻防变成了未来战争的主要组成部分。现在各军事大国在追求发展高速、远程战术导弹的同时，也加快了功能齐全、性能完善的反导防空力量建设，尤其是对远程目标的早期预警探测必将成为现在和未来飞机、导弹对抗系统的重要任务。目前技术比较成熟且已经服役的反导防空导弹主要有美国的爱国者系列、俄罗斯的 S300/S400 系列、以色列的箭式防空导弹系列等，如图 1-2 所示。

与此同时，各国针对雷达告警系统还在争先研究辐射告警技术，大力发展反辐射导弹(anti-radiation missile，ARM)。反辐射导弹又称反雷达导弹，是指利用敌方雷达(测距雷达、火控雷达、指控雷达等)的电磁辐射进行导引，从而摧毁敌方雷达及其载体的导弹。在电子对抗中，它是对雷达硬杀伤最有效的武器。

(a) 美国的爱国者系列

(b) 俄罗斯的S400系列

(c) 以色列的箭式防空导弹系列

图 1-2 典型防空反导系统

反辐射导弹在 20 世纪 60 年代一经投入实战，便迅速成为防空雷达系统的主要威胁[6]。在两伊战争中，伊拉克部队共发射了 8 枚反辐射导弹来攻击伊朗的霍克地空导弹的制导雷达，其中 7 枚都命中了目标，造成伊朗地空导弹失效。在海湾战争中，英军使用反辐射弹攻击伊军雷达，发射了 100 枚导弹，命中率高达 90%。这些战例表明，反辐射导弹能够充分压制敌方防空体系效能，为夺取战场主动权提供强有力的保障。在现代主动侦测系统中，其辐射源不止有雷达电磁波，还包括红外、激光等多种辐射源。为了适应战争的需要，反辐射导弹的作战任务也随之发生改变，从单一打击雷达电磁辐射源，扩大到攻击红外、激光等热能和光能信号辐射源[7,8]，能够在发现敌方雷达、激光等辐射源后，自动跟踪并定位，直接对其进行打击摧毁给操纵人员造成极大的心理负担，严重削弱其防空作战能力，在一定程度上限制了主动侦测系统的进一步应用。

对于防守方而言，正是由于雷达隐身技术和反辐射技术的快速发展完善，主动雷达探测预警系统易暴露的弊端对系统自身生存变得愈加致命。世界各国将目标探测的研究重点转到了这些武器装备的“心脏”——火箭或涡扇发动机上；它在赋予这些武器装备强大动力的同时，发动机尾焰及高温蒙皮却在向外发射着大量的光辐射，这便促进了以隐身为优势的无源光电告警等被动测距装备的快速研究与装备。

无源光电告警装备弥补了主动雷达告警系统的不足，但是距离测量却是无源光电告警系统发挥与完善探测跟踪告警效能的“短板”。而对于时刻面临威胁的作战飞行器、反导系统等典型武器系统而言，来袭目标距离的提前准确测量是其实现有效自身防护和对来袭目标实施准确打击的前提条件。例如，巡航导弹或弹道导弹从载具上发射到击中目标往往需要少则几分钟、多则几十分钟的飞行时间，而这段时间也将成为我方武器平台仅能利用的应对时间；目标发现得越早，距离信息获取得越准确，我方装备越能更好地实现自我防护和跟踪反击。因此，目标距离信息的远距离、高精度获取必是未来无源光电告警装备替代主动雷达告警系统进程中需要重点关注和解决的问题。

所以，总结起来，随着测距技术和反侦测技术的飞速发展，常规主动测距系统虽然能够对远程目标实现高精度的测距，但是其易暴露的弊端也愈加明显；并且主动测距系统由于需要发射电磁波而有高能量的需求，也制约了主动测距系统在作战飞行器和小型化无人飞行器上的广泛应用。正是由于主动测距系统易暴露、高耗能的缺点，被动测距技术的隐蔽性变得更为突出。同时，由于被动测距系统不需要发射任何辐射，所以这也使得系统自身结构简单、能耗减少。

因而，开展作用距离远、测距精度好、性能稳定的新型被动测距技术研究不仅能够大大提高我军武器装备的生存能力，而且对未来争夺战场主动权、制空权以及实现战场单向透明和导弹早期预警都具有极其重要的意义。

1.1 被动测距技术

被动测距技术主要指通过探测物体的外形尺寸、方位角度或自然光辐射等特性，并利用这些特性变化进行分析来确定物体的距离，如基于目标图像测距、根据物体光谱辐射强度和大气光谱传输特性模型测距、根据物体的方向角测距等。目前被动测距的方法很多，但能在军事中广泛应用的却十分有限，而能够对导弹、飞机实现远程、稳定被动测距的方法更是少之又少，且其大多停留在理论算法研究阶段。

根据测距原理可以将被动测距技术分为以下三类。

1. 基于角度测量的几何测距法[9-11]

基于角度测量的几何测距法主要依据人眼的距离判断原理，利用光学方法将双眼基线的几何距离拉大来提高测量距离。主要包括体视测距系统和多站点测距系统[12-14]。

体视测距中最为典型的应用为双目立体视觉测距，其测距原理如图 1-3 所示。图中，左右两个 CCD(charge coupled device，电荷耦合器件)摄像机光学中心相距为 b，光轴平行且具有相同焦距 f，Q 为被测量点，到摄像机的垂直距离为 R，在左右 CCD 摄像机上形成的像点位置分别为 Q_1 与 Q_2，利用相似三角形性质，可得

$$\frac{R}{p}=\frac{R+f}{p+x_2} \tag{1-1}$$

$$\frac{R}{p+b}=\frac{R+f}{p+b+x_1} \tag{1-2}$$

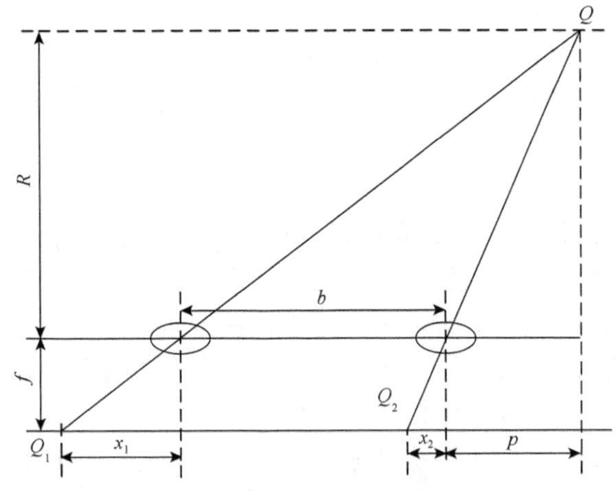

图1-3 双目立体视觉测距原理

由式(1-1)与式(1-2)可知，Q点到摄像机的垂直距离R为

$$R=\frac{bf}{x_1-x_2} \tag{1-3}$$

式中，x_1-x_2是Q点在左右CCD摄像机上的像点位置差。

在双目立体视觉测距中，当物体表面出现突变或者存在遮挡时会引起图像匹配的混淆，导致测距错误，同时双目测距存在对应点搜索区域大的问题。为了解决这些问题，人们提出了多目立体视觉的测距方法，即使用多个摄像机对同一物体从不同位置成像来获得立体像对，多目立体测距增加了图像配准的约束条件，降低了错误匹配率。

虽然这两者在军事上仍有着广泛的应用，但存在一些缺点。前者体积稍大、机动性较弱并且测距误差会随距离增大而增加、测程有限；而后者虽然可以通过增加站点间基线距离来解决有效测程的问题，但不同站点间的通信使整个系统机动性变差且可能暴露自身位置，同时其测距误差与目标距离平方成正比、与各基站间基线长度成反比，这些都制约了此类被动测距技术的进一步发展。

2. 基于目标图像测量的分析法[15-18]

基于目标图像测量的分析法是依据运动学原理，在对目标运动状态、目标辐射等进行预先假设的基础上，通过分析图像中目标几何尺寸、位置、灰度值、边缘等目标特征的变化来解算目标距离；这不仅要求预知目标的一些先验信息，还要求被测目标在可识别的距离范围内，因此较适合对短距离目标进行测量。

基于目标图像的测量方法主要有单目成像测距法、离焦高频振动测距法、基于双焦成像的被动测距法和图像序列法。

单目成像测距法最早由Dowski提出。对于衍射受限的非相干成像系统，可将整个物面看成是点源的集合，因此像面上的光强分布就是点光源集合在观察面上产生的光强叠加，非相干成像关系与光强呈线性关系，这些与距离有关的零点被传递并最终会成像，因此可通过对采样图像的频谱分析来估计目标的距离[19]。

离焦高频振动测距法的示意图如图1-4所示，其中，R为透镜半径；f和f'分别为透镜焦距和像方焦距；物距和像距分别为z_0和z_1，探测器到物镜的距离为z，离焦量为Δz；δ为像平面与探测器间的初始离焦量；α为探测器高频振动的幅值量；ω为探测器高频振动的频率；I_ω为探测器面上探测到的目标基波信号强度值；$I_{2\omega}$为探测器面上探测到的目标二次谐波信号强度值。目标物体上各点发出的光不相干，通过正弦高频振动驱动探测器，探测面与像面之间的距离变化规律为$\Delta z = \delta + \alpha\sin(\omega t)$。由于这种振动，物面上一点在探测器面上所成的像点位置也随着振动，探测器面上基频和倍频信号功率之比与探测器所在平面和实际像面的偏离量呈线性关系，可以推导出探测面上二次谐波与基波信号之比，$I_\omega/I_{2\omega} = -4\delta/\alpha$，通过比值$I_\omega/I_{2\omega}$可以求出$\delta$，并可根据透镜方程求出物距$z_0$[20]。

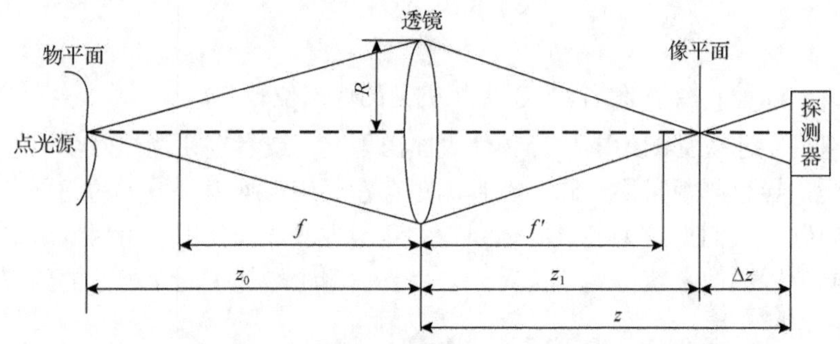

图1-4 离焦高频振动测距法示意图

基于双焦成像的被动测距法是利用两个焦距对物点成像，在物距的相同条件下，镜头焦距不同所形成的像的高度和相应焦距之间存在定量的关系，其测距示意图如图1-5所示。

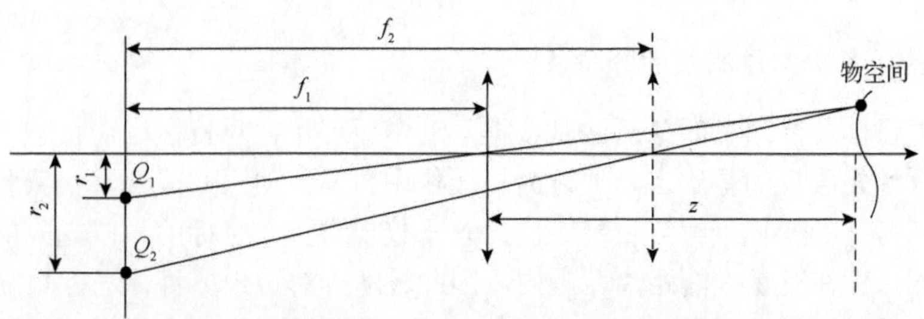

图1-5 基于双焦成像的被动测距法示意图

对于空间某物点 Q，当物镜的焦距由 f_1 变为 f_2 时，可以在像平面上形成两个像点 Q_1 和 Q_2，由成像原理图和相似三角形性质可得 $z=[r_2 f_1 f_2(\sqrt{s_1/s_2}-1)]/(\sqrt{s_1/s_2}-f_1)-f_1$，$s_1$ 和 s_2 分别为在小焦距和大焦距处获得的目标区域面积，在焦距 f_1 和 f_2 确定的条件下，距离 z 由 r_1/r_2 唯一确定。该方法不需要在频繁改变摄像机焦距的同时反复地标定摄像机主点坐标，具有测量方法简单的优点。

图像序列法是根据红外成像导引头截取时序红外图像的特点，提出的一种跟踪红外运动图像序列中目标稳定特征点，利用成像所得特征部分尺寸，通过对其图像或频谱的分析得到距离信息的被动测距方法，此方法需要预先获知目标的几何尺寸。

3. 基于目标辐射和大气光谱吸收传输特性的被动测距法[20-22]

基于目标辐射和大气光谱吸收传输特性的测距法根据气体比尔吸收定律，通过测量大气对目标辐射的吸收率来反演目标距离。基于目标辐射和大气光谱吸收传输特性的被动测距技术通常可以利用单波段、双波段甚至多个波段来实现：单波段被动测距法主要是通过建立波段内目标辐射衰减与目标距离的函数关系实现目标距离的解算；双波段和多波段被动测距则是依据目标辐射在不同波段内的差异吸收特性进行测距。

虽然前两种被动测距技术研究得最早、成果也最多，但是机动性、测距误差、先验信息获取、作用距离等诸多因素的限制使其应用范围比较有限。基于大气吸收特性的被动测距技术主要针对具有自身辐射的目标且不依赖于目标的图形信息，所以近几年来已经成为各国学者研究的热点，并取得了许多成果。随着光谱测量技术的飞速发展和大气吸收传输特性研究的不断深入，基于目标辐射和大气光谱吸收传输特性的测距方法在测量精度和测量距离上都有较大的提升空间，将最终满足军事等应用领域的需求。

1.2　基于目标辐射和大气光谱吸收传输特性的被动测距技术

国内外学者对能够用于被动测距的吸收带和测距方法都进行了大量的研究，并对其中一些进行了试验验证；其中绝大多数的研究集中在 CO_2、O_2 和 O_3 等气体吸收带的吸收特性上。

国外学者 Jeffrey 等在 1994 年提出利用 CO_2 气体 4.46～4.7μm 波段内两个或者多个不同窄带间的吸收差异性，来实现对助推段战区火箭的被动测距[23]；1996 年，Shui 等对用于测距的 CO_2 气体窄带进行了优化讨论，给出了窄带个数、波长位置及带宽对被动测距精度的影响[24-26]；20 世纪末，美国弹道导弹防御机构和地方公司合作研制了基于中波红外和长波红外的双波段被动测距样机系统，并对该系统进行了试验验证[27,28]，其测量误差介于 5%和 15%之间。虽然利用 CO_2 吸收谱带能够进行目标距离的反演，但其测距精度有限且当前的大多工作都局限在理论方法研究上。

为了进一步提高该种被动测距技术的测距精度，一部分学者继续致力于研究 CO_2 的吸收光谱以寻求新的吸收窄带[29-31]；而一些机构则将研究精力放在 O_2 吸收光谱上。2000 年，美国 OKSI 公司与爱德华兹空军基地一起提出了一些新的可利用气体吸收带，主要包括 O_2:762nm 吸收带、CO_2:2.0μm 和 4.3μm 吸收带及 O_3:4.7μm 和 9.6μm 吸收带，并对这些吸收带的测距灵敏度、最小误差等特性进行了比较研究[32]。

Hasson 于 2002 年首次提出从理论角度法利用氧气分子吸收峰进行被动测距的概念，并利用具有高光谱分辨率的法珀干涉仪对该方法进行了可行性验证[33]；2005 年，Hawks 等提出将氧气 762nm 吸收带平均吸收率用于被动测距的测量方法，在分析了利用氧气 762nm 吸收带平均吸收率进行测距的理论基础上，建立了以带模式为基础的氧气平均吸收率随机分布模型，并利用 ABB-Bomen MR-254 型傅里叶光谱仪，开展了固体火箭发动机尾焰测距试验，如图 1-6 所示，通过试验证明了该测距方法的可行性[34,35]。

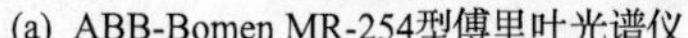

(a) ABB-Bomen MR-254型傅里叶光谱仪

(b) 固体火箭发动机尾焰测距试验

图 1-6 ABB-Bomen MR-254 型傅里叶光谱仪与固体火箭发动机尾焰测距试验

2009 年美国空军飞行测试中心和爱德华兹空军基地等单位联合开展了基于氧气 762nm 吸收带被动测距技术的技术验证试验，利用液晶可调节滤波器和第三代 ICCD（intensified charge coupled device，增强型电荷耦合器件）组合搭建了基于带通滤波器的被动测距工程样机，并针对 F-16 战斗机尾喷焰开展了一系列地面和飞行测试试验，如图 1-7 所示。试验结果表明，在地面试验中，该系统能够有效完成目标距离测量，测距平均误差为 15%，而在飞行测试试验中，由于存在诸多不确定因素，系统无法实现对动态飞行目标距离的测量[36]。

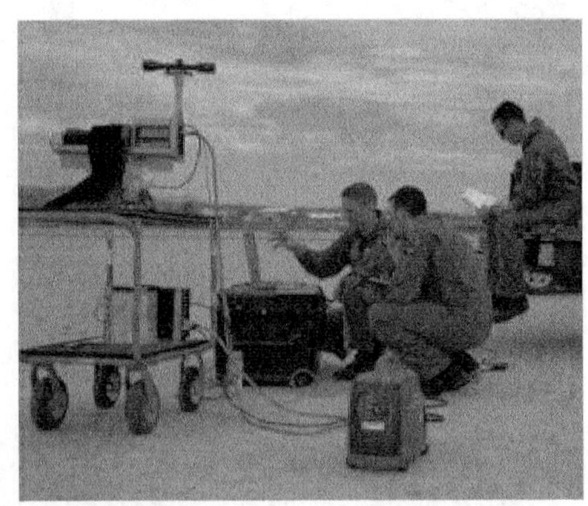

(a) F-16 战斗机地面测距试验

(b) F-16 战斗机飞行测距试验

图 1-7　F-16 战斗机地面和飞行测距试验

2011 年，美国空军大学技术学院的 Ansderson 针对利用氧气 762nm 吸收带测距容易饱和的问题，研究了氧气 690nm 吸收带，分析比较了两个吸收带的吸收特性及测距能力，并随后利用 ABB-Bomen MR-304 型傅里叶光谱仪，开展了一系列静态和动态试验，如图 1-8 所示。其中在对 Falcon 9 运载火箭发射观察试验中，在长达 90s 最大探测距离约为 90km 的跟踪探测过程中，最大测量误差<5%，平均测量误差<3%[37]。

由此可见，美国军方不论是在理论研究上还是在工程应用上都走在了其他国家的前面，并已取得了很大的成功，将来的工作可能主要集中在解决系统应用实时性等关键问题上。

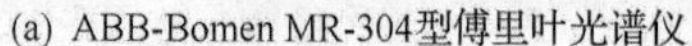
(a) ABB-Bomen MR-304型傅里叶光谱仪

(b) Falcon 9运载火箭测距试验

图 1-8　ABB-Bomen MR-304 型傅里叶光谱仪与 Falcon 9 运载火箭测距试验

在国外取得一系列重要研究成果的同时，国内许多院校和科研机构也对基于氧气吸收的被动测距技术开展了理论研究和初步试验验证[22,38-40]。安永泉等对基于氧气吸收特性被动测距的作用机理进行了详细研究[22]；李晋华等研究了氧气吸收系数与温度、压强之间的依赖关系，并构建了基于 Elsasser 带模型[41]和基于随机 Malkmus 带模型[42]的平均氧气透过率计算模型；宗鹏飞等针对该技术中的基线拟合算法进行了分析论证[43]，通过对比分析一次线性插值法、拉格朗日插值法、3 次样条插值法和多项式插值法，得出利用多项式插值拟合的方法具有较好的基线拟合计算精度[44]；王志斌等从试验角度对氧气 A 吸收带基线拟合算法进行了检验，试验设备如图 1-9 所示，试验结果表明，利用基线拟合算法计算的平均氧气透过率计算精度小于 0.5%[45]；闫宗群等利用成像光谱仪从试验角度对基于氧气吸收被动测距技术的可行性进行了验证[46]；张瑜等分析了天空背景辐射对测距精度的影响[47,48]，且在多种极端天气条件下开展了被动测距试验，检验了该技术的气象适应性[49,50]；魏合理等利用通用辐射大气传输软件(CART)仿真分析了测量设备不同光谱分辨率对氧气 A 吸收带吸收率测量精度和最远测程的影响，通过仿真分析得出：对于利用吸收峰值测距而言，测量光谱分辨率越高，达到吸收饱

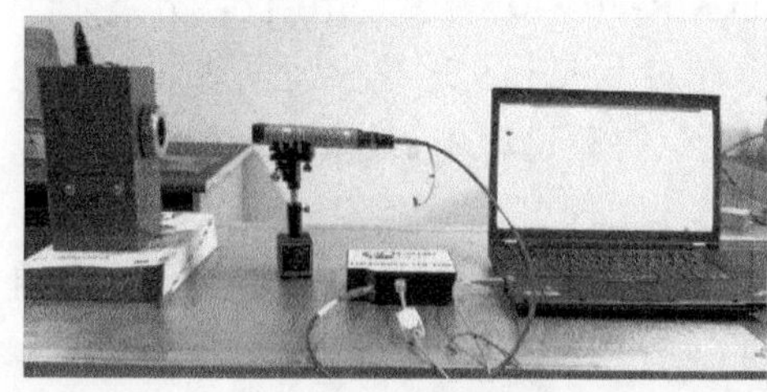

(a) Ocean光谱仪

(b) Avantes光谱仪

图 1-9　Ocean 光谱仪和 Avantes 光谱仪

和的距离越近，测量光谱分辨率越低，达到吸收饱和的距离越远[51]；付小宁等利用 MODTRAN 软件建立了透过率与路径长度、天顶角的数据库，以解决氧气吸收被动测距的最大测程受吸收饱和限制问题[52]。

虽然国内如此多的机构都在进行利用中波红外和长波红外波段的吸收传输特性被动测距技术的研究，但大部分依旧停留在理论分析阶段，始终没有成型的装备出现。究其原因主要是利用 CO_2 进行被动测距时存在以下不足：第一，比尔定律仅适合于单色光或者带宽非常窄的光谱；如果测量光谱很宽，那么强行利用比尔定律所引入的测距误差是难以克服的，且难以提前计算所用波段范围内的吸收衰减系数。第二，大气中的 CO_2 含量比例很小，且与水蒸气的吸收带有大量重叠，所以比较容易受到气象因素干扰。第三，CO_2 在中波红外和长波红外波段的吸收很强，这便导致利用 CO_2 吸收进行测距时的测程不可能很长。第四，在飞行器尾焰中存在大量的 CO_2 和 H_2O，这些都会对尾焰的辐射谱进行选择性吸收且无法预测，这会给测距带来很大的误差。正是基于对以上各种问题的考虑，国内学者在国外相关研究的影响下也开始了对氧气吸收被动测距技术的研究工作；以中北大学为代表的一些院校和机构在国外研究成果的基础上在距离反演算法、基线拟合方法、透过率计算方法等方面开展了积极的研究，并取得了一定的成果[53,54]。

由此可见，基于氧气吸收的被动测距技术作为一种精度高、测程远的新型被动测距技术必将成为未来被动测距技术研究的重点和热点，也将是实现被动测距技术在军事领域广泛应用的突破点。

1.3 基于氧气吸收被动测距技术的关键技术现状

在氧气吸收被动测距技术研究的可见文献中，对于氧气吸收率模型算法的研究主要是利用逐线积分算法和带模式方法建立氧气平均吸收率与目标距离之间的数学模型；但这些模型形式比较复杂、计算量大且模型参数难以确定，这便使得目前的吸收率模型无法实时适应被动测距工作；而对氧气吸收带和吸收光谱测量系统的研究也存在着对氧气吸收带研究不充分、光谱测量系统实时性无法满足应用要求等问题；同时，还有目标光谱提取方法、光谱解混算法、背景抑制与消除算法等许多影响测距精度的问题尚处于探索阶段。本节主要分析基于氧气吸收被动测距技术中在目标光谱探测、多光谱或高光谱目标提取、复杂背景抑制和消除及大气气体吸收率解算模型等方面的技术研究现状。

1.3.1 高光谱目标探测与目标提取技术

高光谱成像系统通过棱镜或光栅分光技术，使各个波段的目标辐射分别成像，得到目标在不同波段的光谱图像。自 1970 年美国喷气推进实验室开始设计并研究高光谱成像仪以来，高光谱成像技术得到了迅速的发展，西方发达国家争先恐后地投入大量资金研制成像光谱仪，使光谱仪的光谱分辨率、辐射分辨率、时间分辨率、空间分辨率得到了大幅提高，其中高光谱图像的光谱分辨率能够达到纳米数量级，可以在几十个到几百个不等的连续光谱波段区间对目标区域进行即时成像，同时获得目标空间位置，被广泛地应用于军事目标侦察、水环境监测、农作物生长状况监测、矿物识别等军事和民用领域[55, 56]。基于氧气吸收的被动测距技术利用成像光谱仪对飞机尾焰辐射的光谱进行采集，所获得的目标光谱信息包含在复杂的背景信息之中，在背景信息中提取尾焰辐射光谱的过程就涉及高光谱图像目标探测的相关内容。

目前高光谱成像系统通常分为两种：一种是基于滤波片的高光谱成像系统，该类系统通常主要由 CCD 摄像头和滤波片组成，常用的滤波片有窄带滤波片、液晶可调试滤镜和声光可调试滤镜等，通过连续采集目标一系列波段下的二维图像，构建一个三维数据立方体；另一种是基于图像光谱仪并配备有狭缝的高光谱图像系统[57]。该类光谱仪主要由棱镜-光栅-棱镜光学组件组成，同时配备满足单一时间采集目标的狭缝，如图 1-10 所示，这种图像系统采用“扫帚式”扫描成像方法：检测对象以固定的速度垂直成像仪光学主轴上下移动，检测对象中平行狭缝的一条窄带在光源的照射下通过透镜进入成像仪，通过狭缝后进入分光光学组件，被色散后投射到成像仪尾端的 CCD 感光元件，从而使线状反射窄带光束经过色散后形成连续波段光的多条平行反射强度线。随着检测对象的移动，对象表面的条带被成像后存储，从而实现整个目标成像。

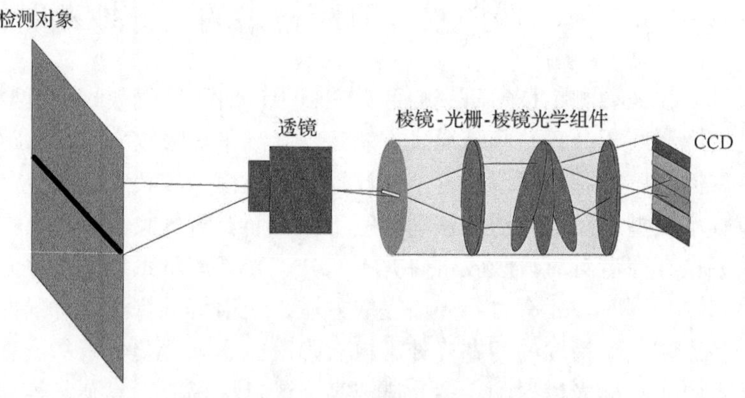

图 1-10　高光谱成像仪组成和成像原理示意图

高光谱图像中除了目标信息外通常会包含复杂的背景信息，高光谱图像数据如图 1-11 所示。如何从高光谱图像中精确识别和提取所需目标光谱，一直是高光谱探测领域的研究热点，国内外研究机构提出了很多基于高光谱图像的分类[58-64]、融合[65-69]、压缩[70-73]等算法，这些算法的提出为实现后续目标探测的实现奠定了基础。

图 1-11　高光谱数据立方体

对于高光谱图像的目标探测，根据待测目标有无先验信息可以分为异常探测和目标探测[74]。对异常目标的探测并没有可用的先验信息来辅助，需要在光谱图像中寻找异常目标和背景的差异来实现对异常目标的探测。目前对异常目标探测的算法主要是在 RX(Reed-Xiaoli) 算法的基础上发展的 RXD(RX detector) 算法、MRXD (modified RXD) 算法、均衡目标探测 (uniform target detector，UTD) 算法等[75]。国内研究人员在 RX 算法的基础上提出了基于凸面体投影的异常检测算法[76]、基于光谱解译的异常检测算法[77]、基于数据白化距离的异常探测 (whited-distance abnormity anomaly detector，WAAD) 算法[78]和基于主成分分析的异常检测算法[79]等改进算法，这些改进算法都可以在未知目标任何先验知识的前提下实现对目标的探测，探测效果较好，如图 1-12 所示。

(a) 普通相机拍摄

(b) 高光谱相机拍摄及处理显示结果

图 1-12　普通相机与高光谱相机伪装网探测效果对比图

对有先验知识的目标进行探测时，可以直接利用已知目标的光谱曲线逐一和图像中的像元光谱进行匹配，实现对目标的探测。高光谱图像中单位像元记录的信号为该像元对应目标区域内所有辐射信号的综合，如果单个像元所对应区域内有两种以上的物体，就形成混合像元，这时就需要从混合像元中提取目标光谱。

从混合像元中提取目标常采用与线性混合模型相关的算法[80]，应用最多的是Boardman提出的基于凸面几何学模型的方法及在其基础发展起来的一系列算法，其中纯像元指数(pure pixel index，PPI)算法可以在人工干预下实现对目标端元的半自动提取；内部最大体积算法通过寻找最大体积的单形体可以实现对图像中所有端元的自动提取[81]；单体增长算法(simplex growing algorithm，SGA)[82]在内部最大体积算法的基础上进行了改进，可以实现对图像中的所有端元逐一提取，稳定性得到了提高；顶点成分分析(vertex component analysis，VCA)算法通过反复寻找正交向量并计算其投影距离来逐一提取端元[83]。国内研究人员根据内部最大体积算法和SGA的原理，提出了最大体积单体端元提取算法，在精度和计算效率上得到了提高[84,85]；提出了基于支持向量数据描述(support vector data description，SVDD)的高光谱混合像元分解算法，通过SVDD分类器对数据进行判别[86]；针对VCA算法易受异常像元影响的问题，利用空间信息法对其进行了改进[87]；针对基于凸面几何学模型的方法提取速度慢的问题，提出了基于光谱分类的端元提取算法[88]。另一类常用的方法是基于物理学模型的方法，该类方法在最小二乘法的基础上，按照约束条件的不同可分为以下四种：非限制性最小二乘(non-restricted least square，NRLS)法，该算法的模型系数不受任何约束，获得的结果不能真实反映端元的比例，该方法误差大；和为1的最小二乘(sum constrained least square，SCLS)法[89]，该算法需满足各端元丰度值和为1；非负最小二乘(non-negative least square，NNLS)法，该算法要求各端元所占比例为非负值，可以实现对异常目标的探测；全限制性最小二乘(fully constrained least square，FCLS)法[90]，该算法需要满足丰度值和为1且非负；总体最小二乘(total least square，TLS)法，该算法精度最高[91]。

在利用成像光谱仪对目标进行光谱成像并实现测距的过程中，背景的干扰严重影响高光谱图像对目标光谱的识别精度。为有效提高光谱图像的光谱提取和目标识别的精度，需要在高光谱图像目标探测算法的基础上研究适用于光谱吸收被动测距的目标光谱提取、背景抑制与消除算法，以期进一步提高被动测距在不同气象环境下的适用性，为被动测距技术的工程实现奠定基础。

1.3.2 复杂背景抑制和消除技术

被动测距系统在对空中飞行目标测距时，探测器接收到的辐射除了目标自身的辐射外，还包括来源复杂的天空背景辐射。对于高光谱成像探测系统而言，在复杂的天空背景中对目标进行测距前，需要通过比较目标与背景辐射强度和光谱差异来识别目标，天空背景的光谱辐射特性作为飞行目标尾焰的环境特征直接影响目标的探测和光谱提取。为了从复杂天空背景中准确识别目标，获取飞行目标发动机尾焰的辐射光谱，有必要研究天空背景在氧气A吸收带的光谱辐射特性，为基于氧气吸收的被动测距技术的背景抑制打下良好基础。

对天空背景光谱辐射特性的研究，离不开大气辐射传输理论的发展，早在 20 世纪 70 年代，国外就已经开始针对天空背景光谱辐射特性进行研究，依据大气辐射传输理论，结合不同大气条件，采用不同的方法对大气传输方程进行求解，发展出了多种大气辐射传输模型，并取得一些重大研究成果[92-94]，这些辐射传输模型极大地推动了国内外在天空背景光谱辐射特性的研究。目前，应用比较广泛的大气辐射传输模式和仿真计算软件主要有以下几种。

1. 6S

6S(second simulation of a satellite singal in the solar spectrum)模型[95]可以准确模拟计算卫星和恒星在可见光波段的辐射特性，计算过程中采用了连续散射近似，同时 6S 模型还可以计算偏振辐射，在保留气溶胶指数分布的基础上，用户可以根据需要自行设置气溶胶高度分布。

2. LOWTRAN 和 MODTRAN

LOWTRAN(low-resolution transmission)[96]是由美国空军地球物理实验室用 FORTRAN 语言编写的低光谱分辨率大气透过率及辐射传输算法软件，其主要是基于实验室内测量的透过率数据，加上理论计算得到的分子线参数(可用于逐线计算透过率)。在后续发展过程中，LOWTRAN 得到了不断的扩宽、修订和算法改进，增加了可计算的辐射传输结果，现已被国际上许多专家应用于各自的实际问题。MODTRAN(moderate-resolution transmission)是在 LOWTRAN 基础上发展的窄带模式的辐射传输软件，兼容 LOWTRAN 全部模型，分辨率得到了提高，达到 0.2cm^{-1}，可计算指定大气路径上的透过率、散射辐射、热辐射和太阳直接辐射照度等。分子吸收数据以 HITRAN[32]软件中的分子吸收数据库为基础。

3. MATISSE

MATISSE 软件[97]采用基于逐线积分法的相关 K 分布计算大气透过率，可以生成大气、低云和高云、海表面和陆地表面等背景场景，波段范围 0.4～14μm，光谱分辨率可调。

4. SCIATRAN

SCIATRAN[98]是德国遥感技术研究所开发的一个集大气辐射传输算法和反演算法于一体的软件包，可以模拟计算大气辐射强度、权重函数、大气质量、柱含量、辐射通量(向上、向下、漫射或全部)；可以反演痕量气体垂直廓线，云顶高度；波段范围为 175.44～2400nm，可以实现在多个光谱区对空或对地观测。

国内在大气传输和天空背景辐射特性的研究起步较晚，其中中国科学院安徽光学精密机械研究所在这方面研究较为深入。该所研发了中分辨率通用大气辐射传输软件 CART(combined atmospheric radiative transfer)[99-101]，实现的功能主要包括：水平路径和倾斜路径下光谱透过率、大气散射太阳辐射、大气热辐射、太阳直接辐照度等。光谱波段为 1～25000cm^{-1}，光谱分辨率 0.016nm($1cm^{-1}$)。电子科技大学建立了地对空观测下典型天空背景光谱特性的计算模型及数值场景模拟计算软件[102-106]，可以根据观察者的经纬度观测时间和设置的光谱范围，计算 0.4～5.0μm、8～12μm 光谱范围内天空背景的光谱辐射亮度，最大光谱分辨率为 1nm，在此基础上可以对晴天无云大气和有云大气情形下天空背景进行模拟仿真。除此之外，其他一些学校和机构在天空光谱辐射的研究也取得了丰硕的成果，通过对天空背景光谱辐射特性的分析，设计了天空背景光谱辐射特性测量系统[107-110]，对系统进行了定标和数据分析，并与 MODTRAN3 软件的仿真数据进行了对比分析[111]；对太阳光和天空光进行了光谱测量[112]，分析了一天中不同时刻的太阳光谱的变化及其与相应天空光谱间的关系[113]；通过测量太阳辐射穿过大气层的光谱吸收来分析大气污染状况[114-117]。

目前虽然国内针对大气天空背景辐射亮度分布特性有一定的研究，但大部分研究还是集中在理论模型的建立和天空背景辐射特性系统仿真上，虽然对天空背景光谱进行了一定的试验测量和分析，但是缺乏针对天空背景在氧气吸收光谱波段辐射特性的研究，且对于不同气象条件，尤其是极端天气对天空背景辐射亮度特性的影响，以及对氧气吸收被动测距性能的影响，目前还鲜有报道。

1.3.3 吸收率处理模式

大气辐射传输中的吸收处理方法主要有逐线(line-by-line，LBL)积分法、带模式方法、K 分布(K distribution，KD)法、相关 K 分布(correlated KD，CKD)法及其它们的改进算法。

LBL 积分法[118,119]，顾名思义是逐条考虑气体吸收谱线吸收贡献的一种高精度的吸收率计算方法，既可计算单个波数上的吸收率，也可计算一定波段内的平均吸收率。其优点是精度高，可有效解决重叠吸收带的吸收计算问题及散射问题；其缺点是计算量大、速度慢、成本高，不能实时处理大气吸收问题。

带模式方法[120,121]不再考虑单条谱线的吸收行为，而是从整体上考虑吸收带内所有吸收谱线的吸收特征；通过对整体吸收带吸收特性的数学假设，可以解决一定精度范围内的平均吸收率求解问题。虽然其具有数学表达简单、计算速度快等优点，但是其计算误差大、无法处理重叠吸收带吸收问题和散射问题的缺点也十分突出。

KD 法和 CKD 法是近些年逐渐兴起的处理大气吸收问题和散射问题的一种快速、准确的计算方法。KD 法以 LBL 积分法为基础，具有 LBL 积分法精度高的优点，其中“K”代表的是由吸收谱线决定的吸收系数；同时它通过吸收系数重排和简单高斯积分的方法解决了平均吸收率的快速计算问题，又由于其没有复杂的数理统计假设，所以其数学表达形式较带模式更加简单。其优点是精度高、速度快、能够解决重叠吸收带吸收和多次散射计算问题；其缺点则是必须提前利用LBL积分法计算指定带宽内的吸收系数且无法给出吸收率的解析表达式，同时CKD法只能在满足其吸收系数相关性假设的前提下才能够使用。但CKD法仍然是目前最有可能发展成实时解决非匀质大气吸收率问题的计算方法。国内外许多学者都对其展开了大量的研究工作[122-125]。

CKD法中“相关”是代表不同温度、压强关系下吸收系数分布之间的相似程度。该方法最早于1979年由Lacis在K分布的基础上提出的，主要用以解决非均匀大气的吸收问题[126]；但是Lacis并没有给出气体吸收系数分布函数的直接计算方法，而是采用对已知带模式模型的拉普拉斯逆变换或者对吸收系数的微分来解算K分布函数。Goody等在Lacis工作的基础之上，详细地对CKD法的有效性和精度进行了证明，并且提出了一种快速、便捷的吸收系数重排法[127]，通过计算吸收系数的累积概率分布来避开对吸收系数分布函数的求解，从而实现对吸收系数区间的积分计算。此时，虽然不同温度和压强关系下的谱线参数之间具有很好的相关性，但是该相关对应关系并非是严格成立的，人们无法确保仅通过简单增加计算项的数量来保证辐射吸收计算的精度。为了解决这个问题，West等提出预先计算出不同大气层位置处的光谱映射变换，通过映射变换来保证大气层内吸收系数的相关性[128]。为了进一步检验CKD法的精度，Lacis等[129]和Fu等[130]先后利用该方法来计算大气的吸收率、辐射通量、加热率或冷却率，并将结果与LBL积分法结果相比较，结果不仅证明了CKD法具有接近LBL积分法的高精度，而且具有很好的适用性。在接下来的十几年里，大部分的研究工作主要集中在扩展CKD法应用、提高CKD法精度等方面，出现了大量改进算法。CKD法及其改进算法在行星大气研究、遥感探测、辐射分析等领域得到了广泛的应用[131,132]；Tsang等利用CKD法分析了金星大气近红外波段的多次散射问题[122]；Caliot等利用CKD改进算法对远距离高温H_2O-CO_2-CO混合气体的红外光谱进行了分析并成功实现对热喷流的遥感辨别[133]。

国内学者对CKD法的研究工作也主要集中在理论和计算方法的探讨研究中，直到1981年，中国科学院物理研究所石广玉给出CKD法的数值计算方法后[134]，国内才真正开始在实际大气辐射计算中应用该方法；在理论研究上，石广玉及张华等还给出了吸收系数重排后的气体吸收分布函数计算方法[135]、吸收系数快速计算方法[136,137]，研究了高斯积分项个数与积分精度之间的对应关系，并提出了通过多项式拟合来解算CKD函数的方法及重叠吸收带吸收的数值计算方法[138,139]；同时还实现了CKD改进算法在气候模拟中的成功应用[140]。除此之外，其他一些学校和机构在 CKD 法的理论研究和实际应用中也取得了丰硕的成果：哈尔滨工业大学的尹雪梅等在吸收系数分布函数计算中引进了加权普朗克函数，提出了一种新的宽带 K 分布法，并成功实现了该方法在水蒸气有效带宽计算和尾喷焰远程探测等方面中的应用[141]；中国科学院大气成分与光学重点实验室的周建波等应用 CKD 法成功实现了水蒸气强吸收带透过率的快速准确计算[142,143]；北京大学的尹宏对遥感通道反演中应用的 CKD 法进行了适当的改进，提高了通道透过率的计算速度和精度[144]。

从目前来看，CKD 法的研究工作无论是算法的理论研究还是应用研究，都是在指定范围的均匀路径或者非均匀路径上计算对应气体的吸收率、冷却率、辐射通量及散射强度等，并没有将这个在计算吸收率方面精度高、形式简单的方法应用到吸收率与路径长度关系模型的建立中，本书将在详细研究 CKD 法的基础上，讨论 CKD 法在氧气吸收带吸收率计算中的假设前提成立与否，以及如何建立非均匀路径上氧气吸收率与路径长度关系模型等问题。

参考文献

[1] 袁俊. 巡航导弹的发展及其在未来战争中的作用. 飞航导弹, 2000, 8: 29-33.

[2] 张湘南, 黄建英. 巡航导弹——现代战争中的骄子. 现代防御技术, 2004, 32(4): 10-14.

[3] 田云飞, 高杰, 吴鹏. 从利比亚战争看美军巡航导弹运用特点及其发展趋势. 飞航导弹, 2010, 8: 49-52.

[4] 王瑞凤, 杨宪江, 张彦朴. 解析武器装备的隐身问题. 控制与控制学报, 2008, 30(1): 77-79.

[5] 周伟, 李毅, 张亚迪. 外军巡航导弹发展态势分析. 航天电子对抗, 2015, 31(1): 1-5.

[6] 宋伟, 何俊, 伍晓华. 反辐射导弹告警技术效能分析. 火力与指挥控制, 2015, 40(2): 74-76.

[7] 吕科. 防空导弹武器系统与反辐射导弹的对抗研究. 航天电子对抗, 2006, 22(4): 1-4.

[8] 张肃, 曹泽阳, 王颖龙. 反辐射导弹的主要特性、攻击过程和攻击模式分析. 飞航导弹, 2005, 7: 20-23.

[9] Kirbarajan T, Bar-Shalom Y, Wang Y. Passive ranging of a low observable ballistic missile in a gravitational field. IEEE Transactions on Aerospace and Electronic Systems, 2001, 37(2): 481-494.

[10] Yang B Q, Yao Y, He F H. Passive ranging based on observability analysis and receding horizon filter. Tsinghua Science and Technology, 2009, 14(2): 32-37.

[11] 尚海. 双参数三维无源测距方法. 吉首大学学报(自然科学版), 2013, 34(6): 50-52.

[12] 吴健飞, 李范鸣. 三站红外告警系统被动测距方法. 红外与激光工程, 2007, 36(4): 560-564.

[13] 刘刚. 光电装备被动测距方法的研究. 中国水运, 2010, 10(12): 155-156.

[14] 王东, 周清明, 张鹏, 等. 红外告警系统被动测距方法分析. 红外技术, 2010, 32(8): 440-442.

[15] Juan L, Matthew M, Navveed S, et al. Performance of passive ranging from image flow. International Conference on Image Processing, Barcelona, 2003: 929-932.

[16] Huang S K, Tao L, Zhang T X. A modified method of passive ranging using optical flow of target infrared images. Proceedings of SPIE, 2005, 6044: 1-7.

[17] 夏涛. 基于红外图像序列的被动测距方法研究[硕士学位论文]. 武汉: 华中科技大学, 2005.

[18] 杨彦伟, 徐蓉, 甘宸伊. 基于红外图像的返回舱被动测距. 飞行器测控学报, 2013, 32(4): 331-335.

[19] Simonov A N, Rombach M C. Passive ranging and three-diemensional imaging through chiral phase coding. Optics Letter, 2011, 36: 115-117.

[20] 陈友华, 王丹凤, 陈媛媛. 光电被动测距技术进展与展望. 中北大学学报, 2011, 32(4): 518-522.

[21] 关松, 王巾, 高文清. 光电被动测距技术研究. 光电技术应用, 2007, 22(1): 1-3, 23.

[22] 安永泉, 李晋华, 王志斌, 等. 基于大气氧气光谱吸收特性的单目单波段被动测距. 物理学报, 2013, 62(14): 144210-144217.

[23] Jeffrey W, Draper J S, Gobel R. Monocular passive ranging. Proceedings of IRIS Meeting of Specialty Group on Targets, Backgrounds and Discrimination, Shanghai, 1994: 113-130.

[24] Shui V H. Wavelength optimization for passive ranging through the atmosphere. Proceedings of SPIE, 1996, 2828: 141-148.

[25] Gibson D M, Allen J D, Kuyper A. Range estimation by differential atmospheric refraction [Technical Report]. Colorado: United States Air Force Academy, 2003: 118-125.

[26] 王楠楠. 被动定位中的单站多测度信息融合[硕士学位论文]. 西安: 西安电子科技大学, 2015.

[27] Perlman S, Chuang C K. Passive ranging for detection, identification, tracking and launch location of boost-phase TBMs. IRIS Passive Sensors Conference, Washington, 1996: 281-299.

[28] Mckay D L, Wohlers R, Chuang C K. Airborne validation of an IR passive TBM ranging sensor. Proceedings of SPIE Conference on Infrared Technology and Applications, 1999, 3698: 491-500.

[29] Draper J S, Perlman S, Chuang C K, et al. Tracking and identification of distant missiles by remote sounding. IEEE Aerospace Applications Conference, Montana, 1999: 333-341.

[30] McKay D L, Draper J S, Dvorak P, et al. Monocular passive ranging validation with HALO/IRIS data[Technical Report]. Hamilton Avenue: Opto-Knowledge Systems Inc., 2000: 171-189.

[31] Restprff J B. Passive ranging using multi-color infrared detectors[Technical Report]. Dahlgren: Naval Surface Weapons Center, 2008.

[32] Douglas J M. Passive ranging using infrared atmospheric attenuation. Proceedings of SPIE, 2010, 7660: 7660411.

[33] Hasson V H, Dupuis C R. Passive ranging through the earth's atmosphere. Proceedings of SPIE, 2002, 4538: 49-56.

[34] Hawks M R, Perram G P. Passive ranging of emissive targets using atmospheric oxygen absorption lines. Proceedings of SPIE, 2005, 5811: 112-122.

[35] Hawks M R. Passive ranging using atmospheric oxygen absorption spectra[Ph. D. Thesis]. Ohio: Air Force Institute of Technology, 2006.

[36] Joel R, Louis M, Brandon R, et al. Monocular passive ranging[Technical Report]. California: Air Force Flight Test Center (AU), 2009.

[37] Vincent R A, Hawks M R. Passive ranging of dynamic rocket plumes using infrared and visible oxygen attenuation[Ph. D. Thesis]. Ohio: Air Force Institute of Technology, 2011.

[38] 王蕊. 基于氧光谱吸收特性的单目单波段被动测距[硕士学位论文]. 西安: 西安电子科技大学, 2017.

[39] 张瑜, 刘秉琦, 闫宗群, 等. 目标自辐射与干扰目标反射光谱的氧气吸收特性分析. 强激光与粒子束, 2015, 27(8): 27081003.

[40] 闫宗群, 刘秉琦, 华文深, 等. 氧气吸收被动测距技术中的折射吸收误差. 光学学报, 2014, 34(9): 8-14.

[41] 李晋华, 王召巴, 王志斌. 基于Elsasser模型的氧气A带红外目标被动测距. 光谱与光谱学分析, 2014, 34(9): 2582-2586.

[42] 李晋华, 王召巴, 王志斌. 氧分子A吸收带的随机Malkmus被动测距. 光学精密工程, 2017, 25(1): 28-33.

[43] 宗鹏飞, 王志斌, 陈媛媛. 基于氧气 A 吸收带的 baseline 拟合距离反演算法. 光散射学报, 2013, 24(1): 79-84.

[44] 宗鹏飞, 王志斌, 张记龙, 等. 基于红外被动测距技术的基线拟合算法研究. 激光技术, 2013, 37(2): 174-176.

[45] 王志斌, 宗鹏飞, 李晓. 氧气A带目标红外距离反演算法仿真及实验研究. 中国激光, 2013, 40(8): 0815002-1.

[46] 闫宗群, 刘秉琦, 华文深, 等. 利用氧气吸收被动测距的近程实验. 光学精密工程, 2013, 21(11): 2744-2750.

[47] 张瑜, 刘秉琦, 闫宗群, 等. 背景辐射对被动测距精度影响分析及实验研究. 物理学报, 2015, 64(3): 034216.

[48] 张瑜, 刘秉琦, 魏合理, 等. 基于氧气光谱吸收的被动测距中无云天空背景辐射特性研究. 红外与激光工程, 2015, 44(1): 298-304.

[49] 张瑜, 刘秉琦, 华文深, 等. 冬季极端天气条件下被动测距实验. 中国激光, 2015, 42(6): 0613002.

[50] 张瑜, 刘秉琦, 华文深, 等. 降雨天气条件下被动测距实验. 红外技术, 2015, 37(11): 932-937.

[51] 魏合理, 戴聪明, 武鹏飞, 等. 用于被动测距的氧气A带大气吸收仿真计算. 安徽师范大学学报(自然科学版), 2015, 38(5): 409-413.

[52] 付小宁, 单兰鑫, 王蕊. 一个新的氧气吸收法被动测距公式. 光学学报, 2015, 35(12): 1201001.

[53] 宗鹏飞. 基于逐线积分的氧气 A 吸收带透过率的算法研究[硕士学位论文]. 太原: 中北大学, 2013.

[54] 宗鹏飞, 张记龙, 王志斌, 等. 氧气A带红外辐射不同路径透过率的仿真分析. 激光与红外, 2013, 43(2): 171-176.

[55] 马思博. 基于矢量量化的高光谱图像无损压缩算法研究[硕士学位论文]. 哈尔滨: 哈尔滨工业大学, 2010.

[56] 梁靖宇. 衍身光谱成像研究[硕士学位论文]. 杭州: 浙江大学, 2012.

[57] 陈丰农. 基于机器视觉的小麦并肩杂与不完善粒动态实时检测研究[博士学位论文]. 杭州: 浙江大学, 2012.

[58] Kuo B C, Landgrebe D A. A robust classification procedure based on mixture classifiers and nonparametric weighted feature extraction. IEEE Transactions on Geoscience and Remote Sensing, 2002, 40(11): 2486-2494.

[59] Dalla M M, Villa A, Benediktsson J A, et al. Classification of hyperspectral images by using extended morphological attribute profiles and independent component analysis. IEEE Geoscience and Remote Sensing Letters, 2011, 8(3): 542-546.

[60] Marconcini M, Camps V G, Bruzzone L. A composite semisupervised SVM for classification of hyperspectral images. IEEE Geoscience and Remote Sensing Letters, 2009, 6(2): 234-238.

[61] 李海涛, 顾海燕, 张兵, 等. 基于 MNF 和 SVM 的高光谱遥感影像分类研究. 遥感信息, 2007, (5): 12-15.

[62] 陈进. 高光谱图像分类方法研究[博士学位论文]. 长沙: 国防科技大学, 2010.

[63] 高恒振, 万建伟, 朱珍珍, 等. 基于波段子集特征提取的最小二乘支持向量机高光谱图像分类技术. 光谱学与光谱分析, 2011, (5): 1314-1317.

[64] 谭琨. 基于支持向量机的高光谱遥感影像分类研究[博士学位论文]. 徐州: 中国矿业大学, 2011.

[65] 安振宇, 史振威. 基于 SC-NMF 的高光谱图像融合. 红外与激光工程, 2013, 42(10): 2718-2723.

[66] Shi Z W, An Z Y, Jiang Z G. Hyperspectral image fusion by the similarity measure-based variational method. Optics Engineering, 2011, 50(7): 077006.

[67] Khan M M, Chanussot J, Alparone L. Pansharpening of hyperspectral images using spatial distortion optimization. International Conference on Image Processing, Cairo, 2009: 2853-2856.

[68] Tu T M, Su S C, Shu H C, et al. A new look at IHS-like image fusion methods. Information Fusion, 2001, 2(3): 177-186.

[69] 刘斌, 祝青, 胡福强, 等. 基于采样二通道不可分小波的多光谱图像融合. 电子学报, 2013, 41(4): 710-716.
[70] 卓红艳. 基于小波变换的多光谱遥感图像压缩[硕士学位论文]. 长沙: 国防科技大学, 2004.
[71] 张晓玲, 毋立芳, 沈兰荪. 基于感知器的遥感图像无损压缩编码. 电子与信息学报, 2001, 23(7): 712-715.
[72] 吴颖谦. 基于网格编码量化的高光谱图像压缩及应用研究[博士学位论文]. 上海: 上海交通大学, 2005.
[73] 马静, 吴成柯, 李云松, 等. 干涉多光谱图像压缩编码新技术. 光子学报, 2006, 35(10): 1579-1583.
[74] 刘德连. 遥感图像的目标检测方法研究[博士学位论文]. 西安: 西安电子科技大学, 2008.
[75] Stein D W J, Beaven S G, Hoff L E, et al. Anomaly detection from hyperspectral imagery. IEEE Signal Processing Magazine, 2002, 19(1): 58-69.
[76] 张兵, 陈正超, 郑兰芬, 等, 基于高光谱图像特征提取与凸面几何体投影变换的目标探测. 红外与毫米波学报, 2004, 23(6): 441-445.
[77] 谷延锋, 刘颖, 贾友华, 等. 基于光谱解译的高光谱图像奇异检测算法. 红外与毫米波学报, 2006, 25(6): 443-447.
[78] 耿修瑞. 高光谱遥感图像目标探测与分类技术研究[博士学位论文]. 北京: 中国科学院遥感应用研究所, 2005.
[79] 李智勇, 匡纲要, 郁文贤, 等. 基于高光谱图像主成分分量的小目标检测算法研究. 红外与毫米波学报, 2004, 23(4): 286-290.
[80] 杜博. 高光谱遥感影像亚像元小目标探测研究[博士学位论文]. 武汉: 武汉大学, 2010.
[81] Michael E, Winter N F. An algorithm for fast autonomous spectral endmember determination in hyperspectral data. Proceedings of SPIE, 1999, 37: 266-275.
[82] Chein I C, Chao C W, Wei M L, et al. A new growing method for simplex based endmember extraction algorithm. IEEE Transactions on Geoscience and Remote Sensing, 2006, 44(10): 2804-2819.
[83] Nascimento J M P, Dias J M B. Vertex component analysis: A fast algorithm to unmix hyperspectral data. IEEE Transactions on Geoscience and Remote Sensing, 2005, 43(4): 898-910.
[84] 李二森, 陈昌明, 贾中林, 等. 一种基于最大体积单体的端元自动提取算法. 海洋测绘, 2015, 32(2): 37-41.
[85] 李二森. 高光谱遥感图像混合像元分解的理论与算法研究[博士学位论文]. 郑州: 解放军信息工程大学, 2011.
[86] 王晓飞, 张钧萍, 张晔. 高光谱图像混合像元分解算法. 红外与毫米波学报, 2010, 29(3): 210-215.

[87] 方凌江, 粘永健, 雷树涛, 等. 基于顶点成分分析的高光谱图像端元提取算法. 舰船电子工程, 2014, 34(8): 154-157.

[88] 高晓惠, 相里斌, 魏儒义, 等. 基于光谱分类的端元提取算法研究. 光谱学与光谱分析, 2011, 31(7): 1995-1998.

[89] Heinz D C, Chang C I, Althouse M L G. Fully constrained least squares-based linear unmixing[hyperspectral image classification]. International Geoscience and Remote Sensing Symposium, Hamburg, 1999: 789-793.

[90] Chang C I, Heinz D C. Constrained subpixel target detection for remotely sensed imagery. IEEE Transactions on Geoscience and Remote Sensing, 2000, 38(3): 1144-1159.

[91] Heinz D C, Chang C I. Fully constrained least squares linear spectral mixture analysis method for material quantification in hyper-spectral imagery. IEEE Transactions on Geoscience and Remote Sensing, 2001, 39(3): 529-545.

[92] 吴波. 混合像元自动分解及其扩展模型研究[博士学位论文]. 武汉: 武汉大学, 2006.

[93] Matthew M W, Adler-Golden S M, Berk A. Status of atmospheric correction using a MODTRAN 4-based algorithm. Proceedings of SPIE, 2000, 4049: 109-129.

[94] Chalhoub E S. Discrete-ordinates solution for radiative-transfer problems. Journal of Quantitative Spectroscopy and Radiative Transfer, 2003, 76(2): 193-206.

[95] Kotchenova S Y, Vermote E F, Matarrese R, et al. Validati-on of a vector version of the 6S radiative transfer code for atmosphericcorrection of satellite data. Part I: Path Radiance. Applied Optics, 2006, 45(26): 6762-6774.

[96] Berk A, Bernstein L S, Anderson G P. MODTRAN cloud and multiple scattering upgrades with application to AVIRIS. Remote Sensing of Environment, 1998, 65(3): 67-375.

[97] Caillault K, Fauqueux S, Bourlier C, et al. Multiresolution optical characteristics of rough sea surface in the infrared. Applied Optics, 2007, 46(22): 5471-5481.

[98] Rozanov A, Rozanov V, Buchwitz M, et al. SCIATRAN 2.0—A new radiative transfer model for geophysical applications in the 175-2400nm spectral region. Advances in Space Research, 2005, 36(5): 1015-1019.

[99] 戴聪明, 魏合理, 陈秀红. 通用大气辐射传输软件(CART)分子吸收和热辐射计算精度验证. 红外与激光工程, 2013, 42(1): 174-180.

[100] 戴聪明, 魏合理, 陈秀红. 通用大气辐射传输软件(CART)大气散射辐射计算精度验证. 红外与激光工程, 2013, 42(6): 1575-1581.

[101] 魏合理, 陈秀红, 戴聪明. 通用大气辐射传输软件(CART)及其应用. 红外与激光工程, 2012, 41(12): 3360-3366.

[102] Wei H L, Chen X H, Rao R Z, et al. A moder-spectral-resolution transmittance model based on fitting the line-by-line calculation. Optics Express, 2007, 15: 8360-8370.

[103] 陈秀红, 魏合理, 李学彬, 等. 可见光到远红外波段气溶胶衰减计算模式. 强激光与粒子束, 2009, 21(2): 183-189.

[104] Chen X H, Wei H L, Yang P, et al. An efficient method for computing atmospheric radiances in clear-sky and cloudy conditions. Journal of Quantitative Spectroscopy and Radiative Transfer, 2011, 112(1): 109-118.

[105] Yang C P, Wu J, Han Y, et al. On the approximate model of scattering radiance for cloudless sky. Proceedings of SPIE, 2007, 6795: 679515.

[106] Yang C P, Wei L, Wu J, et al. The effect of the reflection of underlying surface on sky radiance distribution. Chinese Optics Letters, 2007, 5(3): 125-127.

[107] 杨春平. 天空背景光谱特性建模及仿真[博士学位论文]. 成都: 电子科技大学, 2008.

[108] 孟雪琴. 地球大气背景光谱辐射特性的理论建模[硕士学位论文]. 成都: 电子科技大学, 2009.

[109] 孟雪琴, 吴健, 杨春平. 无云地球大气背景光谱辐射特性的计算. 应用光学, 2009, 30(1): 167-171.

[110] 刘则洵. 目标轨迹自适应天空背景光谱辐射特性测量系统的研究[硕士学位论文]. 长春: 中国科学院长春光学精密机械与物理研究所, 2012.

[111] 刘则洵, 任建伟, 万志, 等. 空间目标轨迹自适应天空背景光谱辐射特性测量系统. 测控技术, 2012, 31(11): 37-42.

[112] 徐文清, 詹杰, 徐青山. 天空背景亮度测量系统的研制. 光学精密工程, 2013, 12(1): 46-52.

[113] 刘伟峰, 赵国民, 谢永杰, 等. 天空光辐射亮度测量系统定标及数据分析. 红外与激光工程, 2011, 40(4): 714-717.

[114] 谭碧涛, 李艳娜, 刘玮峰, 等. 戈壁地区天空背景光谱研究. 光电技术应用, 2010, 25(4): 1-5.

[115] 杨希峰, 刘涛, 赵友博, 等. 太阳光和天空光的光谱测量分析. 南开大学学报(自然科学版), 2004, 37(4): 69-74.

[116] 曹婷婷, 罗时荣, 赵晓艳, 等. 太阳直射光谱和天空光谱的测量与分析. 物理学报, 2007, 56(9): 5554-5557.

[117] 赵晓艳, 龚敏, 何捷, 等. 成都地区天空光光谱的测量与分析. 光散射学报, 2007, 19(2): 202-205.

[118] Mitsel A A, Firsov M. A fast line-by-line method. Journal of Quantiative Spectroscopy and Radiative Transfer, 1995, 54(3): 549-557.

[119] 张华, 石广玉. 一种快速高效的逐线积分大气吸收计算方法. 大气科学, 2000, 24(1): 111-121.

[120] Wieming L, Timothy W T, Dean D, et al. A combined narrow-band and wide-band model for computing and spectral absorption coefficient of CO_2, CO, H_2O, CH_4, C_2H_2 and NO. Journal of Quantiative Spectroscopy and Radiative Transfer, 1995, 54(6): 961-970.

[121] 范宏武, 李炳熙, 杨励丹, 等. 混合气体谱带模型的修正. 哈尔滨工业大学学报, 2000, 32(2): 125-127.

[122] Tsang C C C, Irwin P G J, Taylor F W. A correlated-K model of radiative transfer in the near-infrared windows of Venus. Journal of Quantitative Spectroscopy and Radiative Transfer, 2008, 109(6): 1118-1135.

[123] Seiji K, Ackerman, T P, Mather J H. The k-distribution method and correlated-k approximation for a shortwave radiative transfer model. Journal of Quantitative Spectroscopy and Radiative Transfer, 1999, 62(1): 109-121.

[124] 张华. 非均匀路径相关 K 分布方法的研究[博士学位论文]. 北京: 中国科学院大气物理研究所, 1999.

[125] 尹雪梅, 刘林华. 气体宽带 K 分布模型及其在远程探测中的应用. 红外与激光工程, 2008, 37(3): 420-423.

[126] Lacis A A, Wang W C, Hansen J E. Correlated K-distribution method for radiative transfer in climate models: Application to the effect of cirrus clouds on climate. NASA Conference Pub, 1979, 2076: 309-314.

[127] Goody R, West R, Chen L, et al. The correlated-K method for radiation calculations in non-homogeneous atmospheres. Journal of Quantitative Spectroscopy and Radiative Transfer, 1989, 42(6): 539-550.

[128] West T, Crisp D, Chen L. Mapping transformations for broadband atmospheric radiation calculations. Journal of Quantitative Spectroscopy and Radiative Transfer, 1990, 43(3): 191-199.

[129] Lacis A A, Oinas V. A description of the correlated K-distribution method for modeling nongray gaseous absorption, thermal emission, and multiple scattering in vertically inhomogeneous atmospheres. Journal of Geophysical Research Atmospheres, 1991, 96: 9027-9063.

[130] Fu Q, Liou K N. On the correlated K-distribution method for radiative transfer in nonhomogeneous atmosphere. Journal of Atmospheric Sciences, 1992, 49(22): 2139-2156.

[131] West R, Goody R, Chen L, et al. The correlated-K method and related methods for broadband radiation calculations. Journal of Quantitative Spectroscopy and Radiative Transfer, 2010, 111: 1672-1673.

[132] Hasekamp O P, Butz A. Efficient calculation of intensity and polarization spectra in vertically inhomogeneous scattering and absorbing atmospheres. Journal of Geophysical Research, 2008, 113: D20309.

[133] Caliot C, Maoult Y L, Hafi M E, et al. Remote sensing of high temperature H_2O-CO_2-CO mixture with a correlated k-distribution fictitious gas method and the single-mixture gas assumption. Journal of Quantitative Spectroscopy and Radiative Transfer, 2006, 102(2): 304-315.

[134] Shi G Y. An accurate calculation and representation of the infrared transmission function of the atmospheric constituents[Ph.D.Thesis]. Sendai: Tohoku University, 1981.

[135] 石广玉. 大气辐射计算的吸收系数分布模式. 大气科学, 1998, 22(6): 659-676.

[136] 张华, 石广玉, 刘毅. 两种逐线积分辐射模式大气吸收的比较研究. 大气科学, 2005, 29(4): 581-594.

[137] 张华, 石广玉, 刘毅. 线翼截断方式对大气辐射模式计算的影响. 气象学报, 2007, 65(6): 968-977.

[138] Zhang H, Nakajima T, Shi G Y, et al. An optimal approach to overlapping bands with correlated K-distribution method and its application to radiative calculation. Journal of Geophysical Research Atmospheres, 2003, 108: 4641.

[139] 石广玉. 大气辐射学. 北京: 科学出版社, 2007.

[140] 卢鹏. 大气辐射传输模式的比较及其应用[硕士学位论文]. 北京: 中国气象科学研究院, 2009.

[141] 尹雪梅, 刘林华. 水蒸气有效带宽计算的宽带 K 分布模型. 工程热物理学报, 2008, 29(5): 868-870.

[142] 周建波, 魏合理, 陈秀红, 等. 用 K 分布法计算大气吸收的进展. 大气与环境光学学报, 2008, 3(2): 92-100.

[143] 周建波, 魏合理, 陈秀红, 等. 相关 K 分布法在水蒸气强吸收带计算中的应用. 激光技术, 2009, 33(2): 176-179.

[144] 尹宏. 提高 K 分布法计算遥感通道透过率精度的方法. 应用气象学报, 2005, 16(6): 811-819.

第 2 章　地球大气物理分布特性及氧气吸收光谱

辐射在大气中传播时会被大气中的不同气体吸收衰减，衰减程度取决于气体的吸收强度和辐射传播路径上的吸收气体含量。不同组成和结构的气体具有不同的光谱吸收波谱和吸收强度；气体所占比例的差异性会对气体总吸收的稳定性和气体含量造成影响；同时，气候气象条件变化、地域差异都有可能对大气中某种气体的吸收造成影响。氧气作为大气中比例仅次于氮气的一种重要吸收气体，它对目标辐射的吸收同样会受到这些因素的影响。

本章从地球大气的物理分布特性出发，研究整个大气层中的氧气分子浓度随其所在海拔处的温度和压强的变化特性；在分析氧气分子分布浓度变化特性后，从分子跃迁的角度介绍氧气分子吸收光谱的物理机制，进而从吸收光谱的独立性、动态范围和测距能力等方面对氧气分子可见和近红外波段谱带系的吸收带进行对比分析，选择适合用于被动测距的备选光谱吸收带；最后分析季节变化、雾、雨等复杂气象对备选吸收带吸收的影响，检验吸收带在复杂气象因素下吸收的稳定性，为氧气吸收被动测距技术的研究提供理论支撑。

2.1　地球大气物理分布特性

2.1.1　大气组成

大气圈是地球的重要部分，其密度与地球的固体部分相比较要小得多，全部大气圈内的大气质量大约为 5000 万亿吨，还不到地球总质量的百分之一；以大气圈的高层和低层相比较，高层的密度比低层的密度要小得多，而且越高越稀薄。假如把海平面上的空气密度作为 1，那么在 240km 上的高空大气密度只有前者大气密度的千万分之一；到了 1600km 的高空就更稀薄了，只有它的千万亿分之一。整个大气圈质量的 90%都集中在高于海平面 16km 以内的空间。升高到比海平面高出 80km 的高度，大气圈质量的 99.999%都集中在这个界限以下，而所剩无几的大气却占据了这个界限以上极大的空间。

探测结果表明，地球大气圈的顶部并没有明显的分界线，而是逐渐过渡到星际空间的。高层大气稀薄的程度虽说比人造的真空还要“空”，但是在那里确实还有气体的微粒存在，而且比星际空间的物质密度要大得多；然而，它们已不属于气体分子了，而是原子及原子再分裂而产生的粒子。以 80～100km 的高度为界，在这个界限以下的大气，尽管有稠密稀薄的不同，但它们的成分大体是一致的，都是以氮分子和氧分子为主，这就是我们周围的空气。而在这个界限以上，到1000km左右，就变得以氧为主了；再往上到2400km左右，就以氦为主；再往上，则主要是氢；在3000km以上，大气便稀薄得和星际空间的物质密度差不多了。根据人造卫星探测资料的推算，在2000～3000km的高空，地球大气密度便达到每立方厘米一个微观粒子这一数值，和星际空间的密度非常相近，这样2000～3000km的高空可以大致看成是地球大气的上界。

2.1.2 大气分层

地球大气按其基本特性可分为若干层，但按不同的特性有不同的分层方法。常见的是按照热状态进行分层；自地球表面向上，随高度的增加空气越来越稀薄。大气的上界可延伸到2000～3000km的高度。在垂直方向上，大气的物理性质有明显的差异。根据气温的垂直分布、大气扰动程度、电离现象等特征，一般将大气分为五层：对流层、平流层、中间层、热层和外层(又称外逸层或逃逸层)，如图2-1所示。接近地面、对流运动最显著的大气区域为对流层，对流层上界称对流层顶或平流层底，在赤道地区高度17～18km，在极地约8km；从对流层顶至约55km的大气层称平流层，平流层内大气多做水平运动，对流十分微弱，臭氧层即位于这一区域内；中间层又称中层，是从平流层顶至约85km的大气区域；热层是中间层顶至300～500km的大气层；热层顶以上的大气层称外层。

1. 对流层

对流层(troposphere)是大气的最下层，其高度因纬度和季节而异。就纬度而言，低纬度地区高度平均为17～18km；中纬度地区高度平均为10～12km；高纬度地区高度仅8～9km。就季节而言，对流层上界的高度，夏季大于冬季，例如，南京夏季对流层厚度可达17km，冬季只有11km。对流层集中了整个大气质量的3/4和几乎全部水蒸气，它具有以下三个基本特征：

(1)气温随高度的增加而递减，平均每升高1km，气温降低6.5℃。其原因是太阳辐射首先主要加热地面，再由地面把热量传给大气，因而越近地面的空气受热越多，气温越高，远离地面则气温逐渐降低。

(2)空气有强烈的对流运动。地面性质不同，因而受热不均。暖的地方空气受热膨胀而上升，冷的地方空气冷缩而下降，从而产生空气对流运动。对流运动使高层和低层空气得以交换，促进热量和水分传输，对成云致雨有重要作用。

(3)天气的复杂多变。对流层大气质量占地球大气总质量的75%，其水蒸气含量占地球大气水蒸气总含量的90%，伴随强烈的对流运动，产生水相变化，形成云、雨、雪等复杂的天气现象。因此，对流层与地表自然界和人类关系最为密切。

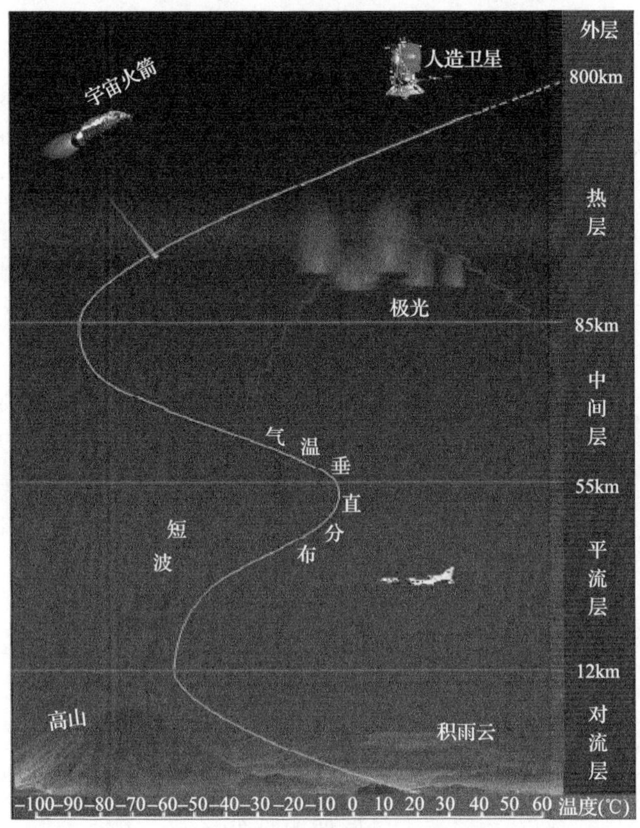

图 2-1　大气垂直结构分布示意图

对流层内部根据温度、湿度和气流运动，以及天气状况诸方面的差异，通常划分为三层：

(1) 对流层下层：底部和地表接触，上界大致为 1～2km，有季节和昼夜等的变化，一般夏季高于冬季，白天高于夜间。下层的特点是水蒸气、杂质含量最多，气温日变化大，气流运动受地表摩擦作用强烈，空气的垂直对流、乱流明显，故下层通常也叫摩擦层或边界层。

(2) 对流层中层：下界为摩擦层顶，上部界限在 6km 左右。中层受地面影响很小，空气运动代表整个对流层的一般趋势，大气中发生的云和降水现象，多数出现在这一层。此层的上部，气压只有地面的一半。

(3) 对流层上层：范围从 6km 高度伸展到对流层顶部。这一层的水蒸气含量极少，气温经常保持在 0℃以下，云都由冰晶或过冷水滴所组成。

在对流层和平流层之间，还存在一个厚度数百米至 1～2km 的过渡层，称为对流层顶。其气温随高度增加变化很小，甚至没有变化，它抑制着对流层内的对流作用进一步发展。

2. 平流层

自对流层顶向上 55km 高度，为平流层(stratosphere)，其主要特征有：

(1)温度随高度增加由等温分布变逆温分布。平流层的下层随高度增加气温变化很小。大约在 20km 以上，气温又随高度增加而显著升高，出现逆温层。这是因为 20～25km 高度处，臭氧含量最多。臭氧能吸收大量太阳紫外线，从而使气温升高，并大致在 50km 高空形成一个暖区。到平流层顶，气温升到 270～290K。

(2)垂直气流显著减弱。平流层中空气以水平运动为主，空气垂直混合明显减弱，整个平流层比较平稳。

(3)水蒸气、尘埃含量极少。由于水蒸气、尘埃含量少，对流层中的天气现象在这一层很少见，只在底部偶然出现一些分散的片云。平流层天气晴朗，大气透明度好。

本层气流运动相当平稳，并以水平运动为主，平流层即由此而得名。现代民用航空飞机可在平流层内飞行。

3. 中间层

从平流层顶到 85km 高度为中间层(mesosphere)，其主要特征有：

(1)气温随高度增高而迅速降低，中间层的顶界气温降至−83～−113℃。因为该层臭氧含量极少，不能大量吸收太阳紫外线，而氮、氧能吸收的短波辐射又大部分被上层大气所吸收，故气温随高度增加而递减。

(2)出现强烈的对流运动，又称为高空对流层、上对流层或者第二对流层。这是由于该层大气上部冷、下部暖，致使空气产生对流运动。但由于该层空气稀薄，空气的对流运动不能与对流层相比。

4. 热层

从中间层顶到 800km 高度为热层(thermosphere)。这一层大气密度很小，在 700km 厚的气层中，只含有大气总质量的 0.5%。热层的主要特征有：

(1)随高度的增高，气温迅速升高。据探测，在 300km 高度上，气温可达 1000℃以上。这是由于所有波长小于 0.175μm 的太阳紫外辐射都被该层的大气物质所吸收，从而使其增温。

(2)空气处于高度电离状态。这一层空气密度很小，在 270km 高度处，空气密度约为地面空气密度的百亿分之一。由于空气密度小，在太阳紫外线和宇宙射线的作用下，氧分子和部分氮分子被分解，并处于高度电离状态，故热层又称电离层。电离层具有反射无线电波的能力，对无线电通信有重要意义。

5. 外层

热层顶以上，称外层(outerlayer)。它是大气的最外一层，也是大气层和星际空间的过渡层，但无明显的边界线。

2.1.3　温度、压力、气体分子浓度随海拔的变化

大气成分及状态不仅在水平方向上是不稳定的，其在与地面垂直方向上的物理性质差异更加明显。也就是说，地球大气的物理特性具有随海拔(温度和压强)变化的显著特征。虽然大气状况会随时间和空间剧烈变化，但是目前已经形成了许多成熟的大气轮廓线模型[1,2]，它们可以准确提供不同海拔、不同纬度、不同地域大气各组分的垂直分布剖面数据。其中 1976 年的美国标准大气的气象数据来源于美国国家航空航天局(NASA)的大气测量结果，其他五种大气轮廓线(热带、中纬度夏季、中纬度冬季、亚北极区夏季和亚北极区冬季)的数据来源于相同纬度和相应季节下的不同地区，通过处理后代表了其对应海拔和季节大气的平均水平。这些模式从纬度和季节角度对地球大气进行了细致的划分，对分析而言，具有一定的精确度与实用性。

海拔 86km 以下大气各组分因紊流搅拌效应而保持相对稳定，而此海拔以上大气由于过于稀薄而不予考虑，所以在大气科学研究领域研究的均是 86km 海拔以下的大气效应。本书也仅对这一范围内的大气组分情况进行分析。

为了详细分析大气温度场和压强场的垂直分布结构，将大气按照一定的规则分为若干个层次[3]。由于在地面垂直方向上，温度场被假设为海拔 z 的分段线性函数；假设每一层的温度为 T，温度变化率 $\delta = \mathrm{d}T / \mathrm{d}z$ 在各分层内是一定的，可得任意海拔 z 处的温度为

$$T(z) = T_{i,\mathrm{b}} + (z - z_{i,\mathrm{b}})\delta_i \tag{2-1}$$

式中，$T_{i,\mathrm{b}}$、$z_{i,\mathrm{b}}$ 为第 i 层最底端的温度和海拔；δ_i 为第 i 层的温度变化率。大气层的划分及各层的温度变化率[4]如表 2-1 所示。

表 2-1　大气各分层的海拔与温度变化率

海拔 z/km	0～11	11～20	20～32	32～47	47～51	51～71	71～86	>86
温度变化率 δ	–6.5	0.0	1.0	2.8	0.0	–2.8	–2.0	—

由流体力学平衡下的静力式[5]可知，大气压强场 $P(z)$ 的变化规律如式(2-2)所示：

$$\mathrm{d}P(z) / \mathrm{d}z = -\rho(z)g \tag{2-2}$$

式中，$\rho(z)$为海拔z处的空气密度；g为重力加速度。根据理想气体方程可知：

$$\rho(z)=M_{\mathrm{air}}P(z)/(RT(z)) \tag{2-3}$$

式中，M_{air}为空气或其组分的平均分子量；R为理想气体常数；$T(z)$为海拔z处的大气温度。当计算空气压强场时，令$a_0=gM_{\mathrm{air}}/R=34.18\mathrm{K/km}$；由式(2-2)和式(2-3)可知：

$$\mathrm{d}P(z)/\mathrm{d}z=-a_0P(z)/T(z) \tag{2-4}$$

与大气压强场变化幅度相比，温度场变化要小得多；若不考虑温度变化，即$\delta_i=0$，则式(2-4)的直接解如式(2-5)所示：

$$P(z)=P_0\exp(-za_0/T)=P_0\exp(-z/H) \tag{2-5}$$

式中，P_0为地球海平面的压强；$H=T/a_0$，称之为标高，表示在忽略温度变化时压强随海拔减小的特征系数。此时，大气压强可以看成是海拔的负指数函数关系。若考虑温度变化，则由式(2-1)和式(2-4)积分求解出的海拔z处的压强为

$$P(z)/P_{i,\mathrm{b}}=(T_{i,\mathrm{b}}/T(z))^{a_0/\delta_i} \tag{2-6}$$

式中，$P_{i,\mathrm{b}}$为第i层最底端的压强。在已知地面温度和压强的情况下，便可根据式(2-1)、式(2-5)和式(2-6)解出任意海拔处的温度和压强。每一层最低端的温度$T_{i,\mathrm{b}}$和压强$P_{i,\mathrm{b}}$等于下一层顶端的温度和压强。在此基础上便可根据理想气体方程和空气中氧气的占比计算出对应海拔位置处的氧气分子浓度。

MODTRAN 软件中的六种标准大气轮廓线提供了从热带到亚北极区典型地理环境、典型气候环境下的大气温度、压强及大气各主要组分的变化轮廓线。这里将利用式(2-1)和式(2-6)解出大气层中温度、压强和氧气分子浓度在垂直方向上的分布规律，并与标准轮廓线中的分布情况进行对比，结果如图 2-2～图 2-4 所示。

图 2-2～图 2-4 曲线表明：理论计算得出的温度、压强和氧气分子浓度轮廓线与 1976 年美国标准大气模型中的量值基本一致，位于其他五种大气模型对应轮廓线的中间，为平均大气环境下的分布量值。图 2-2 中温度绝对值的变化幅度很小，但在整个大气层垂直方向上的相对变化幅度却是非常急剧的。图 2-3 中曲线较为集中，且公式解算曲线与 1976 年美国标准大气模型曲线均位于曲线簇中间；由于夏季地表温度较高，大气层被加温后上升，而冬季则正好相反，大气层下沉，所以在同一海拔处高纬度地区压强大于低纬度地区，冬季压强大于夏季压强，但与大气层内压强变化的绝对幅度值相比，其相对变化要小得多。图 2-4 表示温度的

分段函数分布规律对氧气在三维空间内的连续分布影响极小；基本可以忽略氧气分子浓度因温度、季节和地域差异而引起的变化。

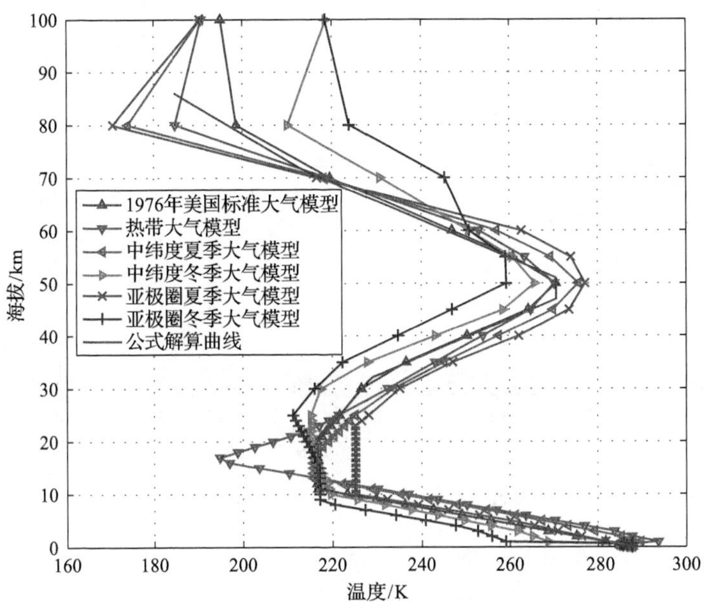

图 2-2　各大气模型和理论计算的温度轮廓线

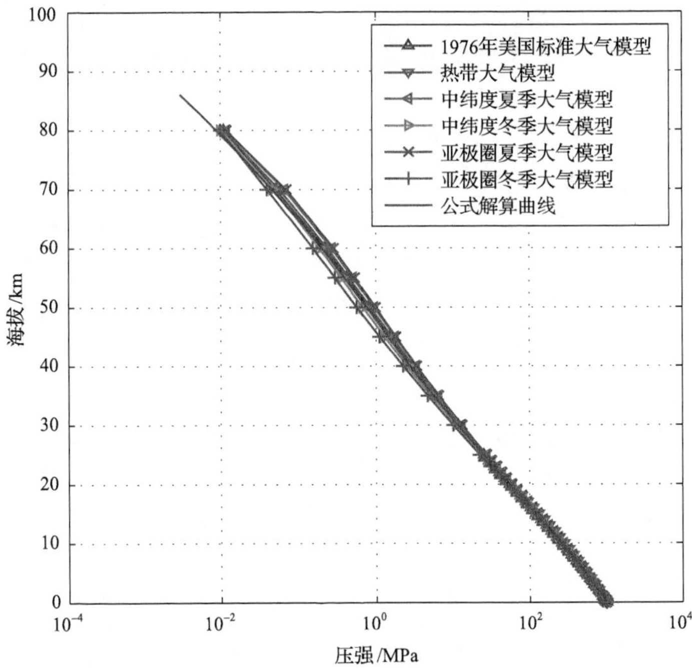

图 2-3　各大气模型和理论计算的压强轮廓线

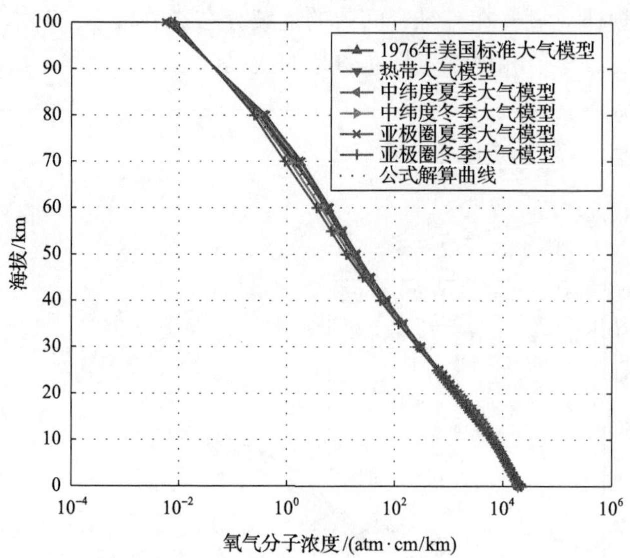

图 2-4　各大气模型和理论计算氧气分子浓度轮廓线

通过对氧气物理分布特性的分析，从理论上证明了不同地区、不同温度下的氧气分子浓度分布几乎不变，从而表明利用氧气吸收进行被动测距将具有很好的地区适应性。

2.2　氧气分子的吸收光谱

大气中气体对目标辐射的吸收由吸收气体含量和气体吸收带吸收强度共同决定。大气中的吸收气体，除了总含量达到99%以上的N_2、O_2外，还有许多如H_2O、CO_2、CH_4、O_3、N_2O这样的多原子微量气体。每种气体都会对传播中的目标辐射产生吸收衰减，并且由于各种气体分子组成及原子排列方式不同，各种气体分子的吸收特性差异很大。值得庆幸的是，大气中含量比高达78%的N_2对吸收问题几乎没有影响，所以在大气光学研究中一般只考虑剩余几种主要气体对目标辐射的吸收衰减效应。

大气中主要吸收气体的吸收光谱和太阳、目标、天空背景的辐射光谱在图 2-5 中进行了概略显示。其中图 2-5(a)给出的是太阳、目标和天空背景的辐射光谱曲线，太阳为色温接近 6000K 的黑体，其辐射能量主要集中在可见光波段；飞机、火箭和导弹等飞行目标尾焰的温度在 2000K 左右，其辐射光谱的大部分能量主要集中在近红外波段；色温 300K 的天空背景则在远红外波段的辐射能量最强。图 2-5(b)和(c)分别表示的是 500m 和 10km 海拔上 1km 水平路径大气的吸收光谱曲线；由于气体分子浓度随海拔的升高而减小，所以高海拔区域大气吸收谱中各个吸收峰的吸收强度均有明显的减弱，体现了吸收气体分子浓度对目标辐射衰减的影响。

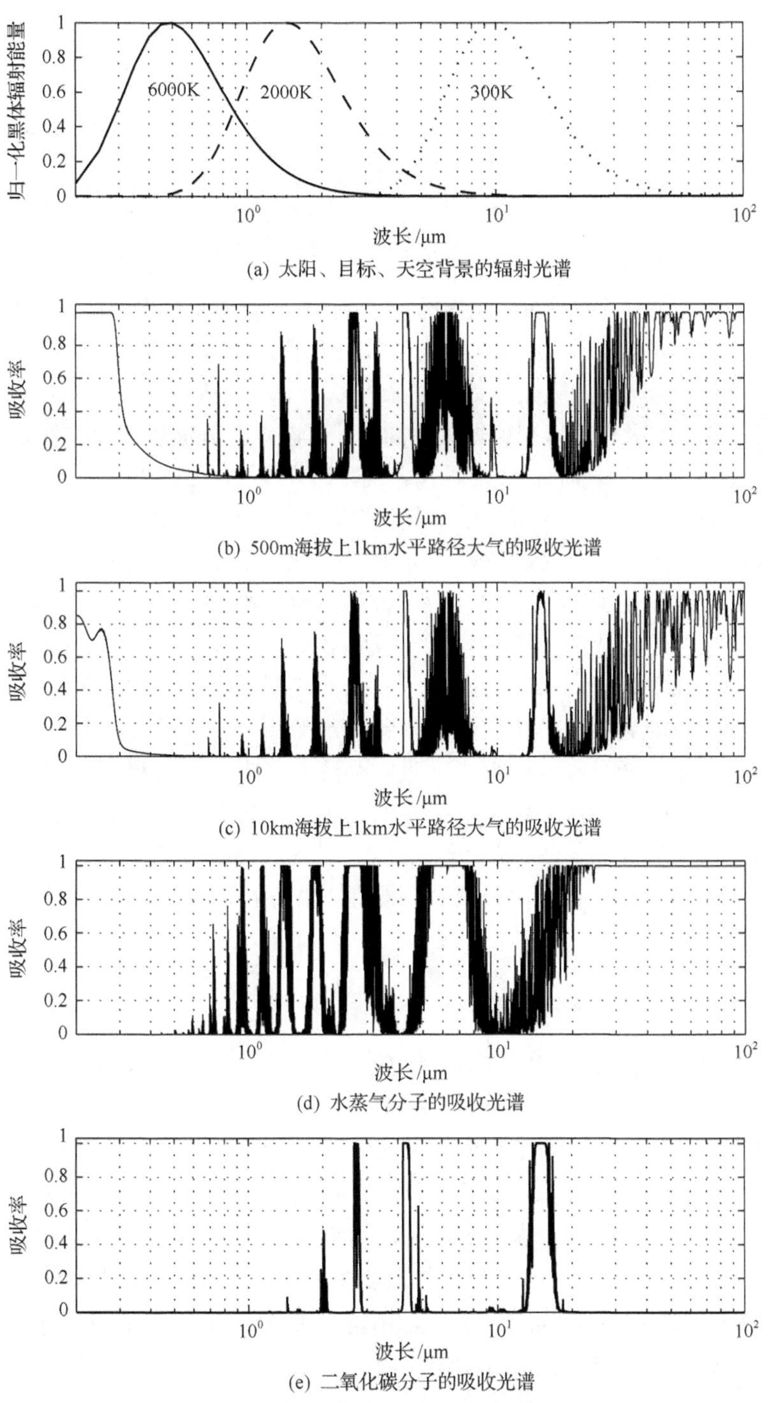

(a) 太阳、目标、天空背景的辐射光谱

(b) 500m海拔上1km水平路径大气的吸收光谱

(c) 10km海拔上1km水平路径大气的吸收光谱

(d) 水蒸气分子的吸收光谱

(e) 二氧化碳分子的吸收光谱

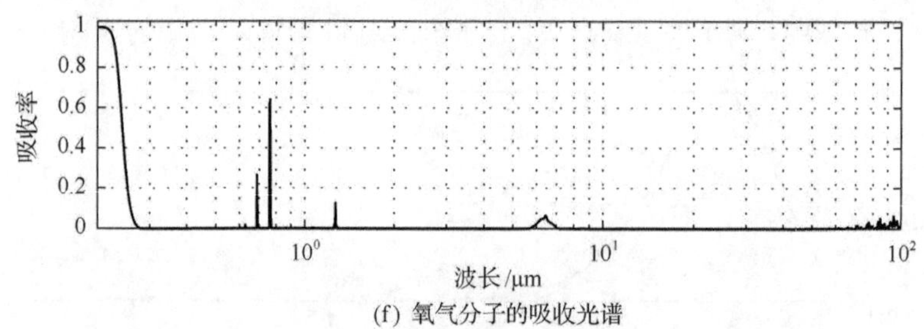

(f) 氧气分子的吸收光谱

图 2-5 太阳、目标、天空背景辐射光谱和大气气体吸收光谱

由于水蒸气分子具有不对称陀螺结构，故具有较强的永久电偶极矩，这就使得水蒸气分子吸收光谱中除了大量振转吸收带外，还有吸收宽广的纯转动带。故图 2-5(d)中吸收光谱的表现比其他吸收气体要复杂得多，基本上从可见光到长波红外光谱区都有水蒸气分子的吸收。特别值得关注的是，其在近红外波段和远红外波段对大气光谱的强烈吸收波带，它们曾经是研究大气光谱吸收被动测距的备选测距波段。

虽然二氧化碳分子在大气中的含量逐年增加，但所占比例依然甚微；可是无论是 15μm 的长波红外辐射，还是 4.3μm、2.7μm 和 2μm 的中波红外辐射都会被其强烈吸收，从而在图 2-5(e)中表现出很强的宽吸收带。正是二氧化碳分子独特的强吸收特性，使它成为学者研究大气吸收被动测距技术时的首选研究对象。

相对于水蒸气分子和二氧化碳分子复杂而剧烈的吸收光谱，氧气分子对太阳光谱的吸收则显得更加简单和微弱。如图 2-5(f)所示，氧气分子在可见光和近红外波段的几个吸收峰吸收宽度很小，吸收强度有大有小且不极端；同时，通过对其物理分布特性的分析，证明了氧气分子在大气层中所占比例的稳定性，所以它逐渐引起了各国学者的关注，成为研究利用大气吸收光谱进行被动测距的新选择。本书将立足于氧气的吸收光谱研究被动测距的相关技术，下面主要对氧气分子的吸收光谱进行分析。

2.2.1 氧气分子的基态和激发态

自然界中的氧含有三种同位素，即 O^{16}、O^{17} 和 O^{18}；在普通氧中，O^{16} 的含量占 99.76%，O^{17} 占 0.04%，O^{18} 占 0.2%。

普通的氧气分子含有两个未配对的电子，等同于一个双游离基。根据洪特规则[6]，分子分立轨道上非成对电子的自旋平行状态要比自旋配对状态更加稳定，因此氧气分子基态中的两个未配对电子的自旋状态相同，同为 1/2，这时两个电子的自旋量子数之和为 S=1；由于分子的自旋多重性 M=2S+1，所以基态的氧气分子自旋多重性为 M=3，故称为三线态氧，用符号 $X^3\Sigma_g^-$ 标识。当氧气分子受激发时，若两个未配对电子在电子跃迁过程中，不发生自旋方向的变化，这时分子多重性仍为 3，则成为受激发的三线态氧；如氧气分子的 $A^3\Sigma_u^+$、$B^3\Sigma_u^-$、$C^3\Delta_u$ 和 $^3\Pi_u$ 三线激发态[7]。若两个未配对电子发生配对，自旋量子数的代数和为 S=0，则称为受激发的单线态氧，如氧气分子 $a^1\Delta_g$ 、$b^1\Sigma_g^+$ 、$c^1\Sigma_u^-$ 单线激发态[8]。上述基态和激发态标记中的希腊字母 $\Sigma, \Pi, \Delta, \cdots$，表示分子的净轨道角动量量子数；希腊字母左上角的数字表示分子的自旋多重性；右上角表示波函数的反射对称性，对称为+，不对称为−；右下角表示表示字称性，g 为偶字称性，u 为奇字称性[9]。为表示方便，本书使用各标识符号的第一个字母表示氧气分子的状态，即用 X 代表 $X^3\Sigma_g^-$ 。

由于氧气分子结构是典型的同核线性结构，其振动状态是对称伸缩态，因此其既不可能具有永久电偶极矩，也不可能通过其他振动方式获取电偶极矩。根据辐射跃迁的选择规则可知，氧气分子在其整个光谱吸收带中不具有独立的转动吸收带；因此，氧气分子的所有吸收光谱均是由各电子能级和各振动能级之间辐射跃迁引起的。根据量子力学可知，电子跃迁发生的同时往往有振动跃迁和转动跃迁的伴随发生，从而导致氧气分子电子跃迁光谱变为一系列的谱带；由于电子能大小约为 1eV，所以这些吸收带系主要集中在紫外、可见和近红外波段；每个谱带中的谱线都对应于相同的电子跃迁起始态和终态，但起始态和终态的振动量子数和转动量子数却不同。同样，振动能级的跃迁也会伴随有转动跃迁的发生，从而形成带状光谱，由于振动能的大小仅为 10^{-2}eV，所以其振动光谱范围在中远红外光谱区域。图 2-6 给出了典型双原子分子的电子跃迁示意图，对氧气分子的电子能级跃迁及其伴随的振转能级跃迁进行了解释。

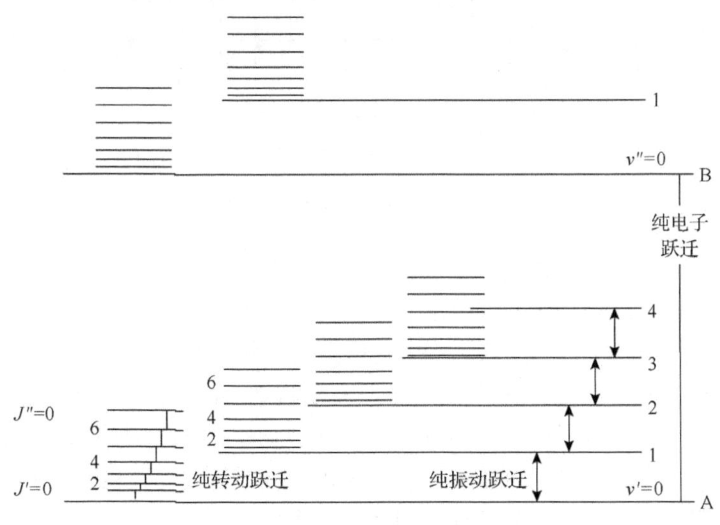

图 2-6　典型双原子分子能级跃迁示意图

图 2-6 中，A、B 表示电子能级，v' 、v'' 表示振动能级，J' 、J'' 表示转动能级；同一电子能级上的分子能量会因振动能量不同而分为若干个支级，形成振动能级；同样，同一电子能级和振动能级上的分子能量也会因转动能量不同而分为

若干个分级，从而形成转动能级。所以在紫外及可见吸收光谱波段，一般包含有若干谱带系(即同一电子能级跃迁，如由能级 A 跃迁到能级 B)，不同谱带系对应分子不同的电子跃迁；若干个谱带构成一个谱带系，不同谱带对应不同的振动跃迁；同一谱带则是由若干光谱线组成，每一条谱线对应于一个转动能级跃迁。

假如依据正常双原子分子的电偶极矩跃迁选择规则，气体三线态能级到单线态能级之间的跃迁是被禁止的。但是氧气分子是一种具有磁偶极矩的气体，磁偶极矩跃迁所吸收的能量不仅远远小于电偶极矩跃迁的能量，而且其跃迁选择规则与电偶极矩跃迁也不相同。在振转跃迁中，光谱将会显示出有两条或者三条亚带，分别对应于 ΔJ 的两种或三种可能取值。$\Delta J = +1$ 的亚吸收带称为 R 分支光谱，谱线位于吸收带的短波长端(高频段)；而由 $\Delta J = -1$ 产生的亚吸收带，则称为 P 分支光谱，它位于吸收带的长波长端(低频段)；最后，如果发生了 $\Delta J = 0$ 的跃迁，则它所产生的亚吸收带将会处于中间位置，并称为 Q 分支光谱，如图 2-7 所示。

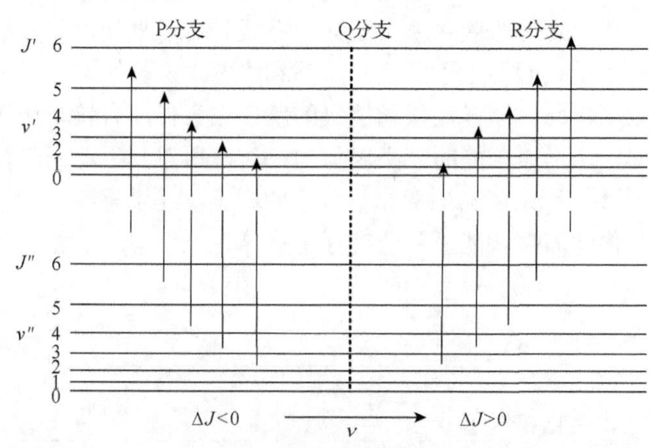

图 2-7　线性分子振转能级及能级跃迁辐射谱线

图 2-7 为线性分子振转能级及能级跃迁辐射谱线，显示了振转吸收带中的 P 分支、Q 分支和 R 分支亚吸收带谱线之间的关系。横轴方向为频率 ν 增加的方向；纵轴方向分别表示振动量子数(v', v'')变化方向和转动量子数(J', J'')变化方向。

以氧气分子三线激发态 X 向单线激发态 b 的电子跃迁为例，伴随该电子跃迁所产生的振动跃迁在该谱带系内共形成了 5 个吸收谱带；因为振转跃迁的发生，每个谱带又显示出两条亚带。图 2-8 给出了该电子跃迁下振动量子数改变为 0 时($v'=0\rightarrow v''=0$ 或 $v'=1\rightarrow v''=1$)两个吸收带的吸收谱线分布。图中各个吸收带的两条亚吸收带十分明显，在点画线左侧(低频段)为吸收带的 P 分支，点画线右侧(高频段)为吸收带的 R 分支。因为根据跃迁选择规则，对于磁偶极矩气体分子 $\Delta J = 0$ 的跃迁是不被允许的，所以没有 Q 分支的存在。图 2-8(a)所对应的振动跃迁共有 271 条谱线，谱带中心约为 764.5nm；图 2-8(b)所对应的振动跃迁下共有 59 条谱线，谱带中心约为 772.2nm；这两个吸收谱带共同组成了氧气分子的 A 吸收带。该吸收带便是目前被国内外学者重点研究并用于测距的主要吸收带，也是本书的主要研究对象。

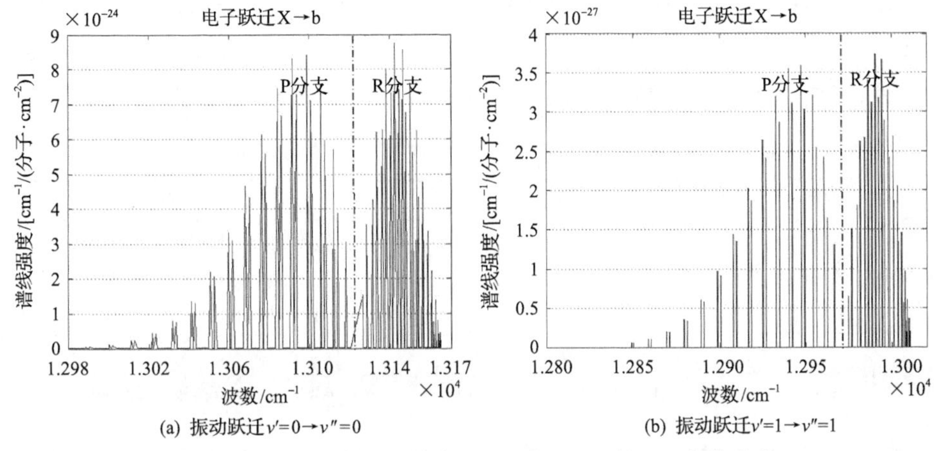

(a) 振动跃迁 $v'=0 \rightarrow v''=0$　　(b) 振动跃迁 $v'=1 \rightarrow v''=1$

图 2-8　氧气分子 A 吸收带不同振动跃迁下的亚吸收带分布

本节通过对氧气分子结构和分子电子态的分析，说明了氧气分子吸收带形成的物理机制；同时，以氧气分子 A 吸收带为例，解释了氧气分子磁偶极矩下振转跃迁所导致的亚吸收带。其中在吸收带低频端，由于振转能级之间的跃迁能量间隔相对较大且相对比较规则，所以 P 分支光谱的吸收谱线分布表现得比较有规律性；而在吸收带的高频端，由于振转能级之间的跃迁能量间隔较小，许多谱线相互重叠交错，所以 R 分支光谱的吸收谱线分布会表现得比较复杂不规则。

2.2.2　氧气分子的近红外和可见光吸收带系

氧气分子的紫外吸收带是由其纯电子跃迁引起的，该波段的吸收主要是从 0.260μm 向短波方向发展的连续吸收带。由于该吸收带的吸收波长全部集中在紫外波段且吸收深度极强，所以无法用于被动测距。图 2-5(f)的氧气分子吸收光谱曲线显示氧气分子在中远红外各有一小段吸收，但是其吸收峰的位置正好处于水蒸气分子和二氧化碳分子的连续吸收带上，因此也无法单独测量进行测距，这里不对其进行讨论。本书后续章节中，无特殊情况时对各种气体的描述均指相应各种气体分子。

氧气的近红外和可见光吸收带系是其众多吸收带中最主要的吸收带系，各吸收带系的中心谱线和谱带区间如表 2-2 所示。这些吸收带的中心波长都集中在近红外光谱区和可见光的红光光谱区；虽然这些波段并非飞行目标的峰值辐射区，但是其辐射能量仍然较强，容易探测，不需要特殊的制冷探测器便可以实现对近红外光和可见光的探测。为了分析各吸收带用于被动测距的可能性以及方便对各吸收带进行对比，下面主要从吸收带的独立性和动态范围这两个方面对两个吸收带系进行对比分析。其中，吸收带的独立性是指吸收带所处波谱范围是否有其他吸收气体的吸收，以及氧气吸收带受干扰的程度，这里以相应波段范围内氧气光谱透过率曲线与大气总透过率曲线的相关程度来衡量；吸收带的独立性决定了该吸收带上吸收气体吸收率计算的准确性与稳定性。吸收带的动态范围是指吸收带最大(深)吸收(线)的深度，其大小决定了该吸收带吸收率随路径长度的变化率大小。

表 2-2　氧气近红外和可见光吸收带系的中心谱线和谱带区间

氧气吸收带系	中心谱线波数/cm^{-1} (波长/μm)	谱带区间波数/cm^{-1} (波长/μm)
近红外吸收带系	6329(1.58)	6300～6350(1.5873～1.5748)
	7874(1.27)	7700～8050(1.2987～1.2422)
	9433(1.06)	9350～9400(1.0695～1.0638)
可见光吸收带系	13158(0.76)	12580～13200(0.7949～0.7576)
	14493(0.69)	14300～14600(0.6993～0.6849)
	15873(0.63)	14750～15900(0.6780～0.6289)

1. 近红外吸收带系

氧气的近红外吸收带系主要是由分子基态到第一激发态 X→a 的电子跃迁引起的，伴随发生的振转跃迁使得一个电子跃迁谱线展宽为三个独立的吸收带。这三个吸收带的波长、波数、带宽、跃迁变化及谱线强度信息如表 2-3 所示。

表 2-3　氧气近红外吸收带系的吸收带

带系	带原点		电子跃迁	振动跃迁	谱线强度/[cm^{-1}/(分子/cm^{-2})]	带宽/nm
	波数/cm^{-1}	波长/μm				
近红外吸收带系	6326.033	1.58	X→a	1→0	1.99×10^{-28}	12.5
	7882.425	1.27	X→a	0→0	3.12×10^{-24}	56.5
	9365.877	1.07	X→a	0→1	1.03×10^{-26}	57

从表 2-3 可知，三个吸收带的波长相差并不是很远；1.58μm 吸收带是在电子跃迁 X→a 的基础上由 $\Delta v = -1$ 引起的，其谱线强度和带宽最小；1.27μm 吸收带则是由 $\Delta v = 0$ 引起的，其谱线强度最大，带宽较大；1.07μm 吸收带的带宽虽然比 1.27μm 吸收带的带宽稍宽，但其谱线强度要小两个数量级。所以在近红外吸收带系中，1.27μm 吸收带可能是最适合用于被动测距的吸收带。为了更好地分析该吸收带系，下面利用 MODTRAN 软件计算中纬度夏季、海拔 1km、水平路径长度 5km 路径的大气透过率曲线和这三个氧气吸收带的光谱透过率曲线。

1) 1.58μm 吸收带

图 2-9 给出了氧气近红外吸收带系中 1.58μm 吸收带的光谱透过率(本书均指相对透过率)曲线，以及二氧化碳、水蒸气和大气在这一波段的相应曲线。其中，

水蒸气和二氧化碳的透过率曲线对应左侧坐标轴，氧气和大气的透过率曲线对应右侧坐标轴。对比氧气、二氧化碳和水蒸气这三种气体的透过率曲线可知：氧气吸收带的最大吸收深度(本书均指相对吸收深度)约为 0.0001，而其他两种气体的最大吸收深度则在 0.03～0.05 范围内；该氧气吸收带被二氧化碳和水蒸气的吸收带完全覆盖，即氧气吸收带的吸收动态范围很小，且在该波段上氧气吸收谱线与大气总吸收谱线的相关系数仅为 0.0032，也就是说该氧气吸收带的独立性很差。同时，由于二氧化碳和水蒸气这两种气体比较容易受到气象因素的影响，所以该吸收带不能作为被动测距的备选吸收带。

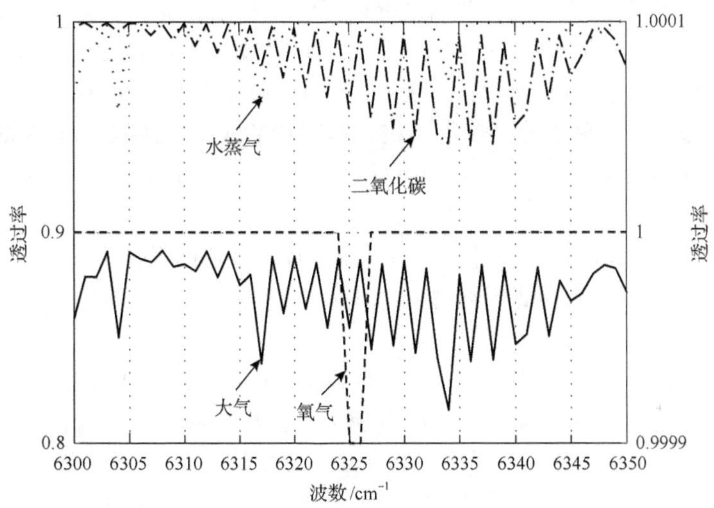

图 2-9　氧气、二氧化碳、水蒸气和大气在 1.58μm 吸收带的光谱透过率曲线

2) 1.27μm 吸收带

由表 2-3 可知氧气 1.27μm 吸收带的谱线强度要比其他两个吸收带的谱线强度大 2～4 个数量级。图 2-10 给出了该吸收带范围内大气的总透过率曲线及氧气、

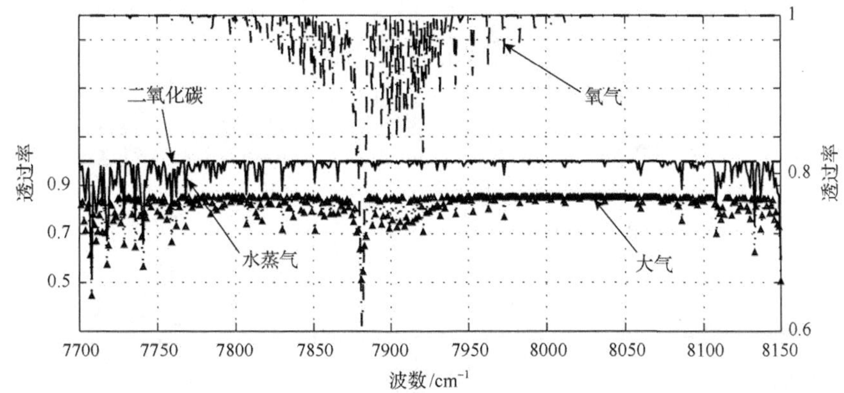

图 2-10　氧气、二氧化碳、水蒸气和大气在 1.27μm 吸收带的光谱透过率曲线

二氧化碳和水蒸气的透过率曲线。其中，大气、水蒸气和二氧化碳的透过率曲线对应左侧坐标轴，氧气的透过率曲线对应右侧坐标轴。在该波段范围内二氧化碳基本表现为无吸收，即对于这一波段辐射的透过率约为 1；而氧气吸收谱线的吸收深度普遍较深，其中最深的吸收位置在波数 7881cm^{-1}(1.268μm)处，最大吸收深度达到 0.3928，即氧气吸收带的动态范围可以定为 0～0.3928。

氧气吸收带的吸收峰在大气总透过率曲线上表现得较为明显：在 7700～8050cm^{-1} 波数范围内，氧气吸收带的透过率谱线与大气总透过率谱线的相关系数为 0.5826，即就整个氧气吸收带来说，其独立性较为一般；但是在 7850～8080cm^{-1} 波数范围内氧气透过率谱线和大气总透过率谱线的相关系数却可达到 0.9799，其独立性很好。同时在 7850～8010cm^{-1}(1248.43～1273.89nm)波数范围内水蒸气吸收谱线的密度和强度都很小，且大气总透过率曲线的吸收峰和氧气透过率曲线的位置和强度都基本一致。在 8010～8080cm^{-1}(1237.63～1248.43nm)波数范围内的大气总透过率曲线比较平坦，仅有几个吸收强度很小的水蒸气吸收峰。该波段 11nm 左右的平滑光谱曲线是该氧气吸收带的一个带肩。

因此从氧气吸收带的独立性和动态范围上说，虽然该吸收带整体不适合用于被动测距，但是其短波方向的部分吸收带基本可作为被动测距一个很好的备选吸收带。

3) 1.06μm 吸收带

图 2-11 为氧气、二氧化碳、水蒸气和大气在 1.06μm 吸收带的光谱透过率曲线。其中，大气、水蒸气和二氧化碳的透过率曲线对应左侧坐标轴，氧气的透过率曲线对应右侧坐标轴。

由图 2-11 可知：氧气吸收带谱线比较杂乱无章，不像 1.27μm 吸收带谱线那样有规则。其谱线的最大吸收深度仅为 0.0015，不仅动态范围很小，而且几乎被

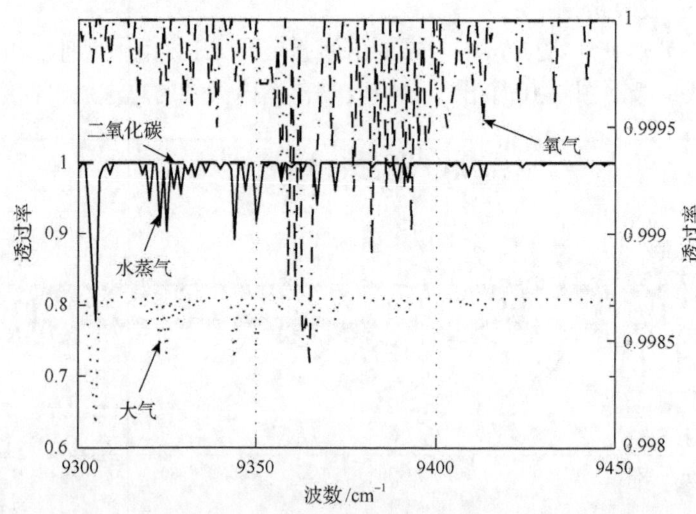

图 2-11　氧气、二氧化碳、水蒸气和大气在 1.06μm 吸收带的光谱透过率曲线

水蒸气的吸收谱线完全淹没。对比大气总透过率曲线和水蒸气透过率曲线可知，这二者的曲线形状和各吸收峰的位置非常接近，其相关系数可达 0.9991；而氧气透过率曲线与大气总透过率曲线的相关系数仅有 0.0152，其独立性也很差。因此，该吸收带同样无法作为被动测距的备选吸收带。

由上可知：在氧气近红外吸收带系中，三个吸收带的总体独立性都不是很高，受水蒸气吸收谱线影响较大；但是 1.27μm 吸收带短波部分(1248.43～1273.89nm)的独立性很好，可以作为被动测距的备选吸收带，其他两个吸收带无论是其独立性还是其动态范围都不合适。

2. 可见光吸收带系

氧气分子可见光吸收带系是由氧气分子基态到第二激发态 X→b 的电子跃迁引起的，伴随发生的振转跃迁，这一电子跃迁谱线共展宽为五个窄吸收带，其中四个吸收带在大气光谱中具有很强的吸收。这些吸收带的波数、波长、跃迁变化及谱线强度信息如表 2-4 所示。

表 2-4　氧气分子可见光吸收带系的吸收带

带系	带原点		电子跃迁	振动跃迁	谱线强度/cm	备注
	波数/cm^{-1}	波长/μm				
可见光吸收带系	11564.52	0.86	X→b	1→0	5.49×10^{-27}	—
	12969.27	0.77	X→b	1→1	7.29×10^{-26}	A 吸收带
	13120.91	0.76	X→b	0→0	2.24×10^{-22}	A 吸收带
	14525.66	0.69	X→b	0→1	1.29×10^{-23}	B 吸收带
	15902.42	0.63	X→b	0→2	2.27×10^{-25}	γ 吸收带

因为 0.77μm 和 0.76μm 这两个吸收带紧邻，所以研究人员习惯将其作为一个吸收带进行处理，并将其命名为 A 吸收带；同时国内外学者所关心的 0.69μm 吸收带和 0.63μm 吸收带的吸收强度也都比较强，习惯上称它们为氧气的 B 吸收带和 γ 吸收带。由表 2-4 可知，从吸收强度上讲 A 吸收带(0.76μm)吸收最强，B 吸收带和 γ 吸收带稍小，0.86μm 吸收带的吸收最弱。由图 2-5 可知，二氧化碳和水蒸气吸收光谱作为大气吸收光谱中的重要组成部分，虽然其在可见光吸收带的吸收范围广，吸收强度大，但是随着波长的减小，这两者的吸收范围和强度都有明显的减小；其中二氧化碳在可见吸收带内已基本无吸收存在，这时能够对氧气吸收光谱产生影响和干扰的吸收成分仅剩下吸收强度也在减弱的水蒸气。可见光吸收带系内吸收带的分析对比依然采用 MODTRAN 软件对各个吸收带进行仿真分析，软件设置与分析近红外吸收带系时的设置相同。

1) 0.86μm 吸收带

氧气 0.86μm 吸收带依然与水蒸气的吸收带存在重叠，但是其重叠位置、强度对比以及它对氧气吸收带的影响仍需通过分析才能得知。因此，图 2-12 给出了该段光谱区范围内氧气、二氧化碳、水蒸气的光谱透过率曲线和大气总光谱透过率曲线。其中，大气、二氧化碳和水蒸气的透过率曲线对应左侧坐标轴，氧气的透过率曲线对应右侧坐标轴。

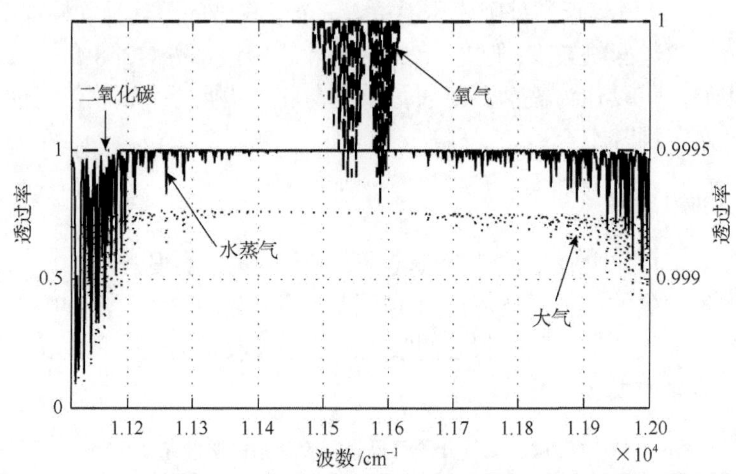

图 2-12 氧气、二氧化碳、水蒸气和大气在 0.86μm A 吸收带的光谱透过率曲线

从图 2-12 可知：该谱段内二氧化碳的吸收正如分析的一样基本为 0，此时对大气总吸收谱影响最大的是水蒸气的吸收。氧气吸收带正好处于水蒸气两个吸收带的中间过渡地带，在该位置上氧气吸收基本不受水蒸气强吸收线的影响。但是由于氧气在该吸收带的最大吸收深度不到 0.001，所以一些不太明显的水蒸气弱吸收线仍会对氧气吸收带产生影响，导致其与大气总光谱曲线的相关系数仅有 0.3064，因此该吸收带也不适合用于被动测距。

2) 0.76μm A 吸收带

氧气 A 吸收带是可见光吸收带系中吸收强度最大的一个吸收带，也是除氧气紫外波段吸收以外吸收强度最大的吸收带；同时由于该吸收带位于可见光波段，所以利用普通硅探测器便可完成对该波段光谱数据的采集。

从图 2-5 的(b)和(c)中可以清晰地看到氧气 A 吸收带的吸收，但是水蒸气在该波长附近也正好有两个较强的吸收带，因此这里将详细分析水蒸气吸收带对氧气 A 吸收带的影响。图 2-13 给出了氧气、水蒸气和大气在 0.76μm A 吸收带的光谱透过率曲线。其中，大气、水蒸气的透过率曲线对应坐标轴左侧，氧气的透过率曲线对应坐标轴右侧。由于二氧化碳在可见光范围内已经没有吸收，所以这里不再对其讨论。从图中可以看出，氧气 A 吸收带正好位于水蒸气的两个吸收带中间，并且 A 吸收带两侧到水蒸气吸收带之间各自有很长一段无任何气体吸收的光谱区。在 12750～13400cm^{-1} 波数范围内的氧气光谱透过率和大气总光谱透过率曲线的相关系数为

0.9994，已远远超过了上述各个氧气吸收带的独立性；而它们在 12840～13180cm^{-1} 的 A 吸收带内的相关系数甚至高达 0.99996，换言之可以认为二者是一致的。

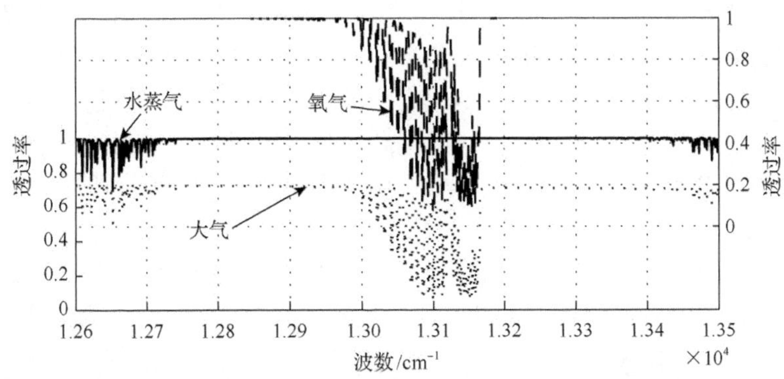

图 2-13　氧气、水蒸气和大气在 0.76μm A 吸收带的光谱透过率曲线

同时，A 吸收带的动态范围也远大于上述各个吸收带，其最大吸收深度为 0.9209；这便使得该吸收带上的氧气吸收率对距离变化十分敏感，最小可分辨的距离值也很小。但该氧气吸收带对目标辐射的强吸收特性也使得目标辐射随距离增加而迅速衰减，因此利用该吸收带进行被动测距时，其最大测程将受到一定的限制。由上可知，位于 0.76μm 处的 A 吸收带无论是从其独立性上讲还是从其动态范围上讲都是特别适合用于被动测距的。

3) 0.69μm B 吸收带

氧气 A 吸收带振动跃迁是由 $\Delta v = 0$ 的振动量子数变化引起的，而 B 吸收带振动跃迁的振动量子数变化则是 $v' = 0 \rightarrow v'' = 1$ 。图 2-14 给出了氧气、水蒸气和大气在 0.69μm B 吸收带的光谱透过率曲线，以此来分析氧气 B 吸收带的特性。其中，大气、水蒸气的透过率曲线对应左侧坐标轴，氧气的透过率曲线对应右侧坐标轴。

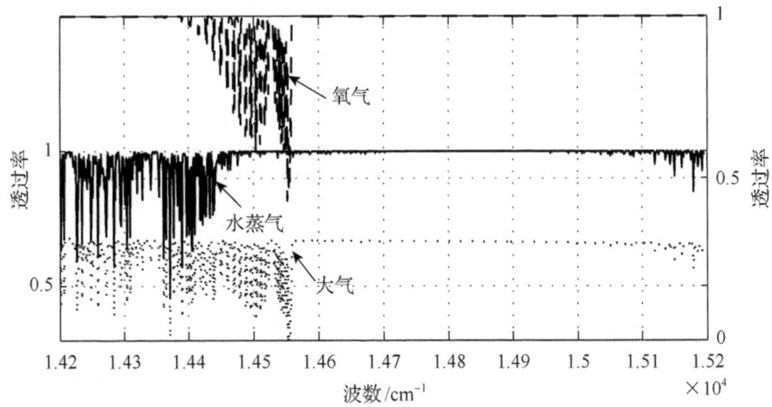

图 2-14　氧气、水蒸气和大气在 0.69μm B 吸收带的光谱透过率曲线

从表 2-4 可知，B 吸收带的谱线强度仅比 A 吸收带的小一个数量级；图 2-5(b)和(c)中的氧气 B 吸收带也是可见光波谱段一个较为明显的吸收带；但是水蒸气在该吸收带位置附近仍有较大吸收。由图 2-14 可知，0.69μm 吸收带不像氧气 A 吸收带那样正好能避开水蒸气吸收的影响；在整个 B 吸收带 14380～14560cm^{-1} 波数范围内都存在着水蒸气的吸收，并且水蒸气的吸收随波数减小而越来越强，氧气吸收则随之减小而越来越弱，从而导致水蒸气吸收对氧气吸收的干扰也逐渐增强，这一点与近红外吸收带系中 1.27μm 吸收带受干扰的情况非常相似。

值得注意的是，在吸收带 14480～14560cm^{-1} 波数范围内的水蒸气吸收非常弱。从大气总光谱透过率曲线可以看出，叠加后的总曲线与氧气相对透过率曲线基本保持一致，它们的相关系数为 0.9997，这也证明了氧气 B 吸收带部分谱段具有很好的独立性。同时，在该吸收带短波一侧的 14560～15110cm^{-1} 波数是一段较长无气体吸收的透明光谱段，这对于将来氧气吸收率的计算具有很大的帮助。该吸收带 0～0.5691 的动态范围也是仅次于氧气 A 吸收带的又一较强吸收带。

由上可知氧气 B 吸收带部分吸收谱线也是十分适合用于被动测距的。虽然中等水平的动态范围使得该吸收带的距离敏感性不是很高，但是却使得该吸收带范围内的目标辐射可以传播得更远，因此，利用该吸收带进行测距时的测程会更长。

4) 0.63μm γ 吸收带

作为氧气可见光吸收带系三个强吸收带之一的 γ 吸收带，其吸收强度较 A、B 吸收带要弱。若该光谱区存在其他气体的吸收，则该吸收带必将受到较大的干扰。氧气 γ 吸收带波谱范围附近的氧气、水蒸气和大气的光谱透过率曲线如图 2-15 所示。其中，大气、水蒸气的透过率曲线对应左侧坐标轴，氧气的透过率曲线对应右侧坐标轴。

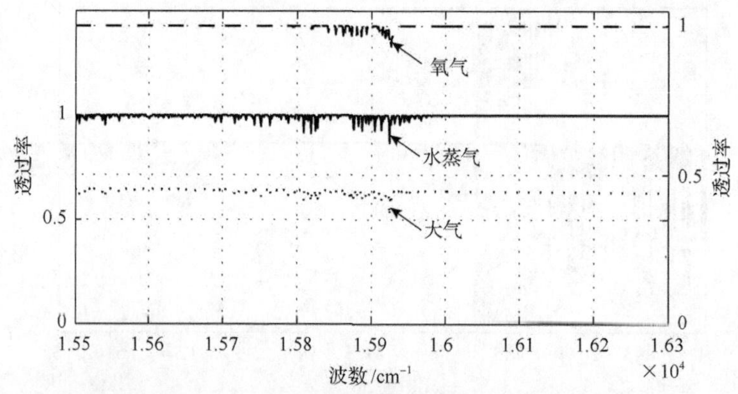

图 2-15　氧气、水蒸气和大气在 0.63μm 附近的光谱透过率曲线

图 2-15 表明该谱线区间内除氧气和水蒸气吸收外没有其他气体吸收存在，同时作为对氧气吸收影响较大的水蒸气吸收也很小，特别是在氧气吸收带的两侧。但是 γ 吸收带正好与水蒸气的一个弱吸收带的位置重合，而氧气的吸收强度又小于水蒸气吸收带的吸收强度，所以在大气总光谱透过率曲线上基本无法辨识氧气吸收谱线的形状；同时在该吸收带范围内氧气光谱透过率曲线与大气总光谱透过率曲线的相关系数也仅有 0.4127。因此，氧气 γ 吸收带也不适合作为被动测距的吸收带。

综上所述：在可见光吸收谱带系中，A 吸收带整体以其相对较好的独立性和较大的动态范围成为本书所研究被动测距技术的一个备选吸收带；B 吸收带的整体独立性虽然不高，但是其短波方向上部分吸收带的独立性却很好，同时由于其中等水平的动态范围使之能够成为远程被动测距的一个备选吸收带；0.86μm 吸收带和 0.63μm 吸收带都因为其过弱的吸收强度，而被水蒸气完全吸收或者部分覆盖，导致其无法用于被动测距。

本节从吸收带的独立性和动态范围角度出发，分析了氧气近红外吸收带系和可见光吸收带系中各个吸收带的优缺点，确定了适合用于被动测距的三个氧气吸收带：A 吸收带、B 吸收带和 1.27μm 吸收带。2.3 节将对这三个备选吸收带的测距能力进一步分析。

2.3　备选氧气吸收带的测距能力分析

A、B 和 1.27μm 三个备选吸收带的基本信息如表 2-5 所示。

表 2-5　备选氧气吸收带的波长范围和带肩范围

备选吸收带	波数(波长)范围	带肩个数	带肩范围	
A 吸收带	12950～13180cm^{-1} 758.7～772.3nm	2	12750～12950cm^{-1} 772.3～784.3nm	13180～13400cm^{-1} 746.3～758.7nm
B 吸收带	14480～14560cm^{-1} 686.81～690.60nm	1	14560～15110cm^{-1} 661.8～686.8nm	
1.27μm 吸收带	7850～8010cm^{-1} 1248.4～1273.9nm	1	8010～8080cm^{-1} 1237.6～1248.4nm	

表 2-5 给出了三个备选吸收带的波长范围和带肩信息。其中 A 吸收带的波长宽度为 13.6nm，在吸收带两侧各有一个 12nm 左右宽度的平滑带肩；而 B 吸收带和 1.27μm 吸收带的可用波长宽度分别为各吸收带短波方向上的 3.79nm 和 25.5nm，且它们都仅有短波方向上的一个平滑带肩。

从吸收带的独立性和动态范围角度来衡量三个备选吸收带时，它们都适合作为被动测距的吸收带。三个吸收带动态范围的差异性使得单位长度上各吸收带的平均吸收率大小不同，即吸收率随距离变化的斜率不同；斜率越大，吸收率随距离增加变化得越快，相同的吸收率误差下，距离误差也就越小。如果想要提高测距精度，则吸收率对路径长度的斜率应当越大越好。但平均吸收率越大，目标辐射随距离增加而衰减得越快，辐射传播的距离也就越短。因此要折中处理吸收带测距精度和测程这一矛盾。

这里将测距精度和测程称为一个吸收带的测距能力；测距精度用吸收带平均吸收率斜率来衡量；测程用吸收带平均吸收率曲线未进入水平区域之前的有效测距区长度来衡量。下面将主要利用 MODTRAN 软件提供的数据对三个备选吸收带的测距能力进行对比分析，寻求一个合理的应用方案来解决测距精度和测程的矛盾。

1. 吸收率斜率

大气内的辐射在传播过程中，氧气各吸收带会对相应波长的目标辐射进行选择性吸收。若仅考虑吸收带内某条吸收线的吸收，那么该单色吸收率的变化将严格服从比尔吸收定律，如式(2-7)所示：

$$\mathrm{d}I = -k_v I \mathrm{d}l \tag{2-7}$$

式中，I 为目标辐射强度；k_v 为波数 v 处单位距离上的吸收系数；$\mathrm{d}I$ 是路径长度变化 $\mathrm{d}l$ 时目标辐射强度的变化量。

当能够进行单色测量时，比尔吸收定律可精确地给出单色吸收率与路径长度的对应关系，但实际设备都具有一定带宽。实际光谱测量是对一定谱带内所有谱线吸收的平均，此时比尔定律已无法准确描述平均吸收率与路径长度的变化关系。由于非均匀大气可分成若干层均匀大气进行处理，因此定义均匀大气中一定频率宽度上的平均吸收率 $\overline{A}$ 如式(2-8)所示：

$$\overline{A} = 1 - \exp(-\overline{k}L) \tag{2-8}$$

式中，$\overline{k}$ 为某一频宽内单位长度上的平均吸收系数，与吸收带内所有谱线强度、分布、谱线宽度及单位长度内吸收气体含量有关；L 为路径长度。

此时，平均吸收率的斜率 $\mathrm{d}\overline{A}/\mathrm{d}L$ 如式(2-9)所示：

$$\mathrm{d}\overline{A}/\mathrm{d}L = \overline{k}\exp(-\overline{k}L) \tag{2-9}$$

从数学角度讲，平均吸收率与距离是负指数关系；$\overline{k}$ 值越大，斜率随路径长

度 L 增加而衰减得也越快。吸收带内包含许多强吸收线和弱吸收线；在短程情况下，强吸收线的吸收在平均吸收率计算中占主要地位；随着路径长度的增加，强吸收线的吸收逐渐增加直至饱和。由于强吸收线吸收达到饱和后便不再吸收了，所以这时平均吸收率的变化主要由弱吸收线的吸收引起。随着距离的持续增加，相同的平均吸收率变化需要更长的路径长度增加才能满足；换言之，一个小的平均吸收率误差将引起较大的距离误差。图 2-16 给出了一些典型情形下三个备选吸收带平均吸收率与路径长度的关系曲线。

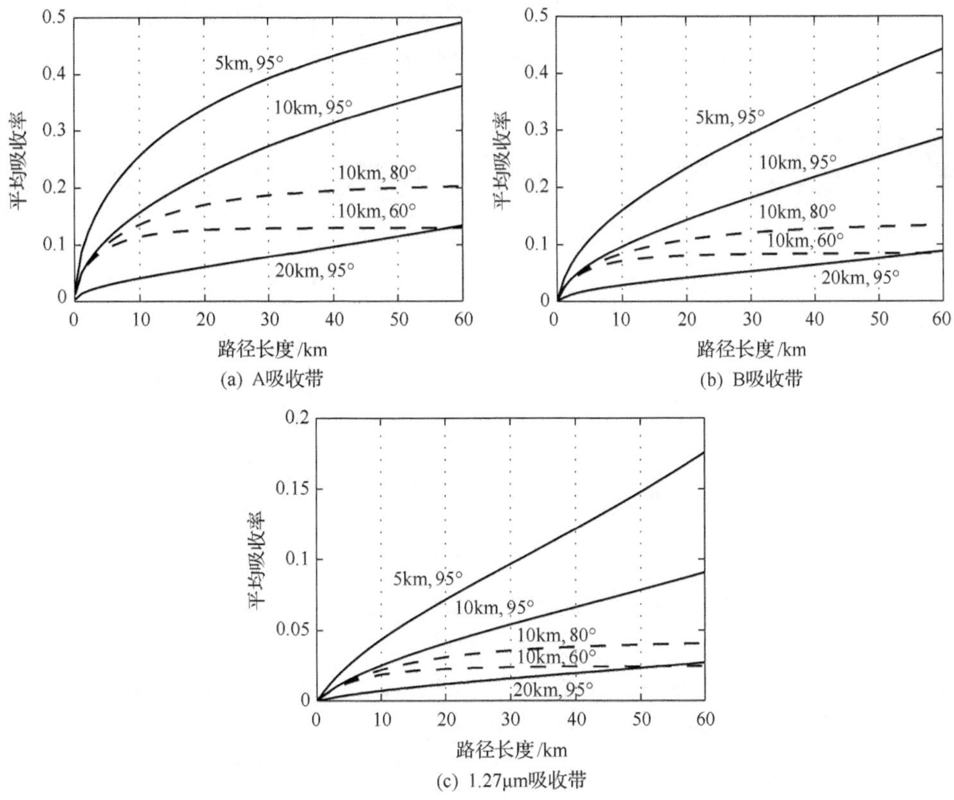

图 2-16　典型情形下三个备选吸收带平均吸收率与路径长度的关系曲线

图 2-16 分别给出了目标天顶角固定时不同观测点海拔（实线）和海拔固定时不同天顶角（虚线）下三个备选吸收带平均吸收率和路径长度的关系曲线。由图可知：随着路径长度的增加，平均吸收率曲线逐渐趋于水平；平均吸收率曲线斜率的逐渐减小将导致测距误差逐渐增加。在天顶角一定的情况下，探测器海拔越小，吸收带相同路径长度上的平均吸收率斜率越大；这是因为低海拔处的氧气分子浓度大于高海拔区域，氧气分子浓度越高则吸收越强。在海拔一定的情况下，天顶角越大，相同路径长度上的氧气分子浓度越大，吸收带的平均吸收率也越大。

对比三个备选吸收带的曲线可知：在相同海拔和天顶角情况下，吸收带的动态范围直接决定了吸收带的平均吸收率大小；就平均吸收率的大小而言，A 吸收带最强，B 吸收带稍弱，1.27μm 吸收带最弱。

由式(2-9)已知平均吸收率斜率是距离的负指数关系。换言之，当路径长度达到一定阈值后，B 吸收带的吸收率斜率会超过 A 吸收带，同样 1.27μm 吸收带的吸收率斜率也会超过 B 吸收带，如图 2-17 所示。此时，A 吸收带的测距精度反而不如 B 吸收带和 1.27μm 吸收带。同时，由于平均吸收率的大小与氧气分子浓度也有关系，所以氧气分子浓度不同，平均吸收率斜率的衰减快慢也不相同。

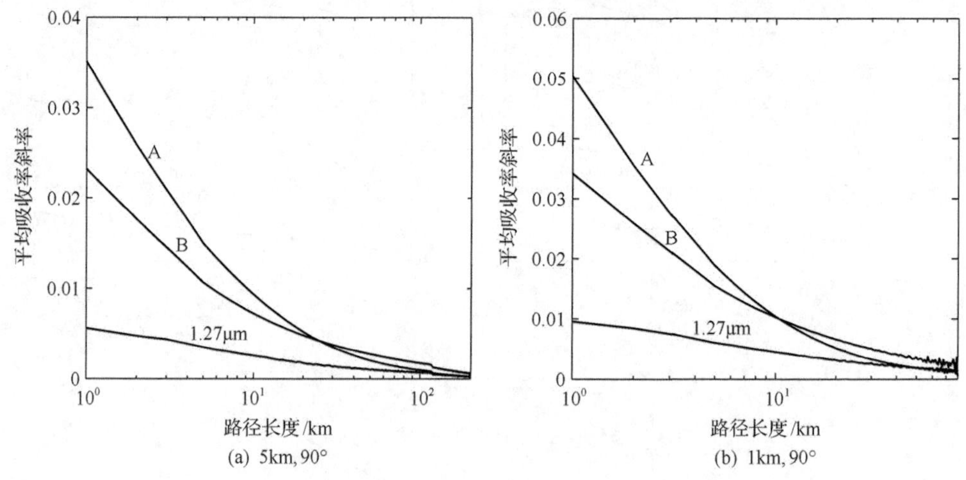

图 2-17　三个备选吸收带的平均吸收率斜率与路径长度的关系曲线

图 2-17 给出了 90°天顶角不同海拔下氧气 A、B 和 1.27μm 吸收带平均吸收率斜率与路径长度的关系曲线。海拔越低，氧气分子浓度越大，各个吸收带的平均吸收率斜率随路径长度增加而衰减得也就越快；B 吸收带和 1.27μm 吸收带平均吸收率斜率分别超过 A 吸收带和 B 吸收带的时机也越早。

由上可知：相同情形下，三个备选吸收带平均吸收率斜率由大到小分别为 A 吸收带、B 吸收带和 1.27μm 吸收带；换言之，测距时 A 吸收带的测距精度好于 B 吸收带和 1.27μm 吸收带。当海拔越低，天顶角越大时，同一吸收带的平均吸收率及其斜率也越大。同时，平均吸收率斜率的指数衰减关系决定了 A 吸收带在短程测距时具有较好的测距精度；由于 B 吸收带平均吸收率斜率的衰减速率小于 A 吸收带，所以在远程测距时 B 吸收带的测距精度会好于 A 吸收带。虽然 1.27μm 吸收带的吸收最弱，在更远的路径长度处的平均吸收率斜率也会超过 A、B 吸收带，但是由于其本身平均吸收率斜率过小导致距离误差过大而不适合用于被动测距。由于本节的平均吸收率是对各吸收带全部波长上吸收的平均，所以这里的平均吸收率是该吸收带最小的平均吸收率；当减小选用频谱范围、选择强吸收线谱带时，平均吸收率及其斜率会更大，测距精度会更高。最后，无论是利用哪个吸收带进行测距，都应当尽可能地使吸收带工作在大气浓度较大的海拔高度以便保证平均吸收率与路径长度之间的强相关性。

2. 吸收带的测程

吸收带是否适合用于被动测距，除了需要对比分析其平均吸收率斜率以外，还需要考虑各吸收带的测程。被动测距系统在进行测距时，其作用距离不仅与目标的辐射强度和吸收带的透过率有关，同时还取决于探测系统本身的参数。根据本小节的主要目的，这里将在相同目标辐射强度和探测系统参数下讨论各吸收带的测程问题。

基于大气吸收特性的被动测距技术主要探测的是具有类似黑体辐射的自辐射目标，如战斗机、战术战略导弹和火箭等。这些目标尾焰的温度色温一般在 1000～3000K 的范围内；根据普朗克辐射公式和维恩位移定律可知，尾焰色温越小，辐射中心波长越长，离可见和近红外光谱区越远，三个备选吸收带处的辐射强度比越大；反之辐射强度比越小。当色温为 1000K 时，氧气 A 吸收带、B 吸收带和 1.27μm 吸收带处的目标辐射强度比为 7.1∶1∶647；当色温为 3000K 时比值变为 1.17∶1∶1.15。由此可知，当目标处于加力状态时，目标在三个备选吸收带处的辐射能量差并不大；此时，吸收带的测程则主要由吸收带的吸收率决定。利用 MODTRAN 软件分别给出了天顶角一定和海拔一定时几种典型情况下各吸收带平均吸收率和路径长度的关系曲线，如图 2-18 和图 2-19 所示。

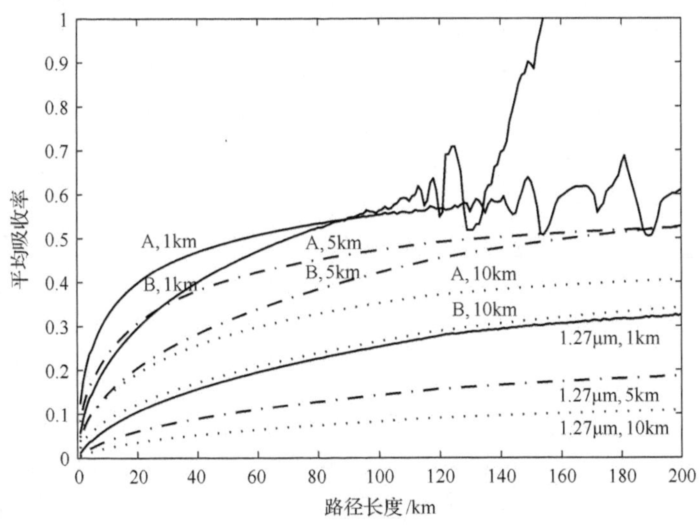

图 2-18　固定天顶角(90°)不同海拔下三个备选吸收带平均吸收率与路径长度的关系曲线

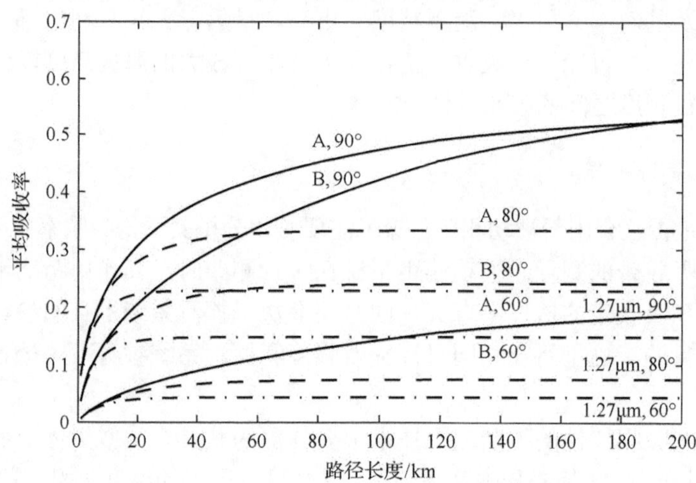

图 2-19 固定海拔(5km)不同天顶角下三个备选吸收带平均吸收率与路径长度的关系曲线

图 2-18 中实线、点画线和虚线分别代表的是三个备选吸收带在 1km、5km 和 10km 海拔下平均吸收率与路径长度的关系曲线。在天顶角一定时，海拔越低，大气中的氧气分子浓度越大，三个备选吸收带的平均吸收率曲线由于强吸收线的吸收饱和而变平得越早，吸收带的测程将变得越短；其中 A、B 吸收带的曲线随海拔变化的幅度很大，而 1.27μm 吸收带的变化幅度很小且在整个路径长度内的吸收率变化也很小，因此其不适合用于被动测距；1km 海拔下 A、B 吸收带的平均吸收率在 100km 以后出现了振荡现象，这是因为此时 A、B 吸收带及其周围频谱的透过率极小，测量误差增大。总之，一定天顶角下吸收带的测程随海拔增加而逐渐增加，相同海拔下吸收带吸收率越小，则其测程越大。

图 2-19 中的实线、虚线和点画线分别代表三个备选吸收带在 90°、80°和 60°天顶角下的平均吸收率曲线。当海拔一定时，天顶角的改变使得辐射所穿路径上的氧气分子浓度不同，进而导致了各吸收带平均吸收率的差异。天顶角越小、相同路径长度上氧气分子浓度越小，由于吸收变弱而使得曲线变平得越快，从而导致测程变短。同样，三个备选吸收带中 1.27μm 吸收带由于曲线过平，测程过短而不适合用于被动测距。

综上所述：本小节从三个备选吸收带的平均吸收率斜率和测程两个方面对它们的测距能力进行了综合分析。A、B 吸收带由于动态范围较大、吸收率对路径长度变化敏感、测程适中，所以适合作为被动测距的吸收带。同时，一方面 B 吸收带的平均吸收率衰减较慢，平均吸收率斜率在一定路径长度上反而会超过 A 吸收带；另一方面 B 吸收带的平均吸收率曲线变平得较缓，有效测程较长，所以在远距离上 B 吸收带的测距表现要好于 A 吸收带。如果想要保证较好的测距精度，则需要尽量保持吸收带工作在低海拔大天顶角情况下，因为此时平均吸收率曲线斜率较好，测距精度较高；同时尽可能地将工作距离限制在吸收率曲线变平之前的范围内。1.27μm 吸收带由于其吸收率过小而不适合用于被动测距，但是正是由于其吸收率小、目标辐射穿透力强才使得该吸收带比其他两个吸收带更加容易发现目标；因此，该吸收带可以考虑用于目标的侦测和预警，为后续 A、B 吸收带的测距做好准备。

本节从氧气分子吸收光谱的形成机理出发，分析了氧气近红外和可见光波段吸收带及其亚吸收带的形成原因；通过对吸收带动态范围和独立性的讨论，确定了可能适合于被动测距的三个备选吸收带；在此基础之上，通过对备选吸收带测距精度和测程的综合分析，确定了能够用于被动测距的氧气 A、B 吸收带，很好地解释了国内外学者[10-19]选择氧气 A、B 吸收带作为研究被动测距技术吸收带的原因。

2.4　气象因素对氧气吸收影响的分析

通过对氧气近红外和可见光吸收谱带的独立性、动态范围和测距能力分析发现：氧气的 A、B 吸收带具有独特的谱线结构、独立的吸收谱段、大的吸收动态范围和吸收相对较弱的特性，适用于对自主动力飞行目标的距离测量。特别是氧气 A 吸收带，它凭借其较好的光谱独立性和较大的动态范围，最适合应用于精度要求较高的中远程被动测距。但是，无论是主动测距方法还是被动测距技术都容易受到云、雨、雾、霾等气象条件的影响。对于主动测距方法来说，气象因素的影响主要是对其测程的缩减；而对于被动测距技术，尤其是利用目标辐射和大气传输特性的被动测距技术，气象条件的恶化不仅会急剧改变大气中气溶胶分布和大气湍流情况，而且还会改变大气中二氧化碳、水蒸气等吸收分子的浓度。因此气象因素不但会影响被动测距技术的测程，而且会对有限测程内的测距精度造成影响。

氧气分子虽然在大气组成中占比很大，但是气象因素变化还是会对其浓度分布产生一定的影响。同一目标辐射路径上氧气分子浓度分布的改变必然引起吸收率的波动，从而影响测距精度。为了对氧气 A、B 吸收带的可靠性进行分析，评估气象因素对氧气吸收带吸收的影响，本节将分别就几种典型气象条件对氧气 A、B 吸收带的影响进行分析[20]。

2.4.1　季节变化对氧气吸收带影响的分析

在季节变化过程中，大气层由于受到地面温度的影响而整体上升或下沉，因此大气中氧气分子浓度也会随季节变化而改变。同时，由于地球上不同位置处的引力场不同导致大气层的厚度和大气中氧气分子浓度分布也存在差异。在 2.1.3 节氧气的物理分布特性分析中已经证明地域、季节和温度变化对大气中氧气分子浓度的影响很小。

为了分析 A、B 吸收带是否都能够在季节和地域变化情况下保持稳定地吸收，下面利用 MODTRAN 软件分别就中纬度夏季(midlatitude summer，MLS)、中纬度冬季(midlatitude winter，MLW)和热带模型(tropical model，TM)三种不同典型地域、典型季节下的氧气吸收率曲线进行仿真分析；并以 1976 年美国标准大气模式(1976USS)下的氧气吸收率曲线为基准。假定探测器海拔 0.5km，天顶角为 45°，路径长度从 1km 到 100km，其步长为 1km，气溶胶模型为乡村大气能见度=23km，无云雨。氧气吸收带平均吸收率与路径长度的关系曲线如图 2-20 和图 2-21 所示。

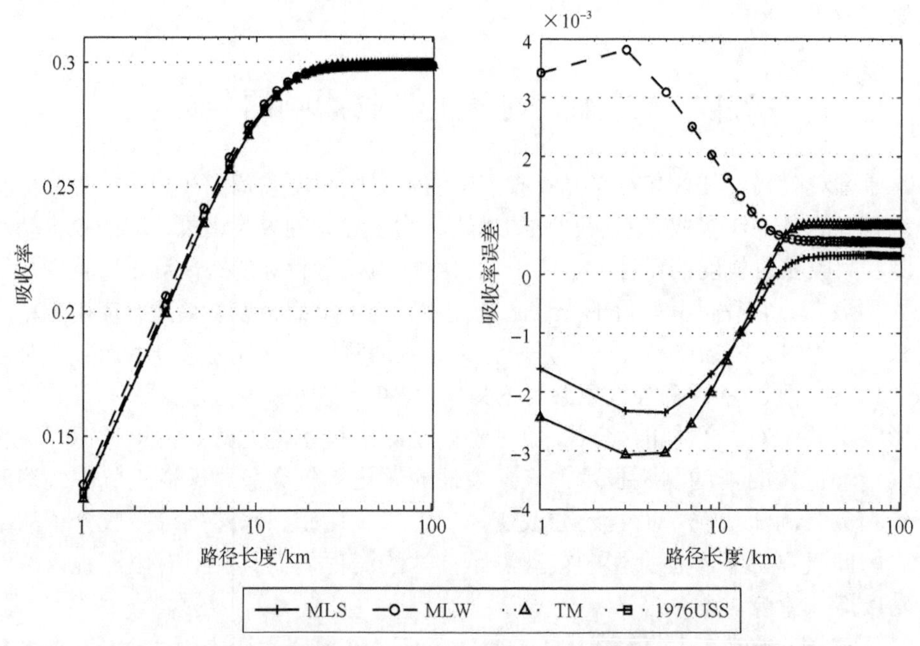

图 2-20 典型大气模式下氧气 A 吸收带吸收率与路径长度的关系曲线

图 2-20 和图 2-21 给出了典型大气模式下氧气 A、B 吸收带吸收率与路径长度的关系曲线。从图中吸收率误差曲线可以看出中纬度冬季大气模式下两吸收带的吸收率都大于 1976 年美国标准大气模式下的吸收率，而中纬度夏季大气模式下的吸收率则正好相反，且温度越高误差越大。其原因在 2.1.3 节中已提到过，大气温度改变导致的大气层上下浮动使得同一海拔处的氧气分子浓度出现冬季浓度大、夏季浓度小的现象，从而引起了吸收带平均吸收率的误差；但从吸收率误差的量值可知季节变化对吸收率的影响很小。

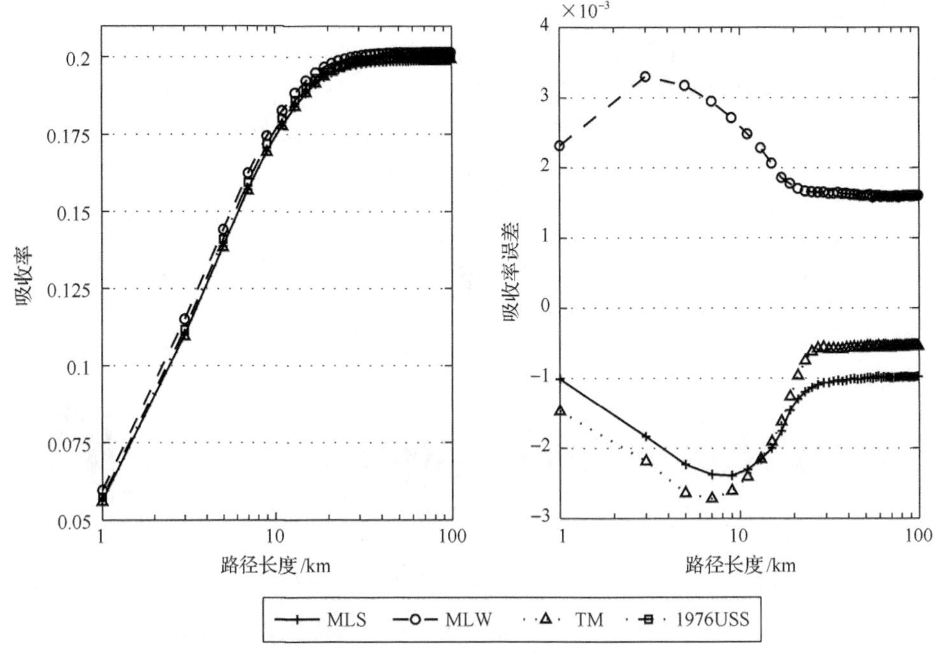

图 2-21　典型大气模式下氧气 B 吸收带吸收率与路径长度的关系曲线

从图中的吸收率曲线也可以看出几种大气模式下两吸收带吸收率与路径长度的关系曲线相对比较集中，差异不大。同时从图中还可看出，当路径长度超过 30km 后曲线基本变平，即吸收率大小不再随路径长度变化而变化；这是因为氧气分子浓度随路径长度的增加以负指数形式迅速下降，当路径长度达到 30km 后海拔已上升至 22km 以上，此时氧气分子浓度比海平面的浓度小 2～3 个数量级，在此影响下迅速变弱的氧气吸收最终导致了吸收率曲线迅速趋于平缓。

结果表明：地理跨度和温度差异对大气中氧气吸收的影响极小，相同测量设置下氧气 A、B 吸收带吸收率与路径长度的关系曲线基本一致；进而证明本书所研究的氧气吸收被动测距技术具有较强的地域和气温适应性。

2.4.2　雾对氧气吸收带影响的分析

大气中的悬浮颗粒如灰尘、烟雾、工业污染物等都会使空气变浑浊，对大气能见度产生一定的影响。达到甚至超过饱和状态的水蒸气会以气溶胶颗粒为凝结核，逐渐凝聚成漂浮状态的小水滴，从而造成大气能见度变小。大气能见度小于 1km 的气溶胶称为雾；大气能见度小于 10km 的气溶胶称为轻雾或霾。为了分析大气能见度下降对氧气 A、B 吸收带吸收的影响，本小节对雾气气溶胶模型下的氧气吸收率变化规律进行仿真分析。

设定大气模型为中纬度夏季，天顶角为 90°；路径长度从 10m 到 2010m，其步长为 50m；气溶胶模型分别为乡村大气能见度=5km，水平对流雾大气能见度=0.2km，发散型雾大气能见度=0.5km，无云雨。这里主要讨论的是雾对备选吸收带吸收的影响，因此直接选用浓雾气溶胶模型进行分析讨论。雾气气溶胶模型下氧气吸收带周围大气透过率曲线的变化情况，如图 2-22 所示。

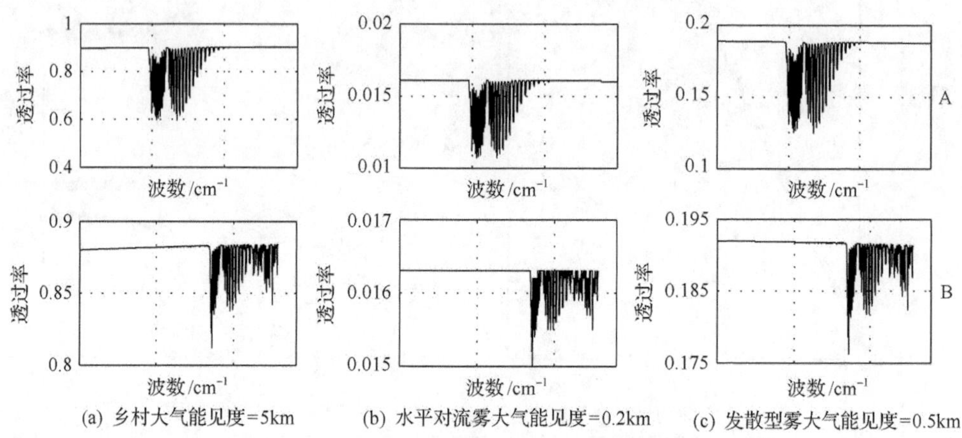

图 2-22　不同气溶胶模式下氧气 A、B 吸收带波段的大气透过率曲线

由图 2-22 可知，大气中气溶胶含量的增加会削减整个大气的光谱透过率，但是氧气 A、B 吸收带及其周围光谱曲线的形状并未发生改变。氧气吸收率计算的是吸收带曲线内的面积；而吸收带曲线内的面积大小只与路径上的氧气分子含量有关。当吸收带光谱曲线不变时，氧气吸收率的计算精度不会受到气溶胶含量波动的影响，从而保证了氧气 A、B 吸收带的测距精度。

图 2-23 中的 5km、0.2km、0.5km 分别表示的是乡村、水平对流雾、发散型雾

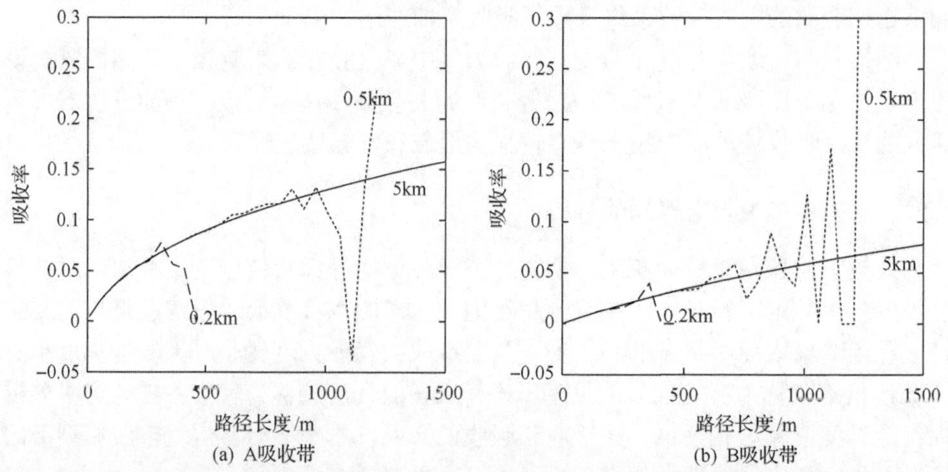

图 2-23　不同大气能见度下氧气 A、B 吸收带吸收率与路径长度的关系曲线

气溶胶模型下的大气能见度。由图可知，在能见度范围内或者说在有效测程内，三种情况下氧气 A、B 吸收带各自的吸收率曲线是完全重合的，即大气中气溶胶含量的波动对大气中氧气吸收几乎没有影响，进而证明了氧气吸收被动测距技术对复杂气象的适应性。在图 2-22 中可以看到随着路径长度的逐渐增加，大气总光谱透过率曲线持续降低；当 A 吸收带部分谱线上的透过率变为 0 时，氧气吸收带的谱线形状便开始发生变化；此时将导致氧气吸收率的计算出现误差，随着吸收谱线形状改变情况的逐渐恶劣，氧气吸收率的计算误差随之增大，从而导致了图 2-23 中偏差点的出现，并且偏差程度越来越大。

因此，气溶胶影响下的氧气吸收率计算精度只与有效测程(氧气吸收谱线形状不发生变化)有关，在有效测程内，氧气吸收率计算精度与距离无关，始终保持不变。

2.4.3　降雨对氧气吸收带影响的分析

当空气中的水滴达到一定程度时，便不能够再飘浮在空气中而是形成降雨。日降雨量小于 10mm 为小雨，10～24.9mm 为中雨，25.0～49.9mm 为大雨，50.0～99.9mm 为暴雨。雨滴的半径虽然比雾滴半径大，但雨滴密度却比雾滴密度小得多，故对光的散射作用要比雾小。为了进一步验证氧气吸收带在复杂气象中吸收的稳定性，本节对不同降雨量下的氧气吸收率变化规律进行仿真和对比分析，结果如图 2-24 所示。

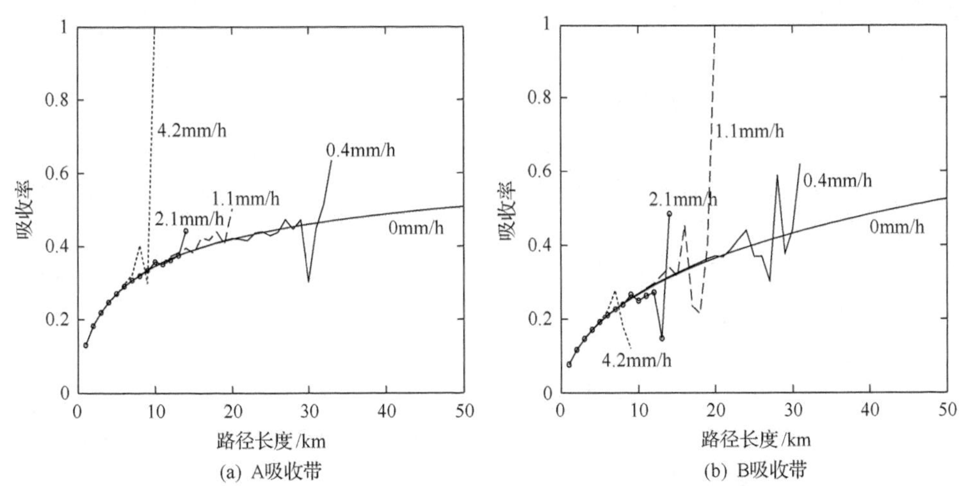

图 2-24　不同降雨量条件下氧气 A、B 吸收带吸收率与路径长度的关系曲线

图 2-24 给出了在 0mm/h、0.4mm/h、1.1mm/h、2.1mm/h 和 4.2mm/h 降雨量情况下 A、B 吸收带吸收率随路径长度变化的曲线。由图可知，大气总透过率会随降雨量的增加而衰减，氧气分子吸收带的有效测程逐渐减小；但在有效测程内的

氧气吸收率曲线几乎无变化；这也证明了氧气吸收带在复杂气象条件下吸收的稳定性。尤其是B吸收带，虽然在B吸收带内存在少量水蒸气吸收的影响，但降雨量的增加并没有对该吸收带吸收率的计算产生较大的影响；即使是在4.2mm/h的暴雨情况下，减小的也主要是吸收带的测程。

综上所述：气象条件的复杂变化对氧气吸收带的影响主要是有效测程的缩减；但在测程内不论是氧气A吸收带还是B吸收带的测距精度均未发生变化。这些现象从理论角度说明了氧气吸收被动测距技术能够适应不同地区、不同气候条件下的测距，并能够保证在其有效测程内的测距精度。

2.5 本章小结

本章首先通过对大气层中氧气分子物理分布特性的分析，证明了氧气分子浓度基本不受地域、季节等因素的影响，具有很好的稳定性。其次，从吸收带的独立性和动态范围两个角度出发对氧气分子可见和近红外吸收谱系进行分析，确定了适合用于被动测距的氧气A、B和1.27μm三个备选吸收带。再次，在备选吸收带的基础上分析了各吸收带吸收率斜率和有效测程的变化规律，结果表明：氧气A吸收带测距精度高但测程有限，B吸收带不仅测程远而且在远距离上测距精度较好，从而可以利用A、B吸收带配合测距以兼顾测距精度和测程。最后，通过分析季节变化，雾、雨等复杂气象下氧气分子吸收率的变化规律，证明了氧气吸收被动测距技术的稳定性。

通过本章的分析可知，氧气分子吸收光谱在被动测距方面之所以优于其他气体，是因为氧气及其吸收光谱具有以下几方面的优势：

(1)氧气在大气中的分布较为稳定，不易受气候环境的影响。

(2)在氧气A、B吸收带附近没有其他气体分子的吸收干扰，并且吸收带很窄，有利于目标距离的精确解算。

(3)高温尾焰中氧气已被消耗殆尽，尾焰不会对氧气吸收波段产生选择性吸收，吸收率的大小仅与路径上的氧气分子含量有关，所以测距精度较高。

(4)氧气A吸收带的吸收强度较弱，因此在目标辐射强度一定情况下氧气可测的路径长度更长，甚至可达到百公里以上。

(5)氧气除了A吸收带外，还有一个更弱的B吸收带，当A吸收带波谱区的辐射被吸收衰减至探测极限以下以至于不能进行测距时，可以利用B吸收带对其进行补充，继续进行测距。

(6)氧气测距用吸收带的吸收波长主要在762nm附近，可用工艺非常成熟的非制冷型硅基探测器进行探测，便于系统的小型化、轻型化，使得被动测距系统在各种武器平台上的搭载变得更加容易。

参 考 文 献

[1] Arnold T, et al. U.S. Standard Atmosphere. Washington: National Oceanographic and Atmospheric Administration, 1976.

[2] Acharya P K, Berk A, Anderson G P, et al. Modtran User's Manual. Ohio: Air Force Research Laboratory, 1998.

[3] Hawks M R, Perram G P. Passive ranging of emissive targets using atmospheric oxygen absorption lines. Proceedings of SPIE, 2005, 5811: 112-122.

[4] 饶瑞中. 现代大气光学. 北京: 科学出版社, 2012.

[5] 石广玉. 大气辐射学. 北京: 科学出版社, 2007.

[6] 张允武, 陆庆正, 刘玉申. 分子光谱学. 合肥: 中国科学技术大学出版社, 1988.

[7] 胡青卓. 氧气分子基态和激发态的势能函数及振动能级研究[硕士学位论文]. 合肥: 合肥工业大学, 2007.

[8] 胡青卓, 何晓熊. O_2 分子激发态 $b^1\Sigma_g^+$ 的势能函数. 合肥工业大学学报, 2008, 31(5): 805-807.

[9] 俞华根, 朱正和. 分子结构与分子势能函数. 北京: 科学出版社, 1997.

[10] 安永泉, 李晋华, 王志斌, 等. 基于大气氧气光谱吸收特性的单目单波段被动测距. 物理学报, 2013, 62(14): 144210-144217.

[11] Jeffrey W, Draper J S, Gobel R. Monocular passive ranging. Proceedings of IRIS Meeting of Specialty Group on Targets, Backgrounds and Discirmination, Shanghai, 1994: 113-130.

[12] Perlman S, Chuang C K, Draper J S, et al. Passive ranging for detection, identification, tracking and launch location of boost-phase TBMs. IRIS Passive Sensors Conference, Washington, 1996: 281-299.

[13] Mckay D L, Wohlers R, Chuang C K. Airborne validation of an IR passive TBM ranging sensor. Proceedings of SPIE Conference on Infrared Technology and Applications, Orlando, 1999: 491-500.

[14] Draper J S, Perlman S, Chuang C K, et al. Tracking and identification of distant missiles by remote sounding . IEEE Aerospace Applications Conference, Montana, 1999: 333-341.

[15] McKay D L, James S, Draper J S, et al. Monocular passive ranging validation with HALO/IRIS data[Technical Report]. Hamilton Avenue: Opto-Knowledge Systems Inc., 2000: 171-189.

[16] Restprff J B. Passive ranging using multi-color infrared detectors[Technical Report]. Dahlgren: Naval Surface Weapons Center, 2008.

[17] Douglas J M. Passive ranging using infrared atmospheric attenuation. Proceedings of SPIE, 2010, 7660: 766041-1.

[18] Gordon S, Nahum G, Robert L. Monocular passive ranging sensitivity analysis and error minimization[Technical Report]. California: Edwards Air Force Base, 2000.

[19] Hasson V H, Dupuis C R. Passive ranging through the earth's atmosphere. Proceedings of SPIE, 2002, 4538: 49-56.

[20] Yan Z Q, Liu B Q, Hua W S, et al. Theoretical analysis of the effect of meteorologic factors on passive ranging technology based on oxygen absorption spectrum. Optik, 2013, 124(23): 6450-6455.

第 3 章　基于氧气吸收被动测距技术的基本原理与系统分析

大气中氧气不仅具有稳定的物理分布，而且其可见光吸收光谱中的 A、B 吸收带还具有很好的独立性、较宽的动态范围、较好的测距能力等其他吸收气体所不具备的优势；基于氧气吸收被动测距技术应能充分利用氧气备选测距吸收带的优势，通过对吸收带光谱信息的测量准确计算路径上的氧气吸收率，根据氧气吸收率与路径长度的关系解算出氧气吸收率所对应的路径长度。

基于氧气吸收被动测距系统的任务是：根据该测距技术基本原理的要求，实现目标指定光谱信息的测量，为后续氧气吸收率的计算和目标距离的解算提供准确的信息支持，从而保证测距的准确性。本章在详细介绍基于氧气吸收被动测距技术基本原理的基础上，分别介绍并详细分析了能够实现目标光谱信息采集的点探测式多光谱测距系统、成像式多光谱测距系统以及具有更好实时性和光谱采集能力的四维成像高光谱测距系统。

3.1　基于氧气吸收被动测距技术的基本原理

目标距离的获取是对目标进行精确打击和准确告警的基础，对目标进行测距按其基本原理可以划分为主动测距和被动测距两大类[1]。主动测距系统测距功能主要通过以下过程实现：发射系统向被测目标发射电磁波信号，目标对电磁波信号进行反射，接收系统接收目标反射的回波信号，通过测定信号从发射到接收的时间间隔或者波形调制(频率调制或者幅度调制)来获得目标距离。这类主动测距系统具有实时性好、测距精度高的优点。但是，如雷达、激光雷达、超声波测距探测器、激光测距机等主动测距系统都自带发射器，结构比较复杂；同时，在对目标进行测距时，主动发射的电磁波信号可能被敌方所截获，极易造成自身的暴露，受到敌方的打击。相反，对于被动测距系统来说，其具有体积小、成本低、隐蔽性好等区别于主动测距系统的突出优势。

第 2 章已经对氧气吸收带进行了详细的分析，证明了在基于大气传输特性的被动测距技术中氧气及其吸收光谱相对于二氧化碳和水蒸气吸收光谱的诸多优势。因此，利用氧气对目标辐射的吸收进行被动测距更具可行性和稳定性。本书正是在此基础上对氧气吸收被动测距技术开展研究的，下面首先详细介绍被动测距技术测距的基本原理。

目标在空中飞行时，燃料燃烧后产生的高温、高速气体形成尾焰，其主要成分是 CO_2、N_mO_n、H_2O、CO 等各种高温气体[2]，高温尾焰可视为黑体或类黑体，其向外辐射连续的光谱辐射信号，使之成为众多探测器所侦测的明显目标。

大气吸收、大气散射和大气湍流等效应都会造成大气中目标辐射的衰减；目标辐射光强随传播距离增加而逐渐减弱。大气透过率定义为探测器所接收到的目标光强与目标辐射光强之比。大气对光的衰减作用主要有吸收、散射和湍流三种[3]。本书虽是利用氧气光谱吸收效应来对目标进行测距，但是大气散射和大气湍流的影响却是不可避免的。因此，在被动测距中必须全面考虑大气吸收、大气散射和大气湍流三者对光辐射的衰减影响，从而寻求一种方法用来消除大气散射和大气湍流对被动测距的影响。

1. 大气吸收

大气中的各种气体分子都能对目标辐射造成吸收衰减，单色辐射在大气传输中的吸收衰减可用比尔吸收定律来描述，如式(3-1)所示：

$$I_v = I_{0,v}\exp\left[-\int_0^L \sigma(v,l)N(l)\mathrm{d}l\right] \tag{3-1}$$

式中，$I_{0,v}$ 为目标在波数 v 处的辐射强度；$\sigma(v,l)$ 为波数 v 处的吸收横截面；$N(l)$ 为路径 l 处吸收气体分子浓度；L 为总传输路径长度；I_v 为经过传输路径吸收衰减后的目标辐射强度。

当传输路径为均匀大气时，比尔吸收定律可简化为经典形式：

$$I_v = I_{0,v}\exp(-k_v L) \tag{3-2}$$

式中，k_v 为波数 v 处的分子吸收系数，可表示为吸收横截面和气体分子浓度的乘积：

$$k_v = \sigma_v N \tag{3-3}$$

其中，N 为均匀大气中吸收气体分子浓度，可根据大气温度、压强信息由理想气体方程计算得到。显然，气体分子的吸收效应是辐射传输路径长度和辐射波长/辐射频率的二元函数。从信号传递的角度看，大气对辐射信号的衰减作用是大家不希望发生的；但对于被动测距而言，正好可以利用与距离有关的吸收衰减作用对目标进行测距。

2. 大气散射

大气中的气体分子在对目标辐射进行吸收衰减的同时，还会对光产生散射效应[4]。散射损耗同样遵循比尔吸收定律。散射系数是分子或者粒子尺寸的函数。

当粒子尺寸小于光波长时，发生瑞利散射，这时散射系数与 λ^{-4} 成正比；当粒子尺寸近似等于或者大于光波长时，发生米氏散射，如烟雾、灰尘、水滴对光波的散射都属于米氏散射。由于对大气散射进行精确估计是不可能完成的，这就需要采取其他方法来抵消或者消除散射对测距的影响。

3. 大气湍流

大气湍流会对辐射传播产生一定的扩散作用，局部大气的温度梯度改变导致大气折射率发生变化时便会产生湍流效应。折射率的改变会导致光束发生移动或闪烁，从而引起图像混乱、模糊[5]。由于湍流的随机性非常强，所以在测距过程中也是需要设法消除的。

通过上述分析可知：当目标辐射在大气中传播时，会受到上述三种衰减作用的影响。经过大气衰减后到达系统前端的目标辐射强度为

$$I = I_0 \tau_{\text{turb}} \tau_{\text{scatt}} \tau_{\text{atmosphere}} \tag{3-4}$$

式中，τ_{turb}、τ_{scatt} 和 $\tau_{\text{atmosphere}}$ 分别为大气湍流效应、大气散射效应和大气总吸收效应所对应的透过率。由于氧气 A、B 吸收带具有很好的独立性，在吸收带内及其吸收带带肩上都无其他任何气体吸收的存在，所以在讨论氧气 A、B 吸收带频谱附近的吸收时可以用氧气吸收的透过率来代替大气总吸收的透过率。此时，经过仪器光学系统衰减和探测器本身光谱响应函数调制后探测器接收的目标辐射强度如式(3-5)所示：

$$I = I_0 \tau_{\text{turb}} \tau_{\text{scatt}} \tau_{\text{O}_2} \tau_{\text{optic}} R_{\text{cam}} \tag{3-5}$$

式中，τ_{O_2} 为氧气吸收的透过率；τ_{optic} 为仪器光学系统的透过率；R_{cam} 为探测器的光谱响应度。为了消除散射和湍流等不确定因素的影响，摆脱未知目标绝对辐射的制约，特引入光谱基线的概念[6-8]，定义光谱基线强度 I_{b}：

$$I_{\text{b}} = I_0 \tau_{\text{turb}} \tau_{\text{scatt}} \tag{3-6}$$

将式(3-6)代入式(3-5)，便可将其简化为

$$I = I_{\text{b}} \tau_{\text{O}_2} \tau_{\text{optic}} R_{\text{cam}} \tag{3-7}$$

无论是目标辐射强度还是大气和系统的各种衰减和影响，它们都是波长的函数，将式(3-7)的下标加入波长量，式(3-7)改写为

$$I_\lambda = I_{\text{b},\lambda} \tau_{\text{O}_2,\lambda} \tau_{\text{optic},\lambda} R_{\text{cam},\lambda} \tag{3-8}$$

表 2-5 已给出了氧气 A、B 吸收带的吸收频谱范围和无吸收带肩的个数及频谱范围。以 A 吸收带为例，由于带肩上无任何气体的吸收，所以 A 吸收带左右两侧的氧气透过率为 1；探测器测得吸收带左右带肩上的目标辐射强度如式(3-9)和式(3-10)所示：

$$I_{\lambda_1} = I_{\mathrm{b},\lambda_1}\tau_{\mathrm{o}_2,\lambda_1}\tau_{\mathrm{optic},\lambda_1}R_{\mathrm{cam},\lambda_1} \approx I_{\mathrm{b},\lambda_1}\tau_{\mathrm{optic},\lambda_1}R_{\mathrm{cam},\lambda_1} \tag{3-9}$$

$$I_{\lambda_2} = I_{\mathrm{b},\lambda_2}\tau_{\mathrm{o}_2,\lambda_2}\tau_{\mathrm{optic},\lambda_2}R_{\mathrm{cam},\lambda_2} \approx I_{\mathrm{b},\lambda_2}\tau_{\mathrm{optic},\lambda_2}R_{\mathrm{cam},\lambda_2} \tag{3-10}$$

式中，λ_1 和 λ_2 分别为 A 吸收带左右带肩的波长；$\tau_{\mathrm{optic},\lambda_1}$、$\tau_{\mathrm{optic},\lambda_2}$ 和 $R_{\mathrm{cam},\lambda_1}$、$R_{\mathrm{cam},\lambda_2}$ 分别为仪器光学系统和探测器在波长 λ_1 和 λ_2 上的光谱透过率和光谱响应度，这四个量为已知量；I_{λ_1} 和 I_{λ_2} 分别是探测系统所响应的左右带肩频谱范围内的目标辐射强度，该参量为可测量。由此可知，根据四个已知量和两个可测量便可解算出吸收带带肩频谱范围内的光谱基线值 I_{b,λ_1} 和 I_{b,λ_2}。经光学系统光谱透过率和探测器光谱响应度修正后氧气 A 吸收带频段的大气总光谱曲线如图 3-1 所示。

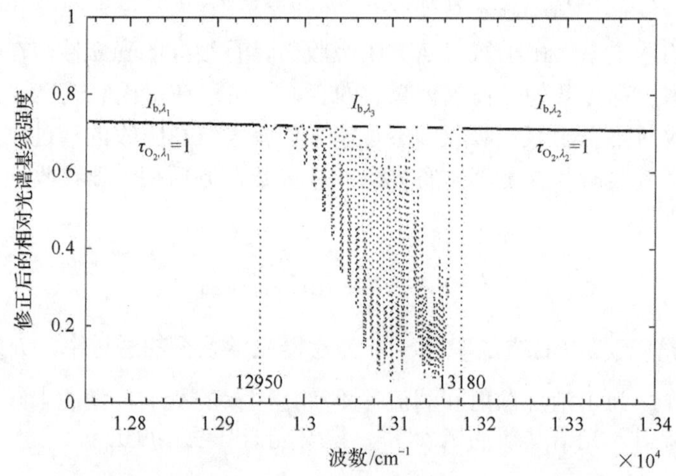

图 3-1　修正后氧气 A 吸收带频段的大气总光谱曲线

图 3-1 给出的是探测器响应目标光谱辐射强度曲线经过修正后得到的大气总光谱曲线。图中 I_{b,λ_1} 和 I_{b,λ_2} 是由式(3-9)和式(3-10)计算得到的左右带肩光谱基线强度值。因为氧气吸收被动测距技术所探测的尾焰辐射可以等效为黑体或类黑体辐射，所以当氧气吸收带频段不存在氧气吸收时的光谱基线强度应当与左右带肩上的光谱基线强度值构成一条平滑的曲线或者直线，如图 3-1 中的 I_{b,λ_3}。这是因为 A 吸收带及其带肩的波长范围很窄，而黑体或者类黑体在该波长范围内的辐射谱线是一段平滑曲线，甚至可近似为直线。

因此根据带肩上的光谱基线强度值，利用插值、拟合等方法便可得到吸收带内的非吸收光谱基线强度 I_{b,λ_3}，如式(3-11)所示。同时，由于不同气象条件对该段窄光谱曲线的影响可认为是一致的，所以基线强度 I_{b,λ_3} 表示的便是与 I_{b,λ_1}、I_{b,λ_2} 同等气象条件下、未被氧气吸收时吸收带内应被探测到的目标辐射强度值。这样便消除了不同气象条件、目标未知性等诸多不确定因素对测量的影响：

$$I_{\mathrm{b},\lambda_3} = \frac{I_{\lambda_1}}{\tau_{\mathrm{optic},\lambda_1} R_{\mathrm{cam},\lambda_1}} + \frac{\lambda_3 - \lambda_1}{\lambda_2 - \lambda_1}\left(\frac{I_{\lambda_2}}{\tau_{\mathrm{optic},\lambda_2} R_{\mathrm{cam},\lambda_2}} - \frac{I_{\lambda_1}}{\tau_{\mathrm{optic},\lambda_1} R_{\mathrm{cam},\lambda_1}}\right) \tag{3-11}$$

由此便可根据式(3-8)和式(3-11)计算出氧气的透过率：

$$\tau_{\mathrm{O_2},\lambda_3} = \frac{I_{\lambda_3}}{I_{\mathrm{b},\lambda_3} \tau_{\mathrm{optic},\lambda_3} R_{\mathrm{cam},\lambda_3}} \tag{3-12}$$

此时吸收带内的氧气吸收率如式(3-13)所示：

$$A_{\mathrm{O_2},\lambda_3} = 1 - \tau_{\mathrm{O_2},\lambda_3} = 1 - \frac{I_{\lambda_3}}{I_{\mathrm{b},\lambda_3} \tau_{\mathrm{optic},\lambda_3} R_{\mathrm{cam},\lambda_3}} \tag{3-13}$$

由式(3-2)可知，波长 λ_3 处的氧气吸收率又可表示为

$$A_{\mathrm{O_2},\lambda_3} = 1 - \exp(-k_{\lambda_3} L) \tag{3-14}$$

联合式(3-11)、式(3-13)和式(3-14)解算出目标距离 L：

$$\begin{aligned} L &= -\ln\left(\frac{I_{\lambda_3}}{I_{\mathrm{b},\lambda_3} \tau_{\mathrm{optic},\lambda_3} R_{\mathrm{cam},\lambda_3}}\right) \Big/ k_{\lambda_3} \\ &= \frac{1}{k_{\lambda_3}} \ln\left[\frac{I_{\lambda_1}}{I_{\lambda_3}} \frac{\tau_{\mathrm{optic},\lambda_3}}{\tau_{\mathrm{optic},\lambda_1}} \frac{R_{\mathrm{cam},\lambda_3}}{R_{\mathrm{cam},\lambda_1}} + \frac{\lambda_3 - \lambda_1}{\lambda_2 - \lambda_1}\left(\frac{I_{\lambda_2}}{I_{\lambda_3}} \frac{\tau_{\mathrm{optic},\lambda_3}}{\tau_{\mathrm{optic},\lambda_2}} \frac{R_{\mathrm{cam},\lambda_3}}{R_{\mathrm{cam},\lambda_2}} \right.\right. \\ &\quad \left.\left. - \frac{I_{\lambda_1}}{I_{\lambda_3}} \frac{\tau_{\mathrm{optic},\lambda_3}}{\tau_{\mathrm{optic},\lambda_1}} \frac{R_{\mathrm{cam},\lambda_3}}{R_{\mathrm{cam},\lambda_1}}\right)\right] \end{aligned} \tag{3-15}$$

由此可见，在已知氧气吸收系数和准确系统参数情况下，只需实时测出 I_{λ_1}、I_{λ_2} 和 I_{λ_3} 之间的相对值，便可消除大气散射、大气湍流和目标真实辐射强度等不确定因素的影响，解算出辐射路径上氧气吸收率所对应的目标距离 L。式(3-15)中的氧气吸收系数与目标辐射路径各点处的温度、压强、波长和氧气分子浓度等参数密切相关，求解十分困难，该问题将在本书的后续章节进行详细的讨论。

通过上述对基于氧气光谱吸收的被动测距技术基本原理的分析可知，该测距

技术中存在两个基本假设：

(1) 假设目标在氧气 A、B 吸收带频谱段几十纳米带宽上的光谱辐射曲线可近似为一条平滑曲线；

(2) 假设大气散射和大气湍流对这一窄波段辐射的影响是一致的。

由于作为主要探测目标的飞机或者导弹尾喷焰可看成黑体或类黑体，并且燃料的充分燃烧使得尾喷焰中没有氧气分子的存在，进而说明辐射源本身不可能存在氧气分子对尾喷焰辐射光谱的选择性吸收，因此假设(1)是合理的。大气散射和大气湍流在一定波长范围内仅具有较弱的波长选择性或者无波长选择性；同时本章所研究的氧气 A、B 吸收带及其带肩的波长范围仅有 50nm 左右，因此大气散射和大气湍流对这一波段辐射的衰减作用也可看成是一致的，所以假设(2)也是合理的。

通过对氧气吸收被动测距技术的分析可知，要想解算目标距离，不仅需要探测系统是一个望远光学系统，而且还需要具有光谱采集能力，这样方能实现对氧气吸收带及其带肩不同波段目标辐射的测量。因此，被动测距系统应当主要由成像光学系统、滤波器单元、光谱采集单元和数据处理控制单元等四部分组成；被动测距系统的工作原理如图 3-2 所示。

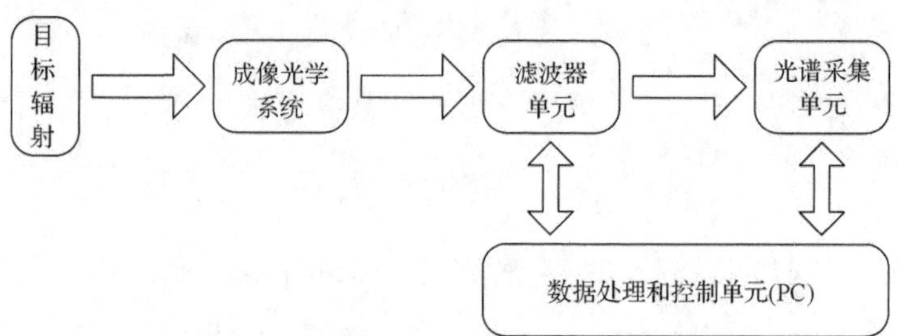

图 3-2　被动测距系统的工作原理框图

系统各部分的功能如下：成像光学系统由可调焦长焦镜头组成，以满足系统对不同视场、不同空间分辨率的需要，其主要功能是将目标辐射成像在其焦平面上；滤波器单元的主要功能是使不同波长的场景图像透过滤波器以达到单波长成像的目的；光谱采集单元是由一个响应波段从可见到近红外的硅基探测器或光电倍增管(photo multiplier tube，PMT)组成，其主要功能是接收透过滤波器的某一波长图像或光强信号，并传给数据处理和控制单元；数据处理和控制单元的主要功能是，一方面通过与其他单元的信号交换，控制滤波器的波长转换和采样频率等参数，另一方面接收采集的图像或光强数据，进行目标识别和目标距离的解算。

根据光谱采集方式的不同，可以将被动测距系统简单分为点探测式多光谱测距系统、成像式多光谱测距系统和四维成像高光谱测距系统。这三类测距系统各有优缺点，点探测式多光谱测距系统的光谱采集单元采用 PMT 或类似探测器件，测量的是目标光谱辐射强度信息。此类系统结构简单、数据采集量小、响应速度快，但对目标的准精度要求较高且必须配合一套光轴严格平行的成像式辅助瞄准系统来探测、瞄准和跟踪目标。成像式多光谱或高光谱测距系统的光谱采集单元为大面阵焦平面探测器，其成像视场范围大、数据量丰富、视场范围内免机械跟踪，但其结构相对复杂，探测器响应速度和动态范围较点探测器件较差，数据量较大且处理运算量大，实时性容易受影响。本章接下来将主要对这三种被动测距系统的结构形式、系统参数及测距能力进行理论分析。

3.2　点探测式多光谱测距系统分析

目前研究较多的是利用高光谱或多光谱成像系统预先获取目标光谱信息，来计算辐射传输路径上的平均氧气透过率。利用高光谱或多光谱成像系统虽然能够获取较高的光谱信息冗余，但在实际应用中其光谱扫描过程耗时较长，极大地降低了系统的测量实时性。因此，若能利用窄带滤光片组合来分别获取氧气 A 或 B 吸收带及其对应带肩波长范围内的目标光谱辐射强度，则可避免高光谱成像系统的光谱扫描过程，提高平均氧气透过率的测量速率。

同时，若能利用响应速率更快的点探测元件作为光电转换器件，不仅可以节省成像光谱仪每次成像时探测器所需的曝光时间，而且能避免高光谱成像系统复杂烦琐的光谱图像处理过程，从而进一步提高平均氧气透过率的测量速率。

基于上述假设，本节提出了一种平均氧气透过率的非成像测量方案，利用透过波段分别位于氧气 A 吸收带及其左右带肩波段范围内的窄带滤光片，分别获取目标相应波段的辐射强度，利用 PMT 作为光电转换器件，测量方案如图 3-3 所示。由于本书以整个氧气 A 吸收带为研究对象，所以书中所有的平均氧气透过率，均是指整个氧气 A 吸收带内由氧气吸收所对应的平均透过率。

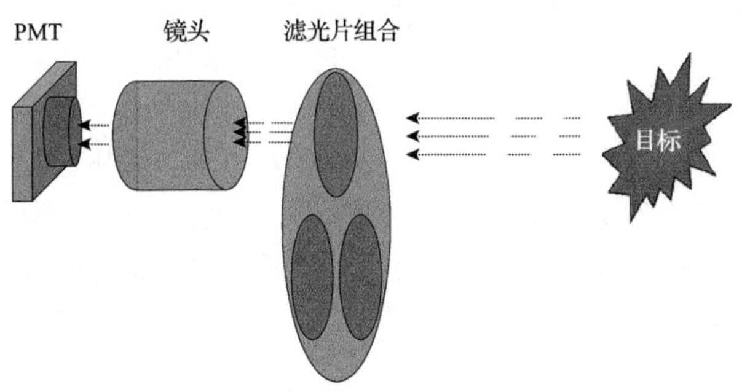

图 3-3　平均氧气透过率非成像测量方案示意图

最远可探测距离是衡量该测量方案是否可行的指标之一。对于非成像测量系统而言，其最远探测距离取决于以下两点：一是测量系统接收到的目标辐射功率必须大于探测器最小可探测功率[5]；二是目标信号必须要大于噪声的有效值，即信噪比要大于 1[9]。实际上，对于本书被动测距技术而言，其最远测量距离还受到辐射吸收饱和的限制，这里仅从探测器接收功率和信噪比的角度对该测量方案的最远探测距离进行理论估算。

1. 尾焰目标的辐射功率模型

本书被动测距技术所针对的目标主要为喷气式战机、导弹等发动机尾焰辐射，由于发生富氧燃烧，组成尾焰的高温气体中不包含氧气，而周围其他气体(如二氧化碳和水蒸气)在氧气 A 吸收带则不存在吸收效应，因此目标自身在氧气 A 吸收带范围内辐射光谱不存在波长选择性吸收。以喷气式战机为例，其尾焰辐射分为加力状态和非加力状态两种情况，尾焰的温度和尾喷口的温度的关系可表示为[10]

$$T_2 = T_1 (P_2 / P_1)^{(\gamma-1)\gamma} \tag{3-16}$$

式中，T_1 为尾喷口温度；T_2 为尾焰气体温度；P_1 为尾喷口内气体压强；P_2 为膨胀后的尾焰压强；γ 为气体的定压热容量和定容热容量之比，通常取值为 1.3。

对于涡轮喷气发动机而言，膨胀后的尾焰压强和尾喷口内气体压强满足以下关系[11]：

$$P_2 / P_1 = 0.5 \tag{3-17}$$

所以有

$$T_2 = 0.85 T_1 \tag{3-18}$$

飞机在加力状态下，其尾喷口的温度可高达 2000K[12]，根据普朗克黑体辐射定律，尾焰的辐射出射度可表示为

$$M(\lambda) = \frac{2\pi hc^2}{\lambda^5} \frac{1}{\exp\left(\dfrac{hc}{\lambda k T_2}\right) - 1} \tag{3-19}$$

式中，$M(\lambda)$ 为目标辐射出射度，$\mathrm{W/(m^2 \cdot \mu m)}$；$h = 6.626 \times 10^{-34}\ \mathrm{J \cdot s}$ 为普朗克常量，$k = 1.381 \times 10^{-23}\ \mathrm{J/K}$ 为玻尔兹曼常数；c 为真空中光速，m/s；T_2 为热力学温度，K。

同时，作为自身发射的类黑体辐射面，尾焰辐射表面可近似为朗伯面[13]，其辐射强度遵循朗伯余弦定律，即目标辐射面元 A 在法线方向的辐射强度 I_0 和与法线成 θ 角的辐射强度 I_θ 之间关系满足

$$I_\theta = I_0 \cos\theta \tag{3-20}$$

根据辐射亮度 L 的定义，有

$$L = \frac{I_0}{A} = \frac{I_\theta}{A\cos\theta} \tag{3-21}$$

可以看出，朗伯面各个方向的辐射亮度均相等。由辐射强度的定义：

$$I = \frac{\mathrm{d}\phi}{\mathrm{d}\Omega} \tag{3-22}$$

式中，ϕ 为辐射通量；Ω 为立体角。

由式(3-21)和式(3-22)可得到

$$\mathrm{d}\phi = LA\cos\theta\mathrm{d}\Omega \tag{3-23}$$

对式(3-23)积分可得

$$\begin{aligned}\phi &= LA\int_0^{2\pi}\mathrm{d}\varphi\int_0^{\pi/2}\sin\theta\cos\theta\mathrm{d}\theta \\ &= \pi LA\end{aligned} \tag{3-24}$$

根据辐射出射度定义 $M = \phi / A$，可得到

$$M = \pi L \tag{3-25}$$

即朗伯面的辐射出射度为辐射亮度的 π 倍。将式(3-25)代入式(3-21)，尾焰辐射面元内沿法线方向的辐射强度可表示为

$$I_{0,\lambda} = \frac{M(\lambda)A}{\pi} \tag{3-26}$$

假设目标与测量系统距离为 R，尾焰的等效辐射面积为 S，传输路径对应不同波长的大气透过率为 τ_λ，测量光学系统镜头口径为 d，光学系统透过率为 $\tau_{\text{optic},\lambda}$，滤光片透过波段范围为 $\Delta\lambda$，由于被测目标距离 R 较远(通常为几公里到近百公里)，目标角尺寸往往远小于接收系统的瞬时视场角，考虑一种极值情况，即将目标近似看成小面元，如图 3-4 所示。

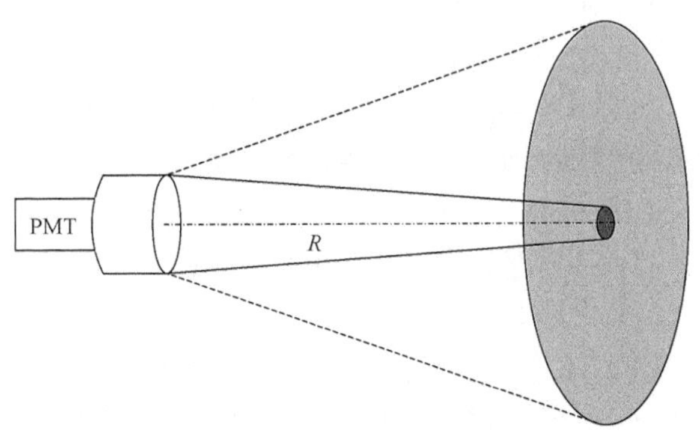

图 3-4　目标辐射测量示意图

由式(3-26)计算出经过传输路径到达测量系统入瞳前端面的单色辐射强度为

$$I_\lambda = \frac{\tau_\lambda M(\lambda) S}{\pi} \tag{3-27}$$

测量光学系统有效接收面积为 $A_{\mathrm{r}} = \pi d^2/4$，对目标所成的立体角为

$$\Omega_{\mathrm{r}} = \frac{\pi d^2}{4R^2} \tag{3-28}$$

对于某一测量光谱通道(指窄带滤光片的透过波段)，系统探测器上接收到 $\Delta\lambda$ 波长范围内目标辐射功率可表示为

$$P_{\mathrm{s}} = \int_{\Delta\lambda} \tau_{\mathrm{optic},\lambda} I_\lambda \Omega_{\mathrm{r}} \mathrm{d}\lambda = \int_{\Delta\lambda} \frac{\tau_{\mathrm{optic},\lambda} \tau_\lambda d^2 M(\lambda) S}{4R^2} \mathrm{d}\lambda \tag{3-29}$$

由式(3-29)可以看出，在目标参数、光学系统参数一定的条件下，探测器接收到的目标辐射功率仅与辐射传输距离和对应的大气透过率有关。由于实际的尾焰目标在测量系统视场内会占据一定面积，因而测量系统接收到的真实目标辐射会大于式(3-29)的计算值。

2. 背景辐射功率模型

由于采用非成像测量方式，探测器测量输出值为整个视场范围内的辐射功率之和。又由于氧气 A 吸收带位于可见光和近红外波段，在该波段范围内太阳辐射较强，导致背景在该波段也有较强辐射，因此在实际测量中需要考虑背景辐射对测距的影响。

以对空中飞行目标测距为例，探测器接收到的辐射不仅包括目标辐射，还包括背景辐射。不同于一般实物背景，此时的背景是由大气传输路径构成的一种纵深，其辐射主要来源包括：太阳光经大气传输衰减后的直接辐射，太阳光经大气分子、气溶胶吸收和散射后形成的天空背景辐射，传输路径上大气分子、气溶胶自身热辐射等[14]。在实际被动测距中，由于太阳直接辐射很强，对目标尾焰进行跟踪测量时，应避免太阳直接辐射进入测量系统视场，因而可以忽略太阳的直接辐射对目标测量光谱的干扰；同时，由于大气分子、气溶胶自身热辐射主要集中在红外波段，在氧气 A 吸收带的辐射强度很弱，同样可以忽略。因此，对测距造成干扰的主要为天空背景辐射。

实际的天空背景辐射与太阳辐射、大气中吸收气体分子浓度、气溶胶含量、天空云层、天气条件等诸多因素有关，并随着测量时太阳天顶角和方位角、观测天顶角和方位角不同而变化，可以看出实际天空背景辐射比较复杂且难以预测。为了简

化问题，将天空背景等效近似为一个与目标等距离的朗伯面，并假设该平面与测量光学系统光轴垂直，如图 3-5 所示。均匀、无云的天空背景辐射亮度可表示为[15]

$$L_{\mathrm{b}}(\lambda)=\frac{E_{\mathrm{s0}}(\lambda)}{\pi}\sigma\left[\tau_{\mathrm{s}}(\lambda)\right]\cos\theta_{\mathrm{s}}\exp\left(-\tau_{\mathrm{a}}(\lambda)m(\theta_{\mathrm{s}})\right) \tag{3-30}$$

式中，$E_{\mathrm{s0}}(\lambda)$ 为地球大气层上界太阳辐照度，可将其近似为 5800K 的黑体辐射，并由普朗克辐射定律来计算；$\tau_{\mathrm{s}}(\lambda)$、$\tau_{\mathrm{a}}(\lambda)$ 分别为大气散射和大气吸收成分的总光学厚度；$\sigma\left[\tau_{\mathrm{s}}(\lambda)\right]$ 为大气散射传输系数；θ_{s} 为太阳天顶角；$m(\theta_{\mathrm{s}})$ 为大气光学质量。大气散射和大气吸收成分的总光学厚度、大气散射传输系数和大气光学质量的取值及计算可参考文献[16]。

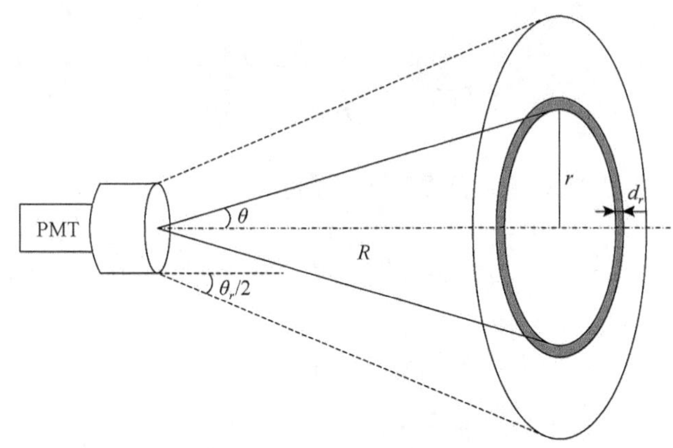

图 3-5　简化的背景辐射示意图

假设测量光学系统视场角为 θ_r，光学系统镜头口径为 d，光学系统透过率为 $\tau_{\mathrm{optic},\lambda}$，目标距离为 R，传输路径对应的透过率为 τ_λ，在背景面上取半径为 r、宽度 d_r 的面积微元，在该面积微元内各点到测量光学系统的光线方向与法线方向具有相同夹角 θ，微元面积为

$$\mathrm{d}A_{\mathrm{b}}=2\pi r d_r \tag{3-31}$$

同时有

$$r=R\tan\theta \tag{3-32}$$

所以

$$d_r=\frac{R}{\cos^2\theta}\mathrm{d}\theta \tag{3-33}$$

将式(3-32)和式(3-33)代入式(3-31)，可得到

$$\mathrm{d}A_{\mathrm{b}}=\frac{2\pi R^2\sin\theta}{\cos^3\theta}\mathrm{d}\theta \tag{3-34}$$

由于背景微元可近似为朗伯面，由式(3-25)可知，其辐射出射度可表示为

$$M_{\mathrm{b}}(\lambda)=\pi L_{\mathrm{b}}(\lambda) \tag{3-35}$$

经传输路径 R 到达测量光学系统入瞳处背景微元的单色辐射强度为

$$\mathrm{d}I_{\mathrm{b},\lambda}=\frac{\tau_\lambda M_{\mathrm{b}}(\lambda)\cos\theta\mathrm{d}A_{\mathrm{b}}}{\pi}=\frac{2\tau_\lambda M_{\mathrm{b}}(\lambda)R^2\sin\theta}{\cos^2\theta}\mathrm{d}\theta \tag{3-36}$$

测量光学系统有效接收面积 A_r 对背景微元的立体角为

$$\Delta\Omega=\frac{A_r\cos\theta}{(R/\cos\theta)^2}=\frac{\pi d^2\cos^3\theta}{4R^2} \tag{3-37}$$

则测量光学系统探测器接收到的背景微元的辐射功率为

$$\mathrm{d}P_{\mathrm{b},\lambda}=\tau_{\mathrm{optic},\lambda}\mathrm{d}I_{\mathrm{b},\lambda}\Delta\Omega=\frac{\pi d^2}{2}M_{\mathrm{b}}(\lambda)\tau_\lambda\tau_{\mathrm{optic},\lambda}\sin\theta\cos\theta\mathrm{d}\theta \tag{3-38}$$

探测器接收到整个背景面积的单色辐射功率可通过积分计算为

$$\begin{aligned}P_{\mathrm{b},\lambda}&=\int_0^{\theta_r/2}\frac{\pi d^2}{2}M_{\mathrm{b}}(\lambda)\tau_\lambda\tau_{\mathrm{optic},\lambda}\sin\theta\cos\theta\mathrm{d}\theta\\&=\frac{\pi d^2}{4}M_{\mathrm{b}}(\lambda)\tau_\lambda\tau_{\mathrm{optic},\lambda}\sin^2\left(\frac{\theta_r}{2}\right)\end{aligned} \tag{3-39}$$

对于某一测量光谱通道，探测器接收的 $\Delta\lambda$ 波长范围内背景辐射功率可表示为

$$P_{\mathrm{b}}=\int_{\Delta\lambda}\frac{\pi d^2}{4}M_{\mathrm{b}}(\lambda)\tau_\lambda\tau_{\mathrm{optic},\lambda}\sin^2\left(\frac{\theta_r}{2}\right)\mathrm{d}\lambda \tag{3-40}$$

可以看出，测量系统接收到的背景辐射功率 P_{b} 与 $\sin^2(\theta_r/2)$ 成正比，即测量系统视场角越大，探测器接收到的背景辐射功率越大。因此，可通过减小测量系统视场角来降低背景辐射对测距带来的影响。

3. PMT 的输出特性与信噪比

对于被动测距系统而言，由于被测目标的距离通常较远，目标辐射经过长距离大气传输后会受到较强的衰减，同时，由于氧气 A 吸收带及其左右带肩的波长

范围均约为 10nm，在大气传输和窄带滤光片的双重衰减作用下，到达系统探测器的目标辐射将变得十分微弱，此时普通成像器件(如 CCD、CMOS 等)已经无法有效响应，而使用特殊增强型成像器件(如 EMCCD、ICCD 等)，无疑会提高系统成本，这也是测量系统选择非成像测量方式的另一个原因。PMT 是一种建立在光电子发射效应、二次电子发射效应和电子光学理论基础上的，能够将微弱光信号转换成光电子并获倍增效应的真空光电器件[17]，具有灵敏度高、噪声小、输出线性范围大和响应快速等优势。因此，本书选择 PMT 作为平均氧气透过率非成像测量系统的光电转换器件。

1) PMT 输出特性

当通量为 $\phi(\lambda)$ 的单色信号光照射到 PMT 光阴极时，其产生的阴极电流为

$$I_{\mathrm{K}} = \frac{e\rho_{\lambda}\phi(\lambda)\lambda}{hc} \tag{3-41}$$

式中，e 为电子电荷量；ρ_{λ} 为光电阴极对波长为 λ 的单色光的量子效率；h 为普朗克常量；c 为真空中光速。

PMT 的阴极电流也可利用阴极光谱灵敏度 $S_{\mathrm{K},\lambda}$ 来表示为

$$I_{\mathrm{K}} = S_{\mathrm{K},\lambda}\phi(\lambda) \tag{3-42}$$

由式(3-41)和式(3-42)可知，阴极光谱灵敏度与量子效率之间的关系为

$$S_{\mathrm{K},\lambda} = \frac{e\rho_{\lambda}\lambda}{hc} \tag{3-43}$$

阴极产生的电子会被电子光学系统加速聚焦到倍增极上，倍增极将发射出更多的二次电子，电子经过 n 级倍增极的倍增后被收集到阳极形成阳极电流 I_{A} 为

$$I_{\mathrm{A}} = MI_{\mathrm{K}} \tag{3-44}$$

式中，M 为倍增系数，与倍增极材料的二次发射系数 δ 和级数 n 有关，假设各倍增极的电子收集率为 1 且发射系数相同时，M 可表示为

$$M = \delta^{n} \tag{3-45}$$

式中，倍增级二次发射系数 δ 可利用极间电压 U_{d} 表示为

$$\delta = CU_{\mathrm{d}}^{k} \tag{3-46}$$

式中，C 为常数；k 与倍增极的材料和结构有关，一般为 0.7～0.8。

将式(3-46)代入式(3-45)，再假定倍增管分压均匀，极间电压 U_{d} 相等，则倍

增系数与 PMT 工作电压 U 的关系可表示为

$$M = \left[C \left(\frac{U}{n+1} \right)^k \right]^n = AU_{\mathrm{d}}^{kn} \tag{3-47}$$

式中，A 为常数。通常 PMT 器件手册只提供倍增系数 M 随工作电压 U 的关系，并不提供 k 的大小，如图 3-6 为 Hamamatsu 公司的 H10722-01 型 PMT 的倍增系数曲线，可以看出，PMT 的倍增系数与工作电压之间呈线性对数关系。

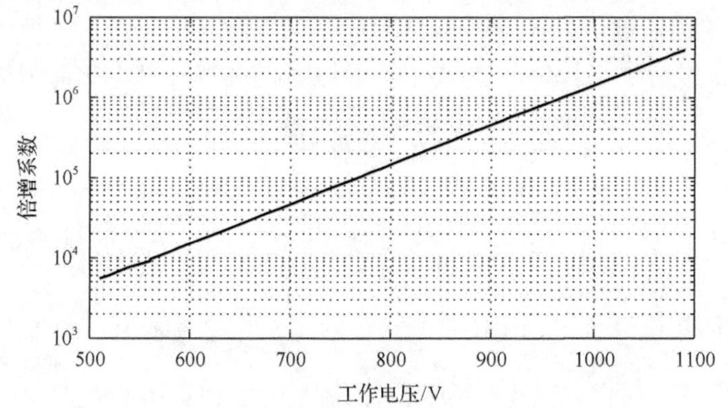

图 3-6 H10722-01 型 PMT 倍增系数

同样，阳极电流也可以利用阳极光谱灵敏度 $S_{\mathrm{A},\lambda}$ 表示为

$$I_{\mathrm{A}} = S_{\mathrm{A},\lambda}\phi(\lambda) \tag{3-48}$$

在实际应用中，有时希望将 PMT 输出的电流信号转换为电压信号，需要利用信号输出电路来实现电流-电压的转换，常用的信号输出电路包括负载电阻输出和运算放大器输出两种，其电路原理图分别如图 3-7 所示。

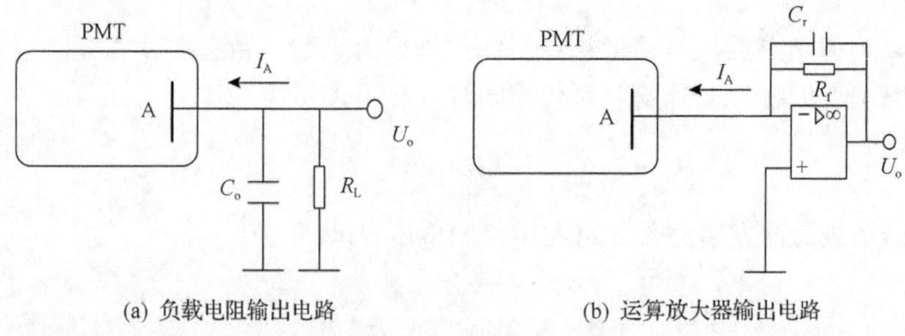

图 3-7 PMT 输出电路

负载电阻输出电路如图 3-7(a)所示，将 PMT 阳极电流 I_{A} 通过负载 R_{L} 直接转

换为电压信号，这种信号输出电路结构简单，但当负载电阻较大时阳极电压有较大下降，导致阳极收集电子能力减弱，影响 PMT 线性度。因此，对输出线性度有较高要求时不适合选用负载电阻输出电路。

运算放大器输出电路如图 3-7(b)所示，利用运算放大器来代替负载电阻来实现电流-电压转换，输出的电压信号为

$$U_{\mathrm{o}} = -R_{\mathrm{f}} I_{\mathrm{A}} \tag{3-49}$$

式中，R_{f} 为运算放大器反馈电阻。由于运算放大器等效输入电阻较小，PMT 的等效负载极小，避免了阳极电压出现较大下降的问题，因此使用运算放大器输出电路能够保持输出线性度，H10722-01 型 PMT 使用的即为运算放大器输出电路。

2) PMT 的时间特性

描述 PMT 的时间特性有三个参数，分别为响应时间、渡越时间和渡越时间分散。如图 3-8 所示，图中测量光信号为 δ 函数光脉冲，其脉冲宽度一般应比倍增管响应时间约小两个数量级。

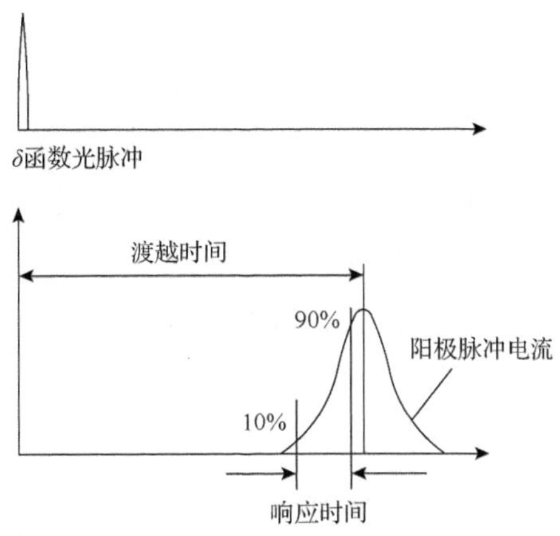

图 3-8　PMT 的响应时间、渡越时间

响应时间：PMT 在 δ 函数光脉冲照射下，其阳极输出电流从脉冲峰值的 10%上升到 90%所需的时间。

渡越时间：从 δ 函数光脉冲的顶点到阳极输出电流达到峰值所经历的时间。

渡越时间分散：使用单色光子照射光电阴极，每一个光电子脉冲的渡越时间都有一个起伏。

表 3-1 列出了几种不同结构 PMT 的时间特性[18]，可以看出，无论是哪种结构的 PMT，其响应时间、渡越时间和渡越时间分散均在纳秒量级，与成像型高光谱系统的积分时间(毫秒量级)相比，具有较快的响应速率。

表 3-1 几种 PMT 的时间特性 （单位：ns）

结构	响应时间	渡越时间	渡越时间分散
直线聚焦型	0.7~3	1.3~5	0.37~1.1
环形聚焦型	3.4	31	3.6
盒栅型	约为 7	57~70	约为 10
百叶窗型	约为 7	60	约为 10

3）PMT 的噪声特性

PMT 的输出噪声主要包含器件本身的散粒噪声、闪烁噪声和热噪声，其中闪烁噪声可采用提高辐射的调制频率和减小通频带的方法来降低或消除，热噪声可通过适当设计负载电阻大小来使之减小到可以忽略不计，因此 PMT 的主要噪声是散粒噪声[19]。

PMT 的散粒噪声主要由阴极信号光电流 I_{sK}、背景光电流 I_{bK} 和暗电流 I_{dK} 的散粒效应引起，其对应的散粒噪声均方值分别表示为

$$\overline{i_{sK}^2} = 2e\Delta f I_{sK} = 2e\Delta f P_s S_K \tag{3-50}$$

$$\overline{i_{bK}^2} = 2e\Delta f I_{bK} = 2e\Delta f P_b S_K \tag{3-51}$$

$$\overline{i_{dK}^2} = 2e\Delta f I_{dK} \tag{3-52}$$

式中，e 为电子电荷；P_s 为接收到的目标辐射功率；P_b 为接收到的背景辐射功率；S_K 为 PMT 阴极积分灵敏度；Δf 为测量的频带宽度。

由于各项散粒噪声相互独立，总的阴极散粒噪声电流均方值可表示为

$$\overline{i_{nK}^2} = 2e\Delta f (I_{bK} + I_{sK} + I_{dK}) = 2e\Delta f I_K \tag{3-53}$$

与有用信号一样，阴极散粒噪声也将被逐级放大，并在每一级都产生自身的散粒噪声。为了简化问题，假设各倍增极的二次发射系数均等于 δ，则倍增管倍增极输出的散粒噪声电流均方值为

$$\overline{i_{ndn}^2} = 2eI_K M^2 \frac{\delta}{\delta - 1} \Delta f \tag{3-54}$$

δ 的值通常为 3～6，$\delta / (\delta - 1)$ 接近于 1，并且 δ 越大，$\delta / (\delta - 1)$ 越接近于 1。同时，阳极散粒噪声电流的均方值 $\overline{i_{nA}^2}$ 与 $\overline{i_{ndn}^2}$ 相等，因此 PMT 输出的阳极散粒噪声电流均方值可简化为

$$\overline{i_{nA}^2} = \overline{i_{ndn}^2} = 2eI_K M^2 \Delta f \tag{3-55}$$

4)PMT 的信噪比

根据对 PMT 的噪声特性分析，可知当测量系统视场内同时存在目标辐射和背景辐射时，PMT 的输出噪声电流的均方根(有效值)可表示为

$$\begin{aligned}\overline{i}_{\mathrm{nA2}} &= (2eI_{\mathrm{K}}M^2\Delta f)^{1/2} \\ &= [2e\Delta fM^2(P_{\mathrm{b}}S_{\mathrm{K}} + P_{\mathrm{s}}S_{\mathrm{K}} + I_{\mathrm{dK}})]^{1/2}\end{aligned} \tag{3-56}$$

此时 PMT 的输出电流信噪比为

$$\begin{aligned}\mathrm{SNR} &= \frac{I_{\mathrm{sA}}}{\overline{i}_{\mathrm{nA2}}} = \frac{MP_{\mathrm{s}}S_{\mathrm{K}}}{[2e\Delta fM^2(P_{\mathrm{b}}S_{\mathrm{K}} + P_{\mathrm{s}}S_{\mathrm{K}} + I_{\mathrm{dK}})]^{1/2}} \\ &= \frac{P_{\mathrm{s}}S_{\mathrm{K}}}{[2e\Delta f(P_{\mathrm{b}}S_{\mathrm{K}} + P_{\mathrm{s}}S_{\mathrm{K}} + I_{\mathrm{dK}})]^{1/2}}\end{aligned} \tag{3-57}$$

当测量过程中背景辐射很弱可以忽略不计时(如夜晚测量时，天空背景在氧气 A 吸收带的辐射很弱，背景辐射可以忽略不计)，即 $P_{\mathrm{b}} = 0$，PMT 的输出噪声电流的均方根(有效值)为

$$\overline{i}_{\mathrm{nA2}} = [2e\Delta fM^2(P_{\mathrm{s}}S_{\mathrm{K}} + I_{\mathrm{dK}})]^{1/2} \tag{3-58}$$

此时 PMT 的输出电流信噪比为

$$\mathrm{SNR} = \frac{I_{\mathrm{sA}}}{\overline{i}_{\mathrm{nA2}}} = \frac{P_{\mathrm{s}}S_{\mathrm{K}}}{[2e\Delta f(P_{\mathrm{s}}S_{\mathrm{K}} + I_{\mathrm{dK}})]^{1/2}} \tag{3-59}$$

4. 测距方案最大测程分析

由于本章对目标距离测量的研究均是建立在假设已经发现目标的基础之上，因此在计算理论最远探测距离时，不再考虑探测系统的探测概率和虚警概率，仅从探测器的信噪比和最小可探测功率进行理论估算，计算过程中，探测器选用 H10722-01 型 PMT，并对使用光学系统参数和目标参数做出合理的假设。

1)信噪比

结合目标辐射功率模型和背景辐射功率模型，将式(3-29)和式(3-40)代入式(3-57)得到

$$\mathrm{SNR} = \frac{Sd^2S_{\mathrm{K}}A}{4R^2\left(2e\Delta f\left\{S_{\mathrm{K}}\left[\dfrac{\pi d^2}{4}\sin^2\left(\dfrac{\theta_r}{2}\right)B + \dfrac{Sd^2}{4R^2}A\right] + I_{\mathrm{dK}}\right\}\right)^{1/2}} \tag{3-60}$$

式中，$A=\int_{\Delta\lambda}\tau_{\text{optic},\lambda}\tau_{\lambda}M(\lambda)\mathrm{d}\lambda$，$B=\int_{\Delta\lambda}\tau_{\text{optic},\lambda}\tau_{\lambda}M_{\text{b}}(\lambda)\mathrm{d}\lambda$。由式(3-60)可以看出，在目标和背景辐射出射度一定的情况下，测量系统的信噪比与测量光学系统镜头口径 d、视场角 θ_r 和目标距离 R 有关，光学系统镜头口径越大，信噪比越高，视场角越大，信噪比越低，目标距离越远，系统接收信噪比越低。

当信噪比=1 时有

$$Sd^2S_{\text{K}}A=4R^2\left(2e\Delta f\left\{S_{\text{K}}\left[\frac{\pi d^2}{4}\sin^2\left(\frac{\theta_r}{2}\right)B+\frac{Sd^2}{4R^2}A\right]+I_{\text{dK}}\right\}\right)^{1/2} \tag{3-61}$$

以氧气吸收带光谱通道为研究对象，在该通道内由于存在氧气吸收效应，大气透过率最低，探测器接收到目标辐射也相对最弱。假设窄带滤光片透过波段刚好与氧气 A 吸收带重合，辐射传输路径设为海平面内的水平传输路径，目标尾焰色温为 1500K，目标尾焰的等效辐射面积为 2m^2，利用式(3-23)计算得到目标在 740～790nm 范围内辐射出射度如图 3-9 所示。取测量系统光学镜头口径为 50mm，视场角为 1mrad，$\Delta f=1\text{kHz}$。计算背景辐射亮度时，取测量地点为东经 114.51°，北纬 38.04°，假设太阳天顶角为 45°，太阳方位角为–80.74°，大气气溶胶模式为城市气溶胶，大气能见度为 5km。为了简化计算，以氧气 A 吸收带范围内大气平均透过率作为传输路径大气透过率参数，利用 MODTRAN 计算中纬度夏季氧气 A 吸收带内大气平均透过率随路径长度的关系，如图 3-10 所示。以光学系统的平均透过率作为系统透过率参数，并取 $\bar{\tau}_{\text{optic}}=0.5$，结合大气平均透过率曲线，采用多次取值迭代的方法将上述参数代入式(3-61)中，计算得到式(3-61)成立时的最远探测距离为 98.7km。

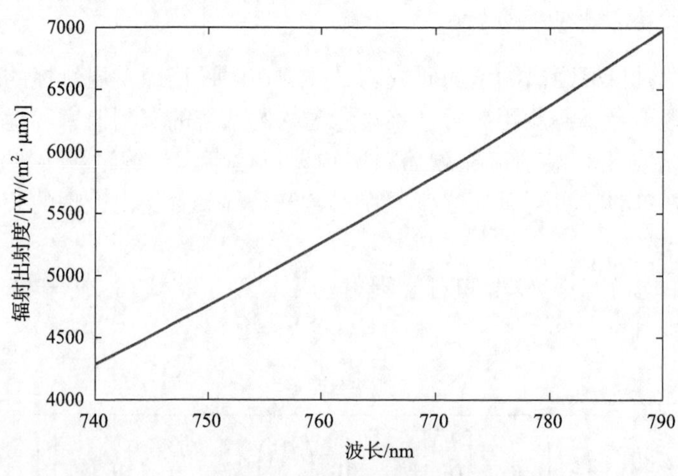

图 3-9　目标辐射出射度

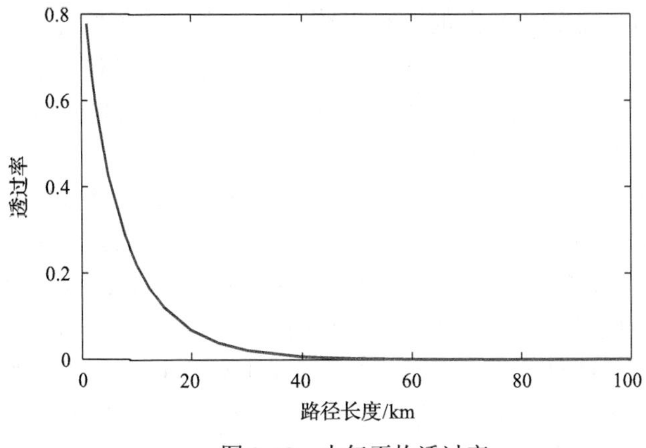

图 3-10　大气平均透过率

2) 探测器最小可探测功率

由于噪声的存在，PMT 有一个能探测到的最小入射光通量，即噪声等效功率(NEP)，根据最远探测距离测量条件，探测器接收到的目标辐射功率必须大于其 NEP，由式(3-29)可知应满足

$$\int_{\Delta\lambda} \frac{\tau_{\text{optic},\lambda}\tau_{\lambda}d^{2}M(\lambda)S}{4R^{2}}\mathrm{d}\lambda \geqslant \text{NEP} \tag{3-62}$$

查阅器件手册可知 H10722-01 型 PMT 的 NEP 为 3.9×10^{-13}W，将上述参数代入式(3-62)得

$$1.0903\frac{\tau}{R^{2}} \geqslant 3.9\times10^{-13}\,\text{W} \tag{3-63}$$

同样采用多次取值迭代的方法计算式(3-63)直至左右两侧相等，得到对应的最远探测距离为 57.2km。

由此可以看出，结合上述假设的目标和光学系统参数，在中纬度夏季大气模式下，沿海平面内水平传输路径，理论上该测量系统最远可探测距离为 57.2km，随着海拔的增加，大气对目标辐射的衰减会减小，其理论最远探测距离会进一步增大。最远探测距离的理论估算结果表明，该测量方案具有可行性。

3.3　成像式多光谱测距系统分析

点探测式多光谱测距系统虽然能够解决高光谱成像系统的光谱扫描过程耗时较长、光谱信息冗余、实时性差及成像式系统复杂烦琐的光谱图像处理过程，但是其点探测特性决定了其只能对空中某一很小空间立体角内的目标进行被动测距，同时还需要附加较为复杂的探测瞄准跟踪系统；这样在面对大空域、多目标告警及被动测距需求时，显然无法很好适应。因此，能够对一定空间范围内多个目标实现实时监控和测量的成像式测距系统便显得尤为重要。这类系统包括多光谱成像系统和高光谱成像系统。

多光谱成像系统通过快速更替滤波片的方法实现对固定带宽和固定中心波长光谱信息的获取；虽然实时性较好，但是过少的光谱信息会为后续数据处理引入一定的误差，同时不能根据具体情况灵活选择和更换希望使用的波长位置和带宽。高光谱成像系统则是通过波长或者空间扫描的方式实现对目标场景高光谱数据立方体的构建；在后续处理中可以通过数据立方体获取场景中目标的光谱曲线，超精细的谱线信息使得被动测距系统可以任意选择所要使用的波谱信息，保证测距系统的灵活性，减小数据采集来源误差。但扫描维度的存在使系统的实时性变差，无法实现数据的实时获取。

因此，被动测距系统设计工作一方面应集中在如何尽可能地优化较为实用的多光谱系统，在保证实时性需求的同时，优化光谱通道的设计，减小氧气吸收率误差；另一方面则应致力于寻求新的高光谱成像系统，以求在保留高光谱系统数据采集优势的前提下，解决实际应用对系统实时性的要求。本节首先讨论如何优化较为实用的多光谱系统，在保证实时性需求的同时，优化光谱通道的设计，减小氧气吸收率误差。

吸收带的吸收率是指吸收带内被吸收后的目标辐射强度与非吸收基线强度的比值，所以测距系统主要完成的工作是对吸收带及其带肩位置上目标辐射强度的测量。多光谱成像系统主要是通过若干个波长中心和带宽固定滤波片的循环转换来实现对氧气相应吸收带及其带肩目标辐射强度的测量，如图 3-11 所示。

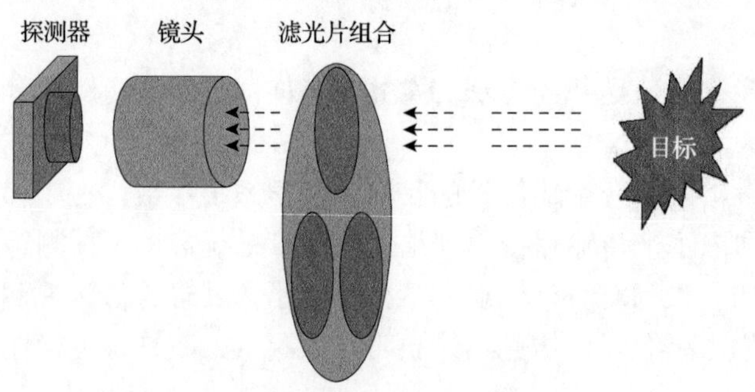

图 3-11　三个测距光谱通道的多光谱系统示意图

图 3-11 中的多光谱系统具有三个测距光谱通道。测距光谱通道指的是专门用于测距、具有固定中心波长和带宽的光谱间隔，这里指的是滤波片。三个光谱通道中心波长分别对应在氧气吸收带左肩、吸收带内部和吸收带右肩，其主要功能是对经过大气衰减和光学镜头成像后的目标辐射进行相应的滤波，实现单光谱成像。

根据第 2 章中该被动测距技术基本假设中的第一点可知，这一光谱区间的光谱曲线可看成平滑的直线或者曲线，因此仅需要左右带肩上的两个或者多个点处的光谱辐射强度便可插值拟合出吸收带内的非吸收基线强度。但是对于一个多光谱系统而言，在成像光学镜头和探测器性能一定的情况下，单个滤波片带宽和滤波片个数都会对单幅图像采集时间和单次距离测量总时间产生重要的影响，而滤波片的个数同时又会通过影响带肩基线强度的拟合精度，从而影响吸收带内非吸收基线的插值精度。同时，作为硬件的滤波片不但在制作上较为昂贵和复杂，而且一旦制成便无法更改其中心波长和带宽等参数。由此可见，在不影响测距的基础上，可以通过选择一定数量的光谱测量点来减少设备的单次测量时间，从而增强系统的实用性和实时性。所以对于一个多光谱系统，测距光谱通道的设计是整个系统设计中最重要的环节。因此，本节主要对测距光谱通道数目与位置和通道带宽进行讨论分析。

3.3.1　测距光谱通道数目与位置

根据测距原理成立的两个基本假设可知，在氧气吸收带及周围较窄波段范围内的光谱曲线由于没有辐射源自身的选择性吸收而可以作为直线或者曲线进行处理。因此，该段光谱区域内的基线拟合属于曲线插值拟合问题。常用的曲线拟合方法有拉格朗日插值拟合法、多项式插值拟合法和三次样条拟合法等。宗鹏飞等[7]中对这三种拟合方法的基线拟合性能进行了对比分析，得出精度最高、最适合用于基线拟合的为多项式插值拟合方法。本节将在此基础上讨论多项式拟合下，拟合精度与带肩点位置、数目及多项式级次之间的关系。

本书主要测距对象是飞行器的尾喷焰，此类目标的温度为 900～2000K；根据黑体辐射定律和维恩位移定律可知，氧气 A、B 吸收带及其带肩所处的波长范围均在目标辐射峰值波长的短波方向上，且温度越高曲线斜率越大。因为所研究波段的辐射强度是波数的单调函数，所以在确定带肩点位置时便有一定的规律可循。

1. 氧气 A 吸收带

通过第 2 章的研究表明，中心波长为 762nm 的氧气 A 吸收带是所有氧气吸收带中最适于被动测距的吸收带，不仅因为其吸收动态范围大、吸收深度适当，更重要的是该吸收带两端的无吸收带肩是进行非吸收基线拟合的理想带肩。因此，首先讨论分析 A 吸收带的测距光谱通道数目及其位置分布规律。

因为 A 吸收带波段范围内的辐射曲线斜率会随着目标温度的升高而变大，所以测距光谱通道的选取只要能够满足温度上限情况下的基线拟合精度要求，便可满足研究温度范围内任何温度目标的拟合要求。假定目标飞行器尾焰温度为 2000K，根据黑体辐射定律可得这一高温辐射体的光谱辐射强度分布，并将氧气 A

吸收带波段内的黑体辐射光谱曲线作为该吸收带的理想基线曲线。该波段的大气透过率曲线由 MODTRAN 软件仿真提供，条件设置为中纬度夏季大气模式、农村能见度 23km 气溶胶模型、无云雨气象、距离 10km、天顶角 45°、波长范围为 740～800nm，则目标辐射经过该路径大气衰减后的光谱辐射强度曲线如图 3-12 所示。

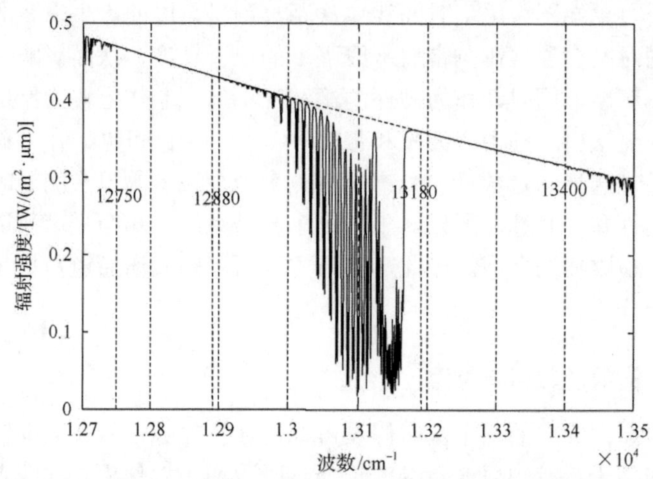

图 3-12 目标辐射经大气衰减后的光谱辐射强度(实线)与理想基线(虚线)

由图 3-12 可知：A 吸收带右侧带肩波长范围为 746.3nm($13400cm^{-1}$)到 758.7nm($13180cm^{-1}$)，吸收带左侧带肩波长范围为 776.4nm($12880cm^{-1}$)到 784.3nm($12750cm^{-1}$)。若要准确解算吸收带的吸收率，则需在吸收带两侧干净平滑的带肩上选择用以拟合插值非吸收基线的光谱通道和一个获取吸收带内光谱信息的光谱通道。当在两带肩上各取一个光谱通道用于非吸收基线拟合时，此时的系统为能够满足氧气吸收被动测距原理的最简多光谱系统，共三个测距光谱通道；除此之外，还可在两带肩上分别选取 2、3、4、5 等多个光谱通道用于非吸收基线的拟合。虽然随着带肩上的光谱通道数目的增多，对光谱曲线的描述变得更加详细准确，对拟合精度的提高也会起到一定帮助；但多光谱系统中滤波片个数的增多将导致单次测距时间迅速增加，从而降低了系统的实时性。

下面将分别在两带肩上取 N(N=1, 2, 3, 4, 5)个光谱通道作为拟合数据点，对 A 吸收带的非吸收基线进行插值拟合，并与利用全部带肩数据作为拟合数据点情形进行不同级次多项式拟合效果的对比分析，以此确定合理的带肩光谱通道数目及拟合多项式级次。

为了方便对相同拟合数据点下不同级次多项式的拟合效果，以及同一级次多项式对不同拟合数据点下的拟合效果进行对比，这里以拟合所得非吸收基线与理想基线的误差平方和及相关度作为衡量指标。利用蒙特卡罗方法对不同 N 值下的拟合数据点进行随机选取 10000 次，并分别进行拟合分析其误差平方和与相关度的分布情况。

1) N=1 情形

当 N=1 时，在吸收带左右带肩上各取一个光谱通道作为拟合数据点来进行多项式拟合。由于此时用于拟合的数据点仅有两个，只适合进行唯一的直线插值，因此这里仅对 N=1 情形下的直线插值拟合效果进行分析，其结果如图 3-13 所示。

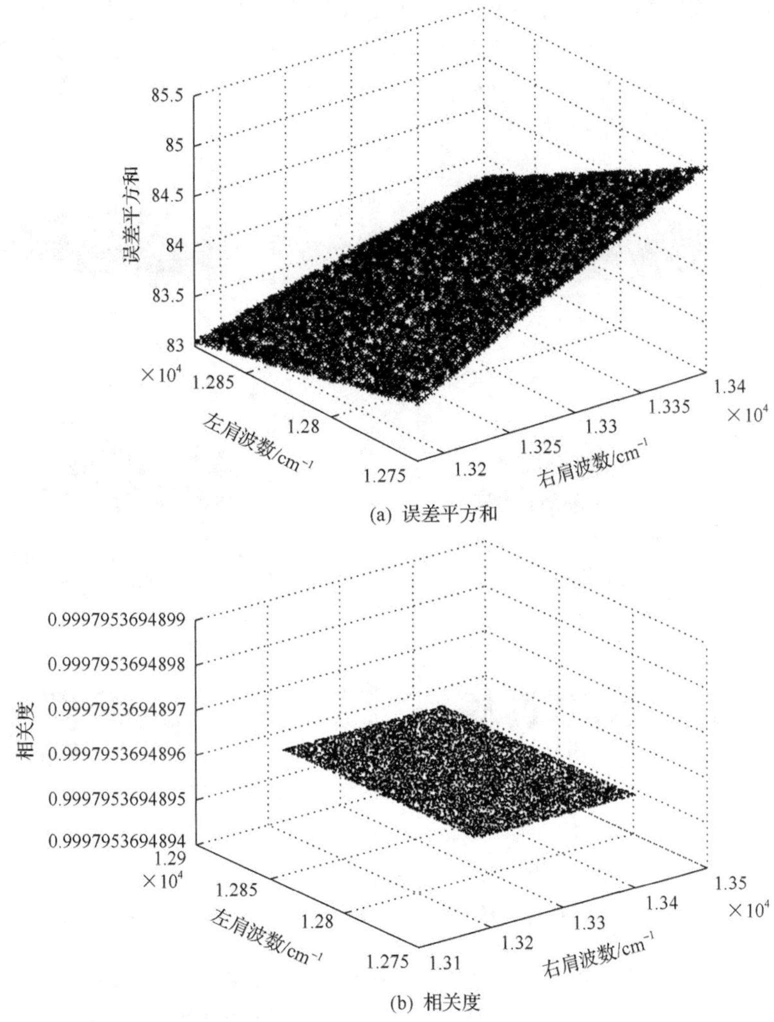

(a) 误差平方和

(b) 相关度

图 3-13　N=1 情形下直线插值拟合非吸收基线的误差平方和与相关度分布

由图 3-13 可知：随着吸收带左肩取值点波数的不断增大、吸收带右肩取值点波数的不断减小，插值拟合所得非吸收基线的精度有了明显提高，误差平方和明显减小。在两带肩紧邻吸收带的端点处误差平方和最小，在其最远端点处的误差平方和最大。但是非吸收基线与理想基线的相关度并没有发生明显的改变。之所以这样，是因为氧气 A 吸收带及其带肩的波段范围位于目标辐射曲线单调上升一侧；对于单调函数而言，拟合数据点越靠近被拟合区域，则拟合精度越高。因此，对于 N=1 的情形应采用直线拟合方法进行非吸收基线的拟合，测距光谱通道应当选择在各带肩靠近吸收带的一端。

2) $N>1$ 情形

在 $N>1$ 的情形下，除了直线拟合外还可对拟合数据点进行准确的 $2N-1$ 次多项式拟合；下面首先计算在 N=2 时所有循环下一次、二次、三次多项式拟合所得非吸收基线的误差平方和，然后分析各误差平方和与所有误差平方和均值的偏差分布情况，结果如图 3-14 所示。

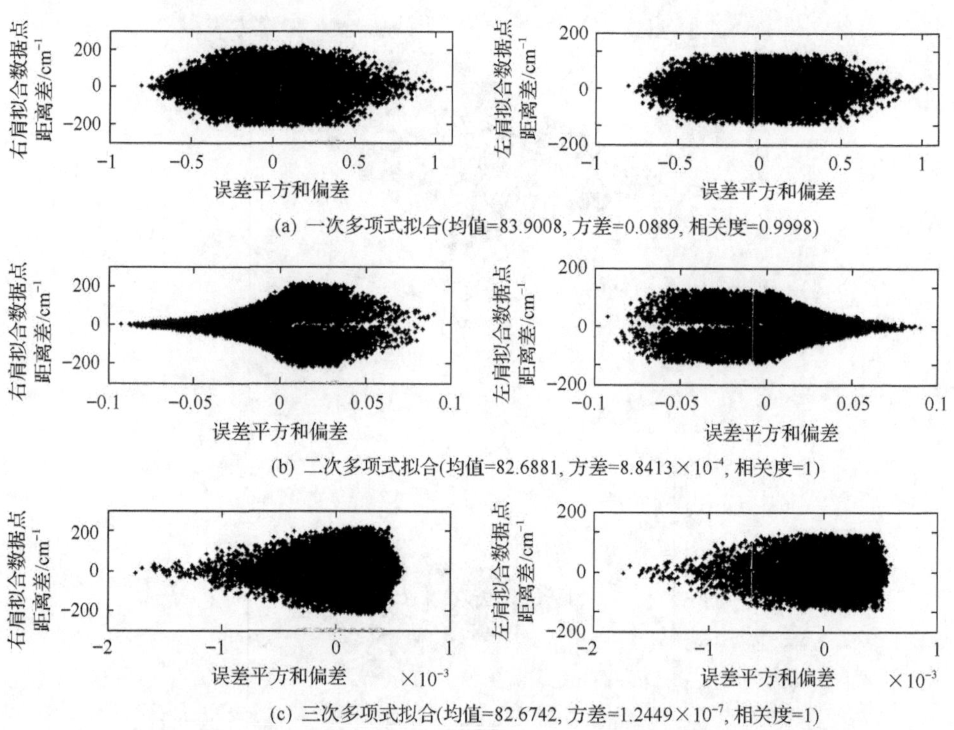

图 3-14　N=2 情形下多项式拟合非吸收基线误差平方和的偏差分布

从图 3-14 中可以看出，直线拟合下非吸收基线误差平方和的偏差随着两拟合数据点间距离差的减小而变大；通过对 N=1 情形的分析可知，当带肩上的两拟合数据点都在靠近吸收带一端时误差平方和最小，反之最大。随着拟合多项式级次的增加，虽然非吸收基线与理想基线误差平方和的均值并没有明显减小，但其方差却降低了数个数量级；这说明对于高次多项式拟合而言，带肩上拟合数据点的位置分布对拟合精度的影响可忽略不计。由此可推定对于 N 为 3、4、5 的情形，直线拟合时带肩上的测距光谱通道应尽可能分布在靠近吸收带的一端；在进行二次以上多项式拟合时，测距光谱通道位置便可任意选择，也可根据目标识别、背景去除等信息处理的需要进行选取。这主要是因为 N 个离散数据点便可准确确定唯一一条 $2N-1$ 次或者低次多项式曲线，离散点位置的分布并不会对曲线形状产生影响。

以上对不同测距光谱通道数下通道位置的选取进行了分析，结果表明：当左右带肩各只取一个测距光谱通道时，光谱通道的位置应选取在靠近吸收带一端；当左右吸收带各选取多个测距光谱通道时，直线拟合时的测距光谱通道仍应集中选取在靠近吸收带一端，高次多项式拟合时可忽略测距光谱通道位置对非吸收基线拟合精度的影响。下面分别对不同拟合数据点下的拟合精度进行对比，数据点依据上面分析结果进行选择；因为在实际光谱采集中存在多种因素的影响，所以在光谱曲线中加入一定随机噪声。

图 3-15 给出了不同拟合数据点的位置及利用直线拟合所得的非吸收基线。可以看出：拟合所得的非吸收基线皆高于理想基线且 N=1 时的误差最小；随着拟合数据点的增多，直线拟合下的非吸收基线相对集中。这是因为本节虽将该波段的光谱曲线近似为平滑直线，但其实质上仍为一段向上微弯的平滑弧线；这时利用拟合基线计算得出的氧气吸收率均大于实际吸收率，导致解算距离长于实际目标距离。因此，基线拟合误差是氧气吸收被动测距技术的一个固有误差。

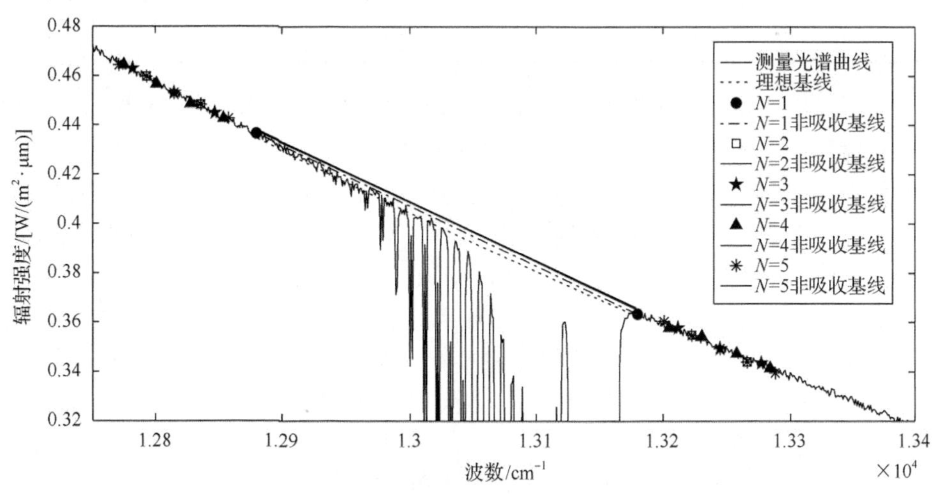

图 3-15　不同拟合数据点的位置及直线拟合时的非吸收基线

表 3-2 和表 3-3 分别给出了不同拟合数据点、不同拟合多项式下非吸收基线与理想基线的误差平方和以及根据拟合非吸收基线计算的氧气 A 吸收带吸收率。从表 3-2 中可知，在相同级次多项式下，拟合数据点的增加对误差平方和的影响并不大；在相同拟合数据点下，高次多项式曲线形状的弯曲使得误差平方和有所

减小，但是其减小幅度非常有限，特别是当多项式级次超过 4 阶以后，精度已经达到饱和；此时多项式级次的提高只会导致算法复杂性和计算时间的逐渐增加。

表 3-2　不同拟合数据点、不同拟合多项式下非吸收基线与理想基线的误差平方和

拟合数据点数量	一次多项式	二次多项式	三次多项式	四次多项式	五次多项式
N=1	47.959	—	—	—	—
N=2	48.355	47.818	47.658	—	—
N=3	48.417	47.439	47.627	46.562	51.167
N=4	48.332	47.570	47.962	46.201	47.367
N=5	48.341	47.835	47.294	47.954	48.458
全部数据点	48.504	47.791	47.789	47.788	47.677

表 3-3　不同拟合数据点、不同拟合多项式拟合非吸收基线下的 A 吸收带吸收率

拟合数据点数量	一次多项式	二次多项式	三次多项式	四次多项式	五次多项式
N=1	0.2215	—	—	—	—
N=2	0.2247	0.2203	0.2215	—	—
N=3	0.2251	0.2171	0.2192	0.2176	0.2463
N=4	0.2244	0.2182	0.2218	0.2066	0.2171
N=5	0.2245	0.2204	0.2163	0.2213	0.2253
全部数据点	0.2257	0.2200	0.2203	0.2201	0.2192

利用理想基线计算所得整个氧气 A 吸收带的平均吸收率为 0.2170。从表 3-3 可以看出，基本所有情况下的氧气吸收率皆大于真实氧气吸收率，这与非吸收基线误差平方和的情况相同；利用左右带肩所有数据点拟合得到的非吸收基线，除了直线拟合下的误差平方和与吸收率最大外，其他多项式拟合所得的非吸收基线皆好于其他情形下的非吸收基线且同时比 N=1 情形的拟合效果要好。

由此可知，拟合精度与计算速度相互制约。因此，对于氧气 A 吸收带带肩上的测距光谱通道而言，在无法获取完整光谱曲线情况下在左右带肩靠近吸收带一端各取一个测距光谱通道，利用直线拟合方法便可达到较好的拟合效果。同时最少的测距光谱通道数和最简单的直线拟合方法还可以减少机械旋转和软件计算的时间消耗，增强系统数据采集和解算的实时性。

上面确定了带肩上测距光谱通道数目和位置的选取规则，下面将分析氧气 A 吸收带内测距光谱通道的位置选取要求。A 吸收带的波长范围从 758.7nm (13180cm^{-1}) 到 776.4nm (12880cm^{-1})，在这 17.7nm 带宽范围内不同波长处的吸收系数差别很大，而非吸收基线的差异却很小，如图 3-16 所示。因此，当利用吸收带内不同波长位置的实际吸收光谱与非吸收基线计算氧气吸收率时也会有较大差别。

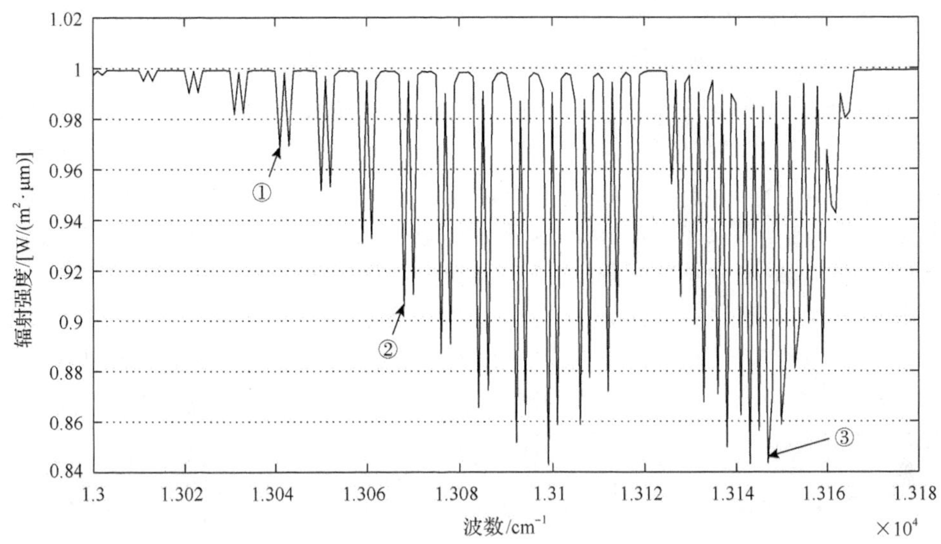

图 3-16　氧气 A 吸收带内吸收系数的差异

为了比较吸收带内不同波数位置吸收率随路径长度的变化趋势，这里选择 12880cm^{-1} 和 13200cm^{-1} 作为吸收带左右带肩上的测距光谱通道，利用直线拟合方法拟合吸收带内的非吸收基线，然后选择吸收带内三个点：①13041cm^{-1}；②13076cm^{-1}；③13147cm^{-1}。分别计算这三个点的吸收率随路径长度的变化曲线，光谱数据来源于 MODTRAN 软件在海拔 5km、95°视在天顶角下 150km 范围内的仿真数据，计算结果如图 3-17 所示。

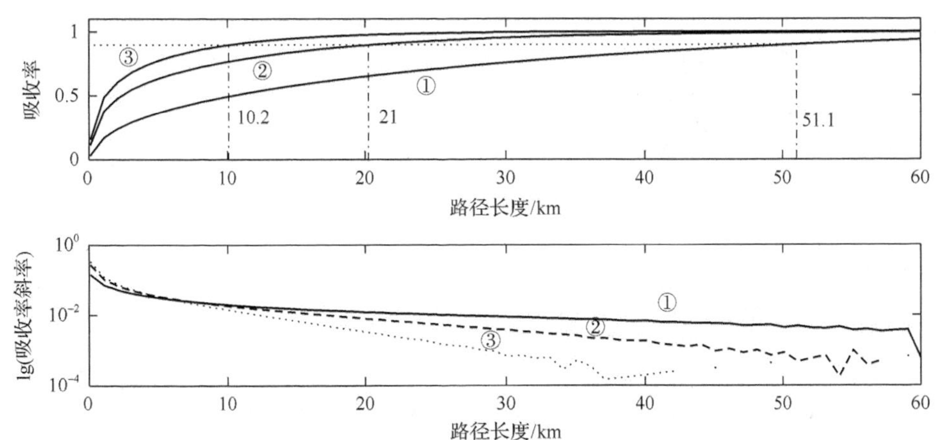

图 3-17　吸收率与吸收率斜率和路径长度的关系曲线

图 3-17 分别给出了吸收带内不同波长点处吸收率与路径长度的关系曲线及吸收率斜率随路径长度的变化趋势。当吸收率为 0.9 时，波数①、②和③所对应的

路径长度分别为 51.1km、21km 和 10.2km。在三个波数中，波数①13041cm^{-1} 处的吸收系数最小，吸收率随路径长度变化缓慢且可测路径长度最大；但当三个波数都在有效测距内时，它的吸收率斜率最小、误差最大。波数③13147cm^{-1} 的吸收率斜率虽然最大，但其测程最短。由此可知，随着不同波数处吸收系数的增加，测距精度逐渐变大但测程却逐渐变短；同时，非吸收基线拟合误差对吸收率计算精度的影响越小；反之，测程越长、测距精度越差。因此，在确定吸收带内测距光谱通道位置时应根据实际测距系统的功能需求进行确定，当系统主要用于远程告警测距时，可选择误差较大但测程较远的波数位置；当系统主要用于近距离高精度告警、反击、规避时，可选择精度较高、测距有限的波数位置。当然也可以同时选择两个吸收系数相差较大的波数位置；一个用于远距离发现告警，另一个用于近距离跟踪，相互配合共同工作。

2. 氧气 B 吸收带

通过上面的分析和讨论，确定了氧气 A 吸收带左右带肩和吸收带内测距光谱通道数目及其位置的选择规则，以及较为行之有效的非吸收基线拟合方法。而氧气 B 吸收带与 A 吸收带不同，其仅有一个带肩可用来拟合吸收带内的非吸收基线。这表示非吸收基线强度的获取不再是拟合数据点内的插值，而是在拟合数据点基础上通过外推得到的，如图 3-18 所示。这与 A 吸收带略有差异，下面对 B 吸收带带肩上测距光谱通道的位置及数目进行讨论。

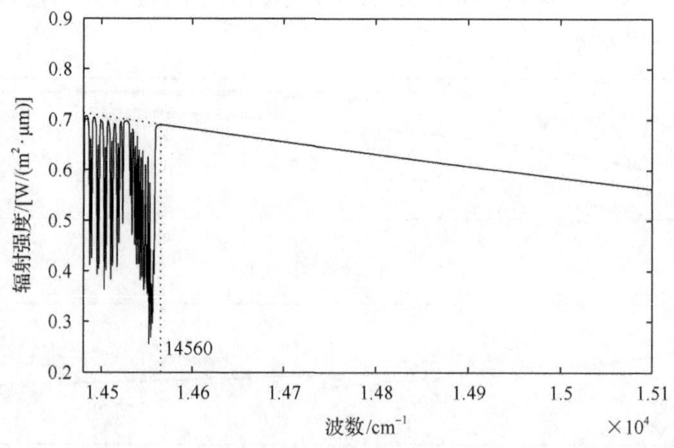

图 3-18　目标辐射经大气衰减后的光谱辐射强度(实线)与理想基线(虚线)

通过第 2 章对氧气 B 吸收带独立性和动态范围的讨论，已经确定了氧气 B 吸收带可用的频谱范围为 14480～14560cm^{-1}，而无吸收带带肩的频谱范围为 14560～15110cm^{-1}。拟合数据点 N 可取 2、3、4、5 或者全部波数点，仍用多项式来拟合吸收带内的非吸收基线，利用蒙特卡罗法计算不同数量拟合数据点和不同拟合多项式下非吸收基线与理想基线的误差平方和及其方差，结果如表 3-4 所示。

表 3-4　非吸收基线与理想基线的平均误差平方和及其方差

拟合数据点数量	一次多项式	二次多项式	三次多项式	四次多项式
N=2	39.4996/0.0954	—	—	—
N=3	39.5432/0.0569	39.9073/0.0224	—	—
N=4	39.5629/0.0384	39.9112/0.0048	39.8993/0.0325	—
N=5	39.5747/0.0268	39.9105/0.0043	39.9001/0.0293	39.8674/0.1570
全部数据点	39.5997/0	39.8934/0	39.8523/0	39.7667/0

表 3-4 给出了氧气 B 吸收带在不同数量拟合数据点和不同拟合多项式下非吸收基线与理想基线的平均误差平方和及其方差。由表 3-4 可知，拟合数据点和拟合多项式级次的增加对误差平方和的影响很小；在相同拟合多项式下，数据点的增加使得误差平方和的方差更小，拟合非吸收基线更加集中。因此，氧气 B 吸收带带肩上的测距光谱通道数量仍可确定为两个，从而可以在拟合精度相当的情况下，尽可能地简化多光谱系统、减少转换滤波片带来的时间损耗。两测距光谱通道在带肩上的不同位置分布对拟合精度的影响如图 3-19 所示。

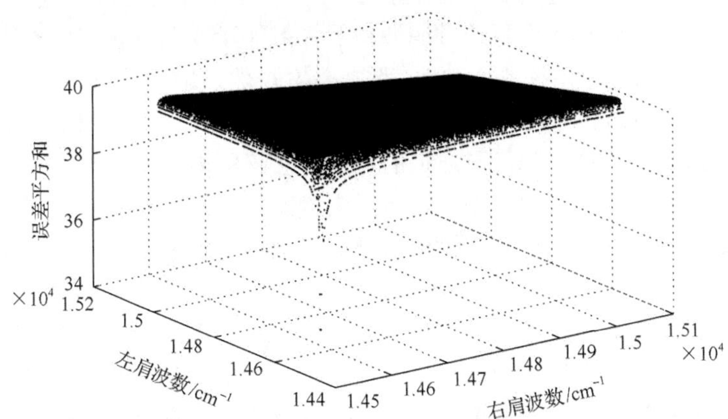

图 3-19　N=2 情形下 B 吸收带直线拟合非吸收基线的误差平方和分布

图 3-19 表明带肩上两光谱通道的距离越远，拟合所得的非吸收基线与理想基线的误差平方和越大，反之越小；在整体趋势上误差平方和变化不大，随着测距光谱通道位置向短波方向的移动，误差平方和逐渐减小，但在带肩长波方向上误差平方和下降得很快，且最小值也在该方向上。因此，在 B 吸收带带肩上选定测

距光谱通道位置时，可在吸收带带肩两端选取，但最好在靠近吸收带一端选择。

以上通过分析确定了氧气 B 吸收带带肩上测距光谱通道的数量、位置及用于拟合非吸收基线的直线拟合方法。对于 B 吸收带带内的测距光谱通道选择方式与 A 吸收带带内的方式相类似，这里不再重复。

综上所述，通过对带肩上不同数量、不同位置测距光谱通道利用不同级次多项式拟合的方法，对比分析了拟合所得非吸收基线与理想基线的误差平方和与相关度；在综合考虑拟合效果及多光谱系统实时性要求的情况下，确定 A 吸收带左右带肩各取 1 个测距光谱通道，B 吸收带带肩上取 2 个测距光谱通道；A 吸收带带肩上测距光谱通道位置在各自靠近吸收带的一端，B 吸收带带肩上 2 个测距光谱通道的位置也取在靠近吸收带一端，距离越近越好。至于吸收带内的测距光谱通道则应当根据系统实际应用需要，在折中考虑测距精度和测程需求的前提下选取。

3.3.2 测距光谱通道带宽

测距光谱通道带宽指的是光谱通道所能透射光谱的起止波长差，是多光谱系统滤波器的重要参数之一。对于多光谱或者高光谱系统而言，通道带宽还是系统光谱分辨率的一个重要标志。它决定了测距通道的积分时间、目标信噪比和系统探测距离等参数。

减小带宽虽然可以提高系统的光谱分辨率、增加测距光谱通道选择的灵活性；但带宽的减小使得同样条件下透过滤波片的辐射能量变弱，相同信噪比所需积分时间增长，从而牺牲了系统的实时性。增加带宽虽然可增强单位时间内的透过量，减少单通道图像获取的积分时间，保障系统的实时性；但带宽的增大却加大了对通道内光谱信息的平均、降低了通道的可选择性，同时大带宽也会造成探测器因曝光过度而无法工作。因此，测距光谱通道带宽的确定不仅要受到探测器最小照度和最大曝光量的限制，还要在设定信噪比基础上满足系统实时性对积分时间的要求。

在确定测距光谱通道最佳通道数目和位置的选定规则后，应当根据系统作用距离、目标与背景的信噪比、探测器系统噪声和技术参数等因素对通道带宽进行优化设计。这里以氧气 A 吸收带为例，通过分析测距光谱通道带宽与系统探测距离、信噪比和积分时间的相互关系，确定测距光谱通道带宽的选定规则。

首先分析通道带宽对到达探测器表面辐射光通量的影响。具有尾焰的自主动力飞行器由于发动机的正常或加力工作会产生高温尾喷焰；尾焰辐射经过大气吸收、散射等作用衰减后到达多光谱测距系统的入瞳，然后经光学系统和滤波片吸收衰减后被探测器响应、量化和采集。不同平台上测距系统与目标的相对位置关系如图 3-20 所示。

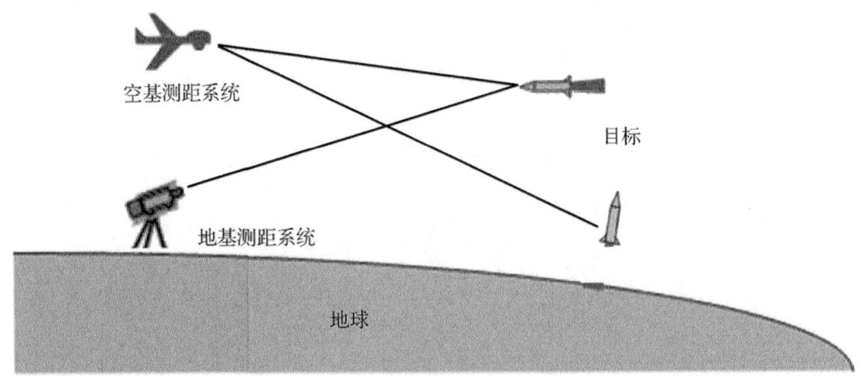

图 3-20　地基和空基平台上测距系统与目标的相对位置关系图

探测面上的辐射通量由系统入瞳处的辐射亮度、光学系统相对孔径、滤波片的带宽和透过率等参数共同决定。首先，假设飞行器尾焰是发射率为 ε 的灰体，其尾焰温度为 T。因为光谱通道带宽的限制，目标辐射光谱中只有位于 $\lambda_i-(\lambda_i+\Delta\lambda_i)$ 光谱带宽范围内的目标辐射能够透过第 i 个测距光谱通道被探测器所接收,其中 λ_i 和 $\Delta\lambda_i$ 分别为第 i 个测距光谱通道的起始波长和带宽（$i=1,2,3$）。则探测器上所接收的第 i 个测距光谱通道的辐射通量[22]为

$$\Phi_i=\int_{\lambda_i}^{\lambda_i+\Delta\lambda_i} L_{\mathrm{e}\lambda}\tau_{\mathrm{opt},i}\Omega\pi D^2/4\mathrm{d}\lambda \tag{3-64}$$

式中，$\tau_{\mathrm{opt},i}$ 为包含第 i 个测距光谱通道的光学系统透过率，是波长的函数；D 为光学镜头口径；Ω 为目标相对于探测系统的空间立体角，等于 A_{target}/f^2 (f 为光学镜头焦距，A_{target} 为目标在探测器上的成像面积)；$L_{\mathrm{e}\lambda}$ 是探测系统前端的目标辐射亮度，如式(3-65)所示：

$$L_{\mathrm{e}\lambda}=\frac{\varepsilon}{\pi}\frac{C_1}{\lambda^5\left[\mathrm{e}^{C_2/(\lambda T)}-1\right]}\tau_{\mathrm{atm},\lambda} \tag{3-65}$$

式中，C_1、C_2 为第一、第二辐射常数，其值分别为 $C_1=3.741832\times10^8(\mathrm{W/m^2})\cdot\mu\mathrm{m}^4$，$C_2=1.438786\times10^4\,\mu\mathrm{m}\cdot\mathrm{K}$；$\tau_{\mathrm{atm},\lambda}$ 为目标至探测系统前端的大气透过率。

当探测器上第 i 个测距光谱通道的积分时间为 $t_{\mathrm{int},i}$ 时，目标辐射在单个通道、单个像元上产生的曝光量为

$$E_i=\Phi_i\times t_{\mathrm{int},i}=\frac{t_{\mathrm{int},i}A_{\mathrm{pixel}}\varepsilon D^2}{4f^2}\int_{\lambda_i}^{\lambda_i+\Delta\lambda_i}\frac{C_1}{\lambda^5\left[\mathrm{e}^{C_2/(\lambda T)}-1\right]}\tau_{\mathrm{atm},\lambda}\tau_{\mathrm{opt},i}\mathrm{d}\lambda \tag{3-66}$$

式中，A_{pixel} 为探测器上单个像素的面积。

将能量转换为光子数为

$$N_{\mathrm{S},i}=\frac{E_i}{h\upsilon} \tag{3-67}$$

若探测器在波长λ上的量子效率为η_λ，则第i个测距光谱通道内入射光谱辐射能量所产生的信号电子数为

$$S_{\mathrm{e},i}=\frac{t_{\mathrm{int},i}A_{\mathrm{pixel}}\varepsilon D^2}{4f^2hc}\int_{\lambda_i}^{\lambda_i+\Delta\lambda_i}\lambda\frac{C_1}{\lambda^5\left[\mathrm{e}^{C_2/(\lambda T)}-1\right]}\eta_\lambda\tau_{\mathrm{atm},\lambda}\tau_{\mathrm{opt},i}\mathrm{d}\lambda \tag{3-68}$$

由式(3-68)可知，当目标的辐射亮度和系统参数一定时，单个像元上曝光量所产生的光生电子数随积分时间和通道带宽的增加而增大，但探测器的最大势阱容量决定了探测器积分时间和带宽增大的上限。设探测器像元的最大势阱容量为$Q_{\max}$，则要保证各个测距通道上积分时间和带宽所决定的信号电子数均小于$Q_{\max}$，如式(3-69)所示：

$$\max\left\{S_{\mathrm{e},i}\right\}\leqslant Q_{\max} \tag{3-69}$$

积分时间和带宽的下限由探测器的噪声决定。因为信噪比是决定能否探测到目标的重要因素；在照度一定的情况下，如果目标信号弱到与探测器系统噪声同处一个数量级，那么即使目标在探测器上的成像尺寸再大也无法确保被探测到。因此，探测器的信噪比决定了通道带宽和积分时间是不能无限减小的。

本书所研究的被动测距技术所选用的测距吸收带正好位于可见光红光光谱区，不仅容易受到太阳辐射的影响，而且也偏离了目标的峰值辐射光谱区。为了提高对目标的探测能力，减小系统噪声的影响，特选择具有片上信号放大作用的电子倍增 CCD(EMCCD)作为测距用探测器[21,22]。EMCCD 的信号放大功能是通过芯片上的增益位移寄存器来实现的。此类增益寄存器使得信号在噪声加入之前随转移过程不断放大，减弱了探测器读出噪声对信号质量的影响。对于 EMCCD 而言，主要的噪声是噪声因子、光子散粒噪声、暗电流噪声、假信号噪声和读出噪声[20]。

1. 噪声因子

由于 EMCCD 电子倍增具有随机性，所以总电荷增益是不确定的。实际应用中的总电荷增益G往往是一个统计平均值。这种不确定性会将额外噪声引入系统，将这种额外噪声称为噪声因子 F。研究表明：每个电荷在倍增中的行为都是彼此独立的，因此令$F=\sqrt{2/(1+\alpha)}$，α为单次倍增的概率且远小于 1；所以$F=\sqrt{2}$且与带宽和积分时间无关，这样便可以利用它对接下来的光子散粒噪声和暗电流噪声进行修正[23]。

2. 光子散粒噪声

光子散粒噪声是由入射光子及光电转换的随机性造成的，其分布规律符合泊松分布，是由光的量子性所决定的光子固有噪声；其大小等于入射光子信号值的平方根。由于 EMCCD 中，光子散粒噪声随有用信号在电子倍增中一起被放大 G 倍，则增益后的光子散粒噪声为

$$\sigma_{\text{shot}} = GF\sqrt{S_{\text{e}}} \tag{3-70}$$

式中，S_{e} 为入射光子信号，它与积分时间和带宽有关。因此光子散粒噪声也是积分时间和带宽的函数。

3. 暗电流噪声

EMCCD 同常规 CCD 一样，也具有暗电流噪声且暗电流在 EMCCD 中尤为重要。虽然 EMCCD 有效抑制了读出噪声，但暗电流却因电子倍增效应被放大，从而变成了降低探测器信噪比的主要影响因素。本节所用 EMCCD 单个像元单位时间内无光照情况下产生的电子数为 $n_{\text{dark}} = 0.0087(\text{e}^- / 像素) / \text{s}$，所以单个像素上增益后的输出暗电流噪声为

$$\sigma_{\text{dark}} = GF\sqrt{n_{\text{dark}} \times t_{\text{int}}} \tag{3-71}$$

式中，t_{int} 为探测器的积分时间。

式(3-71)表明，暗电流噪声与积分时间有关。

4. 假信号噪声

假信号噪声是指时钟感生电荷(clock induced charge，CIC)。虽然所有探测器都有 CIC，但由于 EMCCD 的电子倍增效应使之更加容易被察觉，从而将降低探测器的信噪比。研究表明：假信号噪声主要受探测器偏置电压的幅值、时序脉冲波形和并行转移频率的影响，而与探测器的积分时间和带宽无关。本节所用 EMCCD 的假信号噪声 σ_{f} 为 0.06～0.15e⁻/像素。

5. 读出噪声

读出噪声随读出速率增加而增大，它是由输出放大器和后续处理电路所产生的，也是常规 CCD 最主要的噪声来源。由于 EMCCD 上的增益位移寄存器在信号读出前便对信号进行了放大，所以 EMCCD 上读出噪声对输出信号的影响得到了有效抑制，这也是 EMCCD 比常规 CCD 灵敏度更高的原因。该噪声仅与信号读出速率有关，与积分时间和通道带宽无关。本书所用 EMCCD 的最大读出噪声

σ_{readout} 为 26.15e⁻。

通过上面对 EMCCD 中主要噪声的分析可以得出第 i 个测距光谱通道所对应的总噪声信号[24]为

$$N_{\text{e},i} = GF\sqrt{\left[\sigma_{\text{dark}} / (GF)\right]^2 + S_{\text{e},i} + \sigma_{\text{f}}^2 + \left[\sigma_{\text{readout}}/(GF)\right]^2} \tag{3-72}$$

因此，各测距光谱通道上探测器输出信号的信噪比如式(3-73)所示：

$$\text{SNR}_i = \frac{\text{Signal}}{\text{Noise}} = \frac{S_{\text{e},i}}{\sqrt{n_{\text{dark}} \times t_{\text{int}} + S_{\text{e},i} + \sigma_{\text{f}}^2 + \left[\sigma_{\text{readout}}/(GF)\right]^2}} \tag{3-73}$$

根据探测器成像极限条件可知，所有通道上的信噪比都必须大于 1 方能保证测距的正常进行。通常情况下，都会设定一个大于 1 的信噪比阈值 T_{SNR} 作为对目标成像质量的要求，即

$$\min\left\{\text{SNR}_i\right\} > T_{\text{SNR}} \tag{3-74}$$

通过上述对探测器单像素上响应信号量和信噪比的分析可知：在一定的探测距离上，单个测距光谱通道带宽和积分时间的上下限由探测器最大势阱深度和最小可探测信噪比决定；在积分时间一定时，通道带宽既要满足最小信噪比的要求，又要防止信号强度过大而引起探测器饱和；同样，在通道带宽一定时，积分时间除了要受到这些因素的制约，还要为了提高系统的处理速度而尽可能小。

3.3.3　数值分析

已知氧气 A 吸收带两侧带肩上的理想测距光谱通道位置在其靠近吸收带一侧，因此，将 A 吸收带左右带肩测距光谱通道的起始波长设定在吸收带两侧近端点上，然后通过式(3-69)和式(3-74)讨论在固定探测距离上测距光谱通道带宽上下限值随积分时间的变化情况。

对于 A 吸收带内的测距光谱通道而言，由于可根据实际需求进行灵活选择，所以这里一方面从测距精度的角度出发将测距通道的起始波长定在吸收带短波一端，并向长波方向讨论带宽上下限的变化情况；另一方面从系统测程的角度出发将起始波长定在吸收带长波一端，并向短波方向进行讨论。

假定探测对象为色温 1500K 的类黑体目标，目标的发射系数为 0.8，天空背景的温度为 300K；探测器单像元尺寸为 8μm×8μm，探测器的平均量子效率为 60%，单像元最大势阱深度为 28928 e⁻，光学系统平均透过率为 0.5，焦距为 300mm，口径为 50mm。固定距离上的大气总透过率可以通过大气传输软件 MODTRAN 计算获得。

地基探测器模式的计算条件为：中纬度夏季大气模型，倾斜路径，探测器海拔 100m，目标海拔 5km，气溶胶模型是乡村大气能见度=23km，无云雨，三个探测距离值分别为 10km、30km 和 50km；空基探测器模式的计算条件为：中纬度夏季大气模型，水平路径，探测器高度 5km，气溶胶模型为乡村大气能见度=23km，无云雨，三个探测距离值分别为 50km、80km 和 120km；利用 MODTRAN 软件计算的不同探测器模式下不同距离上的大气透过率曲线如图 3-21 所示。

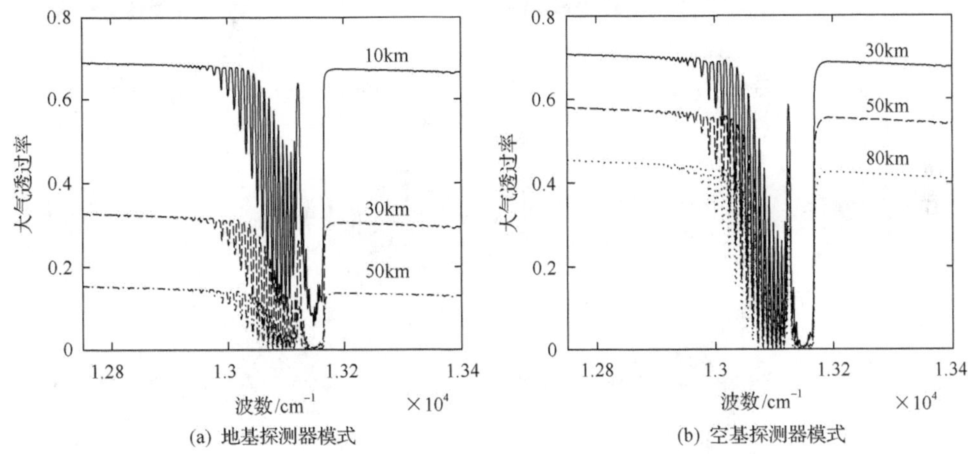

(a) 地基探测器模式　　(b) 空基探测器模式

图 3-21　地基和空基探测器模式下不同探测距离上的大气透过率曲线

根据上述分析，氧气 A 吸收带左肩测距光谱通道的起始波数为 12880cm^{-1}，带宽最大值为 130cm^{-1}；右肩测距光谱通道的起始波数为 13190cm^{-1}，带宽最大值为 210cm^{-1}；吸收带内短波一侧测距光谱通道的起始波数为 13180cm^{-1}，长波一侧测距光谱通道的起始波数为 12880cm^{-1}，这两个测距光谱通道的最大带宽均为 300cm^{-1}。其他计算条件如下：EMCCD 的总电荷增益为 200，图像信噪比阈值为 50。利用式(3-68)、式(3-69)、式(3-73)和式(3-74)，在各通道带宽约束下解算 0～200ms 不同积分时间下各个测距光谱通道的带宽取值范围，其结果如图 3-22 所示。

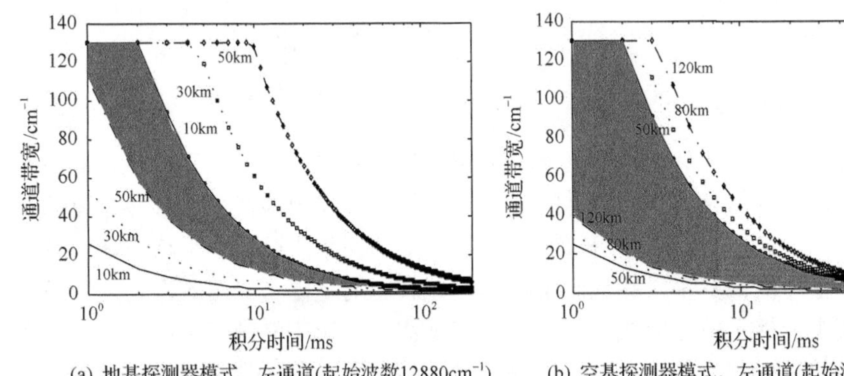

(a) 地基探测器模式，左通道(起始波数12880cm^{-1})　　(b) 空基探测器模式，左通道(起始波数12880cm^{-1})

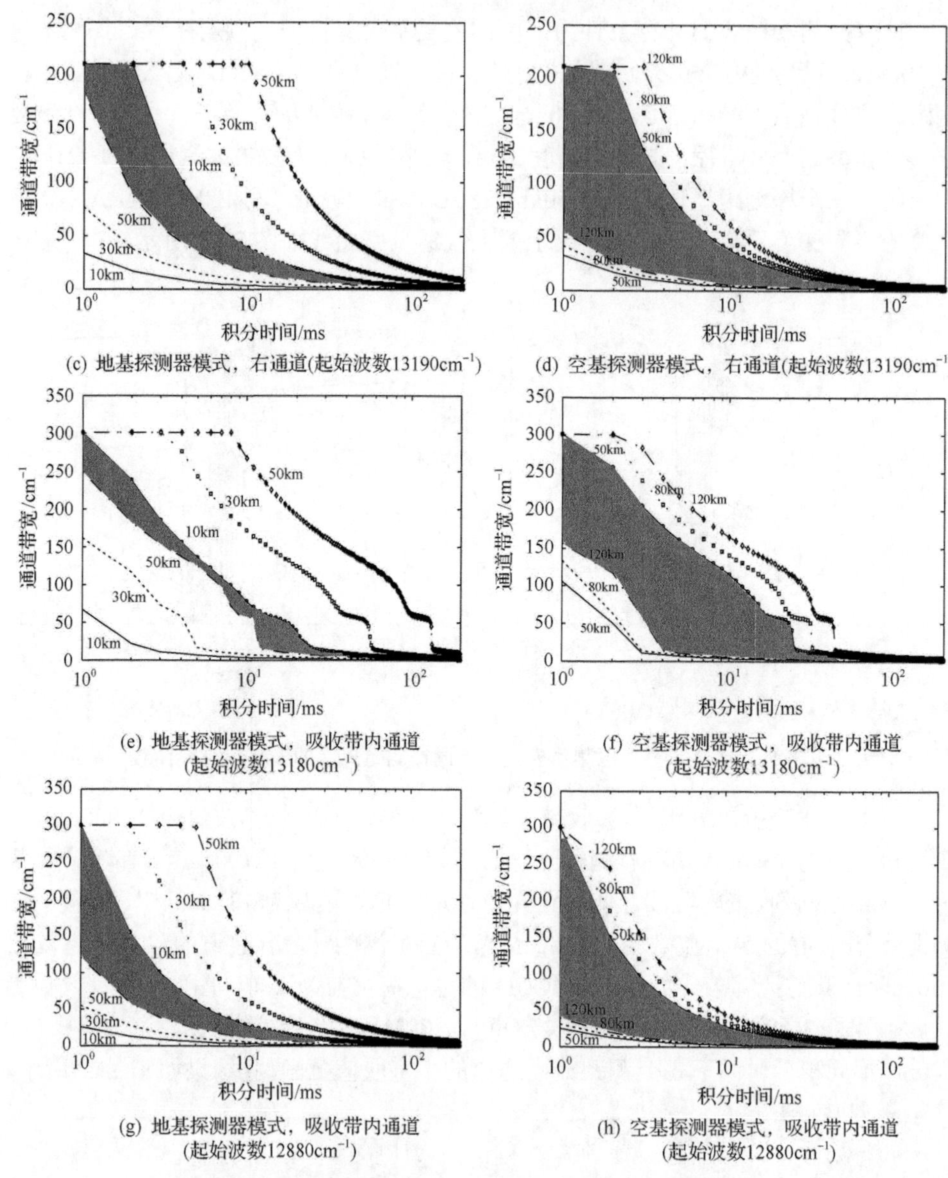

(c) 地基探测器模式，右通道(起始波数13190cm^{-1})

(d) 空基探测器模式，右通道(起始波数13190cm^{-1})

(e) 地基探测器模式，吸收带内通道(起始波数13180cm^{-1})

(f) 空基探测器模式，吸收带内通道(起始波数13180cm^{-1})

(g) 地基探测器模式，吸收带内通道(起始波数12880cm^{-1})

(h) 空基探测器模式，吸收带内通道(起始波数12880cm^{-1})

图 3-22　不同积分时间下各测距光谱通道的带宽取值范围

图3-22分别给出了A吸收带各测距光谱通道在不同积分时间下的带宽取值范围。图中(a)、(c)、(e)和(g)显示的是地基探测器模式倾斜路径情形各通道的带宽取值情况；图(b)、(d)、(f)和(h)给出的是空基探测器模式水平路径情形各通道的带宽取值情况。其中，相同线型内部区域表示的是同一探测距离上的带宽取值范围，其中无标示符号曲线表示的是由信噪比阈值决定的带宽下限；带标示符号曲线表示的是由像元最大势阱深度决定的带宽上限；图中带宽上限前端的水平

直线则是因通道带宽最大值限制而产生的带宽上限。

两种探测器模式相比：地基探测器模式下，地面附近低海拔区域的氧气浓度较大，探测距离增加导致的透过率减小幅度大于空基探测器模式，所以在积分时间一定时地基探测器模式不同探测距离间的通道带宽上下限相差较大；而空基探测器模式的通道带宽上下限差异则要小得多。同样由于相同探测距离下空基探测器模式的透过率要大于地基探测器模式，所以该模式下各测距光谱通道可以使用整个通道带宽的时间要小于地基模式。图中阴影部分表示的是在不同积分时间上能够同时满足三个探测距离的通道带宽取值范围；由于空基探测器模式不同探测距离的上限值曲线和下限值曲线相对比较集中，所以该模式下能够同时满足所有探测距离要求的通道带宽范围也比较大。

对于吸收带内起始波数在 13180cm^{-1} 位置的测距光谱通道，随着积分时间的逐渐增加，带宽下限值从长波端逐渐减小，由于长波端的光谱吸收率值很小且其在整个带宽内的占比很小，所以在吸收带 P 分支内带宽下限值曲线变化较为平缓；当通道终止波数逐渐减小到吸收带 R 分支时，刚开始由于该分支的光谱吸收率很小，所以带宽变化下的积分时间没有大的改变，但是在该分支的最后部分由于透过率值迅速变化且其在整个带宽中的占比迅速增加，从而使得很小的带宽变化便会引起积分时间的迅速改变。

对于吸收带内起始波数为 12880cm^{-1} 的测距光谱通道，通道带宽从带宽极限值开始逐渐向长波方向减小；虽然在吸收带 R 分支内减小时，透过率变化较大，但是由于其在整个通道内所占比例较小，所以积分时间变化较为平滑；在吸收带 P 分支内尤其到最后，虽然单位波数的透过率在整个通道内所占比例逐渐增大，但是由于其值变化较为平缓，所以积分时间变化也较为平滑。因此，该测距光谱通道的带宽变化曲线要比起始波数为 13180cm^{-1} 的测距光谱通道带宽变化曲线平滑得多。

通过对图 3-22 的分析可知，探测器所处海拔位置越高，信噪比和探测距离一定时不同积分时间下的带宽可选择范围越大，带宽一定时探测器所能探测的距离范围越长。

下面将讨论在固定积分时间下，各个通道带宽上下限值随探测距离的变化情况。为了保证系统的实时性又同时兼顾探测精度和测程，这里假定多光谱系统共有四个测距光谱通道，左右带肩各一个，通道的起始波数及带宽最大值不变；吸收带内两个测距光谱通道的起始波数位置也不变，只是为了保持各自的吸收率变化率，特意将起始波数为 12880cm^{-1} 测距光谱通道的通道带宽最大值设为 190cm^{-1}，起始波数为 13180cm^{-1} 测距光谱通道的通道带宽最大值设为 90cm^{-1}，而不再是整个吸收带。各通道的积分时间设为 10ms 以保证单位时间内各个通道 25 帧的实时采集，计算结果如图 3-23 所示。

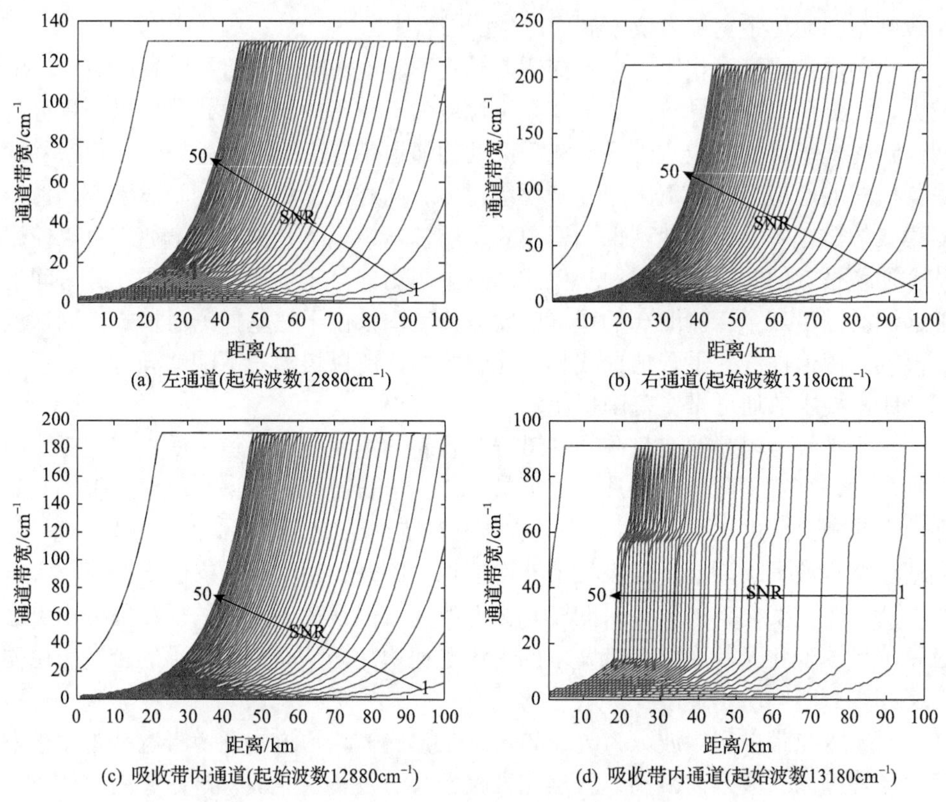

图 3-23　不同距离上不同信噪比下各通道的带宽取值范围

图 3-23 是以地基探测器模式为例，给出的探测器在海拔 100m 时探测水平路径上不同距离目标时各通道的带宽取值范围。图中可以清晰地看出由探测器像元最大势阱深度所决定的唯一一条通道带宽上限值曲线，以及由信噪比取值不同所决定的对应通道带宽下限曲线。当信噪比取值一定时，带宽上限随距离增加而迅速增大直至通道带宽最大值，这是因为探测器所接收的目标能量随距离增大而迅速减小，像元变得更加不容易达到饱和状态。虽然带宽下限也随距离增加而增大，但是曲线变化速率却与信噪比取值相关；当信噪比取值较小时，较窄的通道带宽便能满足信噪比要求，所以带宽下限曲线变化缓慢；随着信噪比取值逐渐增大，系统对目标能量的要求越来越高，带宽要求也越来越宽，所以信噪比下限曲线迅速抬起并达到通道带宽最大值。其中，吸收带内侧重测距精度的光谱通道由于吸收率较大，所以带宽下限随距离增加而增大得更快。

总之，在满足系统实时性要求的前提下，左右带肩测距光谱通道及吸收带内低频端测距光谱通道的带宽变化规律一致，带宽上下限曲线连贯平滑；而吸收带内高频端测距光谱通道则由于吸收率较大，同样信噪比下的带宽可选择范围要比其他三个通道要小。当探测距离一定时，可以通过带宽上下限曲线之间的垂直落差得到各个通道的带宽选择范围；当带宽一定时，便可根据带宽上下限曲线之间的水平间隔得到各个通道可探测的距离范围。

为了对固定信噪比下四个测距光谱通道的带宽变化进行比较，特意给出了不同信噪比下测距光谱通道带宽下限与距离的关系，如图 3-24 所示。其中，通道 1、2、3 和 4 分别代表右肩测距光谱通道、左肩通道测距光谱通道、吸收带内高频端光谱通道和吸收带内低频端光谱通道。

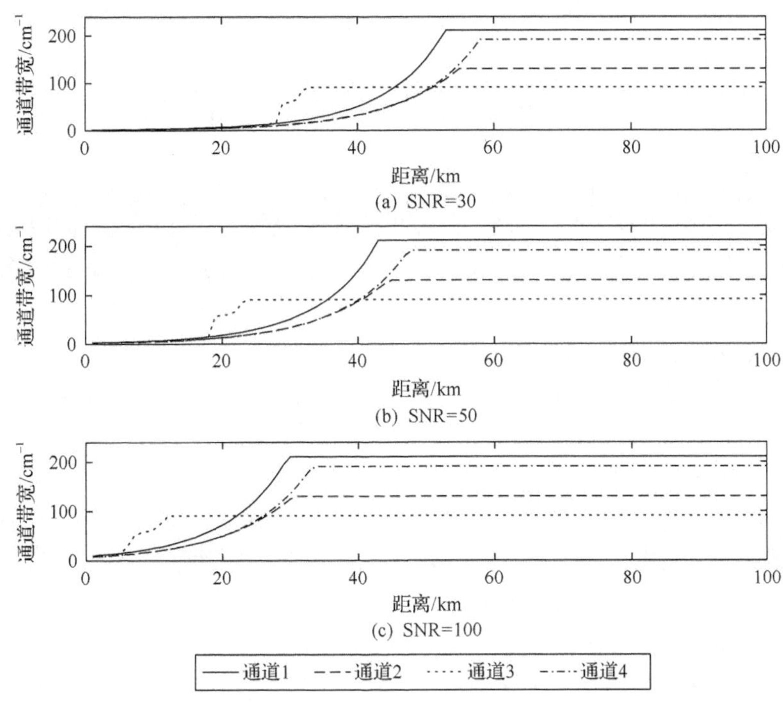

图 3-24　不同信噪比下测距光谱通道带宽下限与距离的关系

由图 3-24 可知，同一信噪比下，通道 1、2 和 4 的带宽下限变化曲率相差不大，并且它们达到各自带宽最大值的距离长度也很接近，即这三个通道在相同信噪比要求下的最大可探测距离基本相同，尤其是通道 2 和通道 4；而侧重于测距精度的通道 3 由于吸收率较其他三个通道都大，所以其可探测距离上限值要明显小于其他三个通道。通过对比可以看出随着对图像信噪比要求的提高，系统可探测距离明显下降，尤其是当包含通道 3 时，系统最大可探测距离则由通道 3 的有限可探测距离决定。

通过图 3-23 和图 3-24 可知，在地基探测器模式下，当系统中不包含侧重测距精度测距光谱通道时，多光谱测距系统在 SNR=30 时的最大可探测距离可达 50km 左右、SNR=50 时的最大可探测距离为 40km 左右、SNR=100 时的最大可探测距离只有 30km 左右；若系统中包含了侧重测距精度的测距光谱通道，则最大可探测距离还要大大缩短。不过这仅是在地面水平路径上多光谱系统能够实时探测的最大距离；当探测平台海拔增加或路径天顶角减小时，路径上减小的氧气吸收会使得系统测程逐渐增加。

综上所述，多光谱系统下测距光谱通道的设计应当首先根据平台实际需求和测距光谱通道选定规则确定测距光谱通道的数量和位置；然后在系统工作实时性、探测器性能和探测信噪比要求下计算各个测距光谱通道的带宽上下限曲线；最后便可根据带宽上下限曲线确定系统的最大可探测距离和有效测距范围。

3.4　四维成像光谱测距系统分析

在 3.3 节中介绍分析了较为实用的多光谱系统的测距光谱通道参数，以求在优化光谱通道设计的基础上，最大限度地保证系统的实时性要求，同时还要满足测程和测距精度的选择；但无论如何优化其测距光谱通道，多光谱成像系统光谱扫描的本质导致其均无法实现目标光谱的一次性获取，这均将在氧气吸收率的计算中产生无法消除的固有误差。本节则致力于寻求新的高光谱成像系统，以求在保留高光谱系统数据采集优势的前提下，解决实际应用对系统实时性的要求。

高光谱成像光谱仪的高分辨率光谱数据实现了采集数据的图谱合一；完整的光谱数据集不仅有利于目标、背景等场景光谱曲线的精确测量，而且通过图像分析和图像融合还可以实现最大信息量的场景显示。对于基于氧气吸收被动测距来说，完整的光谱数据不仅有利于氧气吸收带非吸收基线的插值拟合，而且有利于吸收率计算过程中“测距光谱通道”的灵活选择。这样在不需要改变任何硬件条件下，便可以实现系统测量重心在测程和测距精度之间的任意转换。

常规高光谱成像系统通过棱镜、光栅等连续分光器件或者滤波片等离散分光器件将目标光谱以一定的光谱分辨率成像在探测器面上[25,26]。而常规成像光谱仪主要分为推扫式成像光谱仪[24,27]和调谐滤波器式的凝视型成像光谱仪[28]。前者通过狭缝每次只能对目标二维空间中的一维进行光谱成像，另一维的成像则需要通过推扫方式进行实现；后者通过液晶可调谐滤波片或者声光可调谐滤波片实现波长的调制，虽然能够完成对目标二维空间信息的同时采集，但是光谱维的成像仍需要通过波长扫描来实现。无论对前者还是后者而言，扫描是需要时间的，这就使得这些系统对一些快速变化的事件和现象无法同时得到其图像和光谱信息，也就无法实现对瞬息变化目标景物的光谱图像测量。这对于武器系统防护，尤其是对飞机和反导系统而言将是致命的缺陷。同时，不仅采集时间长制约了常规光谱分析仪器的应用，而且较大的体积、重量，昂贵的价格使得光谱分析仪器在多种平台上作为被动测距系统使用也是不现实的。

2006 年美国 Opto-Knowledge Systems Inc.（OKSI）研发了一种四维成像光谱仪

(four-dimensional imaging spectrometers，4DIS)，如图 3-25 所示。其首先利用光纤变维器，如图 3-26 所示，将二维空间场景转换为按照一定排列规则布置的一维线状场景入射源，然后利用光栅分光系统将一维线状场景图像在其垂直方向上进行光谱展开并成像，最后利用面阵探测器对二维展开的光谱图像进行探测，从而实现了一次曝光时间内同时采集三个维度(两个空间维、一个光谱维)信息的采集，如图 3-27 所示。但由于探测器阵列尺度有限，光纤变维器的光纤数量不能很多，即系统有效视场较小；同时由于光纤尺寸比探测器像元尺寸大得多，所以该系统的图像分辨率也有限。

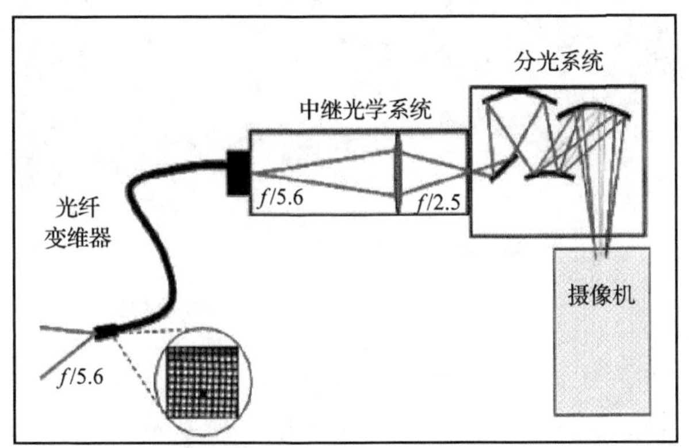

图 3-25　4DIS 系统概念图

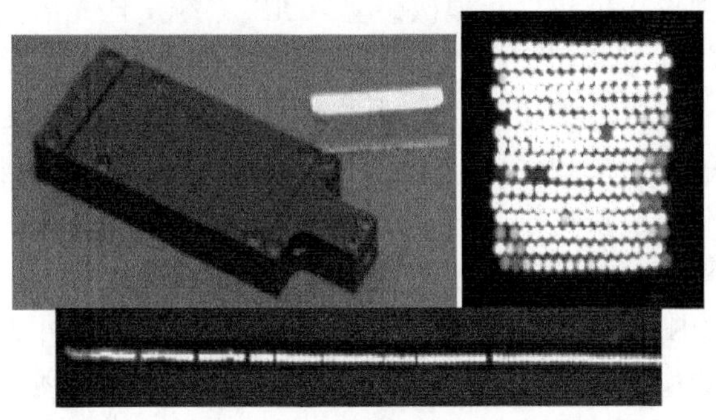

图 3-26　4DIS 系统光纤变维器

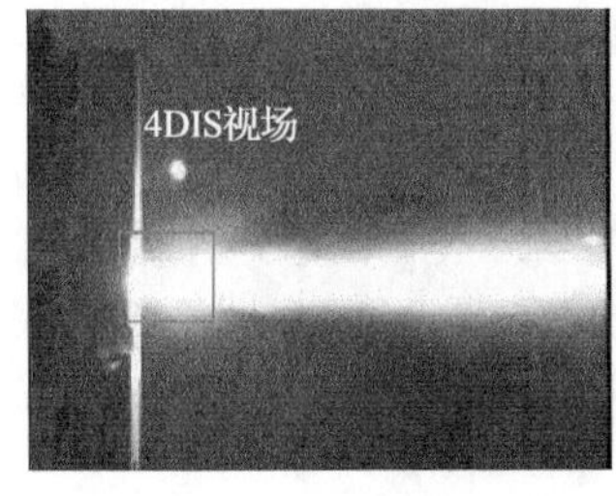

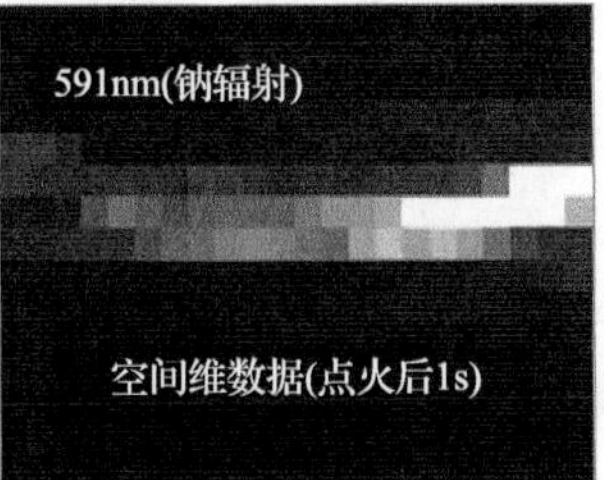

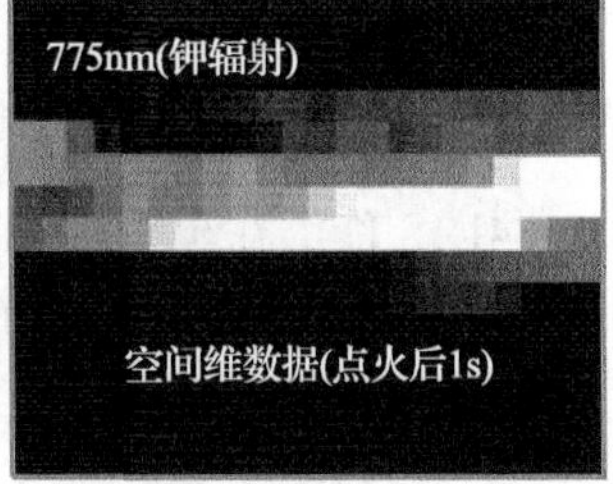

图 3-27　4DIS 系统采集火箭引擎尾焰及相应光谱图

为了解决 4DIS 系统视场小、空间分辨率较低的问题，OKSI 在 2012 年推出了 4 通道的超视频高光谱成像系统，如图 3-28 所示。

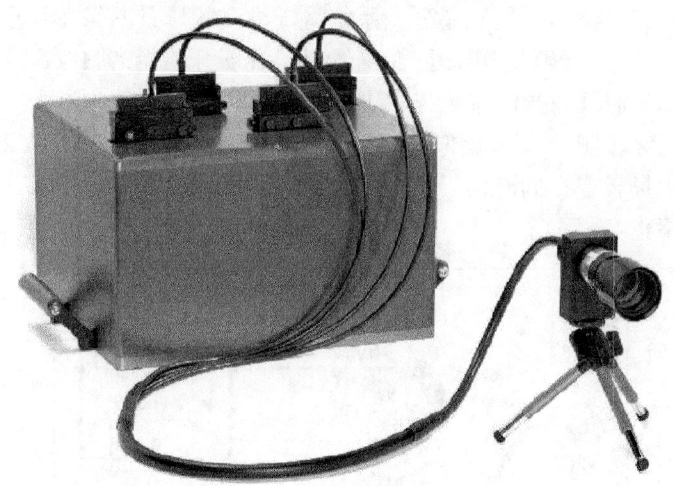

图 3-28　4 通道的超视频成像光谱仪

该 4 通道 4DIS 系统的空间分辨率由原来 4DIS 系统的 20×20 像素增加到 44×40 像素，光谱分辨率可达 2.4nm，在 0.4μm 到 1.1μm 可见光近红外光谱范围内的波段数达 300 个。本书在国外研究成果的基础上，利用光纤变维器和 Offner 凸面分光光栅从理论上搭建了一种该类型 4DIS 系统，该光谱仪能够对一定视场范围内的二维空间信息和各空间点所对应的光谱信息进行一次曝光成像，同时记录时间维度上的一个光谱维和两个空间维信息，因此这里称为 4DIS。4DIS[29]通过光纤束空间位置的重新排列将目标景物二维空间信息折叠成一维，然后利用光栅、棱镜等方式进行分光直接记录光谱信息或者利用傅里叶变换等方式记录干涉图信息的方式[30]实现对目标景物三维图谱数据立方体的一次性采集。

下面将对 4DIS 的成像原理进行理论分析[31]，利用傅里叶光学理论建立具有光纤变维器结构成像光谱仪的物像关系，推导出目标场景光强与探测器响应光谱强度之间的对应关系式；为 4DIS 的工程化和在被动测距领域的实际应用提供一定的理论基础。

3.4.1　四维成像光谱仪的成像原理

4DIS 能够在单次曝光时间内捕获目标的整个数据“立方体”信息，并通过实时数据处理充分增强了现有成像探测系统的数据提取和分析能力。具有光纤变维器的 4DIS 结构如图 3-29 所示。

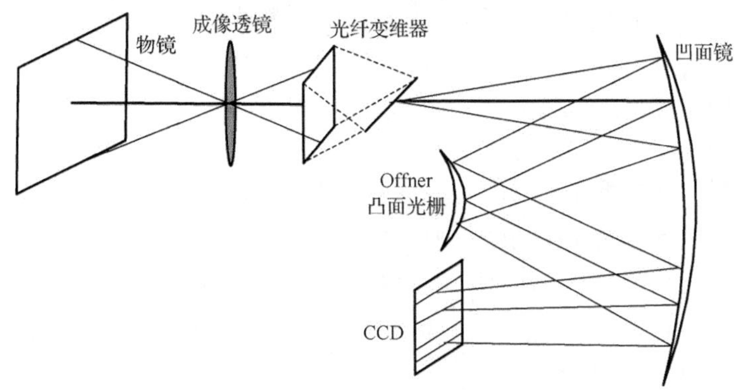

图 3-29　4DIS 的结构图

物空间的目标经前置光学成像系统成像在光纤变维器的二维输入面上；光纤变维器在输入面上对目标像进行采样传递；在光纤变维器的输出面上，将二维排列的光纤束按照一定的规则排成一列，并作为后续色散系统的输入；在 Offner 色散光学系统中，从光纤变维器输出的图像信息经大凹面镜准直后，反射到 Offner 凸面光栅上并进行分光；凸面光栅分光产生的各衍射单色光再经大凹面镜反射后，由面阵探测器对这些光谱图像信息进行成像[32]；折叠后的二维空间信息和一维光谱信息被记录下来后，经数字图像处理便可呈现出不同波长的目标图像。最后在此基础上，便可以根据目标的空间方位信息和光谱信息对目标进行分离、提取、定位和识别，从而实现了对空间目标信息的实时分析。

3.4.2　四维成像光谱仪系统的傅里叶分析

本节所分析的 4DIS 光学系统主要由前置光学系统、光纤变维器光学系统和 Offner 色散光学系统三部分组成[33]，下面将依次通过对各个分系统的傅里叶分析来实现对整个成像光谱仪光学系统的理论分析。

1. 前置光学系统

前置光学系统由成像透镜组成，其成像示意图如图 3-30 所示。

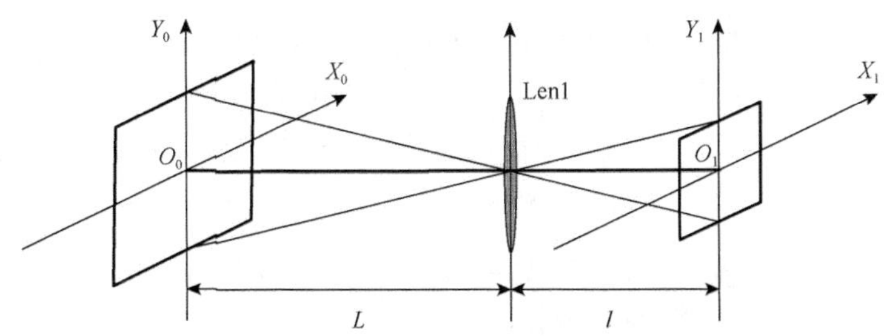

图 3-30　前置光学系统的成像示意图

目标平面 $X_0O_0Y_0$ 由光学系统 Len1 成像在光纤变维器的二维输入面 $X_1O_1Y_1$ 上。O_0O_1 为前置光学系统的光轴，O_1 为光纤变维器二维输入面的中心，L 为目标平面与成像系统的距离，l 为像距。

由于目标平面上各发光点发出的光是互不干涉的，所以该成像系统为非相干成像系统。假设目标所在平面的光场复振幅分布为 $u_0(x_0,y_0)$，光纤变维器输入面所在平面的光场分布为 $u_1(x_1,y_1)$，则

$$u_1\left(x_1,y_1\right)=\frac{\exp[\mathrm{j}k(L+l)]}{M}\cdot\exp\left[-\mathrm{j}\frac{\pi}{\lambda Mf}\left(x_1^2+y_1^2\right)\right]\cdot u_0\left(\frac{x_1}{M},\frac{y_1}{M}\right) \tag{3-75}$$

式中，f 是成像透镜的焦距；由于 L 远远大于 l，所以 $l\approx f$，从而 $M=-l/L\approx -f/L$ 是透镜 1 的放大率；k 为空间角频率。式(3-75)表明目标平面与光纤变维器输入面的物像共轭关系。由于该系统为非相干成像系统，像面上任何两点间的复振幅是没有任何相关性的，所以不能直接对像面上的复振幅进行分析，只能通过对光强分布的讨论来对成像透镜进行傅里叶分析。忽略式(3-75)中的相位因子，可得目标平面与其像面之间的光强对应关系：

$$I_1(x_1,y_1)=\frac{1}{M^2}I_0\left(\frac{x_1}{M},\frac{y_1}{M}\right) \tag{3-76}$$

式(3-75)和式(3-76)都是对前置光学系统的一种几何光学近似，在近似中未考虑系统衍射作用和几何光学像差对成像的影响。如果需要考虑这两个因素的影响，就必须在光强分布公式(3-76)上卷积系统的非相干传递函数。由于系统的衍射和像差都不大，且非相干点扩散函数不会超出接收探测器的像素大小，故予以忽略。

2. 光纤变维器光学系统

光纤变维器光学系统由光纤变维器及其相应的耦合透镜组成，这里主要对光纤变维器的成像特性进行傅里叶变换分析。光纤变维器[32, 34, 35]的输入(输出)端面可以视为由各光纤(像元)呈特定规则排列组成的析像器。其像元取样窗口输入端面如图 3-19 左侧所示。根据抽样定理，对于具有任意平行四边形组成的抽样网格和任意相同取样窗口形式的二维列阵，抽样点在取样窗口中心。

对于正方形阵列，抽样网格坐标 $\left(x_{1n1},y_{1n2}\right)=\left(n_1d,n_2d\right)$，其中 d 为光纤直径且为光纤排列间隔，n_1 和 n_2 取值范围在指定的 $-N$ 和 N 之间。所以单方向上总的光纤条数为 $2N+1$ 条。则可将抽样函数写为

$$\operatorname{comb}\left(\frac{x}{d},\frac{y}{d}\right)=\sum_{n_1=-\infty}^{+\infty}\sum_{n_2=-\infty}^{+\infty}\delta\left(\frac{x}{d}-n_1,\frac{y}{d}-n_2\right)=d^2\sum_{n_1=-\infty}^{+\infty}\sum_{n_2=-\infty}^{+\infty}\delta(x-n_1d,y-n_2d) \tag{3-77}$$

在每个抽样点，即由各光纤中心点组成的网格格点，取样窗口是以直径为 d 的光纤芯端面(忽略光纤表层厚度)，取样窗口函数可写为

$$\operatorname{circ}\left(\frac{2\sqrt{x^2+y^2}}{d}\right)=\begin{cases}1, & \sqrt{x^2+y^2}<d/2\\ 0, & \text{其他}\end{cases} \tag{3-78}$$

输入在光纤变维器二维入射面上的目标像 $I_1(x_1,y_1)$ 首先受到取样窗口的积分抽样。与点抽样不同，在积分抽样时取样值等于被抽样函数在一个围绕光纤中心点直径为 d 的圆域上，以某一函数为权函数的加权积分。则经光纤阵列抽样后的光强分布 $I_{11}(x_1,y_1)$ 为

$$I_{11}(x_1,y_1)=\left[I_1(x_1,y_1)\otimes\operatorname{circ}\left(\frac{2\sqrt{x_1^2+y_1^2}}{d}\right)\right]\cdot\operatorname{comb}\left(\frac{x_1}{d},\frac{y_1}{d}\right) \tag{3-79}$$

在光纤变维器出射端面，出射光强实际上分布于每个光纤单元的整个窗口，而不仅仅在光纤芯中心。由于系统中采用的光纤变维器放大率为 1，所以其输出端面上的窗口函数仍可以用式(3-78)表示。则在光纤变维器输出端面上光纤未重新排列前的输出图像光强分布 $I_{12}(x_1,y_1)$ 可以表示为

$$I_{12}(x_1,y_1)=\left\{\left[I_1(x_1,y_1)\otimes\operatorname{circ}\left(\frac{2\sqrt{x_1^2+y_1^2}}{d}\right)\right]\cdot\operatorname{comb}\left(\frac{x_1}{d},\frac{y_1}{d}\right)\right\}\otimes\operatorname{circ}\left(\frac{2\sqrt{x_1^2+y_1^2}}{d}\right) \tag{3-80}$$

将式(3-76)、式(3-77)代入式(3-80)中可得

$$\begin{aligned}I_{12}(x_1,y_1)=&\frac{d^2}{M^2}\sum_{n_1=-\infty}^{+\infty}\sum_{n_2=-\infty}^{+\infty}I_0\left(\frac{n_1d}{M},\frac{n_2d}{M}\right)\\&\cdot\int_{-\infty}^{+\infty}\int_{-\infty}^{+\infty}\operatorname{circ}\left(\frac{2\sqrt{\varepsilon^2+\eta^2}}{d}\right)\operatorname{circ}\left(\frac{2\sqrt{(x_1-n_1d-\varepsilon)^2+(y_1-n_2d-\eta)^2}}{d}\right)\mathrm{d}\varepsilon\mathrm{d}\eta\end{aligned} \tag{3-81}$$

在直角坐标系下，圆孔光阑孔径函数(3-78)可以展开为有限项复高斯函数之和[36]，如式(3-82)所示：

$$\operatorname{circ}(x,y)=\sum_{m=1}^{M}F_m\exp\left\{-\frac{4G_m\left[(x-x_0)^2+(y-y_0)^2\right]}{d^2}\right\} \tag{3-82}$$

式中，d 为圆孔直径；x_0、y_0 为圆孔中心坐标；F_m、G_m 为展开系数，可通过数值优化得到，一般取 10 即有足够高的准确度。

利用式(3-81)对式(3-82)积分部分的两个圆孔孔径函数进行复高斯展开可得

$$\begin{aligned}
&\int_{-\infty}^{+\infty}\int_{-\infty}^{+\infty}\operatorname{circ}\left(\frac{2\sqrt{\varepsilon^2+\eta^2}}{d}\right)\cdot\operatorname{circ}\left[\frac{2\sqrt{(x_1-n_1d-\varepsilon)^2+(y_1-n_2d-\eta)^2}}{d}\right]\mathrm{d}\varepsilon\mathrm{d}\eta\\
&=\int_{-\infty}^{+\infty}\int_{-\infty}^{+\infty}\sum_{m_2=1}^{10}F_{m_2}\exp\left(-\frac{4G_{m_2}\left\{\left[\varepsilon-(x_1-n_1d)\right]^2+\left[\eta-(y_1-n_2d)\right]^2\right\}}{d^2}\right)\\
&\quad\cdot\sum_{m_1=1}^{10}F_{m_1}\exp\left[-\frac{4G_{m_1}(\varepsilon^2+\eta^2)}{d^2}\right]\mathrm{d}\varepsilon\mathrm{d}\eta\\
&=\sum_{m_1=1}^{10}F_{m_1}\sum_{m_2=1}^{10}F_{m_2}\int_{-\infty}^{+\infty}\exp\left[-4\frac{(G_{m_1}+G_{m_2})\varepsilon^2-2G_{m_2}(x_1-n_1d)\varepsilon+G_{m_2}(x_1-n_1d)^2}{d^2}\right]\mathrm{d}\varepsilon\\
&\quad\cdot\int_{-\infty}^{+\infty}\exp\left[-4\frac{(G_{m_1}+G_{m_2})\eta^2-2G_{m_2}(y_1-n_2d)\eta+G_{m_2}(y_1-n_2d)^2}{d^2}\right]\mathrm{d}\eta
\end{aligned}\tag{3-83}$$

利用积分公式

$$\int_{-\infty}^{+\infty}\exp\left[-(P^2x^2+Qx)\right]\mathrm{d}x=\frac{\sqrt{\pi}}{P}\exp\left[-\left(\frac{Q}{2P}\right)^2\right]\tag{3-84}$$

得到

$$\begin{aligned}
&\int_{-\infty}^{+\infty}\int_{-\infty}^{+\infty}\operatorname{circ}\left(\frac{2\sqrt{\varepsilon^2+\eta^2}}{d}\right)\cdot\operatorname{circ}\left[\frac{2\sqrt{(x_1-n_1d-\varepsilon)^2+(y_1-n_2d-\eta)^2}}{d}\right]\mathrm{d}\varepsilon\mathrm{d}\eta\\
&=\sum_{m_1=1}^{10}F_{m_1}\sum_{m_2=1}^{10}F_{m_2}\frac{\pi}{P_{x_1}P_{y_1}}\exp\left[-4\frac{G_{m_2}(x_1-n_1d)^2+G_{m_2}(y_1-n_2d)^2}{d^2}\right]\\
&\quad\cdot\exp\left[-\left(\frac{Q_{x_1}}{2P_{x_1}}\right)^2\right]\cdot\exp\left[-\left(\frac{Q_{y_1}}{2P_{y_1}}\right)^2\right]
\end{aligned}\tag{3-85}$$

式中

$$
\begin{aligned}
&P_{x_1}^2 = P_{y_1}^2 = P^2 = \frac{4(G_{m_1}+G_{m_2})}{d^2} \\
&Q_{x_1} = -\frac{8G_{m_2}(x_1-n_1d)}{d^2}, \quad Q_{y_1} = -\frac{8G_{m_2}(y_1-n_2d)}{d^2}
\end{aligned} \tag{3-86}
$$

将式(3-85)和式(3-86)代入式(3-81)可得光纤变维器输出端面上光纤未重新排列时的输出图像光强分布 $I_{12}(x_1,y_1)$：

$$
\begin{aligned}
I_{12}(x_1,y_1) = &\frac{\pi d^4}{4M^2}\cdot\sum_{n_1=-\infty}^{+\infty}\sum_{n_2=-\infty}^{+\infty} I_0\left(\frac{n_1d}{M},\frac{n_2d}{M}\right)\cdot\sum_{m_1=1}^{10}F_{m_1}\sum_{m_2=1}^{10}F_{m_2}\frac{1}{G_{m_1}+G_{m_2}} \\
&\cdot\exp\left\{-4G_{m_2}[(x_1-n_1d)^2+(y_1-n_2d)^2]/d^2\right\} \\
&\cdot\exp\left\{-4G_{m_2}^2[(x_1-n_1d)^2+(y_1-n_2d)^2]/(G_{m_1}+G_{m_2})d^2\right\}
\end{aligned} \tag{3-87}
$$

光纤变维器通过光纤重排的方式，将成像在其二维输入面上的二维空间图像折叠成一维空间信息，然后输入到 Offner 凸面光栅色散光学系统。光纤的排列方式如图 3-31 所示，将二维光纤面 X_1Y_1 上的光纤以列为单位，按照从右至左的顺序在光纤输出面 X_2Y_2 上按照从上至下的顺序进行排列。在 X_1Y_1 平面上中心坐标为 $(x_{1n1},y_{1n2})=(n_1d,n_2d)$ 的光纤，重新排列后在 X_2Y_2 平面上的中心坐标为 $(x_{2n1},y_{2n2})=\left(0,[(2N+1)n_1+n_2]d\right)$。则在 X_2Y_2 平面上的光强分布为

$$
\begin{aligned}
I_2(x_2,y_2) = &\frac{\pi d^4}{4M^2}\cdot\sum_{n_1=-\infty}^{+\infty}\sum_{n_2=-\infty}^{+\infty} I_0\left(\frac{n_1d}{M},\frac{n_2d}{M}\right)\cdot\sum_{m_1=1}^{10}F_{m_1}\sum_{m_2=1}^{10}F_{m_2}\frac{1}{G_{m_1}+G_{m_2}} \\
&\cdot\exp\left[-4G_{m_2}\left(x_2^2+\{y_2-[(2N+1)n_1+n_2]d\}^2\right)\Big/d^2\right] \\
&\cdot\exp\left[-4G_{m_2}^2\left(x_2^2+\{y_2-[(2N+1)n_1+n_2]d\}^2\right)\Big/(G_{m_1}+G_{m_2})d^2\right]
\end{aligned} \tag{3-88}
$$

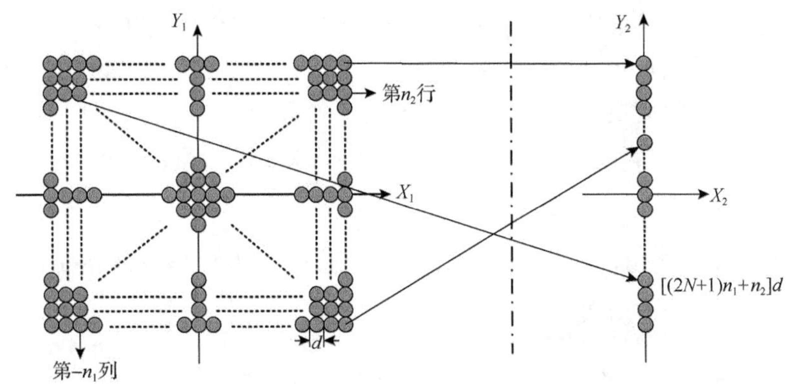

图 3-31　光纤变维器光学系统的排列方式示意图

3. Offner 色散光学系统

Offner 凸面光栅色散光学系统是由同心三反射镜所组成的望远系统[37]。根据其成像特点可知：在不考虑球差的情况下，光纤变维器一维输出面上同一点发出的光束，经过准直后将具有相同的入射角。因此，可以利用平面光栅来代替凸面光栅进行分光。在几何光学中反射面展开概念的基础上，将凹面反射镜的光路等价展开为向前传播的会聚透镜光路，其等效光路如图 3-32 所示。大凹面镜的两次反射效果分别由透镜 2 和透镜 3 来等效实现，凸面光栅则被口径为 D 的平面光栅 G 所等效替代。

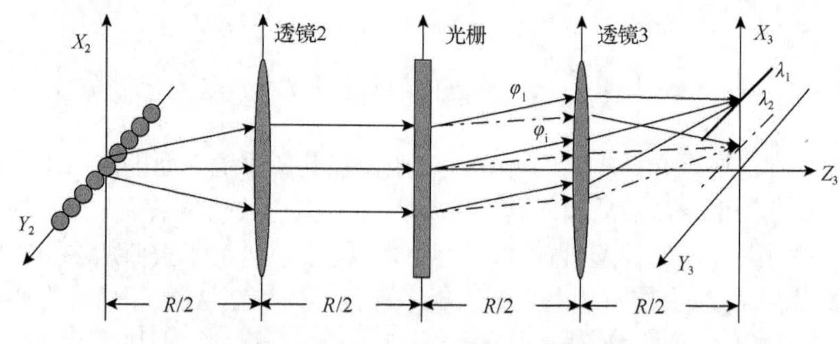

图 3-32　色散光学系统的等效光路图

由图 3-32 可知，平面 X_2Y_2 和平面 X_3Y_3 是物像共轭面。光纤变维器出射面上的光波经透镜 2 准直后以平面波形式入射到光栅上；经光栅 G 色散后，波长为 λ_i 的单色光以 φ_i 衍射角的平面波形式出射。单色平面波经透镜 3 会聚在像面 X_3Y_3 上，这时不同波长单色光将连续均匀地分布在像面的不同位置。若将探测器置于像面位置，便可同时采集目标场景的二维空间信息和一维光谱信息。由于非相干成像系统的点扩散函数是系统相干点扩散函数的模的平方，所以该系统出射面上的光强分布应当是系统入射面光强分布与系统非相干点扩散函数的卷积。色散光学系统中的光栅衍射效应决定了系统的相干点扩散函数；当无光栅且不考虑系统通光口径时，相干点扩散函数为脉冲函数；当存在光栅时，该函数为光栅函数在频谱面上的傅里叶变换[38]。已知光栅的透过率函数为

$$t(x,y)=\left[\frac{1}{2}+\frac{w}{2}\cos(2\pi f_0 x)\right]\cdot \mathrm{rect}\left(\frac{x}{D}\right)\cdot \mathrm{rect}\left(\frac{y}{D}\right) \tag{3-89}$$

式中，D 为光栅的长度；f_0 为光栅的空间频率；w 为光栅透过率调制度$(0<w<D)$。此时，系统相干传递函数可表示为

$$H(u,v)=\left[\frac{1}{2}+\frac{w}{2}\cos\left(2\pi f_0 f_x \frac{\lambda R}{2}\right)\right]\cdot \mathrm{rect}\left(\frac{\lambda R u}{2D}\right)\cdot \mathrm{rect}\left(\frac{\lambda R v}{2D}\right) \tag{3-90}$$

若将凸面光栅制作成闪耀光栅，便可将光能集中在光栅的负一级衍射方向上，此时便可将系统的点扩散函数简化为式(3-91)的形式：

$$h(x,y)=\frac{2w}{\lambda^2 R^2}\cdot\left\{\mathrm{sinc}\left[\frac{2D}{\lambda R}\left(x-\frac{f_0\lambda R}{2}\right)\right]\right\}\cdot\left[\mathrm{sinc}\left(\frac{2D}{\lambda R}y\right)\right] \tag{3-91}$$

则像面光强分布为

$$\begin{aligned}I_3(x_3,y_3)&=I_2(x_3,y_3)\otimes h^2(x_3,y_3)\\&=\frac{\pi d^4 w^2}{M^2\lambda^4 R^4}\sum_{n_1=-\infty}^{+\infty}\sum_{n_2=-\infty}^{+\infty}I_0\left(\frac{n_1 d}{M},\frac{n_2 d}{M}\right)\sum_{m_1=1}^{10}F_{m_1}\sum_{m_2=1}^{10}F_{m_2}\frac{1}{G_{m_1}+G_{m_2}}\\&\quad\cdot\int_{-\infty}^{+\infty}\exp\left[-\frac{4G_{m_2}}{d^2}\left(1+\frac{G_{m_2}}{G_{m_1}+G_{m_2}}\right)\varepsilon^2\right]\left\{\mathrm{sinc}\left[\frac{2D}{\lambda R}\left(x_3-\frac{f_0\lambda R}{2}-\varepsilon\right)\right]\right\}^2\mathrm{d}\varepsilon\\&\quad\cdot\int_{-\infty}^{+\infty}\exp\left\{-\frac{4G_{m_2}}{d^2}\left(1+\frac{G_{m_2}}{G_{m_1}+G_{m_2}}\right)\left\{\eta-\left[(2N+1)n_1+n_2\right]d\right\}^2\right\}\\&\quad\cdot\left\{\mathrm{sinc}\left[\frac{2D}{\lambda R}(y_3-\eta)\right]\right\}^2\mathrm{d}\eta\end{aligned} \tag{3-92}$$

考虑到积分项内 sinc 函数具有非常窄的分布宽度，所以可将对 ε 和 η 的变量积分等效为与 δ 函数的卷积，其等效结果为

$$\begin{aligned}I_3(x_3,y_3)=&\frac{\pi d^4 w^2}{M^2\lambda^4 R^4}\sum_{n_1=-\infty}^{+\infty}\sum_{n_2=-\infty}^{+\infty}I_0\left(\frac{n_1 d}{M},\frac{n_2 d}{M}\right)\sum_{m_1=1}^{10}F_{m_1}\sum_{m_2=1}^{10}F_{m_2}\frac{1}{G_{m_1}+G_{m_2}}\\&\cdot\exp\left[-\frac{4G_{m_2}}{d^2}\left(1+\frac{G_{m_2}}{G_{m_1}+G_{m_2}}\right)\left(x_3-\frac{f_0\lambda R}{2}\right)^2\right]\\&\cdot\exp\left\{-\frac{4G_{m_2}}{d^2}\left(1+\frac{G_{m_2}}{G_{m_1}+G_{m_2}}\right)\left\{y_3-\left[(2N+1)n_1+n_2\right]d\right\}^2\right\}\end{aligned} \tag{3-93}$$

3.4.3　数值分析

利用上述对 4DIS 整个光学系统的傅里叶分析，对具有光纤变维器结构 4DIS 光学系统进行仿真分析。首先利用式(3-87)和式(3-88)对光纤变维器的空间信息折叠效果进行仿真。光纤变维器的参数如下：光纤变维器二维输入面的光纤数为 21×21，光纤直径为 24μm，光纤变维器图像放大率为 1，其仿真结果如

图 3-33 所示。

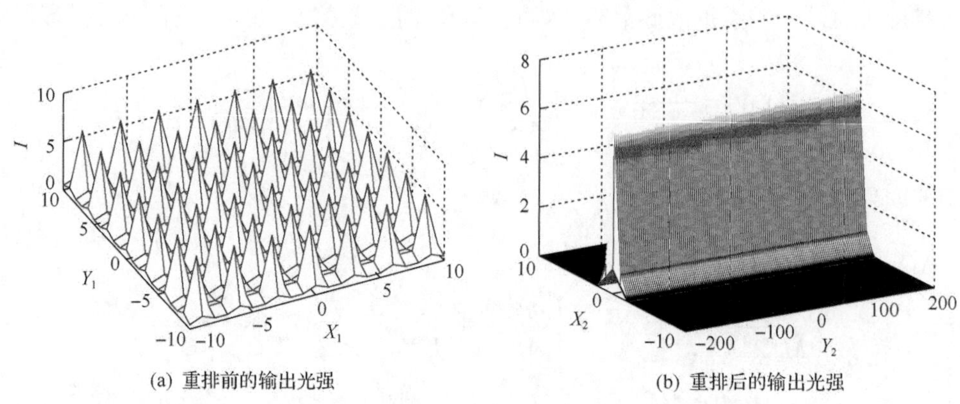

(a) 重排前的输出光强　　(b) 重排后的输出光强

图 3-33　光纤变维器空间信息折叠效果图

图 3-33 显示的是光纤变维器对空间信息的折叠效果，其中(a)为光纤变维器重排前的输出光强分布，(b)为重排后的输出光强分布。由图 3-31 可知，光纤变维器可以按照特定的排列规则将二维入射面上的光强信息经过抽样采集和传递后，以一维光强分布形式输出。从而将目标场景的二维空间信息折叠成一维，降低了探测器所要采集信息的维度，使得探测器能够同时对目标场景图像和光谱进行一次性采集，解决了现有大部分成像光谱仪的实时性问题，为成像光谱仪在目标测距、跟踪和识别领域的应用提供了实现手段。

为了检验整个 4DIS 光学系统傅里叶分析的正确性，利用式(3-93)对整个系统的分析结果进行仿真。后续 Offner 色散光学系统的参数如下：大凹面反射镜的半径为 230mm，凸面光栅的曲率半径为 110mm，光栅口径为 12mm，光栅的空间频率为 200 线对/mm，光栅的透过率调制度为 1.0，其仿真结果图如图 3-34 所示。

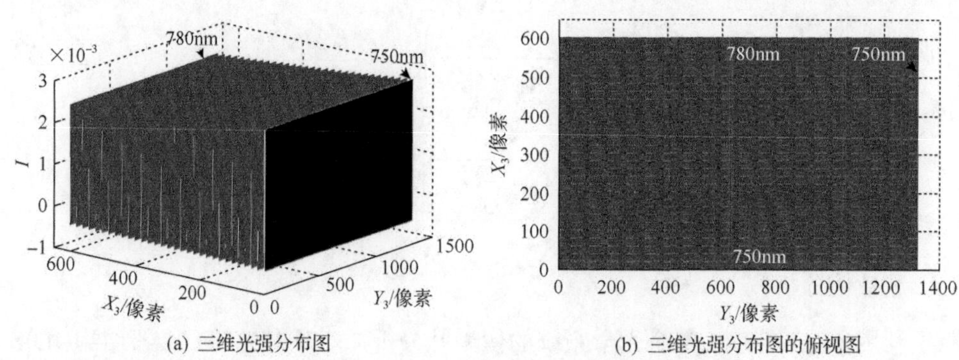

(a) 三维光强分布图　　(b) 三维光强分布图的俯视图

图 3-34　4DIS 光学系统输出光强分布图

图 3-34 给出了 4DIS 光学系统的输出光强分布图，其中(a)为其三维光强分布

图，(b)为三维光强分布图的俯视图。三维光强分布图表明：探测器每一个波长上的响应光强大小不仅与物面光强有关，还与光栅分光后的色散波长有关；波长越短，响应光强能量越大。俯视图表明：不同波长所对应的光强最大值在色散方向(X)上的位置是均匀分布的；色散方向上光谱信息的分散间隔与凸面光栅参数相关。最后，被折叠后的目标场景光谱信息就被均匀地分布探测器面上，经过探测器的量化采集，便可实现在一次曝光时间内完成整个目标场景三个维度信息的采集。

由式(3-93)可知，光纤变维器上光纤的直径(忽略光纤表层的厚度)、光栅的透过率调制度和色散系统凹面镜半径等光学系统参数也会对探测器响应光强大小产生较大的影响。因此，在实际工程设计中，可以通过优化系统参数和提高衍射级光强的方式来提高探测器的响应光强。这里以光纤直径对响应光强的影响为例，给出了不同光纤直径下探测器上不同波长响应光强的变化情况，其结果如图 3-35 所示。

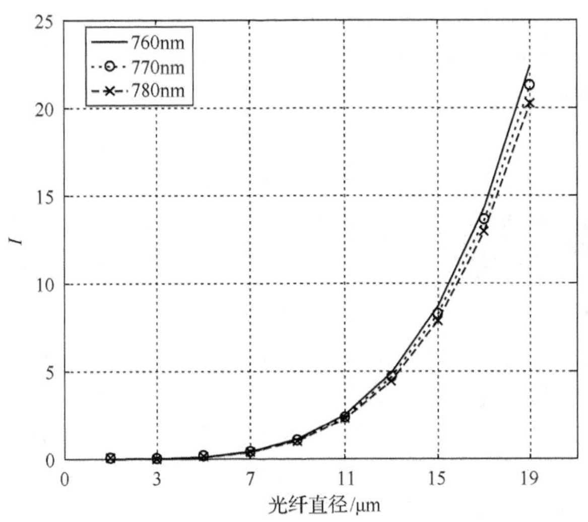

图 3-35　不同光纤直径下探测器上不同波长的响应光强

图 3-35 显示出了光纤直径对探测器上响应光强的影响。光纤直径越大，光纤变维器的传光能力越强，探测器上的灰度响应值越高。但是，光纤直径的增大会降低光纤变维器输入面的空间采样频率，从而影响整个系统的空间采样频率。与此同时，光纤直径的增大还会增宽作为后续分光系统线光源的光纤变维器输出面线宽，从而降低后续凸面光栅分光系统的相干性，即降低了系统的光谱分辨率。因此，在实际系统设计中应当合理选择光纤变维器的光纤直径，在保证系统空间采样频率和光谱分辨率的基础上，增大光纤直径，增强进入系统的光波能量，从而提高探测距离。同光纤直径对响应光强的影响一样，在系统设计中还应当综合

考虑各个参数对整个光学系统的综合影响，从系统总体出发对各个系统参数进行优化，保证 4DIS 能够达到光谱分辨率、空间分辨率和时间分辨率的最优组合，从而满足氧气吸收被动测距技术的需要。

综上所述，本节利用傅里叶分析和复高斯展开的方法对具有光纤变维器结构的 4DIS 光学系统进行了分析，并给出了探测器面上光强分布与目标场景光强分布的对应关系，对其进行了仿真分析。结果表明，在探测器接收到相应数据后，根据探测器面光强分布与目标场景光强分布之间的对应关系，便可提取目标区域内任意目标点的方位、强度和光谱信息，便于后续程序分析。同时还可以利用本书分析结果对影响探测器响应光强的各个因素进行讨论，为 4DIS 的设计和应用提供一定的理论依据和分析方法。

3.5 本 章 小 结

本章首先详细介绍了基于氧气吸收被动测距技术的基本原理，从氧气吸收带的优点出发，通过非吸收基线概念的引入，等效消除了未知目标辐射强度、大气散射和大气湍流等因素对被动测距技术的制约，给出了精确氧气吸收率的计算方法以及氧气吸收率与路径长度的关系公式；其次，在深入研究测距原理的基础上，对结构最简单、灵巧且数据处理较为容易的点探测式多光谱测距系统进行介绍，并以该被动测距系统的最大测程为衡量指标来评价该系统用于实际被动测距时的可行性；再次，对结构简单、实用、可实现对一定空域内多目标同时进行监视和测量的成像式多光谱测距系统进行了介绍，并对系统中最重要的测距光谱通道数量、位置及通道带宽与信噪比的关系进行了分析研究，通过数值分析的方法给出了多光谱测距系统测距光谱通道的确定规则和带宽选定方法；最后，针对点探测式被动测距系统和成像式多光谱测距系统作为被动测距系统所存在的不足，利用光纤变维器和 Offner 凸面分光光栅从理论上构建了一种四维成像光谱仪，并利用傅里叶光学理论对四维成像光谱仪的光学系统进行了理论分析，建立了目标场景光强分布与探测器响应光强分布的对应关系，并通过数值分析的方法对关系公式进行了验证，为四维成像光谱仪的理论设计、工程化以及其未来在被动测距技术中的应用提供了一定的理论支持。

参 考 文 献

[1] 赵勋杰, 高稚允. 光电被动测距技术. 光电技术, 2003, 29(6): 652-656.

[2] 柴世杰, 童中翔, 李建勋, 等. 典型飞机红外辐射特性及探测仿真研究. 火力与指挥控制, 2014, (8): 26-29, 33.

[3] 饶瑞中. 现代大气光学. 北京: 科学出版社, 2012.

[4] 李晓峰. 星地激光通信链路原理与技术. 北京: 国防工业出版社, 2007.
[5] 浦昭邦, 赵辉. 光电测试技术. 北京: 机械工业出版社, 2009.
[6] Hawks M R, Perram G P. Passive ranging of emissive targets using atmospheric oxygen absorption lines. Proceedings of SPIE, 2005, 5811: 112-122.
[7] 宗鹏飞, 王志斌, 张记龙, 等. 基于红外被动测距技术的基线拟合算法研究. 激光技术, 2013, 37(2): 174-176.
[8] 安永泉, 李晋华, 王志斌, 等. 基于大气氧光谱吸收特性的单目单波段被动测距. 物理学报, 2013, 62(14): 144210-144217.
[9] 羊毅, 陆祖康, 胡磊力, 等. 机载激光测距机测距性能的数值仿真. 光学学报, 2001, 2(1): 75-78.
[10] 吴晓中, 滕鹏, 鲁艺, 等. 喷气式飞机红外辐射仿真计算. 红外技术, 2008, 30(12): 727-731.
[11] 刘娟, 龚光红, 韩亮, 等. 飞机红外辐射特性建模与仿真. 红外与激光工程, 2011, 40(7): 1209-1213.
[12] 吴剑锋, 何广军, 赵玉芹. 飞机尾向的红外辐射特性计算. 空军工程大学学报(自然科学版), 2006, 7(6): 26-28.
[13] 吴宗凡, 柳美琳, 赵绍举, 等. 红外与微光技术. 北京: 国防工业出版社, 1998.
[14] 张瑜, 刘秉琦, 陈玉丹, 等. 天空背景近红外氧气 A 带光谱测量与分析. 激光与红外, 2015, 45(9): 1080-1083.
[15] Zibordi G, Voss K J. Geometrical and spectral distribution of sky radiance: Comparison between simulations and field measurements. Remote Sens Environ, 1989, 27: 343-358.
[16] 徐熙平, 张宁. 光电检测技术与应用. 北京: 机械工业出版社, 2012.
[17] 江文杰, 曾学文, 施建华. 光电技术. 北京: 科学出版社, 2009.
[18] 曾治槐, 席与霖, 张省吾. 光电倍增管基础及应用. 东京: 滨松公司光电子学株式会社, 1995.
[19] 缪家鼎. 光电技术. 杭州: 浙江大学出版社, 1995.
[20] 唐红民, 魏宏刚, 廖胜. 电子倍增 CCD 的噪声特性分析. 应用光学, 2009, 30(3): 386-390.
[21] 许武军, 李建伟, 危峻, 等. 电子倍增 CCD 在天基空间监视中的应用. 科学技术与工程, 2006, 6(1): 42-45.
[22] 龚德铸, 王立, 卢欣. 微光探测 EMCCD 在高灵敏度星敏感器中的应用研究. 空间控制技术与应用, 2008, 34(2): 44-48.
[23] 陈晨, 许武军, 翁东山, 等. 电子倍增 CCD 噪声来源和信噪比分析. 红外技术, 2007, 29(11): 634-637.
[24] Li H, Xiang Y. An optical system selected for pushbroom hyperspectral imager. Infrared Technology, 2008, 30(11): 626-628.
[25] 浦瑞良, 宫鹏. 高光谱遥感及其应用. 北京: 高等教育出版社, 2000.

[26] Puschell J J. Hyperspectral imagers for current and future missions. Proceedings of SPIE, 2000, 4041: 121-124.

[27] Pantazis M. Pushbroom imaging spectrometer with high spectroscopic data fidelity: Experimental demonstration. Optical Engineering, 2000, 39(3): 808-816.

[28] Ying D, Zhang Y, Peng G. Acousto-optic tunable filter for spectral imaging. Proceedings of SPIE, 2002, 4919: 269-274.

[29] Nahum G, Gordon S, John G, et al. Development of four-dimensional imaging spectrometers (4D-IS). Imaging Spectrometry XI, 2006, 6302(22): 312-322.

[30] 杨胜杰, 方志良, 周巨伟, 等. 全视场非扫描超光谱成像系统研究. 光电子激光, 2005, 16(11): 1282-1286.

[31] Yan Z Q, Liu B Q. Fourier analysis of a four-dimensional imaging spectruometer with a fiber optic dimension transform element. Journal of Optics, 2012, 14: 095203-095210.

[32] 李坤宇. 无源光纤传像系统传像质量的评价与优化研究[博士学位论文]. 南京: 南京理工大学, 2001.

[33] 黄元申, 陈家壁. 凸面光栅 Offner 结构成像光谱仪的傅里叶分析. 光学仪器, 2007, 29(6): 40-43.

[34] Zhang W, Wang Y X, Tian W J, et al. Novel methods for measuring modulation transfer function for fiber optic taper. Proceedings of SPIE, 2006, 6034: 603401-603407.

[35] Wang Y X, Tian W J, Bin X L. Theoretical model of the modulation transfer function for fiberoptic taper. Proceedings of SPIE, 2004: 5638: 865-872.

[36] Shen X J, Wang L, Shen H B, et al. Propagation analysis of flattened circular Gaussian beams with a misaligned circular aperture in turbulent atmosphere. Optics Communications, 2009, 282(24): 4765-4770.

[37] 黄元申, 陈南曙, 张大伟, 等. 一种凸面光栅 Offner 结构成像光谱仪的设计方法. 仪器仪表学报, 2008, 29(6): 1236-1239.

[38] 季轶群, 沈为民. Offner 凸面光栅超光谱成像仪的设计与研制. 红外与激光工程, 2010, 39(2): 285-287.

第 4 章　背景光谱特性分析

通过第 3 章的讨论分析可知，无论采用何种被动测距系统对飞行中的目标辐射进行光谱信息采集时，所获取的辐射信息主要包括：①目标尾焰辐射；②背景辐射进入探测器视场；③目标传输路径上叠加的背景散射光。其中第一项直接受到大气透过率的影响；后两项辐射信息与太阳方位、观测角度、大气透过率均有密切关系。而天空背景辐射亮度与大气透过率又和天气状况有关，相对于晴天无云天空来说，雾霾、雨雪等极端天气会严重影响天空背景的亮度和大气透过率，天空背景辐射亮度和大气透过率的变化势必直接影响目标与背景的对比度，进而影响被动测距技术的可探测距离，所以对天空背景光谱辐射特性和大气透过率特性进行详细分析是十分必要的。

4.1　背景辐射的来源

本章所研究的被动测距中背景辐射的主要来源包括以下几方面：①经大气传输衰减后的太阳直接辐射；②大气中分子和气溶胶粒子对太阳辐射散射衰减后形成的天空背景辐射；③地表热辐射及地表对太阳辐射的反射。

4.1.1　太阳直接辐射

太阳可以视为对地球张角为 9.6×10^{-3}rad 的面光源，由于日地距离很远，所以太阳辐射在到达地球时可以视为一种平行光辐射，到达地球大气外(大气顶)的太阳辐射可以近似看成是 5800K 的黑体辐射，若不考虑太阳气体的吸收谱线对太阳辐射的作用，根据普朗克定律可以得到大气顶近似太阳辐射分布，如图 4-1 所示。从大气顶太阳辐射分布可以看出，太阳辐射光谱分布连续平滑，不存在大气的特征吸收峰。

理想的平行光辐射在真空中传播时其强度不会随距离的变化而变化，而一旦进入大气层后，大气中各种气体分子和气溶胶粒子会对太阳辐射进行吸收和散射，造成太阳辐射被散射和吸收，使大气顶的太阳辐射不能完全到达地面，到达地面的太阳光谱也会变得不规则，包含气体分子的特征吸收峰。

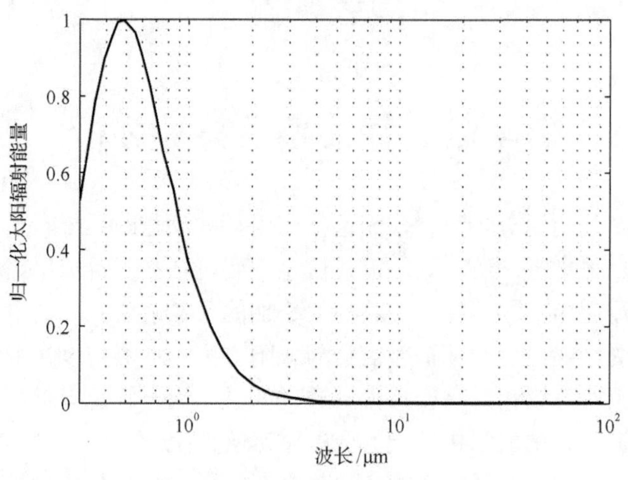

图 4-1　太阳辐射光谱

4.1.2　大气粒子的散射及吸收

天空散射是人们最常见的现象，天空背景中除了最大的辐射源，即太阳的直接辐射外，还包括大气分子、气溶胶粒子对太阳辐射的散射光。通常天空背景辐射由大气分子散射、气溶胶粒子散射和气溶胶对太阳辐射的阳伞效应组成[1]。

(1)大气分子的散射。大气顶的太阳辐射进入大气层后，大气分子的散射作用使太阳辐射被衰减，根据瑞利散射定律，大气分子对太阳辐射的散射强度和波长有关，对短波辐射的散射强度要高于长波辐射；大气分子对太阳辐射的直接散射为单次散射，这些散射出去的辐射能被其他分子再一次散射，就是多次散射。

(2)气溶胶粒子散射。由于气溶胶粒子直径较大，其散射特性和分子散射并不相同，主要是米氏散射，散射强度比大气分子散射强，而且散射的光谱接近于入射的光谱。当天空呈现灰白色时，代表大气中的气溶胶含量比较高，高含量的气溶胶会对天空背景辐射产生严重影响。

(3)阳伞效应。气溶胶与云对太阳辐射的强散射作用，导致到达地面的太阳辐射能减少，大大降低天空散射辐射的强度，这就是为何雨雪、雾霾天气天空背景亮度暗的原因之一。

下面分别分析大气分子和气溶胶粒子的吸收及散射特性。进入大气层的太阳辐射，一部分辐射能被气体分子散射，另一部分辐射能被气体分子吸收。大气中气体分子选择吸收的特性是由组成大气的分子和原子结构及其所处的运动状态决定的。大气中的主要吸收气体有 H_2O、O_3、CO_2、O_2 和 N_2O、CH_4 等微量吸收气体，占大气比例 78%的氮气基本不会对太阳辐射产生明显的吸收作用。

本书所研究的氧气 A 吸收带(758～778nm)及其左右带肩(740～757nm 和 779～790nm)位于可见光和近红外光谱区间内，是到达地面并形成天空背景辐射的太阳光谱的主要区间。由 2.2 节的分析可知：水蒸气在可见光近红外光谱区的吸收带相对于红外光谱区来说是很弱的，距离氧气 A 吸收带较近的吸收谱带区间为 11700～12700cm^{-1}和 13400～14600cm^{-1}，中心谱线分别为 12195cm^{-1}(820nm)和 13888cm^{-1}(720nm)，不会对本书所研究的光谱区间产生吸收作用；二氧化碳在可见光和近红外光谱区间的吸收带主要是 2.7μm 和 2.0μm 附近的强吸收带和位于 1.4μm 和 1.6μm 附近的较弱吸收带，也不会对本书所研究的光谱区间产生吸收作用；对于 N_2O、CH_4、O_3 等吸收气体而言，吸收带主要位于红外区，所以在被动测距技术所利用的光谱区间仅存在氧气分子的吸收，不存在其他任何气体的吸收，其他气体分子仅会对该光谱区间产生散射衰减。对于氧气分子的吸收特性，第 2 章已经做了详细的研究，此处仅做简要介绍，不再赘述，本节主要讨论大气分子和气溶胶粒子的散射作用。

对于在该波段的气体分子散射来说，单位体积的总散射是这一体积中各个分子散射的总和，对辐射散射作用的强弱取决于粒子的数密度及每个散射粒子的散射截面，对于空气分子而言，因为每个分子的散射都是相同的，可以根据分子数密度来计算散射函数，设大气分子数密度为 N，则当目标辐射光入射时，散射截面可以写为

$$\sigma_{\mathrm{sc}}^{\mathrm{m}}=\frac{8\pi^3(m^2-1)^2}{3N^2\lambda^4} \tag{4-1}$$

式中，m 为大气分子折射指数。

单位体积内空气分子的散射系数为

$$\beta_{\mathrm{sc}}^{\mathrm{m}}=N\sigma_{\mathrm{sc}}^{\mathrm{m}}=\frac{8\pi^3(m^2-1)^2}{3N\lambda^4} \tag{4-2}$$

对于气溶胶散射而言，知道了单个粒子的散射特性，又知道了粒子的谱分布，则单位体积中的气溶胶的散射特性也不难得到。谱分布函数表示的是气溶胶粒子数在各尺度范围的分布方式，是气溶胶粒子的最重要特征。

大量研究表明，幂指数律谱分布函数(Junge 分布)能够很好地代表气溶胶粒子的谱分布，其基本形式为[2]

$$n(r)=\frac{\mathrm{d}N}{\mathrm{d}\lg r}=cr^{-v} \tag{4-3}$$

式中，c 是常数，数值由气溶胶粒子的浓度确定；r 表示粒子数尺度分布；v 决定气溶胶粒子谱分布随粒子尺度数的变化率。因为分母中是对 $\lg r$ 求导，所以 $\mathrm{d}N$ 是

$\lg r$ 的每一个增量所对应的粒子数。用对数表示时计算较为复杂，将式(4-3)改写为非对数形式并进行积分可得气溶胶粒子浓度 N_p 为

$$N_{\mathrm{p}}=0.434c\int_{r_1}^{r_2}r^{-(v+1)}\mathrm{d}r \tag{4-4}$$

目标辐射光在大气中传输时，这些悬浮在大气中的粒子会对目标辐射造成衰减，这种衰减由纯粹的散射或吸收组成，过程是非相干的。对于单分散系粒子而言，其总散射系数可以写为

$$\beta_{\mathrm{sc}}^{\mathrm{p}}=N_{\mathrm{p}}\sigma_{\mathrm{p}} \tag{4-5}$$

式中，σ_p 表示粒子的散射截面，定义为入射光被粒子作用的截面，其面积使得照射在这个截面上入射波的功率等于这个粒子向各个方向散射功率之和。粒子散射截面数值的变化要比相应的几何截面变化范围大。

效率因子 Q_{sc} 为粒子散射截面和几何截面之比，即

$$Q_{\mathrm{sc}}=\frac{\sigma_{\mathrm{p}}}{\pi r^2} \tag{4-6}$$

所以式(4-5)也可以写为

$$\beta_{\mathrm{sc}}^{\mathrm{p}}=N_{\mathrm{p}}\pi r^2Q_{\mathrm{sc}} \tag{4-7}$$

将式(4-4)代入式(4-7)，用尺度谱代替式(4-7)中的 N，可得

$$\beta_{\mathrm{sc}}^{\mathrm{p}}=0.434\pi c\int_{r_1}^{r_2}r^{-(v+1)}r^2Q_{\mathrm{sc}}\mathrm{d}r \tag{4-8}$$

一般而言，气溶胶粒子散射系数常用粒子尺度参数 α ($\alpha=2\pi r/\lambda$) 表示，对式(4-8)进行变量替换：

$$\mathrm{d}r=\frac{\lambda}{2\pi}\mathrm{d}\alpha \tag{4-9}$$

将式中变量替换为粒子尺度参数，可得散射系数为

$$\beta_{\mathrm{sc}}^{\mathrm{p}}=0.434\pi c\left(\frac{2\pi}{\lambda}\right)^{v-2}\int_{\alpha_1}^{\alpha_2}\frac{Q_{\mathrm{sc}}}{\alpha^{v-1}}\mathrm{d}\alpha \tag{4-10}$$

令

$$K = \int_{\alpha_1}^{\alpha_2} \frac{Q_{sc}}{\alpha^{v-1}} d\alpha \tag{4-11}$$

则式(4-10)改为

$$\beta_{sc}^{p} = 0.434\pi c \left(\frac{2\pi}{\lambda}\right)^{v-2} K \tag{4-12}$$

这就是气溶胶粒子最常用的散射系数表达式，在得知散射系数后可以根据比尔定律获知气溶胶粒子的光学厚度。正如第 2 章所述，实际大气中气溶胶粒子分布情况和当地环境密切相关，具有多变性和季节特征，简单的计算模式或经验公式并不能精确地表示实际大气状况和气溶胶粒子的散射作用，只能定性分析其分布和变化趋势。

4.1.3　地表热辐射及地表对太阳辐射的反射

地表对太阳辐射反射的强弱主要依赖于地表的平均反照率，而某一区域地物往往很复杂，是由许多不同种类的下垫面组成，不同的下垫面有不同的反照率。通常除了冰川、雪被外，其余如草地、田地、阔叶林等下垫面的平均反照率值在本书所研究的波段仅为 15%左右，同时地面对太阳辐射反射的强度和到达地面的太阳强度有关，反射光强相对于其他辐射源的值是很小的，因此可以忽略不计。

4.2　氧气 A 吸收带天空背景辐射亮度模型

在实际的被动测距中，由于太阳直接辐射光很强，而且太阳相对于远距离下的飞行目标在探测器上成像面积也较大，在对目标尾焰辐射进行跟踪采集时，太阳直接辐射一旦进入探测器视场，目标尾焰辐射就完全被淹没而无法识别，所以在对空探测时应避开太阳直接辐射，这样影响被动测距的背景就可以忽略太阳直接辐射。而地表热辐射主要集中在红外波段，在氧气 A 吸收带的辐射强度很小，同样可以忽略其对被动测距的影响。因此，对天空背景辐射亮度产生影响的因素主要包括：①太阳辐射被大气中各种粒子的吸收和散射；②大气粒子自身的热辐射效应；③来自天空各个方向散射光被粒子再次散射。也就是说，大气中的各种粒子对太阳辐射发生吸收和散射作用，导致辐射强度减弱，另外，大气粒子自身的热辐射效应使辐射强度增强，同时大气粒子对辐射的多次散射叠加也使得辐射强度增强，这个减弱和增强的过程共同组成了天空背景辐射亮度。这里假设太阳辐射沿方向 $\Omega_0(\theta_0, \varphi_0)$ 照射在 O 点处的大气体积元上，如图 4-2 所示[3]。

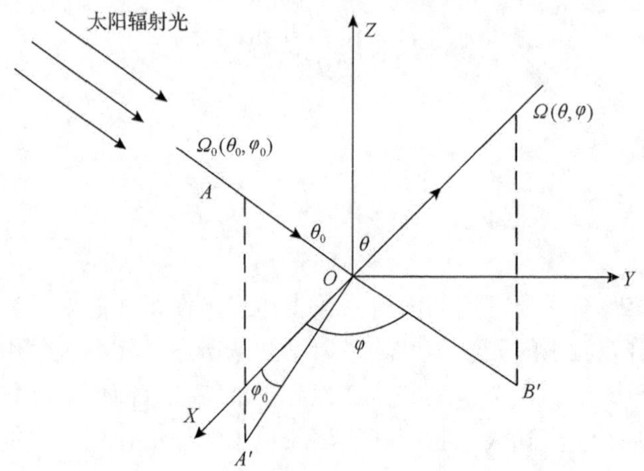

图 4-2　太阳辐射在大气中传输示意图

假设大气顶垂直高度为 h_L，此处光学厚度为 0；在任意垂直高度 h 处光学厚度为 τ，地表处光学厚度为 τ_0。在探测器探测方向上，研究垂直高度 h 处单位横截面积、长度为 dl 微元的散射特性。设该微元内粒子数的平均密度为 ρ，则该微元内的粒子数为 ρdl，同时可知该处的长度微元 dl 满足

$$\mathrm{d}l = \frac{\mathrm{d}h}{\cos\theta} \tag{4-13}$$

观测方向 $\Omega(\theta, \varphi)$ 上的辐射亮度在大气粒子单次散射作用下得到增强，所以高度 h 处的直接太阳辐射强度为

$$E(h) = E_0 \exp\left(-\frac{\tau}{\cos\theta_0}\right) \tag{4-14}$$

式中，E_0 为大气顶太阳辐射度，由于不同时刻不同位置处所观测到的太阳方位和高度各不相同，所以 E_0 的值与观察点的经纬度和时间有直接的关系[1]，在计算天空背景辐射亮度时需要给予考虑。在微元内的大气粒子散射太阳光后，在方向 $\Omega(\theta, \varphi)$ 上的辐射亮度增量为

$$\mathrm{d}I_1(h, \Omega) = Q_{\mathrm{sc},\lambda}(h) E(h) \frac{p(\Omega, -\Omega_0)}{4\pi} \times \rho \mathrm{d}l \tag{4-15}$$

式中，$Q_{\mathrm{sc},\lambda}(h)$ 为大气在垂直高度 h 处的散射效率因子；$p(\Omega, -\Omega_0)$ 为粒子对从 $-\Omega_0$ 方向辐射的光散射到 Ω 方向的单次散射相函数。将式(4-13)和式(4-14)代入式(4-15)可得

$$\mathrm{d}I_1(h,\Omega)=Q_{\mathrm{sc},\lambda}(h)E_0\exp\left(-\frac{\tau}{\cos\theta_0}\right)\frac{p(\Omega,-\Omega_0)}{4\pi}\times\frac{\mathrm{d}h}{\cos\theta} \tag{4-16}$$

对于来自天空不同方向散射光的再次散射，同样也会增加该微元的辐射亮度。假设辐射亮度为 $I(h,\Omega')$，在 $\mathrm{d}\omega$ 立体角内辐射通量密度记为

$$\mathrm{d}I_i=I(h,\Omega')\mathrm{d}\omega' \tag{4-17}$$

$\mathrm{d}l$ 微元内的粒子在式(4-17)中的 $\mathrm{d}I_i$ 照射下，在观测方向 Ω 、距离 r 处所产生的辐射通量密度 $\mathrm{d}I_r$ 记为

$$\mathrm{d}I_r=\frac{E(\Omega,\Omega')}{k^2r^2}\mathrm{d}I_i \tag{4-18}$$

所以，在方向 Ω 上的辐射亮度为

$$\mathrm{d}I=r^2\mathrm{d}I_r=\frac{E(\Omega,\Omega')}{k^2}I(h,\Omega')\mathrm{d}\omega' \tag{4-19}$$

用散射相函数可以表示为

$$\mathrm{d}I=Q_{\mathrm{sc},\lambda}(h)p(\Omega,\Omega')I(h,\Omega')\mathrm{d}\omega' \tag{4-20}$$

对于该微元内的所有粒子而言，要想得到总的增加的辐射亮度就需要对式(4-20)乘以总的粒子数，而后对所有方向进行积分：

$$\mathrm{d}I_2(h,\Omega)=\rho(h)Q_{\mathrm{sc},\lambda}(h)\int_0^{4\pi}p(\Omega,\Omega')I(h,\Omega')d\Omega'\times\frac{\mathrm{d}h}{\cos\theta} \tag{4-21}$$

大气自身热辐射也同样会增加 $\mathrm{d}l$ 微元的辐射亮度，由基尔霍夫定律可知大气热辐射的反射率等于吸收率，所以辐射亮度增量为

$$\mathrm{d}I_3(h,\Omega)=\frac{\mathrm{d}h}{\cos\theta}\alpha B[T(h)] \tag{4-22}$$

式中，α 为吸收系数；T 为大气温度；$B[T(h)]$ 表示普朗克函数。

在 $\mathrm{d}l$ 微元内的大气粒子和气溶胶粒子会对太阳辐射产生散射和吸收作用，使漫射的亮度降低，该分量可以表示为

$$\mathrm{d}I_4=-\frac{\mathrm{d}h}{\cos\theta}\rho(h)Q_{\mathrm{ex},\lambda}(h)I_0(h,\Omega) \tag{4-23}$$

式(4-16)、式(4-21)、式(4-22)和式(4-23)的线性叠加共同组成了天空背景的辐射亮度增量：

$$\frac{\mathrm{d}I(h,\Omega)}{\mathrm{d}h/\cos\theta_0} = -Q_{\mathrm{ex},\lambda}(h)I_0(h,\Omega) + Q_{\mathrm{sc},\lambda}(h)E_0\exp\left(-\frac{\tau}{\cos\theta_0}\right)\frac{p(\Omega,-\Omega_0)}{4\pi} + Q_{\mathrm{sc},\lambda}(h)\int_{4\pi}p(\Omega,\Omega')I(h,\Omega')\mathrm{d}\Omega' + Q_{\mathrm{ab},\lambda}(h)B[T(h)] \tag{4-24}$$

为简化公式，此处设 $\mu=\cos\theta$，$\mu_0=\cos\theta_0$，同时引入单次散射平均反照率 ϖ，表示在总消光中散射所占的比例，即

$$\varpi = \frac{Q_{\mathrm{sc}}}{Q_{\mathrm{ex}}} = 1 - \frac{Q_{\mathrm{ab}}}{Q_{\mathrm{ex}}} \tag{4-25}$$

将式(4-24)各项均除以 $-Q_{\mathrm{ex}}$，并将式(4-25)代入式(4-24)可得

$$\mu\frac{\mathrm{d}I(h,\Omega)}{\mathrm{d}\tau} = -I_0(h,\Omega) + \varpi E_0\exp\left(-\frac{\tau}{\mu}\right)\frac{p(\Omega,-\Omega_0)}{4\pi} + \frac{\varpi}{4\pi}\int_{4\pi}p(\Omega,\Omega')I(h,\Omega')\mathrm{d}\Omega' + (1-\varpi)B[T(h)] \tag{4-26}$$

这就是大气辐射传输的方程表达式，方程右边后三项即为辐射传输经过大气路径传输后辐射能量的增量，其中第二项是大气对太阳辐射的单次散射，第三项是大气对辐射的多次散射，第四项是大气自身热辐射。

由于大气自身热辐射能量主要集中于长波，对于本书所研究的氧气 A 吸收带位于可见光近红外光谱区，大气热辐射强度对整个天空背景亮度在氧气 A 吸收带的影响不大，因此可以忽略大气自身的热辐射，考虑散射体对太阳辐射的散射，所以式(4-26)可以简化为

$$\mu\frac{\mathrm{d}I(h,\Omega)}{\mathrm{d}\tau} = I_0(h,\Omega) - \varpi E_0\exp\left(-\frac{\tau}{\mu}\right)\frac{p(\Omega,-\Omega_0)}{4\pi} - \frac{\varpi}{4\pi}\int_{4\pi}p(\Omega,\Omega')I(h,\Omega')\mathrm{d}\Omega' \tag{4-27}$$

式(4-27)可用源函数简化为

$$\mu\frac{\mathrm{d}I(h,\Omega)}{\mathrm{d}\tau} = I_0(h,\Omega) - S(h,\Omega) \tag{4-28}$$

式中，$S(h,\Omega)$ 为源函数，其表达式为

$$S(h,\Omega) = \varpi E_0\exp\left(-\frac{\tau}{\mu}\right)\frac{p(\Omega,-\Omega_0)}{4\pi} + \frac{\varpi}{4\pi}\int_{4\pi}p(\Omega,\Omega')I(h,\Omega')\mathrm{d}\Omega' \tag{4-29}$$

辐射传输方程(4-28)的形式解为

$$I(\tau,+\mu,\varphi)=I_{\mathrm{b}}(\tau_0,+\mu,\varphi)\exp[-(\tau_0-\tau)/\mu]+\int_{\tau}^{\tau_0}S(t,\mu,\varphi)\exp[-(t-\tau)/\mu]\mathrm{d}t/\mu \tag{4-30}$$

$$I(\tau,-\mu,\varphi)=I_{\mathrm{b}}(0,-\mu,\varphi)\exp(-\tau/\mu)+\int_{0}^{\tau}S(t,\mu,\varphi)\exp[-(\tau-t)/\mu]\mathrm{d}t/\mu \tag{4-31}$$

边界条件规定如下：在大气顶层处，除了太阳向下直接辐射外，在其他的方向上没有向下辐射；在地表处，亦不考虑地表反射和地表的热辐射，即

$$I_{\mathrm{b}}(\tau_0,+\mu,\varphi)=0 \tag{4-32}$$

$$I_{\mathrm{b}}(0,-\mu,\varphi)=0 \tag{4-33}$$

将源函数和边界条件代入式(4-31)中，所以任意高度处天空背景向下的辐射亮度为

$$I(\tau,-\mu,\varphi)=\frac{\varpi I_0}{4\pi}\frac{\mu_0}{\mu_0-\mu}\left[\exp\left(\frac{-\tau}{\mu_0}\right)-\exp\left(\frac{\tau}{\mu}\right)\right]P(-\mu,\varphi;-\mu_0,\varphi_0)\text{，}\quad \mu\neq\mu_0 \tag{4-34}$$

$$I(\tau,-\mu,\varphi)=\frac{\varpi I_0}{4\pi}\frac{\tau}{\mu}\exp\left(-\frac{\tau}{\mu}\right)P(-\mu_0,\varphi;-\mu_0,\varphi_0)\text{，}\quad \mu=\mu_0 \tag{4-35}$$

同样可以得到任意高度处单次向上的辐射亮度：

$$I(\tau,+\mu,\varphi)=\frac{\varpi I_0}{4\pi}\frac{\mu_0}{\mu_0+\mu}\left\{\exp\left(\frac{-\tau}{\mu_0}\right)-\exp\left[\frac{\tau}{\mu_0}-\tau_0\left(\frac{1}{\mu}+\frac{1}{\mu_0}\right)\right]\right\}P(\varOmega,\varOmega_0) \tag{4-36}$$

对于多次散射所引起的天空背景辐射亮度，采用逐次计算方法，可以得到天空背景总的辐射亮度。设任意高度处经过 n 次散射引起的天空辐射亮度为 I_n，那么它应该是第 I_{n-1} 次经过一次散射的结果。式(4-28)中的散射部分增量为

$$\mu\frac{\mathrm{d}I_n(h,\varOmega)}{\mathrm{d}\tau}=-S_n(h,\varOmega) \tag{4-37}$$

由式(4-29)可得第 n 次散射的源函数为

$$S_n(\tau;\mu,\varphi)=\frac{\varpi}{4\pi}\int_0^{2\pi}\int_{-1}^{1}P(\varOmega,\varOmega')I_{n-1}(\tau;\mu',\varphi')\mathrm{d}\mu'\mathrm{d}\varphi' \tag{4-38}$$

通过积分可以计算各阶的天空辐射亮度 I_n，总的天空背景辐射亮度可以表示为

$$I(h,\varOmega)=\sum_{n=1}^{\infty}I_n(h,\varOmega) \tag{4-39}$$

通过上述的逐次计算并迭代的方法可以计算得到总的散射辐射。

4.3 极端天气大气透过率计算模型

大气中各气体分子和气溶胶粒子在近红外氧气 A 吸收带的辐射光形成了被动测距中的天空背景辐射。一定海拔下大气层中每单位体积的气体分子数是相对稳定的，而气溶胶粒子浓度因天气状况的不同而有所不同，一般来说，雾霾、雨雪等极端天气条件下气溶胶粒子的数量会增加，对天空背景辐射和目标辐射的传输产生严重的衰减，降低大气透过率，严重影响探测器光谱成像质量和成像对比度。

通过前面的分析已经知道，被动测距所采用的波段中仅存在氧气分子的吸收作用，所以极端天气的大气透过率计算除了考虑大气分子和气溶胶粒子散射外，还需考虑雨雪、雾霾粒子的散射作用。由于大气是非均质的，不同海拔下大气压强、温度和气体分子浓度是不相同的，在计算极端天气大气透过率时需要给予分析和考虑。

4.3.1 大气参数的分布特性

大气中各气体分子的浓度、大气湿度均与大气温度和大气压强直接相关，而大气温度和压强随海拔的升高而变化，首先分析不同海拔下大气温度和大气压强的分布。

通常在计算大气温度和大气压强的分布时，将大气划分为八个层次[4]，对八个层次分别进行近似的拟合计算。对大气温度而言，任意海拔 z 处的温度 $T(z)$ 可以表示为

$$T(z) = T_{i,\mathrm{b}} + (z - z_{i,\mathrm{b}})\delta_i \tag{4-40}$$

式中，$T_{i,\mathrm{b}}$ 表示大气层的第 i 层最底端的温度；$z_{i,\mathrm{b}}$ 表示大气层的第 i 层最底端的海拔；δ_i 为温度变化率。文献[5]给出了大气层的划分原则和具体大气温度在各层上的变化率。

不同海拔处的大气压强和大气质量密度、大气温度有关。海拔 z 处的压强 $P(z)$ 可以用式(4-41)表示

$$P(z) / P_{i,\mathrm{b}} = (T_{i,\mathrm{b}} / T(z))^{\left(\frac{gM_{\mathrm{air}}}{R\delta}\right)} \tag{4-41}$$

式中，$P_{i,\mathrm{b}}$ 为大气层的第 i 层最底端的压强；M_{air} 为大气中各分子的平均分子量；$T_{i,\mathrm{b}}$ 表示大气层的第 i 层最底端的温度；R 为理想气体常数；$T(z)$ 为海拔 z 处的大气温度。

在知道地面大气温度和大气压强的前提下，根据式(4-40)、式(4-41)得到任意海拔处的大气温度和大气压强。在计算得到某一海拔高度下的温度和压强后，根据

理想气体方程即可计算得到大气分子在该海拔处的浓度分布情况，理想气体方程为

$$\rho(z) = M_{\text{air}} P(z) / (RT(z)) \tag{4-42}$$

根据光学厚度的定义，空气分子散射时的光学厚度表示为

$$\tau_{\text{ms}} = \exp\left(-\int_{h_1}^{h_2} \rho_{\text{m}} \beta_{\text{sc}}^{\text{m}} \text{d}h\right) \tag{4-43}$$

式中，ρ_{m} 表示大气分子密度，可以由式(4-40)～式(4-42)计算得到；$\beta_{\text{sc}}^{\text{m}}$ 为分子散射系数。根据式(4-43)可以计算得到空气分子的散射透过率 T_{ms}。

4.3.2　极端天气大气气溶胶粒子分布

4.3.1 节给出了大气压强、大气温度、大气分子浓度、空气分子光学厚度等大气参数的计算方法。下面分析极端天气条件下的大气气溶胶粒子的分布特性和散射特性。

在 4.1.2 节中已经分析了气体分子的瑞利散射作用，给出了气溶胶粒子的谱分布函数和散射系数。

对于气溶胶粒子所引起的光学厚度，利用散射系数来计算，可以表示为

$$\tau_{\text{ae}} = \int_{h_1}^{h_2} \rho_{\text{p}} \beta_{\text{sc}}^{\text{p}} \text{d}h \tag{4-44}$$

式中，ρ_{p} 为气溶胶粒子密度。

雾霾天气中的雾霾粒子谱分布同样可以用式(4-3)表示[6]，所以式(4-44)同样满足雾霾粒子的散射系数和光学厚度。

雨粒子的谱分布常用的是 Gamma 分布，该分布是在 MP(Marshall-Palmer)分布基础上引入了一个形状因子 μ，其表达式为

$$N(D)=N_0 D^{\mu} \text{e}^{-\Lambda D} \tag{4-45}$$

式中，D 为雨滴的等效直径，mm；N_0 为浓度参数，N_0 常取为取 8000$\text{m}^{-3} \cdot \text{mm}^{-1}$；$\Lambda$ 为尺度参数，Λ=4.1$R_v^{-0.2}$$\text{mm}^{-1}$，$R_v$ 表示降雨强度(或称雨率)，其单位是 mm/h。

对于降雨天气而言，雨粒子所引起的光学厚度[7]可以表示为

$$\tau_{\text{rs}} = \exp\left(-\int_{h_1}^{h_2} \sigma_{\text{rs}} \rho_{\text{r}} \text{d}h\right) = \exp\left(-\int_{h_1}^{h_2} \beta_{\text{rs}} \text{d}h\right) \tag{4-46}$$

式中，ρ_{r} 为雨的粒子数密度；β_{rs} 为雨的散射系数，可以近似表示为

$$\beta_{\text{rs}} = 0.1822 R_v^{0.63} \tag{4-47}$$

降雪天气中雪粒子由多冰晶聚合而成，因为雪粒子的形状是不规则的，无法

像雨滴那样计算等效直径，通常将雪粒子融化成水滴的直径 D 等效为雪粒子的直径，雪粒子的密度是和其直径是呈反比例关系的。对于干燥雪和潮湿雪来说，两者之比通常近似为一个常量：

$$\rho_{\text{snow}} = \frac{C_{\text{s}}}{D_{\text{snow}}} \tag{4-48}$$

式中，ρ_{snow} 为雪粒子的密度，C_{s} 在干燥雪的情况下为 0.170kg/m^2，在潮湿雪的情况下为 0.724kg/m^2。理论分析得知，雪粒子的降落速度和密度之间的关系满足

$$v_{\text{t}} = \frac{4g\rho_{\text{snow}}D_{\text{snow}}}{3C_{\text{D}}\rho_{\text{m}}} \tag{4-49}$$

式中，C_{D} 为雪粒子的流体力学阻力系数，是粒子直径的函数；ρ_{m} 为空气分子的密度。在实际的应用中，干燥雪和潮湿雪的降落速度常常近似为

$$v_{\text{t,dry}} = 1.07D_{\text{snow}}^{0.2} \tag{4-50}$$

$$v_{\text{t,wet}} = 2.14D_{\text{snow}}^{0.2} \tag{4-51}$$

雪粒子的谱分布和雨滴的谱分布相同，也常用的是 Gamma 分布，如下所示：

对于任意的实数而言，完全 Gamma 分布满足

$$\Gamma(\mu) = (\mu - 1)! \tag{4-52}$$

这时，D 表示为雪粒子的等效直径(mm)，N_0 为浓度参数，Λ 为尺度参数，在降雪天气条件下近似为 Λ=25.5$S^{-0.2}$mm^{-1}，μ 为形状因子，则降雪强度 S(mm/h)，满足：

$$S = \frac{\pi}{6}\int_0^\infty N(D)\rho_{\text{snow}}D_{\text{snow}}^3 v_{\text{t}}\text{d}D = \frac{6\times 10^5\pi\rho_{\text{snow}}N_{\text{t}}\Gamma(\mu+4)v_{\text{t}}}{\Lambda^{\mu+3}} \tag{4-53}$$

式中，N_{t} 为单位体积内雪花的数密度；Γ 为完全 Gamma 分布。则单位体积内雪粒子的散射系数为

$$\beta_{\text{sc}}^{\text{s}} = \frac{\pi}{4}\int_0^\infty D^2{}_{\text{snow}}Q_{\text{ext}}N(D)\text{d}D \tag{4-54}$$

对于降雪粒子来说，其等效直径较大，远大于可见光的波长，所以，式(4-54)中的雪粒子消光效率因子 Q_{ext} 近似取值为 2，则式(4-54)可以化简为[8]

$$\beta_{\text{sc}}^{\text{s}} = \frac{\pi N_0\Gamma(\mu+3)}{2\Lambda^{\mu+3}} \tag{4-55}$$

同时，降雪粒子往往服从指数分布，形状因子 μ 常取值为 0，所以雪粒子的散射系数为

$$\beta_{\mathrm{sc}}^{\mathrm{s}} = \frac{6.92\times10^{6} S}{\pi\rho_{\mathrm{s}} v_{\mathrm{t}} D_0 \Gamma(4)} \tag{4-56}$$

通过上述的理论和近似的计算，得到了雾霾、雨雪天气条件下的散射系数和粒子数密度，根据光学厚度的定义可以得到气溶胶粒子和雨雪、雾霾等其他粒子的散射光学厚度和透过率。

4.3.3　极端天气大气透过率模型

在 4.3.2 节计算的基础上，可以得到典型极端天气条件下的大气透过率模型为

$$T = \prod T_{\mathrm{o_2}} T_{\mathrm{ms}} T_{\mathrm{ae}} \tag{4-57}$$

式中，$T_{\mathrm{o_2}}$ 为大气中氧气分析光谱吸收透过率；T_{ms} 为分子散射透过率；T_{ae} 为典型天气(雾霾、降雨、降雪粒子)的散射透过率。

4.4　数值计算与分析

从光谱仪作用距离方程(见附录)可以知道，天空背景辐射亮度的变化和大气透过率的变化会直接影响信噪比和探测距离。晴天无云天空背景辐射亮度高，目标与背景对比度相对会较低；而极端天气天空背景辐射亮度与晴天天空背景辐射亮度相比较低，但大气透过率由于受到雾霾、雨雪粒子的影响也会变得非常低，两者共同作用同时影响信噪比和作用距离。本节将通过仿真计算晴天无云天空背景光谱辐射特性，研究其变化和分布情况；分析极端天气对天空背景辐射亮度和大气透过率的影响，为后续目标光谱提取和背景抑制奠定基础。

4.4.1　晴天无云天空背景辐射特性

前面理论分析了天空背景在氧气 A 吸收带的辐射亮度模型和极端天气下的大气透过率模型。大气顶的太阳辐射亮度值与观察点的经纬度和观测时间有直接关系，为了分析一定经纬度下不同太阳天顶角、不同观测天顶角下天空背景辐射亮度在氧气 A 吸收带的分布特性，在晴天无云天气条件下对天空背景光谱辐射分布进行计算，获得了不同条件下的天空光谱辐射亮度的分布特征。

具体计算设置数据如下：测量地点位于东经 114°，北纬 38°，第 200 天，观测天顶角分别为 90°、60°、30°；太阳天顶角分别为 60°、36°、18°、25°、48°、71°，即计算了太阳从升到落的过程，其中太阳天顶角为 18°时为太阳位于最高处(正午时分)，观测方向与太阳的相对方位角为 180°，观测点海拔为 50m。

图 4-3 为在不同太阳天顶角、不同观测天顶角下仿真计算的晴天无云大气在氧气 A 吸收带附近背景辐射的光谱分布。

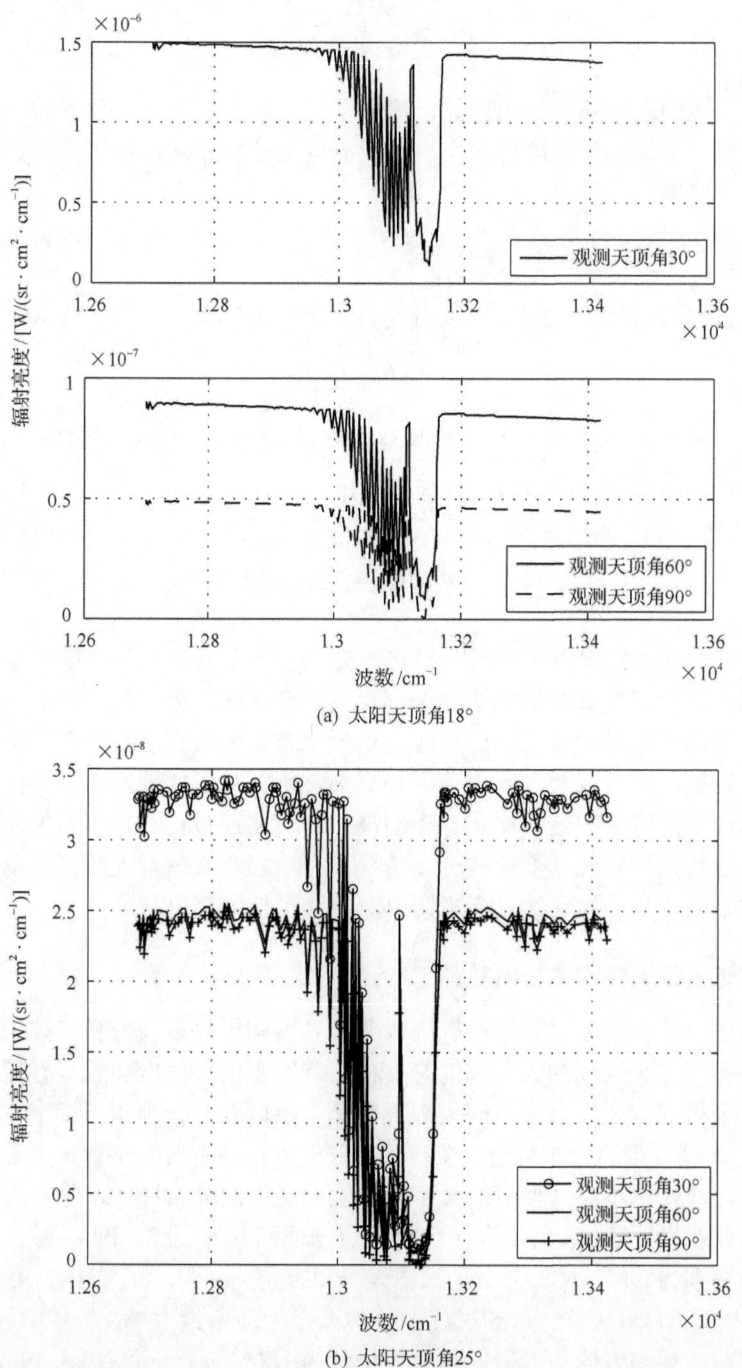

(a) 太阳天顶角18°

(b) 太阳天顶角25°

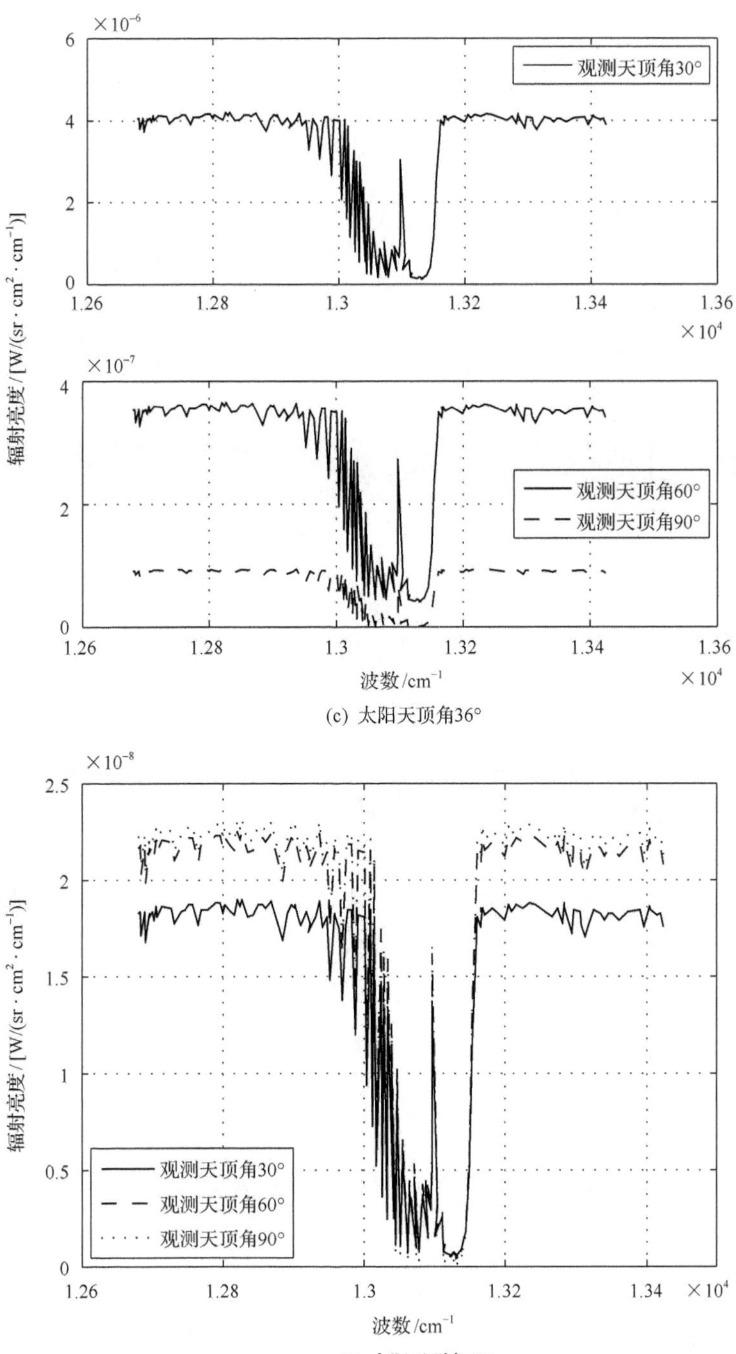

(c) 太阳天顶角36°

(d) 太阳天顶角48°

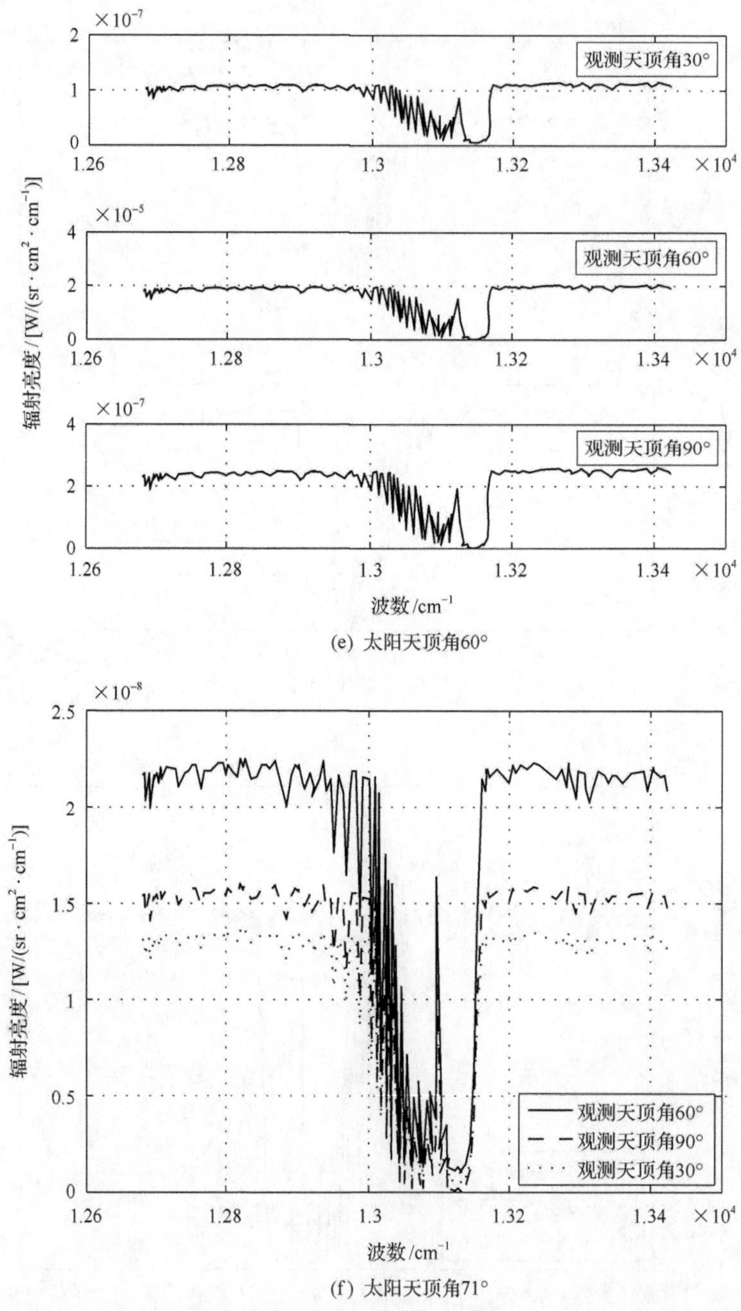

(e) 太阳天顶角60°

(f) 太阳天顶角71°

图 4-3　不同太阳天顶角和不同观测天顶角下天空背景辐射亮度分布

从图 4-3 中各图对比可以看出，天空背景辐射光谱中包含明显的氧气吸收特性，并且其辐射强度与太阳天顶角、观测天顶角有密切的关系。在同一太阳天顶角下，不同观测天顶角对应的天空背景辐射量亮度不同。同样，在同一观测角下(观测天顶角和太阳天顶角相差较大时)，当太阳天顶角逐渐变大，即太阳逐渐向地平方向下降时，天空背景辐射亮度逐渐降低。这说明，当对空中目标进行光谱测距时，目标所处天空背景亮度并非恒定不变的，而是随太阳天顶角的变化而变化，太阳天顶角小，则辐射亮度高，反之，则辐射亮度低。同时，太阳天顶角和观测天顶角越接近，天空背景辐射强度越高。上述仿真结果表明：在目标辐射强度、目标辐射传输路径、成像光谱仪参数等条件相同且观测角与太阳天顶角相差较大的情况下，太阳天顶角越小，光谱图像对比度和信噪比就越小，这时光谱仪的可探测距离就小。

4.4.2　极端天气天空背景辐射亮度和大气透过率

在理论分析天空背景辐射亮度及极端天气大气透过率的基础上，本节分析计算极端天气条件下的天空背景辐射亮度和大气透过率的变化趋势。

通过 4.3 节的分析知道，通常将雪粒子融化成水滴的直径 D 等效为雪粒子的直径进行散射强度计算，所以可以将降雪天气天空背景辐射和大气透过率用相同条件下的降雨天气进行近似计算。本节以雾霾天气和降雨天气为例，就天空背景辐射亮度和大气透过率的变化趋势进行研究。

设置观测天顶角为 30°，太阳天顶角为 60°，在其他条件相同的情况下对降雨天气和雾霾天气条件下天空背景辐射亮度和大气透过率进行计算，分别计算降雨量为 2mm/h、5.0mm/h、12.5mm/h、25mm/h 的降雨天气及能见度为 500m 的雾霾天大气条件下天空背景辐射亮度和整层大气透过率。

首先分析雾霾天气对天空背景辐射亮度和大气透过率的影响，计算结果如图 4-4 所示。

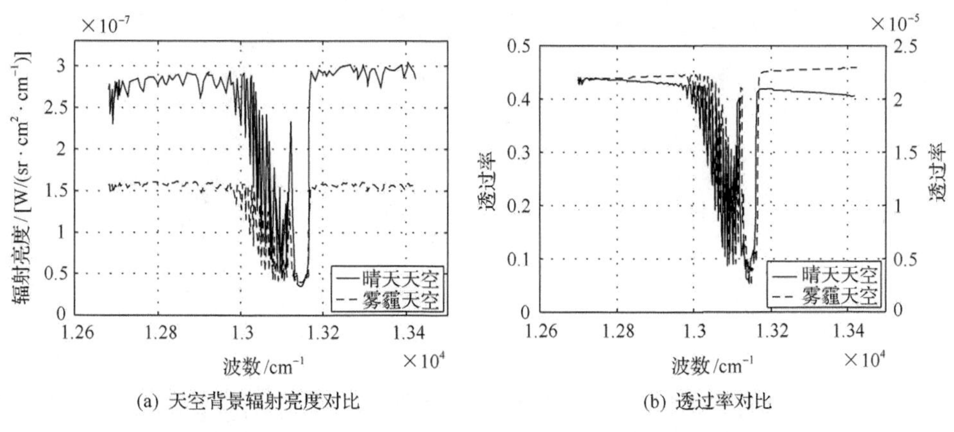

(a) 天空背景辐射亮度对比　　(b) 透过率对比

图 4-4　晴天天空和雾霾天空背景辐射亮度和透过率

从图 4-4 中可以看出，与晴天天气相比，雾霾天气的天空背景辐射亮度较小，但是辐射亮度的数量级并没有明显变化。而通过大气透过率的对比发现，雾霾天气整层大气透过率降低了近 5 个数量级。也就是说，相对于晴天天气，雾霾天气下目标所处背景的辐射亮度变化不大，而整层大气的透过率大大降低，那么光谱仪采集到的目标辐射在穿透雾霾后的辐射强度就变得非常小，光谱仪作用距离大大降低。

接下来分析不同降雨量对天空背景辐射亮度及大气透过率的影响，分别计算降雨量为 2～10mm/h 及 12.5mm/h、25mm/h 下的天空背景辐射亮度和整层大气透过率。图 4-5～图 4-8 给出了降雨量为 2mm/h、5mm/h、12.5mm/h、25mm/h 的天空背景辐射亮度分布。

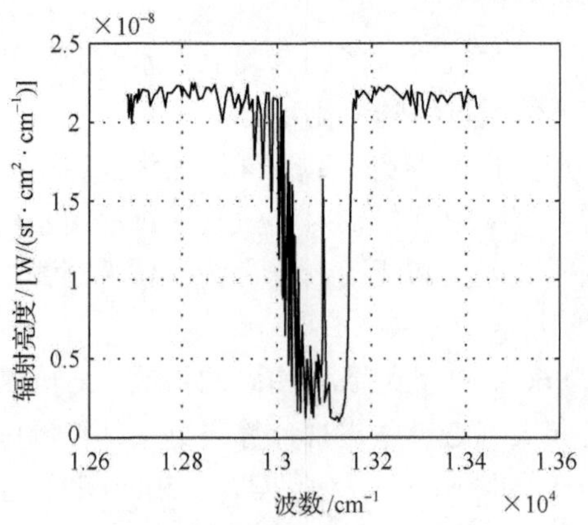

图 4-5　降雨量为 2mm/h 时天空背景辐射亮度分布

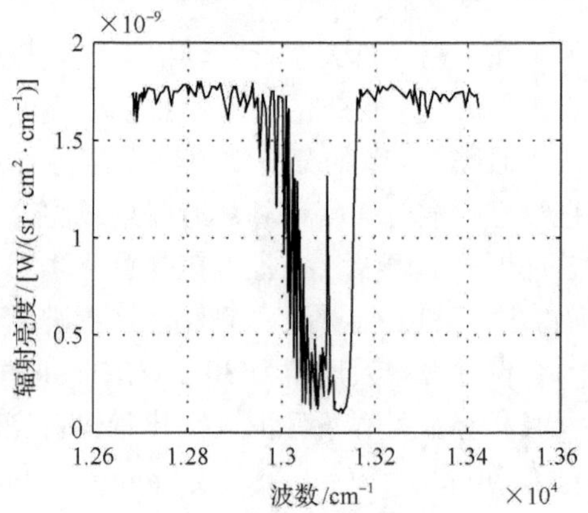

图 4-6　降雨量为 5mm/h 时天空背景辐射亮度分布

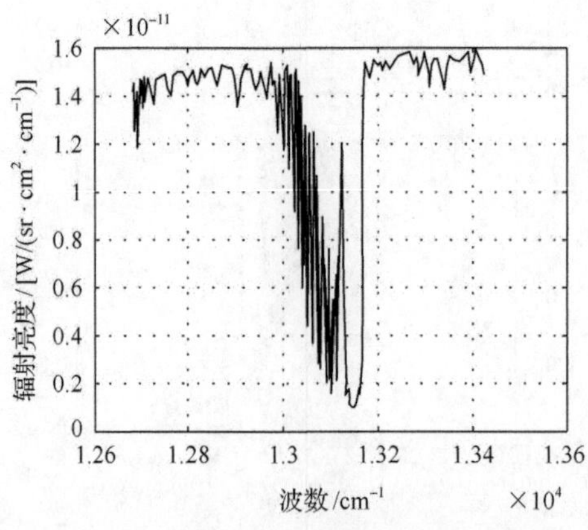

图 4-7　降雨量为 12.5mm/h 时天空背景辐射亮度分布

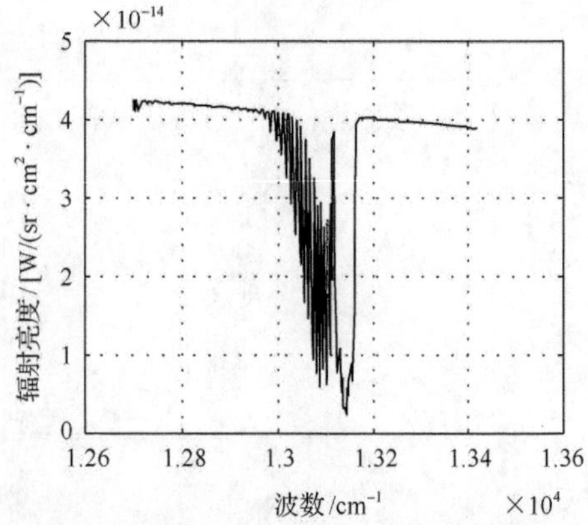

图 4-8　降雨量为 25mm/h 时天空背景辐射亮度分布

从图中计算数据可以看出，随着降雨量的增大，天空背景在氧气 A 吸收带的辐射亮度逐渐变小。主要有两点原因：①降雨天气条件下，云层遮挡了大部分太阳辐射；②降雨天气的天空背景辐射，在大气分子对太阳辐射散射的情况下，加入了雨滴对太阳辐射的散射。降雨量越大，雨粒子数密度越大，雨的散射系数也越大，使太阳辐射经过大气传输时产生严重的衰减，降低了天空背景辐射亮度。

图 4-9～图 4-11 给出了在降雨量 2mm/h、5mm/h、12.5mm/h 的情况下整层大气透过率。

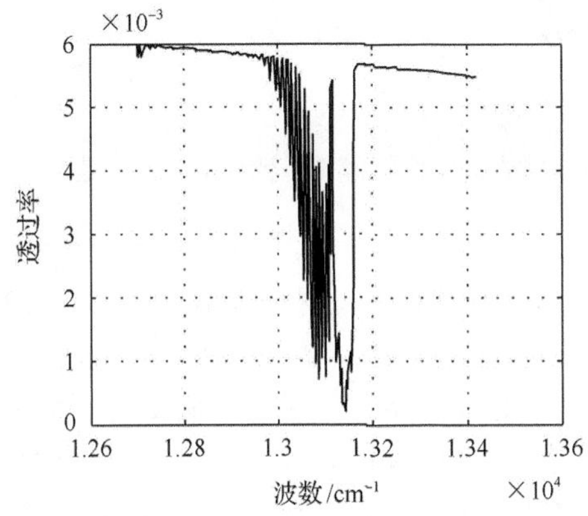

图 4-9　降雨量为 2mm/h 时大气透过率

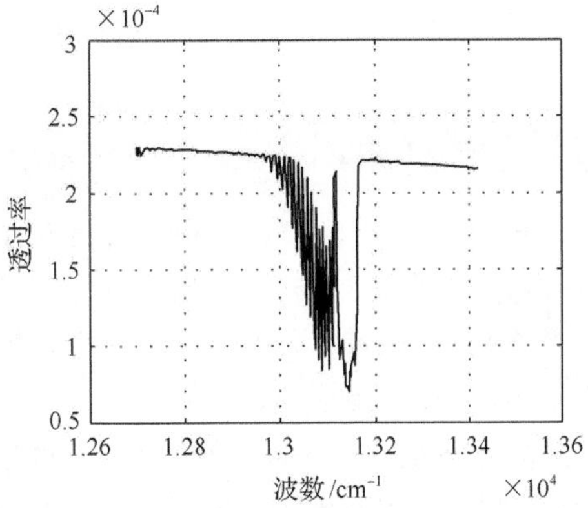

图 4-10　降雨量为 5mm/h 时大气透过率

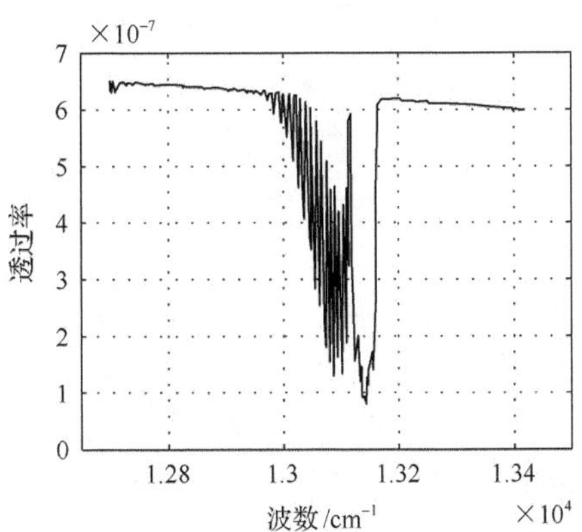

图 4-11　降雨量为 12.5mm/h 时大气透过率

通过不同降雨量下的大气透过率对比发现，随着降雨量的增加，整层大气透过率迅速减小，在降雨量为 12.5mm/h 时，透过率降至 10^{-7} 数量级。为了分析天空背景辐射亮度和大气透过率随降雨量增加而降低的速率和程度，图 4-12 给出了在 12680cm^{-1} 处的大气透过率和天空背景辐射亮度随降雨量增加的变化率。

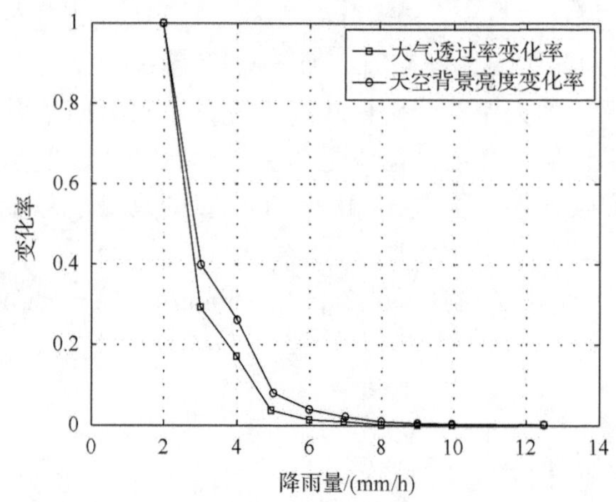

图 4-12　天空背景亮度和大气透过率的变化率随降雨量变化

从两条曲线的对比可以看出，在降雨量小于 6mm/h 时，降雨量每增加 1mm/h，大气透过率和天空背景辐射亮度迅速降低，曲线斜率很大，目标辐射衰减(大气透过率降低)的速率要大于天空背景衰减的速率。当降雨量大于 7mm/h 时，随着降雨量的增加，曲线逐渐趋于水平。这是因为降雨量较小时，大气中雨滴粒子的浓度随着降雨量的增大而迅速增加，对辐射的散射和衰减越来越强，在降雨量达到一定的情况下(7mm/h)，大气中的雨滴粒子对辐射的散射和吸收达到一定的程度，此时额外增加的降雨对辐射的衰减就不明显了。

上述结果表明：降雨在降低天空背景辐射亮度的同时，也降低了光谱仪采集到的目标辐射强度，且目标辐射衰减(大气透过率降低)的速率要大于天空背景衰减的速率。在降雨量为 25mm/h 时，整层大气的透过率基本为零，即目标辐射不能传送到探测器，光谱仪无法采集到目标辐射，目标与背景的对比度值为–1，无法实现测距。

本节定性分析了天空背景辐射亮度和大气透过率在晴天和极端天气下的变化趋势。通过分析得知，晴天无云天空背景辐射亮度随太阳天顶角和观测天顶角的变化而变化，在目标辐射强度、目标辐射传输路径、成像光谱仪参数等条件相同且观测角与太阳天顶角不同的情况下，太阳天顶角的变化在一定程度上影响成像光谱仪的信噪比和作用距离；同样，极端天气下大气透过率变得非常小，成像光谱仪的作用距离也受到很大的限制。

因为整个大气散射是非常复杂的过程，无法精确计算其辐射强度，目标辐射传输过程中叠加的路径散射光的具体值也就无法精确获取，通过理论计算无法得到背景散射光下对被动测距精度的影响，4.5 节主要通过对不同时刻(即不同背景辐射亮度)固定点的测距试验来研究背景辐射亮度变化对测距精度的影响。

4.5　背景光谱辐射强度变化对测距精度的影响

本测距试验的目的主要是分析在一天中不同时刻的背景光谱辐射亮度对测距精度的影响。主要方案是在晴朗无云天气条件下，将目标置于固定位置处，随着太阳高度角和方位角的变化，每隔一小时采集一次目标光谱信息，分析不同时刻背景光谱辐射亮度变化对氧气吸收率及距离解算精度的影响。

4.5.1　试验设备

本次试验选用的成像光谱仪是直接成像型光谱仪，通过滤波器有选择性地透射某一波段的目标辐射光，直接获得目标辐射在该波长上的光谱辐射强度，然后通过在不同的波段上进行扫描，获得目标辐射在一系列波段上数据。所用光谱仪的主要部件有光学镜头、可调谐滤波器(AOTF)、EMCCD 相机、计算机及相应的控制器、数据采集卡处理软件等。其中可调谐滤波器是该系统重要的组成部分，通过对不同波长的转换，实现指定波长和带宽下目标辐射光谱信息的透射。

为了实现对远距离的目标辐射的精确采集，试验选用的成像光谱仪在配备短焦镜头的同时额外配备了长焦镜头共两个光学镜头，其中短焦镜头焦距为 60mm，用于对近距离目标辐射进行采集；长焦镜头用于对远距离目标辐射进行采集，其焦距 70～300mm 连续可调。

该成像光谱仪的主要性能参数如表 4-1 所示。

表 4-1　成像光谱仪主要性能参数

性能	参数
光谱范围	450～800nm
探测器	EMCCD
单像元尺寸	8μm×8μm
最小光谱分辨率	1nm

由于光学镜头的光谱透过率和 EMCCD 探测器的光谱响应度在不同波长处是不同的，为了精确获得目标和背景的光谱分布，需要利用光学镜头的光谱透过率曲线和探测器的光谱响应度曲线对测得的原始光谱数据进行修正，这样才能得到探测系统前端进入镜头的各个波长下光谱辐射的真实情况。

4.5.2　试验条件及试验方案

试验气象条件：试验选择在夏季晴朗无云天气条件下，试验当天地面能见度较好，能见度大于 5km，气溶胶模式为典型的城市气溶胶；通过查询气象记录，试验当天的日出时间为 5:06，日落时间为 19:34；试验过程中的大气温度和压强通过 BY-2003P 型数字大气压力表实时进行测量并记录。

试验方案：试验测量地点位于东经 114.51°，北纬 38.04°；光谱仪架设于一栋建筑的 6 层室内，海拔为 80m，目标放置在远处另一栋建筑的 15 层窗口外，两者距离通过某型激光测距机测定为 2360m；目标相对光谱仪的视在天顶角为 89.34°；因为距离较远，试验时背景光照强烈，为了使目标背景对比度和信噪比都较高，所以试验选取了亮度为 1kW 的卤钨灯作为被动测距的目标，其光谱范围和光谱辐射强度均满足试验需要；测量时间从 13:30 开始，每隔一小时采集一次目标光谱数据。

虽然光谱仪视场中同时包含了树木、高低不同的楼房、无云天空等不同反射率的复杂背景，但是目标与光谱仪之间并无障碍物遮挡，且目标与背景亮度的对比度较高，可直接对目标光谱辐射进行采集。试验场景示意图如图 4-13 所示，其中观测方向为正南，目标朝向正北，以正南为零度太阳方位角，太阳在东侧时方位角记为正，太阳在西侧时方位角记为负。

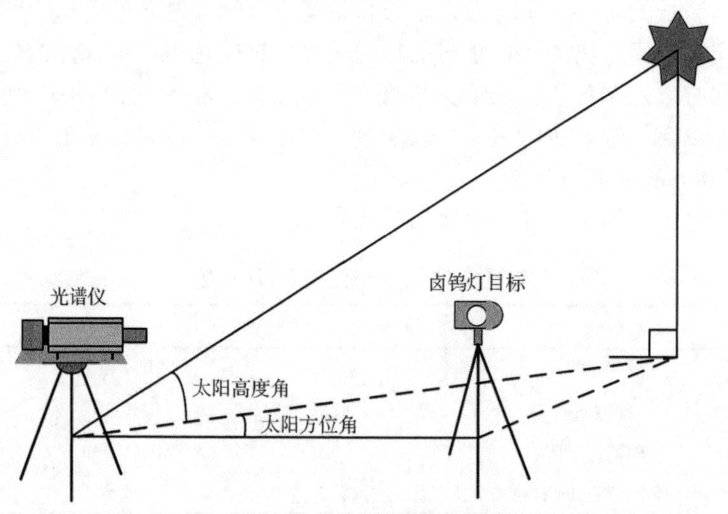

图 4-13　试验场景示意图

测量时间与太阳高度角和太阳方位角的对应关系根据文献[9]～[11]中介绍的方法计算得到，试验当天不同时刻太阳高度角和方位角数据如表 4-2 所示。

表 4-2　各时间点的太阳高度角和方位角信息

时间点	13:30	14:30	15:30	16:30	17:30	18:30	19:30
太阳高度角/(°)	66.53	56.60	45.24	33.48	21.73	10.27	–0.64
太阳方位角/(°)	–46.19	–67.56	–80.74	–90.75	–99.48	–107.48	–116.86

在进行距离解算之前，需要建立一个实时的测距模型以确保测距精度。为了测距模型的精确性，本书的测距模型并没有采用文献[12]中不同距离下的测距数据拟合的模型，而是根据第 7 章中的相关 K 分布法[13]，结合试验时刻的温度、压强和光谱仪所处位置的海拔和观测天顶角，来建立的氧气平均吸收率与路径之间的测距模型。

其中光谱仪海拔为 90m，观测天顶角为 89.34°，试验实时记录的大气温度和压强信息如表 4-3 所示。

表 4-3　各时间点的温度和压强信息

时间点	13:30	14:30	15:30	16:30	17:30	18:30	19:30
温度/℃	32	34	32	30	28	24	23
压强/hPa	1003	1002	1003	1005	1005	1007	1007

由于不同时间点的温度和压强存在一定的变化，为了确保测距模型的准确性，根据各时间点的温度和压强信息，利用相关 K 分布法分别建立测距模型。

4.5.3　测距试验及分析

设置光谱仪的测量波段为 740～790nm，该波段涵盖氧气 A 吸收带及其左右带肩，波段数目满足后续对氧气吸收率的计算；光谱分辨率为 1nm，固定带宽为 3.6nm，由于距离较远，此次试验选择可变焦镜头，调整光谱仪镜头的光圈数、焦距和光谱仪采集系统的积分时间，使目标成像效果达到最佳。

本次试验目的是分析背景辐射亮度变化对测距精度的影响，所以光谱仪设置的参数在各时间点的试验均保持不变。在计算氧气吸收率前，采集到的原始光谱数据均经过了镜头的光谱透过率曲线和 EMCCD 探测器光谱响应度曲线的修正，以尽可能地还原原始的目标光谱辐射强度分布。

为直观看出背景亮度变化对目标与背景辐射的对比度和信噪比的影响，图 4-14 分别给出了正午太阳高度角最高时 13:30 和邻近傍晚太阳快落山时 18:30 光谱仪所采集的 740nm 波长的原始图像，图中方框内亮点为距离 2360m 处的卤钨灯目标。通过两幅图对比可以看出，在 13:30 时，此时太阳高度角最大，方位角最小，太阳辐射在大气中传输到地面所经过的路径最短，大气散射衰减较少，光照最强，卤钨灯目标所处的背景中的天空散射光背景、树木反射光背景等亮度较大，甚至有部分像元的灰度值超过了目标辐射值，但是由于目标所在位置存在较大面积的墙体背景，目标与其周围的背景的信噪比较小，所以在墙体区域内还是可以识别出目标的；在 18:30 时，由于太阳高度角变小，方位角变大，此时太阳辐射在大气中传输到的地面所经过的路径变长，大气散射衰减较大，光照变弱，目标与背景对比明显，信噪比较大。

(a) 13:30

(b) 18:30

图 4-14　不同时间点采集到的 740nm 波长原始图像

在试验中发现，在其他条件相同时，当目标提取阈值为 0.9 时根据测距模型解算的测距精度最高。本次试验由于距离较远，卤钨灯目标在光谱仪中成像所占像元数少，提取阈值过大时，仅可得到一两个像元灰度值，随机性较大；当目标提取阈值较小时，又会把卤钨灯中反光罩的反射光谱甚至是背景光谱也平均到了灯管光谱中，降低了目标光谱的准确性。当目标提取阈值为 0.9 时，可以最大限度地获取卤钨灯灯管的辐射光谱，所得到的光谱最接近卤钨灯灯管的真实光谱，最终获得的氧气吸收率也最为精确，所以试验中提取目标光谱设定阈值为 0.9。

由于本次试验过程中太阳辐射较强，在太阳高度角小时，整个视场内目标与背景的信噪比较小。为了在相同提取阈值条件下保证目标提取的精确度，在对各个时间点采集到的原始数据进行目标辐射光谱提取之前，选定图 4-14 原始图像中方框内的图像(图像大小为 1002×1002 像素，方框位于图像横纵坐标 450～570 范围内)作为设置阈值的基础图像，方框内目标所在位置是大面积的墙体背景，信噪比高，有利于精确提取目标光谱。通过 MATLAB 对目标灰度值进行提取，统计方框内像元灰度值大于最大值的 9/10 的所有像素点，并将这些像素点的平均值作为目标在该波长上的目标光谱灰度值，并经过镜头的光谱透过率曲线和 EMCCD 探测器光谱响应度曲线修正，提取卤钨灯目标的光谱曲线。

各个时间点获得的图像均按此方法进行目标光谱提取，将目标光谱强度曲线进行归一化处理，绘制在同一幅图中，图 4-15 给出了时间点 13:30、15:30 和 19:30 的目标归一化光谱强度分布。从图中可以看出，随着时间的推移，氧气吸收带带肩的光谱辐射强度变化较为明显，这主要是因为试验过程中，太阳高度角从 13:30 处的最高点逐渐向地平方向下降，叠加的天空背景在短波的亮度逐渐降低，而长波的亮度相对逐渐升高。

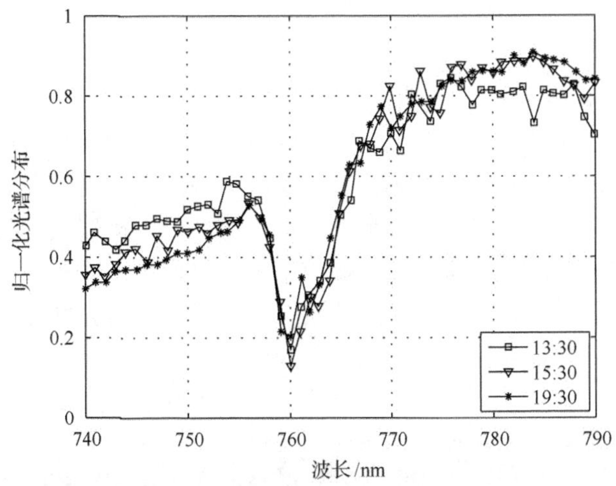

图 4-15　不同时间点时卤钨灯目标的归一化光谱分布

因为光谱仪在每个中心波长处的带宽为 3.6nm，为了避免将吸收带带肩上的光谱信息平均到吸收带内影响吸收率的计算，故在选择吸收带内的光谱通道时应当避开吸收带的边缘波长，同样在选择吸收带带肩上的光谱通道时也应在尽可能靠近吸收带，避免将吸收带内的光谱信息包含进来。根据式(3-11)和式(3-13)计算得到了不同时间点下试验采集的卤钨灯目标辐射的氧气吸收率。利用相关 K 分布建立的测距模型解算不同时间点下的目标距离，分析背景辐射亮度变化对测距精度的影响。表 4-4 为不同时间点下解算距离及误差的分析。

表 4-4　不同时间点下解算距离及误差

时间点	13:30	14:30	15:30	16:30	17:30	18:30	19:30
氧气吸收率	0.3956	0.3908	0.3716	0.3732	0.3833	0.3833	0.3782
解算距离/m	2570	2500	2225	2280	2370	2370	2369
绝对误差/m	210	140	−135	−80	10	10	9
相对误差/%	8.9	5.93	5.72	2.33	0.42	0.42	0.38

利用建立的测距模型对不同时刻所采集到的 2360m 处目标距离进行解算，通过解算距离和真实距离进行对比，可以看出在 13:30 时测距误差最大，其中绝对误差为 210m，相对误差为 8.9%。测距误差大的原因是此时太阳高度角和方位角都小，背景辐射亮度大，信噪比低，同时目标辐射路径上叠加的背景光谱较强。随着时间推移，太阳高度角逐渐变小，整个背景辐射亮度变暗，信噪比逐渐变大，目标光谱叠加的背景光谱强度变弱，测距误差随之减小，至邻近夜间(19:30)时背景辐射强度最小，此时测距精度达到最高，绝对误差仅为 9m，相对误差为 0.38%。

4.6 本章小结

本章主要研究了背景辐射和大气透过率对被动测距测程和测距精度的影响。首先，介绍了被动测距中对空探测的背景辐射来源，根据大气传输理论和背景辐射的来源，给出了天空背景辐射亮度的计算模型，结合极端天气条件下雨、雪、雾霾粒子谱分布，综合考虑雨雪、雾霾粒子的散射作用，给出了极端天气条件下的大气透过率计算模型；然后，仿真分析了天空背景辐射亮度随观测天顶角和太阳天顶角的变化规律以及极端天气天空背景辐射亮度和大气透过率在氧气A吸收带的分布和变化情况，仿真分析结果表明，天空背景辐射亮度和大气透过率的改变可造成目标背景对比度和探测信噪比的变化，使目标不易识别，影响被动测距的测程和探测概率；最后，为研究背景辐射亮度变化对测距精度的影响，设计试验对晴天天气条件下远程固定目标进行了测距，试验结果表明，天空背景辐射光谱会叠加到目标辐射光谱上，影响目标光谱的准确性进而测距精度，天空背景越亮，测距误差越大，需要寻求新的方法来抑制背景的干扰，提高探测概率和测距精度。

参考文献

[1] 盛裴轩, 毛节泰, 李建国, 等. 大气物理学. 北京: 北京大学出版社, 2013.

[2] 张占昭. 大气衰减对激光雷达性能影响的蒙特卡罗模拟[硕士学位论文]. 哈尔滨: 哈尔滨工业大学, 2010.

[3] Kratz D P, Cess R D. Infrared radiation models for atmospheric ozone. Journal of Geophysical Research Atmospheres, 1988, 93: 7047-7054.

[4] Hawks M R, Perram G P. Passive ranging of emissive targets using atmospheric oxygen absorption lines. Proceedings of SPIE, 2005, 5811: 112-122.

[5] 饶瑞中. 现代大气光学. 北京: 科学出版社, 2012.

[6] 李学彬, 宫纯文, 李超, 等. 雾滴谱分布和雾对红外的衰减. 激光与红外, 2009, 39(7): 742-745.

[7] 刘西川, 高太长, 刘磊, 等. 降水现象对大气消光系数和能见度的影响. 应用气象学报, 2010, 21(4): 433-441.

[8] 高太长, 刘西川, 张云涛, 等. 降雪现象与能见度关系的探讨. 解放军理工大学学报(自然科学版), 2011, 12(4): 403-408.

[9] 张闯, 吕东辉, 项超静. 太阳实时位置计算及在图像光照方向中的应用. 电子测量技术, 2010, 33(11): 87-89.

[10] 刘伟峰, 谢永杰, 陈若望, 等. 天顶亮度与太阳高度角关系的观测. 光电工程, 2012, 39(7): 49-54.

[11] 王国安, 米洪涛, 邓天宏, 等. 太阳高度角和日出日落时刻太阳方位角一年变化范围的计算. 气象与环境科学, 2007, 30(增刊): 163-164.

[12] 张瑜, 刘秉琦, 闫宗群, 等. 背景辐射对被动测距精度影响分析及实验研究. 物理学报, 2015, 64(3): 034216.

[13] 闫宗群. 基于氧气吸收的被动测距技术研究[博士学位论文]. 石家庄: 军械工程学院, 2014.

第 5 章　基于氧气吸收率差异的目标提取技术

飞行目标尾焰是被动测距的主要对象。被动测距技术所利用的氧气吸收光谱位于可见光近红外光谱区，天空背景在该光谱区的辐射较强。在一定观测条件下，进入光谱仪视场的天空背景辐射强度是一定的，但光谱仪采集到的目标辐射强度却和传输路径有直接关系，这也就存在一种可能：在一定距离上，目标辐射强度和背景辐射强度相同甚至比背景辐射强度还要小，目标的光谱辐射信息被淹没在背景中难以分辨，这就使以目标辐射和背景辐射对比度为基础的目标识别方法无法实现。本章在给出尾焰目标工程计算模型的基础上，视尾焰目标辐射为近似黑体辐射，以氧气吸收率为研究对象，分析目标辐射、天空背景辐射氧气吸收率差异，寻求新的目标探测与提取方法。

5.1　光谱图像的目标提取算法

高光谱或多光谱图像(下文统称光谱图像)中除了目标信息外通常会包含复杂的背景信息，如何从光谱图像中精确识别和提取所需目标光谱，一直是光谱探测领域的研究热点，国内外研究机构提出了很多基于光谱图像的分类、融合、压缩等算法，这些算法的提出为实现后续目标探测的实现奠定了基础。

光谱图像在对目标探测时，根据待测目标有无先验信息可以分为异常目标探测和目标探测。对异常目标的探测并没有可用的先验信息来辅助，需要在光谱图像中寻找异常目标和背景的差异来实现。目前对异常目标探测的算法主要是在 RX 算法的基础上发展的 RXD 算法、MRXD 算法、UTD 算法等。

对有先验知识的目标进行探测时，可以直接利用已知目标的光谱曲线逐一和图像中的像元光谱进行匹配，实现对目标的探测。光谱图像中单位像元记录的信号为该像元对应目标区域内所有辐射信号的综合，如果单个像元所对应区域内有两种以上的物体，就形成混合像元，这时就需要从混合像元中提取目标光谱。相应的算法及各种算法的优劣在绪论中已经进行了详细的介绍。

在利用成像光谱仪对目标进行光谱成像并实现测距的过程中，背景的干扰严重影响光谱图像对目标光谱的识别精度，为有效提高光谱图像的光谱提取和目标识别精度，需要在光谱图像目标探测算法的基础上研究适用于光谱吸收被动测距的目标光谱提取，以期进一步提高被动测距在不同气象环境下的适用性。

5.2　尾焰目标辐射计算模型

对于测距对象飞机尾喷焰来说，尾焰的燃烧使尾焰内部氧气被消耗殆尽，而周围其他气体(二氧化碳、水蒸气)对氧气 A 吸收带辐射并不会产生吸收，仅存散射作用，所以相对于中波段辐射强度的计算来说，被动测距所利用的波段辐射和吸收计算较为简单。我们知道，飞机尾焰辐射分为非加力状态和加力状态两种情况，尾焰的温度和尾喷口的温度也存在一定的关系[1,2]，其表达式为

$$T_2 = T_1 \times (P_2 / P_1)^{(\gamma-1)\gamma} \tag{5-1}$$

式中，T_2 为尾焰气体温度；T_1 为尾喷口温度；P_2 为膨胀后的气体压力；P_1 为尾喷口内的气体压力；γ 为气体的定压热容量和定容热容量之比，通常取值为 1.3。

对于涡轮喷气发动机来说，膨胀后的气体压力和尾喷口内的气体压力满足以下关系：

$$P_2 / P_1 = 0.5 \tag{5-2}$$

所以有

$$T_2 = 0.85T_1 \tag{5-3}$$

根据普朗克定律[3]，黑体发射光谱辐射力函数表示为

$$M_\lambda = \frac{c_1\lambda^{-5}}{\left[\exp\left(\frac{c_2}{\lambda T}\right)-1\right]} \tag{5-4}$$

式中，c_1=3.74177107×10^{-16}W·m^2 和 c_2=1.4387752×10^{-2}m·K 分别为第一和第二辐射常数；λ 为辐射波长；T 为温度。将该式代入式(5-5)并对波长进行积分计算：

$$L_{\Delta\lambda} = \frac{\varepsilon}{\pi}\int_{\lambda_1}^{\lambda_2} M_\lambda \mathrm{d}\lambda \tag{5-5}$$

便可得到尾焰的光谱辐射亮度计算公式。无散射和吸收时，辐射强度为

$$I_{\Delta\lambda} = AL_{\Delta\lambda} \tag{5-6}$$

式中，ε 为尾焰的等效辐射率；A 为尾焰等效辐射面积。在工程计算中，加力状态下喷气式飞机尾喷口温度 T_1 常取值为 1100K，尾焰等效辐射率 ε 取值为 0.5。取

积分波段为 0.74～0.79μm，联立式(5-5)和式(5-6)即可获得飞机尾焰的近似辐射强度。

从式(5-5)和式(5-6)中可以看出，尾焰辐射可以近似视为黑体辐射，尾焰温度、尾焰压强的大小直接影响其初始的辐射强度，因此在一定飞行状态下的飞机尾焰辐射强度是一定的，探测器能否获得目标辐射取决于传输路径上的大气透过率。

5.3 氧气吸收率分布特性与目标提取方法

氧气吸收率是整个被动测距的核心，不同的路径下氧气分子所吸收的目标辐射能量不同，计算所得到的氧气吸收率也不相同。在被动测距中，天空背景并不是一个“点”或“面”，而是一个纵深，主要由不同海拔下的大气分子和各种气溶胶粒子组成，这些粒子在向外散射太阳光形成氧气 A 吸收带辐射能量的同时，还会对辐射产生吸收衰减。所以天空背景并不像尾焰目标那样有一个明确的距离概念，其所“呈现”的氧气吸收率也仅仅代表了纵深背景辐射的一个光谱特征吸收峰。

5.3.1 天空背景氧气吸收率分布特性分析

本节将利用第 4 章仿真计算得到的天空背景辐射分布数据，根据计算氧气吸收率的基本原理和方法，获得了不同时刻、不同观测天顶角下天空背景辐射的氧气吸收率，计算结果图 5-1 所示。

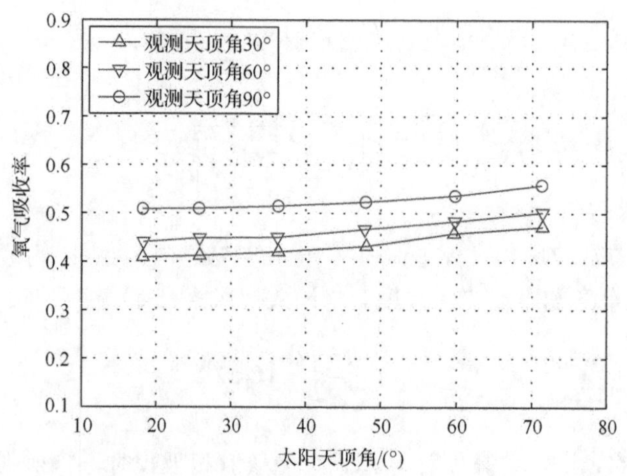

图 5-1 不同太阳天顶角下氧气吸收率分布

从图 5-1 中可以看出，随太阳天顶角的变化，天空背景辐射的氧气吸收率在一定区间有较小的变动。变化趋势表明，同一观测天顶角下，随着太阳天顶角的增大，晴天大气所呈现的氧气吸收率随之增大；这主要是因为太阳天顶角变大时，太阳辐射在大气中的传输路径就变长，相应被大气中氧气吸收的光辐射就越多，氧气吸收率就越大。

从图 5-1 中相同太阳天顶角不同观测天顶角下氧气吸收数据对比可以看出，在同一太阳天顶角下，观测天顶角越大，氧气吸收率越大。这是因为实际大气中的氧气分布不均匀，不同观测天顶角对应路径上的散射和吸收各不相同，在大的观测天顶角下所得到的入射/散射的光线穿过大气的路径要长于小的观测天顶角下的路径，氧气 A 吸收带的吸收率就随着增加。

虽然太阳辐射在大气顶并不存在光谱吸收特征，但是由于传输路径上的氧气吸收，地面观测到的天空背景光存在氧气特征吸收峰，呈现一定的氧气吸收率。本节通过计算获得了晴天无云天空背景下氧气吸收率的分布规律，5.3.2 节将分析计算不同路径上目标辐射的氧气吸收率分布特性，并将其与相应天顶角下的天空背景氧气吸收率进行对比。

5.3.2　目标辐射氧气吸收率分布特性分析

由 5.2 节的工程计算中可知，可以近似视尾焰辐射为黑体辐射。本节通过仿真计算，得到了不同天顶角、不同距离下黑体目标辐射的氧气吸收率，对其氧气吸收率的分布特性进行研究。

假设探测器海拔 50m，气溶胶模型为乡村大气能见度=23km，无云雨，天顶角变化范围为 30°、60°和 90°，路径长度从 1km 到 15km，步长为 1km；通过仿真计算获得了不同条件下目标辐射经大气吸收散射后的氧气吸收率的分布特征，数据如图 5-2 所示，三条曲线为不同天顶角下氧气吸收率的变化规律。

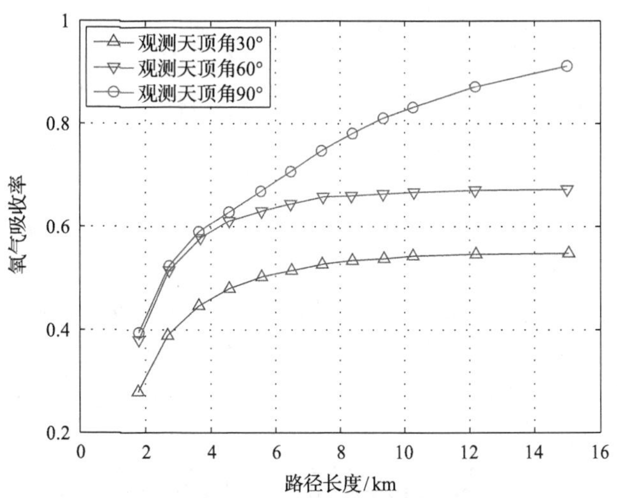

图 5-2　不同探测路径长度下氧气吸收率分布

从图 5-2 的数据可以看出，地对空观测时，在观测天顶角一定的情况下，随着观测距离的增大，氧气吸收率增大。同时，同一观测距离下，观测天顶角越大，氧气吸收率越大，这是因为观测天顶角变大时，目标辐射传输路径上气体分子浓度高，并且对应路径上的氧气浓度变化率小，整个路径上参与吸收的氧气就越多，对目标辐射能量的吸收就越强。在天顶角为 30°和 60°时，路径长度超过 10km 以后，氧气吸收率曲线变化平缓，即氧气吸收率随观测距离的变化趋势变小。这是因为当路径长度达到 10km 以后，目标所处的海拔分别为 8.66km 和 5km，该海拔处的氧气浓度比海平面处的浓度小。随着探测路径长度进一步增加，氧气分子浓度随海拔按指数规律迅速下降，传输路径增加的同时氧气吸收变小，因此在超过 10km 后，氧气吸收率的变化率就变得很小。在观测天顶角 90°时(即海拔 50m 处水平观测)，整个路径上的温度、气压和氧气的浓度可近似认为是恒定的，氧气吸收率取决于路径长度，路径越长氧气吸收率越大，并随着路径变长而趋近于 1，所以氧气吸收率的变化率要比观测天顶角为 30°和 60°时大。

5.3.3　基于氧气吸收率差异的目标提取方法

由于飞机目标在空中的方位未知，当成像光谱仪对空中目标辐射进行采集时，目标所处天空背景的光谱辐射会干扰对尾焰目标的判别。为了准确对目标光谱进行提取，抑制背景辐射对目标判别的干扰，结合前文天空背景辐射氧气吸收率和目标辐射氧气吸收率的变化规律，分析背景辐射与目标辐射氧气吸收率的差异，为准确提取目标辐射并提高探测概率提供新的方法和思路。

通过图 5-1 天空背景辐射的氧气吸收率和图 5-2 黑体目标辐射的氧气吸收率对比可以看出，天空背景辐射的氧气吸收率随天顶角的变化在一定范围内有较小的变动；黑体目标辐射的氧气吸收率随距离的增大而逐渐增大。对一定天顶角下远距离的尾焰目标来说，在利用氧气吸收特性对目标进行测距时，其辐射经过大气传输后的氧气吸收率大于天空背景辐射所呈现的氧气吸收率。所以，在对远距离的空中目标进行探测时，可在不同的观测天顶角分别设置不同的氧气吸收率阈值来判别目标是否存在。若空中某点处测得的氧气吸收率大于设置的阈值，则可初步判定该点为目标。

对于来袭飞机，越早探知其距离信息越有利于我方安全，在距离越远时目标辐射氧气吸收率与天空背景辐射呈现的氧气吸收率差值越大，采用本节所提的方法可以为目标的初步识别提供新的思路，后续将进行目标提取试验研究。

5.4　天空背景辐射光谱测量试验

5.3 节理论计算了天空背景辐射和目标辐射的氧气吸收率特性，本节通过具体的试验对 5.3 节氧气吸收率的变化规律进行分析和验证，同时采集并计算多云天空和降雪天空的氧气吸收率，并与晴天天空氧气吸收率进行对比分析，给基于氧气吸收率差异的目标提取方法提供数据支撑。

5.4.1　试验设备

试验设备依然选择 4.5 节中的光谱仪，镜头采用短焦镜头，调焦至无穷远，对不同天顶角下的天空背景光谱及不同天气条件下的天空背景光谱进行采集。

5.4.2　试验条件及试验方案

1. 晴天天空背景试验

测量时间为 2014 年 1 月 2 日上午 10:00，试验当日晴天无云，气溶胶模式为典型城市气溶胶，地面能见度大于 6km。测量地点经纬度为东经 114.51°，北纬 38.04°；光谱仪置于教学楼楼顶，海拔约为 90m。设置光谱仪采集波段为 740～790nm，步长为 1nm，带宽为 3.6nm，积分时间为 0.3s。对不同天顶角下的天空背景光在氧气 A 吸收带的光谱进行了测量与分析(忽略试验过程中太阳天顶角的变化)。为避免太阳直射光太强对光谱仪造成损害，将光谱仪镜头调整至背对太阳的方位下。由于设备实际情况的限制，仅能对天顶角为 58°～82°范围内的数据进行采集。根据设备的实际情况，测量了天顶角分别为 58°、66°、72°、78°、80°和 82°时的天空背景光谱。

2. 多云和降雪天气下天空背景试验

光谱仪置于教学楼楼顶，设置光谱仪采集波段为 740～790nm，步长为 1nm，带宽为 3.6nm，积分时间为 0.5s，分别对同一天顶角下的多云天气、降雪天气条件下的天空背景光在近红外氧气 A 吸收带的光谱进行测量与分析。为了防止降雪对光谱仪镜头产生不利影响，天顶角的选择要尽可能大同时确保在光谱仪视场内仅是天空背景，不存在其他物体。综合考虑，本次试验选择的天顶角为 80°。记录试验过程中设置的各个参数，确保在不同天气条件下光谱仪各项参数设置相同。

5.4.3　氧气吸收率分布特性分析

选取所采集光谱图像正中心 200×200 像素范围内所有的像素点，将其灰度平均值作为天空背景光在其对应波长上的光谱灰度值。根据镜头光谱透过率数据和探测器光谱响应数据对采集的光谱进行修正，修正后的真实天空背景光谱归一化光谱辐射强度如图 5-3(a)所示。为了能够清晰地看出不同天顶角下的氧气吸收深度，图 5-3(b)给出了氧气 A 吸收带(758～778nm)的局部放大图。根据氧气吸收率的计算公式计算的氧气吸收率分布如图 5-4 所示。

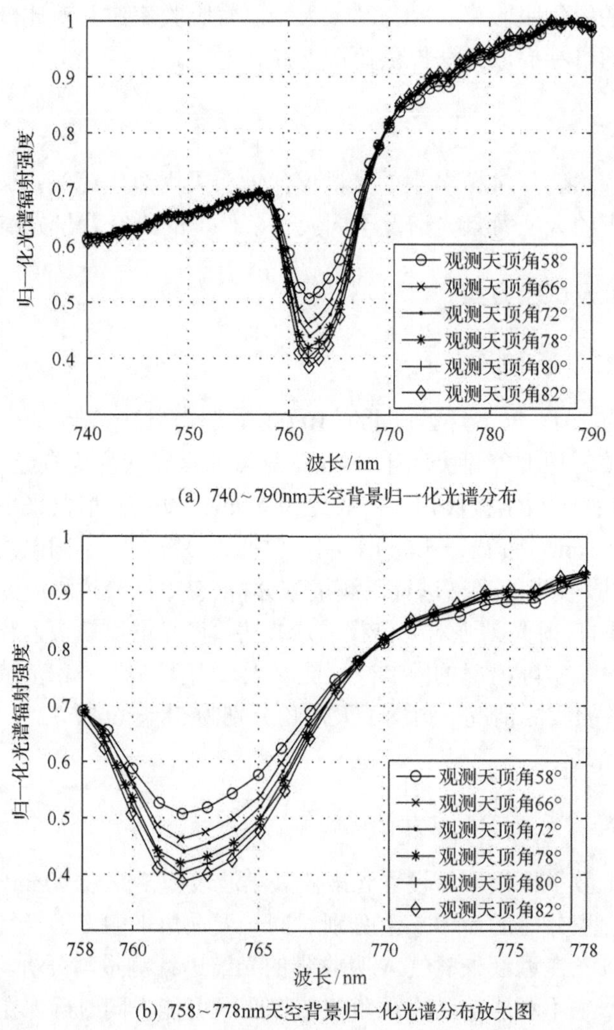

(a) 740～790nm天空背景归一化光谱分布

(b) 758～778nm天空背景归一化光谱分布放大图

图 5-3　晴天天气下不同观测天顶角下天空背景归一化光谱分布

从图 5-3 不难看出，天空背景光的光谱在氧气 A 吸收带中有明显的特征吸收谱线存在，不同倾角的天空光光谱在吸收带左右带肩的分布基本保持不变，但氧气 A 吸收带的吸收深度随观测天顶角的增大而增大。从图 5-4 可以看出，观测天顶角越大，天空背景光谱在氧气 A 吸收带的吸收强度越强，氧气吸收率越大，这是因为不同观测天顶角下的天空背景光穿过大气的路径各不相同。观测天顶角越大，穿过大气路径越长，被大气分子或气溶胶散射吸收的光辐射越多，因而到达地面的氧气吸收率越高，这与 5.3 节理论计算氧气吸收率的变化趋势相同，证明了理论计算的正确性。

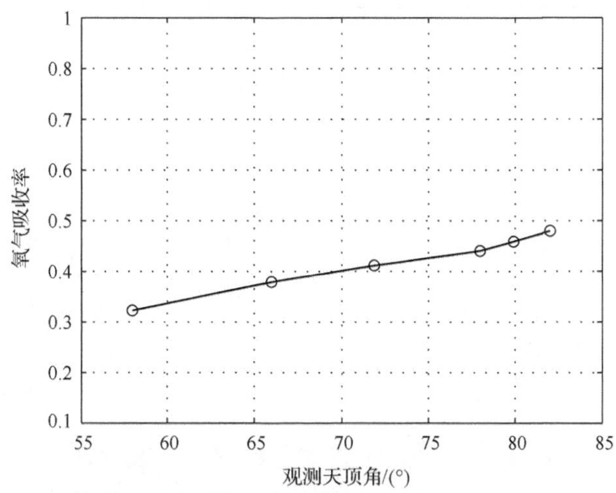

图 5-4　晴天天气下不同观测天顶角下氧气吸收率分布

在试验研究晴天无云天空背景在不同观测天顶角下的氧气吸收率分布的基础上，对多云和降雪天气条件下天空背景辐射氧气吸收率进行了试验分析。

由于降雪天空的场景图像无明显的景物，仅给出了多云天气条件下 750nm、762nm、780nm 波段的场景图像，如图 5-5 所示。

(a) 750nm波段场景图

(b) 762nm波段场景图

(c) 780nm波段场景图

图 5-5　多云天气条件下天空背景场景图

选取所采集光谱图像正中心 200×200 像素范围内所有的像素点(从图 5-5 中可以看出该范围内存在薄云)，将各个像素点的灰度值求和并平均，平均值经过镜头光谱透过率数据和探测器光谱响应修正后作为天空背景光在其对应波长上的光谱辐射。选择降雪天气下天空背景光谱图中相同区域处像元进行提取，计算结果如图 5-6 所示。

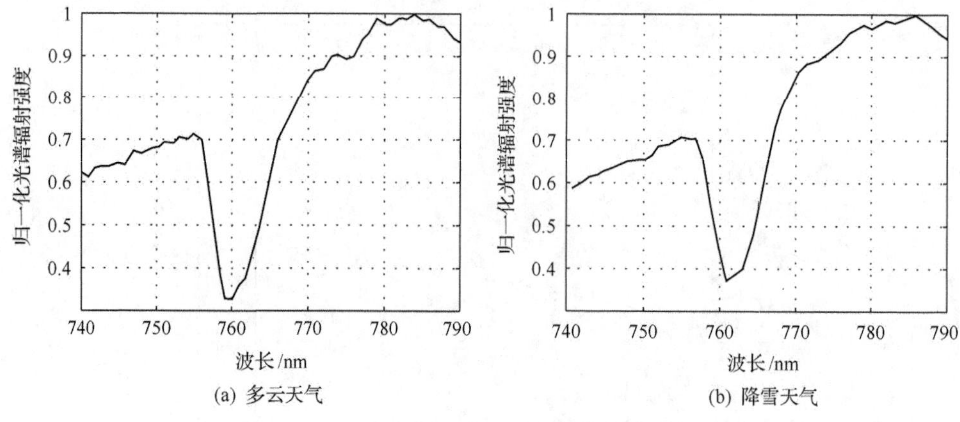

图 5-6　不同天气条件下天空背景光谱分布

从图 5-6 可以看出，不同天气条件下天空背景光的光谱在氧气 A 吸收带附近的分布特性基本相同，但氧气 A 吸收带的吸收深度却不相同，和天气状况有明显的关系。根据氧气吸收率的计算方法，计算出多云、降雪天空背景的氧气吸收率分别为 0.4939 和 0.5101，降雪天气天空光谱氧气 A 吸收带吸收强度最强，氧气吸收率最大，晴天天气天空光谱氧气 A 吸收带吸收强度最弱，氧气吸收率最小。

5.4.4　试验结论

通过试验得知，天空背景辐射存在氧气的特征吸收，且特征吸收深度与观测天顶角和天气状况存在一定的关系，观测天顶角越大，氧气吸收率越大；通过不同天气条件下氧气吸收率对比发现，相同条件下降雪天气的天空背景氧气吸收率大于多云天气和晴天无云天气。所以针对具体的天空背景情况，需要设置不同的氧气吸收率阈值，本节试验仅给出了部分天空背景氧气吸收率的变化范围，后续需要进一步的试验对天空背景呈现的氧气吸收率范围进行标定。

5.5　目标辐射光谱和太阳反射光谱测量试验

由于被动测距所利用的吸收光谱位于可见光谱区，目标在空中飞行的过程中，在一定测距路径下飞机蒙皮对太阳辐射、大气散射辐射的反射光会很强，反射强度甚至会超过尾焰在可见光谱区的辐射强度。对于远距离的来袭飞机来说，由于光谱仪视场角一般较大，远距离下飞机蒙皮和尾焰在光谱仪上成像可能只占一个或几个像元，存在混合像元，不易直接区分蒙皮反射和尾焰辐射，蒙皮的反射光也会被当成测距目标。为研究基于氧气吸收率差异的目标提取方法的适用性，本节在 5.4 节试验研究天空背景辐射特性的基础上，研究一定距离下目标自身辐射光光谱和太阳光反射光谱的氧气吸收特性。

太阳辐射是天空背景辐射的直接来源，地面采集到的太阳辐射光谱经过了整层大气的散射和吸收，会包括大气的特征吸收峰，为研究太阳光反射光谱的氧气吸收特性，首先需要知道在地面所观测得到的太阳辐射光谱分布特征。

使用成像光谱仪对 2014 年 10 月 16 日早 8 点的太阳辐射光谱进行了采集，由于太阳辐射很强，试验时设置积分时间为光谱仪的最小积分时间 0.001s，图 5-7 给出了归一化的太阳辐射光谱在 600～800nm 的分布曲线，从图中可以看出，经过大气传输后的太阳辐射光谱含有氧气特征吸收峰。

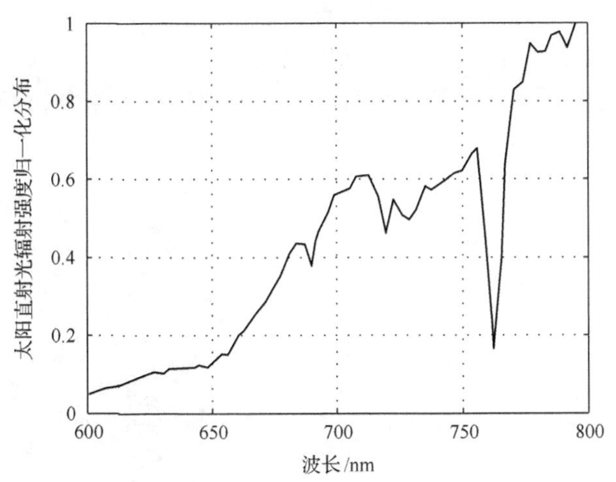

图 5-7　太阳直射光谱归一化分布

当太阳辐射光照射到飞机蒙皮时，飞机蒙皮会对太阳辐射进行反射，反射前后均含有氧气吸收特征，下面将通过具体的试验来研究反射太阳光的氧气吸收特性。

这里需要说明的是，飞机蒙皮或其他物体反射的太阳光是经过大气传输衰减后的，反射的太阳辐射光谱中包含了大气散射、大气吸收等衰减的作用，在物体反射之前其光谱中已经包含氧气特征吸收峰，如图 5-7 所示。所以按照本书计算方法得到的干扰目标反射光的氧气吸收率不仅是干扰目标与光谱仪之间路径下的氧气吸收，还包括太阳辐射经过大气传输到干扰目标处的氧气吸收。

5.5.1　试验设备

试验采用高光谱成像光谱仪作为数据采集设备，短焦镜头。采用的模拟目标为 200W 的卤钨灯，其利用钨丝炽热效应进行发光，其发射光谱为 350～2500nm 的连续光谱，在可见光波段的光谱分布特性最好，可以满足试验需要。

干扰目标采用不同反射率的镜面反射目标——玻璃板和光滑铝板，漫反射目标使用白色塑料板；将干扰目标分别固定在具有角度调节功能三脚架上，可以调节玻璃板、铝板、白色塑料板与水平面的夹角，进而调整反射光的反射方向。

5.5.2　试验条件及试验方案

光谱仪与目标架设于一条笔直的马路两端，目标与光谱仪之间的路径上无遮挡，通过某型激光测距机测量得到两者之间的距离为 455m。试验时间为 2014 年 10 月 16 日 13:00～14:00，当日天气晴朗无云，地面能见度约为 10km，大气温度为 25°，压强为 1003hPa。试验方案设置简图及试验场景如图 5-8 所示。图中 5-8(b) 为试验场景图，图中方框内的左侧亮点为卤钨灯目标，右侧亮点为干扰目标。从图中对比可以看出，卤钨灯目标辐射强度和干扰目标反射太阳光强度相当，无法从辐射强度上区分目标和干扰目标。下面通过试验来分析其氧气吸收率的差异。

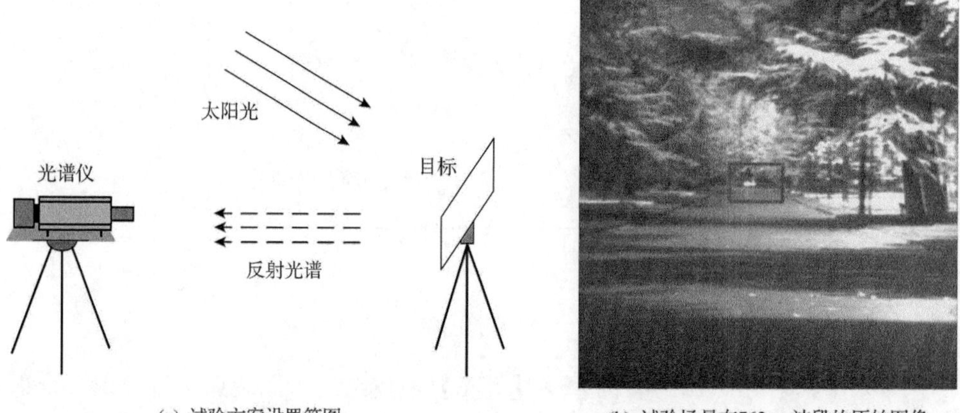

(a) 试验方案设置简图　　(b) 试验场景在762nm波段的原始图像

图 5-8　试验方案及 762nm 波段原始图像

5.5.3　氧气吸收率分布特性分析

1. 镜面反射光谱采集试验

首先，将玻璃板固定在三脚架上，调整三脚架的角度，使玻璃板反射的太阳光直射入光谱仪视场；然后调整光谱仪镜头的光圈、焦距和采集系统的积分时间，使玻璃板目标反射的太阳光成像达最佳效果。其中镜头光圈设置为 32，光谱仪积分时间为 0.200s，采集波段为 740～790nm，步长为 1nm，带宽为 3.6nm。调节三脚架水平调节旋钮，改变玻璃板反射太阳光线的角度，每次增加 20 密位(1.2°)，并用光谱仪采集不同状态下玻璃板反射的太阳光光谱图像。

因试验过程中玻璃板反射太阳光太强，第一组试验时光谱仪采集到的目标灰度值饱和，这就导致目标光谱曲线不能真实地反映实际的光谱信息，所以在计算玻璃板反射光谱的氧气吸收率时不考虑第一组数据，仅采用改变玻璃板反射角后的数据，不同反射角下目标的归一化光谱分布如图 5-9 所示。

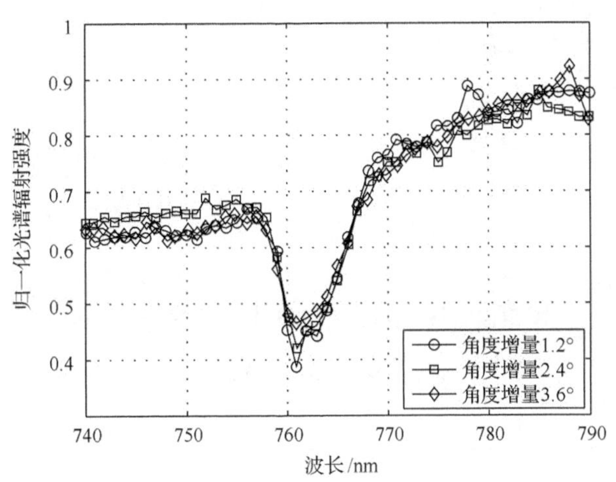

图 5-9　不同反射角下目标玻璃板反射光谱分布

利用第 4 章计算氧气吸收率的方法，对不同反射角下玻璃板反射光谱的氧气吸收率进行计算，经计算所得氧气吸收率如表 5-1 所示。

表 5-1　不同反射角下玻璃板反射光谱的氧气吸收率

角度增量/(°)	氧气吸收率
1.2	0.551483
2.4	0.534111
3.6	0.447362

更换光滑铝板，因为太阳角度的变化，微调三脚架的角度，按上述相同的试验条件测量试验数据，光谱仪采集到的光滑铝板反射的太阳光归一化光谱分布如图 5-10 所示。

利用上述同样的方法，计算所得的氧气吸收率如表 5-2 所示。

从表 5-1 和表 5-2 中的两组试验数据可以看出，随着玻璃板与光滑铝板反射角的变化，太阳直射的反射光进入光谱仪的视场减少，由原来的反射太阳光谱逐渐变成天空背景中大气散射太阳光与太阳直射光的叠加，叠加的散射光谱降低了反射光的强度，使反射光所呈现的氧气吸收率也逐渐减小，氧气吸收率减小的原因在第 2 节结合漫反射光谱的氧气吸收率进行解释。

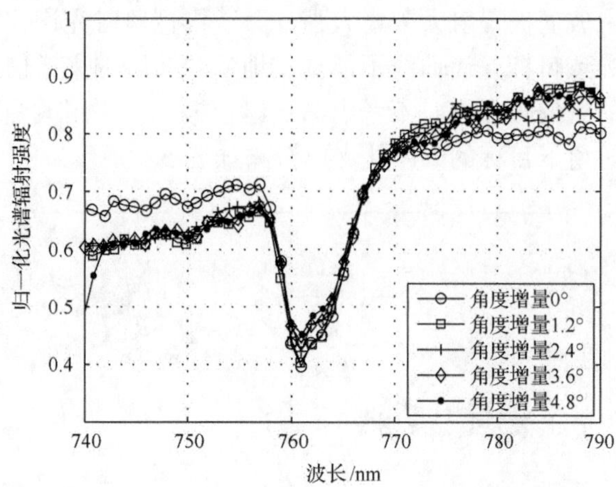

图 5-10　不同反射角下目标铝板反射光谱分布

表 5-2　不同反射角下铝板反射光谱的氧气吸收率

角度增量/(°)	氧气吸收率
0	0.571357
1.2	0.549611
2.4	0.497546
3.6	0.493383
4.8	0.457192

在 455m 传输路径上反射光的氧气吸收率的值为 0.45～0.58，这是因为镜面目标反射的太阳光经过了整层大气的散射和吸收，在反射之前其光谱中已经包含氧气特征吸收峰，经过 455m 的路径传输后，反射光谱中的氧气 A 吸收带辐射再次被路径上的氧气吸收，氧气吸收率叠加了该路径上的氧气吸收。需要说明的是，反射光谱中的氧气吸收率并不代表镜面反射目标和光谱仪之间的氧气吸收，不能利用该吸收率的值解算干扰目标的距离。

2. 漫反射光谱采集试验

更换塑料板，按上述相同的试验条件测量试验数据。因为塑料板的反射率较低，调整三脚架角度后，其反射太阳光进入光谱仪视场减少，被背景散射光淹没而无法识别，所以此时仅根据反射光最强时的光谱分布来计算氧气吸收率。同时为进一步分析漫反射物体反射光谱的氧气吸收率，选取背景中的阔叶树木、水泥地面和无云天空所反射散射的太阳光光谱，计算其氧气吸收率。

光谱仪采集到的塑料板、阔叶树木、水泥地面和无云天空的归一化光谱分布如图 5-11 所示。采用同样的方法计算得到的塑料板、阔叶树木、水泥地面反射光和无云天空散射光呈现的氧气吸收率如表 5-3 所示。

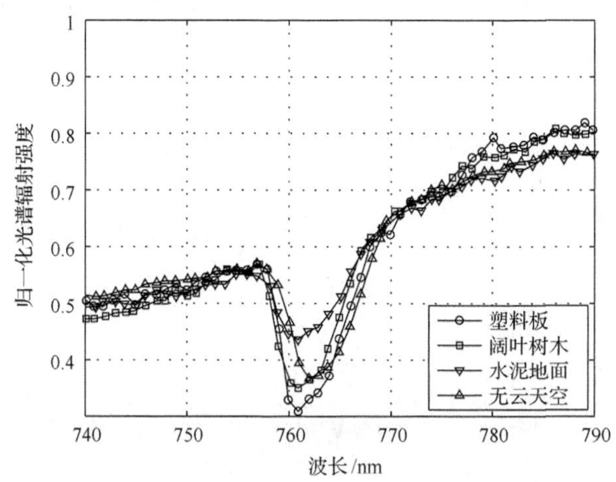

图 5-11　漫反射目标反射散射太阳光光谱分布

表 5-3　漫反射目标反射散射光光谱氧气吸收率

漫反射目标	氧气吸收率
塑料板	0.54846
阔叶树木	0.483779
无云天空	0.458301
水泥地面	0.302763

从图 5-11 中归一化光谱分布可以看出，塑料板、阔叶树木、无云天空和水泥地面的氧气吸收深度逐渐减小。从表 5-3 中的数据可以看出，塑料板反射光光谱所呈现的氧气吸收率最大，阔叶树叶、无云天空和水泥地面反射光光谱所呈现的氧气吸收率依次降低。本组数据也可以解释 5.5.3 节镜面反射目标在改变反射角后目标反射光谱氧气吸收率降低的原因，这是因为玻璃板和光滑铝板在改变反射角后，光谱采集到的反射光为太阳光、无云天空背景、阔叶树木、水泥地面等散射光的叠加，而这类漫反射叠加的共同作用使镜面目标整体的反射光强和氧气吸收率均降低。

将表 5-1 和表 5-2 中 455m 处玻璃、光滑铝板反射太阳光的氧气吸收率与天空背景辐射氧气吸收率对比可以知道，反射光谱呈现的氧气吸收率大于天空背景辐射氧气吸收率。

3. 卤钨灯目标光谱采集试验

将通电后的 200W 卤钨灯固定在三脚架上，在与上述试验参数设置相同的情况下，采集卤钨灯目标辐射的光谱。光谱仪采集到卤钨灯的归一化光谱分布图如图 5-12 所示。采用与前面相同的方法计算得到自辐射目标卤钨灯在经过 455m 路径传输后的氧气吸收率为 0.166019。

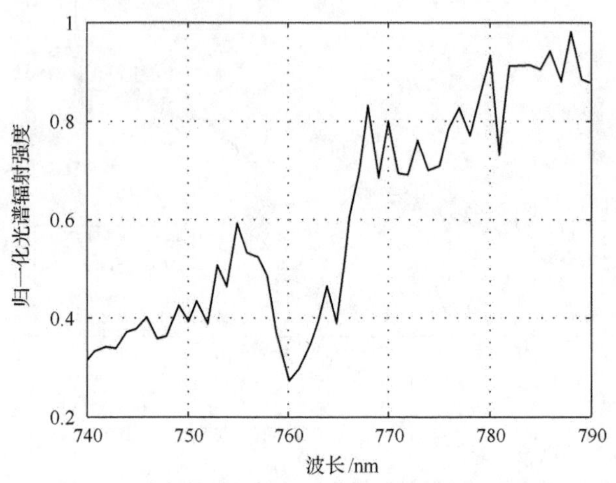

图 5-12 卤钨灯归一化光谱分布图

通过对比镜面反射目标反射光谱和卤钨灯目标辐射光谱的氧气吸收率，可以看出在 455m 处，玻璃板反射光的氧气吸收率为 0.551483，改变反射角度后反射的背景光谱氧气吸收率最小为 0.447362；光滑铝板反射光的氧气吸收率为 0.571357，改变水平角度后反射背景光谱氧气吸收率最小为 0.457192；白色塑料板散射反射光谱氧气吸收率为 0.54846，而卤钨灯辐射光谱氧气吸收率仅为 0.166019；由此可见，设置的干扰目标的氧气吸收率为同距离下卤钨灯目标氧气吸收率的 2～3 倍以上，反射率最低的水泥地面吸收率也为目标的 2 倍左右。这是因为太阳光在被反射和散射前已经经过了大气层的传输、吸收与衰减，光谱仪采集到的是玻璃、铝板等目标反射经大气吸收衰减后的光谱信息；而卤钨灯作为自辐射目标，辐射光谱经大气传输后直接到达光谱仪，经相同路径传输后的目标自辐射光谱的氧气吸收率要小于太阳反射光谱的氧气吸收率。

5.5.4 试验结论

对晴天无云天气下玻璃板和光滑铝板在不同反射角下反射光谱特性及白色塑料板、阔叶树木、水泥地面、无云天空等漫反射目标辐射的光谱特性进行了试验研究，分析了反射光谱的氧气吸收特性，并与 455m 处卤钨灯目标的氧气吸收率进行了对比分析。试验结果表明，镜面反射目标及漫反射目标反射的太阳光由于在反射之初就已经具有氧气吸收特征，所以相同路径上的太阳反射光谱的氧气吸收率大于目标自辐射光谱。结合基于氧气吸收率差异的目标提取方法可知，根据所设置的氧气吸收率阈值同样可以实现对蒙皮反射光的识别，但是反射光谱的氧气吸收率并不代表目标和光谱仪之间的氧气吸收，不能用该吸收率来解算目标距离，需要进一步结合光谱图像目标探测方法来提取尾焰光谱，解算目标距离。

5.6　基于氧气吸收率差异的目标提取试验

由于试验条件的限制，无法通过具体的试验实现对远距离飞机尾焰辐射的识别和提取。通过图 5-1、图 5-2 及后续的天空背景辐射光谱采集和太阳反射光谱采集可知，近距离下目标辐射光谱的氧气吸收率小于复杂背景的氧气吸收率，所以同样可以通过对近距离下的目标提取来验证基于氧气吸收率差异的目标提取方法的有效性。本节采用基于氧气吸收率差异的目标提取方法对近距离下卤钨灯目标进行了提取，其基本的流程如图 5-13 所示。主要是对光谱仪采集图像中的各个像元依次计算其对应位置的氧气吸收率，并与设定的氧气吸收率阈值进行比较，满足探测阈值的，其灰度值置为 1，不满足探测阈值的，其灰度值置为 0。

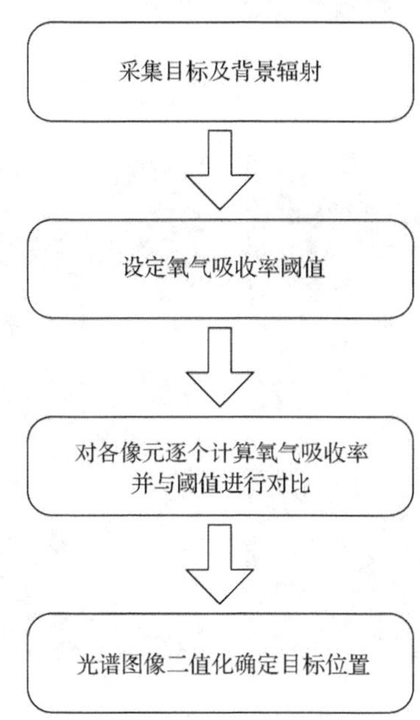

图 5-13　基于氧气吸收率差异的目标提取方法流程图

首先采用该方法对 5.5.3 节卤钨灯目标光谱采集试验的光谱图像进行目标提取。光谱仪采集到的卤钨灯目标在 762nm 波段下的场景图像如图 5-14 所示。其中方框内亮点为卤钨灯目标，其中心坐标为(476,540)。利用本章提出的基于氧气吸收率差异的目标提取方法，设置氧气吸收率阈值为 0.3，对光谱图像的像元逐个计算氧气吸收率，并与阈值进行比较，得到了二值化差值图像，其中 762nm 的图像提取结果如图 5-15 所示，其中(a)的方框内亮点为提取到的目标，(b)为方框内放大图，提取到的目标中心坐标为(476,540)，与目标真实的中心坐标相同，实现了对目标的提取。

(a) 原始图像　　(b) 方框内放大图

图 5-14　卤钨灯目标及背景在 762nm 波段下的场景图

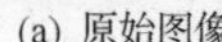

(a) 原始图像　　(b) 方框内放大图

图 5-15　基于氧气吸收率差异的目标提取方法效果图

保持卤钨灯目标位置不变，在卤钨灯附近放置玻璃板，固定于三脚架上，调整三脚架的角度，使玻璃板反射的太阳光直射入光谱仪视场，试验场景图如图 5-8 所示。由于玻璃板反射光强度较大，仅通过辐射强度无法进行目标判别和提取。采用基于氧气吸收率差异的方法设置氧气吸收率阈值对目标进行提取，结果如图 5-16 所示。提取到的目标中心坐标像素为(476,540)，达到了对目标提取的目的。

图 5-16　存在干扰目标时目标提取效果图

5.7　本章小结

本章利用第 4 章天空背景辐射光谱分布数据，得到了不同天顶角下天空背景辐射呈现氧气吸收率分布特性，并与一定距离下的自辐射目标的氧气吸收特性进行了对比，通过对比分析可知：天空背景辐射光是散射或反射的太阳光，其本身存在氧气吸收特征；像飞机尾焰、卤钨灯等这样的自辐射目标在辐射之初不存在氧气吸收，所以在一定天顶角和探测距离下，自辐射目标的氧气吸收率要大于背景辐射光谱的氧气吸收率。据此提出了基于氧气吸收率差异的目标识别方法——根据不同的太阳天顶角、不同的观测天顶角设置不同的氧气吸收率阈值来实现对目标的初步判别，提高远距离下的探测概率。试验获得了实际天空背景在不同天顶角下的氧气吸收率分布特性，研究了目标自辐射光谱和太阳反射光谱的氧气吸收特性，给基于氧气吸收率差异的目标提取方法提供了一定的数据支撑。最后对提出的基于氧气吸收率差异的目标提取方法进行了试验验证，试验结果表明，采用该方法可以实现对目标的初步识别和提取，提高对目标的探测概率。

参 考 文 献

[1] 吴晓中, 滕鹏, 鲁艺, 等. 喷气式飞机红外辐射仿真计算. 红外技术, 2008, 30(12): 727-731.

[2] 刘娟, 龚光红, 韩亮, 等. 飞机红外辐射特性建模与仿真. 红外与激光工程, 2011, 40(7): 1209-1213.

[3] 饶瑞中. 现代大气光学. 北京: 科学出版社, 2012.

第6章 基于混合像元分解技术的背景抑制方法

在降雨、降雪、雾霾等复杂天气条件下，大气中的雨滴粒子、雪粒子、水蒸气及霾粒子等对光线形成严重的吸收、散射和反射作用，造成大气能见度降低，使处于可见光和近红外波段的氧气 A 吸收带变得“不可见”，严重影响被动测距的测程。同时在极端天气条件下，由于大气和气溶胶散射的影响，光谱仪采集到的目标光谱中混杂着复杂的背景光谱，给目标光谱提取带来很大的不确定性，而目标辐射光谱的精确提取对氧气吸收率的计算及目标距离的解算至关重要，所以需研究极端天气条件下的背景抑制方法。

对基于光谱吸收的被动测距来说，主要是通过成像光谱技术获得目标辐射在不同波段的光谱图像，得到光谱分布来计算吸收率。随着高光谱图像处理技术的发展，混合像元分解技术在目标光谱提取方面的应用越来越广泛。本章首先在像元混合原理的基础上，建立极端天气条件下目标与背景的混合像元模型；然后从像元分解角度入手，研究极端天气背景的抑制方法，以期提高测距精度；最后在降雨天气、雾霾天气、降雪天气条件下对固定点目标进行了被动测距试验，分析不同天气对测距精度的影响程度，研究背景抑制方法的效果。

6.1 极端天气条件下目标与背景光谱混合模型

6.1.1 光谱图像像元混合机理

高光谱成像光谱仪所采集到的目标辐射光谱信号是以像元(pixel)为单位记录的，通过获取的光谱信号可以得到目标在某一连续波段的图像。这类光谱图像数据有别于全色二维图像，它是在原有二维图像空间分布的基础上，增加了第三维的光谱特征，具有分辨率高、图谱合一、相邻波段相关性高的特点。图 6-1 描述的是本书所采用的光谱仪采集到不同波段的图像叠加示意图，其中的单一波段图像空间大小为 1002×1002 像素，空间维 x 和空间维 y 表示图像的空间位置，光谱维 z 表示图像中的光谱特征。通过对光谱数据的采集，可以得到光谱图像中任一像元在不同波段的光谱分布，也可以得到视场内单一波段的灰度图像。

光谱图像的分辨率是表征该幅图像上所能分辨出光谱细节的能力，是对目标光谱辐射细节程度进行度量的重要指标，分辨率越高，所获取的目标光谱精度也就越高。光谱图像的分辨率通常有光谱分辨率(spectral resolution)、辐射分辨率(radiometric resolution)、时间分辨率(temporal resolution)、空间分辨率(spatial resolution)等四个指标[1,2]。

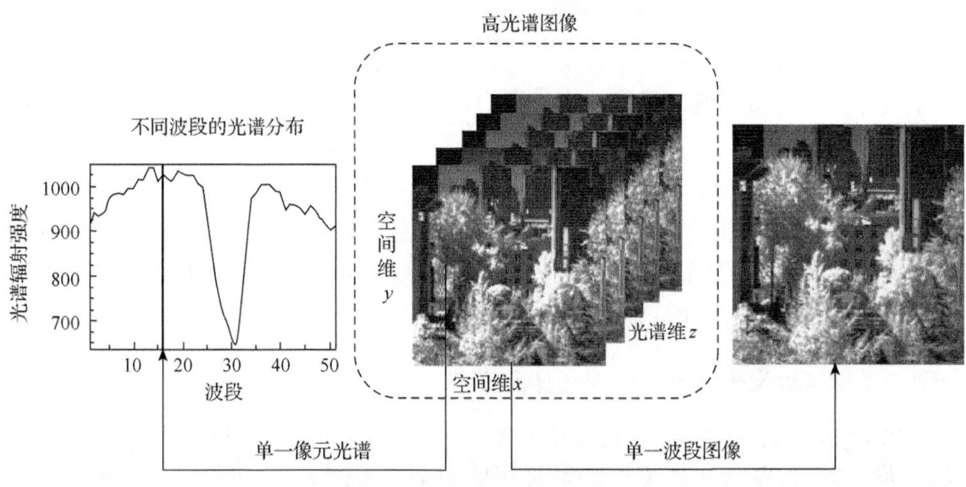

图 6-1　高光谱数据示意图

光谱分辨率是指对图像最小光谱细节的分辨能力，是对目标辐射的多谱段特性的描述，表征光谱仪所选用的波段数量的多少、各波段的波长位置及波长间隔的大小。

辐射分辨率是指在成像的过程中，光谱图像对目标辐射的最小可分辨的能力，一般用灰度的级数表示，它是对目标提取和识别的一个重要因素。

时间分辨率是指光谱仪对目标序列图像成像的时间间隔。

空间分辨率是指光谱图像中可分辨的目标的最小空间细节尺寸，反映的是光谱仪对两个相邻的目标物的识别和区分能力。光谱仪单一像元所对应目标的区域大小就由空间分辨率决定。

目标光谱信息在光谱影像中是以像元的形式存在的，每个像元内记录的信息是光谱仪瞬时视场角(instance field of view，IFOV)所对应实际物体辐射或反射的能量总和。在实际利用光谱仪对目标辐射进行采集时，由于光谱仪的空间分辨率、光谱仪瞬时视场角及目标与光谱仪之间距离远的影响，单个像元内除了包括目标辐射光谱外，还包含目标附近其他物体反射或散射的太阳光谱。若一个像元对应区域内仅包含目标，则此像元被称为目标纯像元(pure pixel)或物理端元，记录的信息就是目标辐射经过大气传输后的光谱信号；对于远距离的目标辐射采集时，一个像元对应的区域内可能会包含除目标外两种或更多种其他物体，记录的光谱信息是区域内所有物体光谱的叠加，于是就产生了混合像元(mixed pixel)。

从理论上讲，光谱混合的主要原因有以下三个方面[3,4]：

(1) IFOV 较大及距离较远，光谱仪单个像元内包含目标辐射光谱及背景光谱的混合光谱。

(2) 目标辐射在大气传输过程中会发生混合效应。

(3)光谱仪自身也存在混合效应。

高光谱图像处理的基本单位是像元，但是在混合像元中，不同物体的光谱信息互相混合、互相影响，导致光谱仪获取的目标光谱特征变得模糊，若简单地将这种混合像元归为单一物体辐射或反射光谱，将导致物体辐射或反射光谱的基本特征无法得到真实的反映。一般情况下，如果光谱图像中某一物体成像大小小于一个像元，不能被工作人员直接判读出，这就需要对混合像元进行分解。混合像元分解也称为亚像元(指的是尺度小于一个像元)分解，主要目的是计算光谱仪图像中各种亚像元(端元)的物体类别及其所占面积的比例，获得物体光谱端元。

6.1.2 目标与极端天气背景的混合像元模型

基于氧气光谱吸收效应的被动测距技术在实际应用中会受到各种天气的影响，在雨雪、雾霾等极端天气条件下，大气中的雨滴粒子、雪粒子、水蒸气及雾霾粒子等对目标辐射光线形成严重的散射和反射作用，影响被动测距的测程；同时这些粒子散射的太阳光在目标辐射路径上的叠加会干扰目标辐射氧气吸收率的计算，严重影响被动测距的精度。

而实际上，云雾、雨雪等气溶胶粒子可以视为一种特殊的端元[5,6]，用它们的丰度值可以刻画其对像元中目标光谱的影响。在目标可视范围内，即在被动测距的测程内，光谱图像中的像元光谱可以视为是目标辐射光谱、雾霾、雨雪粒子散射光谱的线性混合，据此可以建立目标与极端天气背景光谱的混合像元模型。

在不考虑雾霾、雨雪天气影响的情况下，假设光谱仪单个像元所对应区域的面积为 A，其中包含了相对固定的 m 种物质，在波长 λ 处的辐亮度用 $L_j(\lambda)$ 表示，其中 $j=1, 2,\cdots, m$；所占面积分别为 $A_1, A_2,\cdots, A_m$，其中 $A_1+A_2+\cdots+A_m=A$，光谱仪单个像元接收的辐射强度为这 m 种物质辐射强度之和[7]，即

$$AL(\lambda)=\sum_{j=1}^{m}A_jL_j(\lambda)=A\sum_{j=1}^{m}F_jL_j(\lambda) \tag{6-1}$$

式中，$F_j=\dfrac{A_j}{A}$ 为各物质在单像元中所占的视面积比，且 $\sum_{j=1}^{m}F_j=1$。

因此，光谱仪接收到物体的辐亮度 $L(\lambda)$ 是各个物质辐射亮度乘以它们在混合像元中的视面积比的加权和，即

$$L(\lambda)=\sum_{j=1}^{m}F_jL_j(\lambda) \tag{6-2}$$

光谱仪单个像元的光谱信号反映像元的整体表观光谱特性，单个像元的光谱信号表示为

$$X(\lambda)=K\times L(\lambda)=K\sum_{j=1}^{m}F_jL_j(\lambda) \tag{6-3}$$

式中，K 表示光谱仪和大气的各种参数。

光谱仪所形成的混合像元通过线性混合模型描述为

$$x(\lambda)=\sum_{j=1}^{m}\alpha_j e_j(\lambda)+\varepsilon(\lambda) \tag{6-4}$$

式中，$x(\lambda)$ 为混合像元的光谱，$e_j(\lambda)$ (j=1,2,⋯,m) 表示 m 种空间位置相对固定并且没有明显区别的物质的光谱，即端元光谱；α_j 表示混合像元中第 j 个端元光谱所对应的丰度值；$\varepsilon(\lambda)$ 为误差项，代表线性混合模型与实际的差异。

在线性混合模型中，为了使其物理意义更明确，需引入两个约束条件：丰度非负和丰度之和为 1 的约束，即

$$\alpha_j \geqslant 0,\quad j=1,2,\cdots,m \tag{6-5}$$

$$\sum_{j=1}^{m}\alpha_j=1 \tag{6-6}$$

从式(6-4)可以看出，混合模型中并没有显性地表达出雾霾、雨雪天气所产生的附加反射散射光谱及其对目标光谱所产生的衰减作用。因此，为了能够利用混合像元分解技术有效去除雾霾、雨雪背景对目标光谱采集的影响，并在此基础上消除其光谱成分，提取到纯净的目标辐射光谱，需要首先对光谱混合模型进行修改，引入雾霾、雨雪对目标光谱观测和精确采集的影响。在建立新的像元混合模型前，需要做如下假设：

(1) 在如雾霾、雨雪天气条件下，在目标辐射传输路径和光谱采集时间内，假设雾霾区域变化缓慢，属于均匀的漫反射体，在雨雪天气条件下，粒子谱分布在较短时间内保持不变，同时雾霾、雨雪天气在短时间内对氧气 A 吸收带附近的透过率恒定。

(2) 目标辐射光在雾霾、雨雪粒子中不存在多次散射现象，同时雾霾、雨雪等粒子对该波段辐射无吸收。

在上述两点假设的基础上，以雾霾天气条件下的光谱混合模型为例，建立极端天气条件下目标与背景光谱的混合模型。

在式(6-4)的基础上，考虑雾霾端元的混合，将其引入单像元光谱信号，则式(6-3)可以表示为

$$X(\lambda)=K\left\{\left[\sum_{j=1}^{m}F_jL_j(\lambda)\right]\times t_j+L_{\text{fog}}(\lambda)\times r_{\text{fog}}\right\} \tag{6-7}$$

式中，$L_{\text{fog}}(\lambda)$ 为雾霾端元在波长 λ 处的辐亮度；t_j 为第 j 种物质在雾霾区域中的透过率，可视为常数；r_{fog} 为雾霾本身的漫反射系数，满足 $t+r_{\text{fog}}=1$。

此时，光谱仪所形成的改进的像元线性混合模型描述为

$$x(\lambda)=\sum_{j=1}^{m}\alpha_je_j(\lambda)+\varepsilon(\lambda)+\beta_{\text{fog}}e_{\text{fog}}(\lambda) \tag{6-8}$$

式中，e_{fog} 表示“纯”雾霾端元的光谱；β_{fog} 表示雾霾自身的反射率。

从式(6-8)可以看出，在考虑了雾霾光谱对目标光谱的影响后，原混合像元模型在改进后的形式并没有发生改变。所以，重新定义把雾霾端元视为物质端元后的新端元集合为 $e'_j(\lambda)$ $(j=1, 2,\cdots, m)$，把雾霾端元加入端元集合后形成的新的丰度表示为 α'_j，此时式(6-4)表示的线性混合模型改进为

$$x(\lambda)=\sum_{j=1}^{m}\alpha'_je'_j(\lambda)+\varepsilon(\lambda) \tag{6-9}$$

不难看出，改进的线性模型中仍满足丰度非负和丰度之和为 1 两个约束条件。所建立的混合模型实际上是在光谱图像像元中引入了一个特殊的等效端元，因此，现有的混合像元分解算法能够直接适用于式(6-9)的线性混合像元模型。

从理论上讲，物质光谱是关于波长 λ 的连续函数，光谱仪所采集的像元光谱是一个 L 维的向量 $x=(x_1,x_2,\cdots,x_L)^{\mathrm{T}}$，其中 $x_k=x(\lambda_k)$ $(k=1, 2,\cdots, L)$。同样，端元光谱也可以用一个 L 维的向量 $e=(e_1,e_2,\cdots,e_L)^{\mathrm{T}}$ 表示。

假设所采集的高光谱图像中含有 n 个像元$\{x_i\}$ $(i=1, 2,\cdots, n)$，每一个像元又是由 m 个端元$\{e_j\}$ $(j=1, 2,\cdots, m)$按照一定的比例混合而成，第 j 个端元在第 i 个像元中的比例用 α_{ij} 表示，则式(6-9)可以改写为

$$x_i=\sum_{j=1}^{m}\alpha'_{ij}e'_j+\varepsilon_i \tag{6-10}$$

对于任意像元 i 和任意端元 j 同样应满足 $\sum_{j=1}^{m}\alpha'_{ij}=1$，$\alpha'_{ij}\geqslant 0$，$\varepsilon_i$ 表示第 i 个像元的误差项。

进一步假设含有 n 个像元的高光谱图像矩阵为 $X=[x_1,x_2,\cdots,x_n]$；端元矩阵为

$E=[e_1,e_2,\cdots,e_m]$；丰度矩阵为 $A=[\alpha_1,\alpha_2,\cdots,\alpha_n]$；误差矩阵为 $\varepsilon=[\varepsilon_1,\varepsilon_2,\cdots,\varepsilon_n]$，那么混合光谱信号就可以用下面的矩阵形式表示：

$$X_{L\times n}=E_{L\times m}A_{m\times n}+\varepsilon_{L\times n} \tag{6-11}$$

将建模过程中的雾霾端元替换为雨雪端元，同样可以得到雨雪天气条件下目标与背景的像元混合模型，这就完成了被动测距中目标辐射与极端天气背景辐射的像元混合模型。

在建立线性光谱混合模型的基础上，可以通过混合像元分解技术求解出目标端元，雾霾、雨雪端元的光谱，而后去除路径上叠加的这些雾霾、雨雪端元光谱(目前的混合像元分解理论均假定光谱图像数据的波段数目大于所包含的物体种类数目[8]，本章被动测距试验背景较为单一，端元数据远小于光谱波段数，满足假定的条件)，提取到较为精确的目标辐射光谱，再进行后续的氧气吸收率计算解算目标距离，以期得到较高的测距精度。

6.2　极端天气条件下的背景抑制方法

混合像元分解技术是光谱图像处理中最基本的技术，是获取物体精确光谱并对其光谱进行深入研究的基础。利用像元混合模型把光谱图像矩阵 X 中的混合像元分解成端元及其所对应的丰度，进而得到端元矩阵。在本书所研究的被动测距技术中，通过像元分解获得目标光谱信息，而后可以根据第 3 章所述的计算氧气吸收率的方法获得一定距离下的目标氧气吸收率，利用所建立的测距模型解算出目标距离。下面在分析混合像元分解技术原理及流程的基础上，研究适合基于光谱吸收被动测距技术的目标光谱提取和背景抑制方法。

6.2.1　混合像元分解技术原理及流程

混合像元分解中线性光谱的解混主要分两个步骤完成，第一步确定端元数目，第二步是对光谱图像矩阵中的端元提取。那么如何确定端元的数量、对高光谱数据进行降维并解决端元光谱的变异性问题就成了端元提取和丰度反演之前的重要工作。

1. 端元数目确定

现有的端元提取算法中，绝大多数都需要预先估计光谱图像中存在的端元数目。并且一旦端元数目确定，在端元提取的过程中就不再改变。这样就要求预先给定的端元数目必须准确，估计过小，会有漏估的端元；估计过大，则会产生误差。所以光谱端元数目的确定是混合像元分解技术的基础，直接影响端元提取的精度。文献[9]首次介绍基于 Ney-Pearson 探测理论的阈值分析方法，简称 HFC (Harsanyi，Farrand and Chang)算法的原理，分析其在被动测距光谱图像中估计端元数目的可行性。

该方法主要通过计算光谱图像的相关矩阵 $R_{L\times L}$ 和协方差矩阵 $K_{L\times L}$ 的特征值，特征值从大到小依次记为 $\hat{\lambda}_1 \geqslant \hat{\lambda}_2 \geqslant \cdots \geqslant \hat{\lambda}_L$ 和 $\lambda_1 \geqslant \lambda_2 \geqslant \cdots \geqslant \lambda_L$，然后利用二元假设计算条件概率密度，最后确定端元数目。其基本原理如下所述。

设 r_i 为 L 维的样本数据矢量，N 为样本个数，则均值表示为

$$\mu = \frac{1}{N}\sum_{i=1}^{N} r_i \tag{6-12}$$

相关矩阵 $R_{L\times L}$ 为

$$R_{L\times L} = \sum_{i=1}^{N} r_i r_i^{\mathrm{T}} \tag{6-13}$$

协方差矩阵 $K_{L\times L}$ 为

$$K_{L\times L} = \sum_{i=1}^{N} (r_i - \mu)(r_i - \mu)^{\mathrm{T}} \tag{6-14}$$

光谱图像中信号能量为正时，这时特征值满足以下条件：

$$\hat{\lambda}_i - \lambda_i > 0,\quad i = 1, 2, \cdots, m \tag{6-15}$$

$$\hat{\lambda}_i - \lambda_i = 0,\quad i = m+1, m+2, \cdots, L \tag{6-16}$$

式中，m 表示光谱图像的端元数目，当 i=1, 2,⋯, m 时，满足

$$\hat{\lambda}_i = \lambda_i + \sigma_i^2 \tag{6-17}$$

式中，σ_i^2 为第 i 个波段的噪声方差，当 i=m+1,⋯, L 时，满足

$$\hat{\lambda}_i = \lambda_i = \sigma_i^2 \tag{6-18}$$

利用二元假设：

$$H_0 : z_i = \hat{\lambda}_i - \lambda_i = 0 \tag{6-19}$$

反之：

$$H_1 : z_i = \hat{\lambda}_i - \lambda_i > 0 \tag{6-20}$$

式(6-19)和式(6-20)中，i=1, 2,···, m。

在上述二元假设的基础上，随机变量满足的条件概率为

$$p_0(z_i) = p\langle z_i | H_0 \rangle \cong N(0, \sigma_{z_i}^2) \tag{6-21}$$

$$p_1(z_i) = p\langle z_i | H_1 \rangle \cong N(\mu_i, \sigma_{z_i}^2) \tag{6-22}$$

式中，μ_i 为常量，具体值未知。

探测概率函数和虚警概率函数定义为

$$P_{\mathrm{D}} = \int_{\tau}^{\infty} p_1(z)\mathrm{d}z \tag{6-23}$$

$$P_{\mathrm{F}} = \int_{\tau}^{\infty} p_0(z)\mathrm{d}z \tag{6-24}$$

利用式(6-21)和式(6-22)，在给定的虚警概率 P_{F} 的情况下，利用 Ney-Pearson 探测器可求出阈值，进一步可以通过 Ney-Pearson 探测器确定光谱图的端元数目。

但是 HFC 算法受到样本数 N 的影响，同时也没有考虑噪声白化过程对弱信号的影响，造成数据丢失，所以在进行端元数目确定之前，需要对图像进行噪声白化。噪声影子空间投影(noise subspace projection，NSP)算法[10]对此进行了优化，不受样本数 N 的影响，在噪声估计正确的情况下，尤其是样本个数不多时，仅需计算协方差矩阵就可以实现对端元的估计，主要实现方法如下所述：

对协方差矩阵左乘噪声协方差 K_n 的逆矩阵 K_n^{-1} 后可得

$$K_n^{-1} K_{L\times L} = \sum_{i=1}^{m} (\lambda_i / \sigma_l^2 + 1)\, u_i u_i^{\mathrm{T}} + \sum_{i=1}^{m} u_i u_i^{\mathrm{T}} \tag{6-25}$$

光谱图中有端元信号的特征值会大于 1，噪声信号的特征值为 1，通过二元假设

$$H_0 : z_i = \mu_i = 1 \tag{6-26}$$

反之：

$$H_1 : z_i = \lambda_i / \sigma_l^2 + 1 > 0 \tag{6-27}$$

式(6-26)和式(6-27)中，i=1, 2,⋯, L。

在上述二元假设的基础上，随机变量满足的条件概率为

$$p_0(z_i) = p\langle z_i | H_0 \rangle \cong N(0, \sigma_{z_i}^2) \tag{6-28}$$

$$p_1(z_i) = p\langle z_i | H_1 \rangle \cong N(\mu_i, \sigma_{z_i}^2) \tag{6-29}$$

式中，i=1, 2,⋯, L；$\sigma_{z_i}^2 \cong \dfrac{2(\lambda_i^2)}{N}$；$\mu_i$为常量。通过上述运算过程即可完成光谱数据端元数目的确定。

2. 数据降维

高光谱图像数据量非常大，能够以纳米级的光谱分辨率来采集目标在数百个波段的光谱图像，包含的目标光谱信息非常丰富，通常情况下，光谱分辨率越高，相邻波段上所获取的目标光谱图像也就越相似，所以光谱图像相邻波段之间会存在一定的相关性，数据会存在一定的冗余，这些冗余的数据量是非常大的，处理起来耗费时间多，计算量大，运算效率很低。因此，对高光谱数据进行降维会对后续光谱数据的进一步处理和利用产生很重要的意义。

数据降维的最终目的就是利用较低的维数数据来表达原始光谱数据的高维特征，即去除图像中大量的相关冗余信息，保留主要的数据信息，压缩数据量的同时又不会影响数据的完整性[11]。单纯从数学的角度来看，数据降维实质上就是利用映射函数，将位于高维空间中的数据样本投影到低维空间中，最终目的是得到与原始光谱数据紧致的低维数据，降维后的数据特征能否精确表述原始图像中对象的本质，在很大程度上会影响后续数据的处理精度和效果。数据降维过程的波段选择是通过映射函数在高光谱数据的光谱波段中选出合适的波段组合。

目前，已有众多降维算法先后被提出，如主成分分析(principal component analysis，PCA)[12]、线性判别分析(linear discriminant analysis，LDA)[13]、独立主成分分析[14]等。对于本章试验来说，试验采集光谱数据维数并不大，直接应用于被动测距计算的波段数在50个波段以内；而且数据降维是根据光谱图像相邻波段之间存在的相关性进行的，降维极有可能将氧气吸收带内或两侧带肩用于计算吸收率的数据去除，不利于后续对氧气吸收率的计算，所以本章对光谱数据不降维，直接进行后续端元提取。

6.2.2 目标光谱提取方法

目前成熟的端元提取算法有基于单形体几何学的纯像元指数(PPI)算法、内部最大体积算法、顶点成分分析(VCA)算法等，多数端元提取算法都需要通过PCA

或最大噪声因子分解(maximum noise factorization，MNF)将高光谱数据的维数降至 $N-1$ 维后进行，可能对端元提取的结果造成误差，并且降维方法的不同可能产生不同的光谱端元提取结果，这在很大程度上会影响氧气吸收率的计算。顺序最大角凸锥(sequential maximum angle convex cone，SMACC)算法[15]为计算得到端元光谱提供了自动并且简便的方法，其端元是通过迭代依次提取的，每迭代一次获得一个端元，然后计算端元在像元中所占的比例系数，利用投影变换从各个像元中去除该端元的影响，直到提取所有的端元后停止，可以实现同时获得端元和丰度值。相对于 VCA 算法而言，该算法的关键步骤就是判断光谱图像中某个像元是否包含此端元以及是否进行斜交投影(VCA 是正交投影)。其主要原理如下所示。

假设光谱图像的初始端元集合为

$$X^0 = \left\{x_i^0\right\}_{i-1}^n = \left\{x_i\right\}_{i-1}^n \tag{6-30}$$

第 j 次迭代前的像元集合为

$$X^j = \left\{x_i^j\right\}_{i-1}^n \tag{6-31}$$

第 j 次迭代后得到的最终端元集合为 $\left\{e_j\right\}_{j=1}^m$，其中

$$e_j = x_{q(j)} \tag{6-32}$$

式中，$q(j)$ 表示第 j 次迭代后得到的第 j 个端元在原始光谱图像矩阵 X 中的具体位置。

X^{j-1} 中的向量在 w_j 方向的投影系数为

$$O_{ij} = (w_j^{\mathrm{T}} w_j)^{-1}(w_j^{\mathrm{T}} x_i^{j-1}) \tag{6-33}$$

式中，w_j 为历次迭代的投影方向，取 X^{j-1} 中最长的光谱向量。

第 j 次迭代中，e_j 在 x_i 中的比例系数为

$$\alpha_{ij}^j = \beta_{ij} O_{ij} \tag{6-34}$$

式中，β_{ij} 为调整系数，当 $\beta_{ij}=1$ 时，表示正交投影；当 $\beta_{ij} \neq 1$ 时，表示斜交投影。

这里的比例系数 α_{ij} 并非一直不变，每次迭代中都会变化，其表达式为

$$\alpha_{ik}^j = \alpha_{ik}^{j-1} - \alpha_{q(j)k}^{j-1} \alpha_{ij}^j \tag{6-35}$$

式中，$k=1, 2,\cdots, j-1$。

像元投影结果为

$$x_i^j = x^{j-1} - \alpha_{ij}^j w_j \tag{6-36}$$

调整系数 β_{ij} 确定的原则如下所示：

如果投影系数 $O_{ij} \leqslant 0$，则 $\beta_{ij} = 0$，这表示在像元 x_i 中不存在端元 e_j；反之，根据

$$\upsilon_k = \frac{\alpha_{ik}^{j-1}}{\alpha_{ik}^{j-1} O_{ij}} \tag{6-37}$$

计算 $\{\upsilon_k\}_{k=1}^j$，并记其中的最小值为 $\upsilon_{\min}$。若 $\upsilon_{\min} > 1$，则 $\beta_{ij} = 0$，表示正交投影；反之，$\beta_{ij} = \upsilon_{\min}$，表示斜交投影。

具体的算法流程如下：

(1) 初始化端元数量 m，$q(j) = \arg\max\limits_i \left\{x_i^{\mathrm{T}} x_i\right\}$，$w_j = \arg\max\limits_{x_i} \left\{x_i^{\mathrm{T}} x_i\right\}$，$e_j = x_{q(j)}$。

(2) 如果 $j < m$，i=1，则进入步骤(3)，否则进入步骤(8)。

(3) 如果 $i \leqslant n$，则进入步骤(4)，否则进入步骤(7)。

(4) 根据式(6-33)计算 O_{ij}，如果 $O_{ij} \leqslant 0$，则 $\beta_{ij} = 0$，进入步骤(6)，否则进入步骤(5)。

(5) 根据式(6-37)计算 $\{\upsilon_k\}_{k=1}^j$，$\upsilon_{\min} = \min\{\upsilon_k\}$，如果 $\upsilon_{\min} > 1$，则 $\beta_{ij} = 1$；否则 $\beta_{ij} = \upsilon_{\min}$。

(6) 根据式(6-34)计算 α_{ij}^j，根据式(6-35)计算 $\left\{\alpha_{ik}^j\right\}_{k=1}^{j-1}$，根据式(6-36)，计算 x_i^j。令 i=i+1，进入步骤(3)。

(7) $q(j+1) = \arg\max\limits_i \left\{(x_i^j)^{\mathrm{T}} x_i^i\right\}$，$w_{j+1} = \arg\max\limits_{x_i} \left\{(x_i^j)^{\mathrm{T}} x_i^j\right\}$，$j$=$j$+1，$e_j = x_{q(j)}$，转入步骤(2)。

(8) $E = \left\{e_j\right\}_{j=1}^m$ 为提取的端元集合。

通过该算法能够从光谱数据中直接获取端元光谱，可有效地避免因降维造成不同波段的目标辐射光谱数据丢失，最大限度地保持目标光谱的完整性和准确性，确保后续氧气吸收率的计算精度。

6.2.3 极端天气背景抑制方法基本流程

基于混合像元分解技术的背景抑制方法基本流程图如图 6-2 所示，主要是根据探测系统所处位置的海拔、大气温度和压强信息，结合探测的天顶角，利用相

关 K 分布法建立测距模型；对获得的光谱数据的端元数目进行确定，然后对目标端元光谱进行提取，根据氧气吸收率的计算方法计算氧气吸收率，最后根据测距模型解算目标距离。

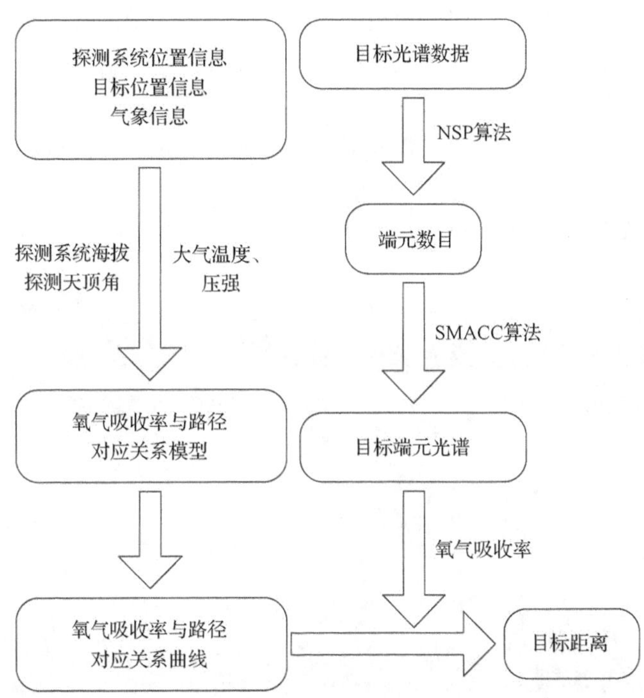

图 6-2　基于混合像元分解技术的背景抑制方法基本流程图

6.3　极端天气条件下被动测距试验

本节将通过在降雨、降雪和雾霾等极端天气条件下的被动测距试验，研究基于混合像元分解技术对提高测距精度的效果。由于雨滴粒子和雪粒子是从空中自由下落的，并非像雾霾那样悬停于空中静止不动或仅有微小的移动，为方便后续对目标和背景的混合像元进行分解，假设在雾霾和雨雪天气下大气的气象条件在试验过程中恒定不变，即在对目标不同波段的光谱辐射进行采集时，大气中粒子的吸收系数和散射系数不变。

6.3.1　降雨天气条件下被动测距试验

降雨天气由于存在雨滴粒子的多次散射现象，会对大气的能见度产生较大影响，降低被动测距的测程。在第 4 章的分析中得知，降雨强度的不同对大气透过率的影响程度也不同。本节主要选择了在能见度较小的降雨天气下进行试验，通过具体的试验来研究被动测距技术在实际降雨天气下的测距精度。

1. 试验天气条件及试验方案

试验天气条件：试验当天降雨量为小雨，雨滴为细小雨滴，能见度小于2000m；实时测量的大气温度为13℃，大气压强为1007hPa，忽略试验过程中温度和压强的细微变化。

试验方案：试验场地选择和第3章背景辐射对测距影响试验相同的地点，距离2360m，结合实际的大气能见度情况，本次试验选择用300W卤钨灯作为目标源，设置光谱仪采集波段为740～790nm，步长为1nm，带宽为3.6nm，积分时间为0.5s。

采集到降雨天气条件下750nm、762nm、780nm波段的场景图像如图6-3(a)～(c)所示，其中方框内的亮斑为所架设的卤钨灯。

(a) 750nm波段场景图

(b) 762nm波段场景图

(c) 780nm波段场景图

图6-3　降雨天气下目标在不同波长下的场景图

从图6-3中可以看出，目标和背景对比度较大，信噪比高，能明显区分目标和背景，氧气A吸收带内的762nm波段目标的灰度值因为氧气的吸收而变得最小；原始图像视场中有噪声点存在，背景成像较为模糊。

为在一定程度上消除噪声，在相同试验条件下对目标在不同波段下的图像进行了8次循环采集并进行了平均处理，所得到的原始图像如图6-4所示。

通过图6-3和图6-4的对比可以看出，图6-4中采集到的光谱图内包含的树木、楼房、天空等物体的成像更为清晰，整体背景噪声较为平滑，在一定程度上消除了背景噪声的影响。

整个视场内目标灰度最大值比背景灰度均值高数倍，使用MATLAB对目标灰度值提取的方法和第4章一致，同样是找到目标三维图像中辐射亮度最大值后，统计目标辐射灰度值大于最大值的9/10的所有像素点，并将这些像素点的平均值作为目标在某波长上的光谱灰度值，经过镜头透过率和探测器响应度修正后的目标辐射归一化光谱分布如图6-5所示。

(a) 750nm波段场景图

(b) 762nm波段场景图

(c) 780nm波段场景图

图 6-4　平均处理后目标在不同波长下的场景图

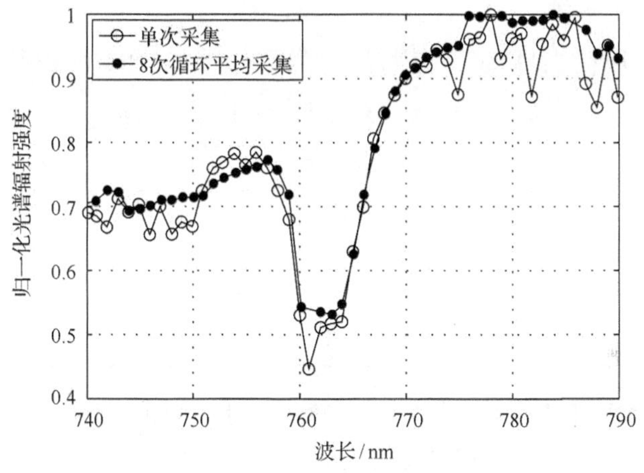

图 6-5　归一化光谱分布图

从单次采集和 8 次循环采集平均得到的目标归一化光谱图对比可以看出，单次采集到的目标辐射光谱在氧气吸收带肩处有明显的起伏。造成起伏的原因一方面是卤钨灯由市政供电，钨丝发热辐射光强可能在某一时刻产生细微变化；另一方面是由于目标和光谱仪距离较远，积分时间较短，大气辐射光和探测器内部噪声影响成像质量。经过平均处理后消除了部分大气辐射光和探测器内部的噪声，使采集到的目标光谱辐射更平滑，更接近目标辐射的真实光谱。

2. 测距试验及分析

为分析降雨天气对被动测距的影响，在已知试验条件下目标相对探测系统的天顶角及光谱仪本身的海拔和试验时大气温度和压强信息的基础上，利用第 7 章相关 K 分布算法建立测距模型，测距模型如图 6-6 所示。

对两次试验条件下目标辐射光谱的氧气吸收率进行计算，根据所建模型解算目标距离，并与测距机获得的目标真实距离进行了对比，所得结果如表 6-1 所示。

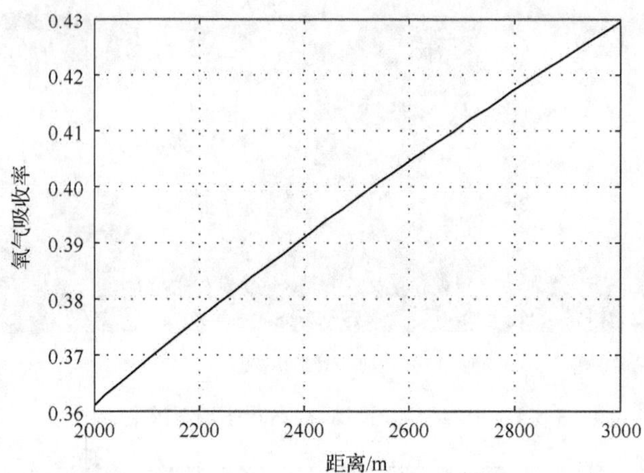

图 6-6　相关 K 分布计算得到降雨天气条件下的测距模型

表 6-1　降雨天气条件下模型解算距离及误差

指标	单次采集	8 次循环采集平均
氧气吸收率	0.3695	0.3759
解算距离/m	2110	2190
绝对误差/m	–250	–170
相对误差/%	10.59	7.20

通过数据分析可以看出：在对距离 2360m 处的卤钨灯目标进行测距时，单次采集时测距误差为 –250m，相对误差大于 10%，而循环采集并平均处理后的解算距离为 2190m，绝对误差 –170m，相对误差为 7.20%，测距精度高于单次采集下的测距精度。从试验方案和距离解算过程中可知，降雨天气单次采集时测距误差产生的原因主要有四方面：第一，在对目标辐射进行单次采集时，单波段图像采集时间为 0.5s，740～790nm 全部采集完成所用时间为 25s，各波段图像的采集并非同时进行，前后有一定的时间差。由于雨滴是从空中自由下落，在这个时间差内，大气中粒子数目和粒子对目标的散射是动态变化的，这个变化对目标光谱的测量造成了一定的影响，进而引起氧气吸收率的计算误差。第二，卤钨灯目标由市政供电，不同时刻光谱辐射强度会有细微变化。第三，利用相关 K 分布建立测距模型时输入的大气温度、大气压强参数是由数字大气压力表测量的，存在一定的测量误差，使测距模型与真实值有偏差。第四，大气中雨滴粒子的存在使路径上的光学厚度增大，光谱仪采集到的目标光谱中叠加了路径上经大气吸收散射后的太阳光谱。

相对于单次采集光谱来说，多次循环采集平均得到误差较小，测距误差产生的原因也主要是以上四点。但多次循环采集平均测距精度更高，原因是单次采集时探测器内部的散粒噪声、假信号噪声、背景起伏噪声等噪声会对目标成像产生影响，给目标光谱提取带来很大的不确定性，影响目标光谱的提取精确。而相同条件下循环采集 8 次并进行平均处理在一定程度上消除了探测器系统噪声的影响，提高了光谱采集的准确性。但循环采集所耗费的时间较长，不适用于实际飞行中的目标辐射光谱的采集。

下面分析基于混合像元分解技术的极端天气背景抑制方法在降雨天气条件下的效果。

选择单次采集获得的光谱数据，首先通过 NSP 算法确定降雨天气条件下采集的光谱数据的端元数，然后根据确定的端元数据，利用 SMACC 端元提取算法对降雨天气采集的光谱数据进行端元提取，获得卤钨灯目标端元和雨粒子的端元，如图 6-7 所示。

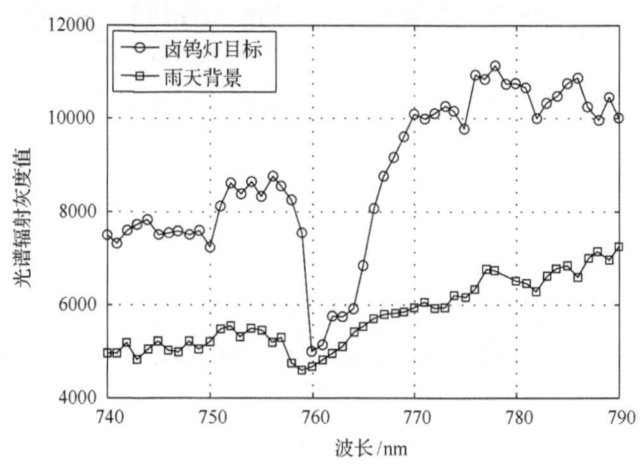

图 6-7　降雨天气条件下端元光谱分布曲线

图 6-7 中分别给出了卤钨灯目标的端元光谱和雨天背景散射光的端元光谱，根据获得的目标端元光谱计算氧气吸收率，并用所建立的测距模型对目标距离进行解算，所得结果如表 6-2 所示。

表 6-2　目标解算距离及误差

指标	原始测距	像元分解后
氧气吸收率	0.3695	0.3796
解算距离/m	2110	2240
绝对误差/m	–250	–120
相对误差/%	10.59	5.08

通过表 6-2 中原始测距数据所获得解算距离及误差与像元分解之后的距离解

算值相比可以看出，通过端元提取后，测距精度得到了提高。原始数据的氧气吸收率在降雨天气条件下 2360m 处解算距离为 2110m，而端元提取后的解算距离为 2240m，绝对误差从 –250m 降为 –120m，测距的相对误差从 10.59%提高到 5.08%。该试验结果表明，基于混合像元分解技术的背景抑制方法可以提高降雨天气条件下目标光谱提取的准确性，去除降雨天气叠加的背景光谱端元，提高氧气吸收率和解算距离的精度。

3. 试验结论

在降雨天气条件下对固定距离 2360m 处的卤钨灯进行了被动测距试验，基于第 7 章相关 K 分布法建立的测距模型，利用多次循环采集平均法和 6.3 节所提的基于混合像元分解技术的背景抑制方法分别对目标光谱进行了提取并测距，发现经过多次循环采集平均法可以提高目标光谱的准确性和氧气吸收率的计算精度，进而提高测距精度。但多次循环采集平均法所耗费的时间较多，不适用于飞行中的目标辐射光谱的采集；利用本章提出基于混合像元分解技术的极端天气背景抑制方法提取单次采集光谱图像中的目标光谱，测距精度从原始数据的 10.59%提高到 5.08%，效果好于多次循环采集平均法。

6.3.2　雾霾天气条件下被动测距试验

由于工业化的进程加快，雾霾天气在我国时有出现，影响空气质量和大气能见度，基于氧气吸收特性的被动测距技术的测程直接受到雾霾天气的影响。

雾霾天气下大气中的气溶胶粒子数急剧增加，雾霾粒子不但对目标辐射会产生多次散射，造成目标辐射的严重衰减，影响测程；其对太阳辐射、大气辐射等光谱也会产生多次散射作用，图 6-8 为雾霾天气中微粒对光的多重散射过程演示，从图中可以看出，大气中的雾霾粒子对入射光线产生单次散射后，单次散射光再次被散射并叠加到目标传输路径上，多次散射作用使目标辐射传输路径上的叠加光谱变得更复杂，给目标光谱提取带来很大的不确定性。

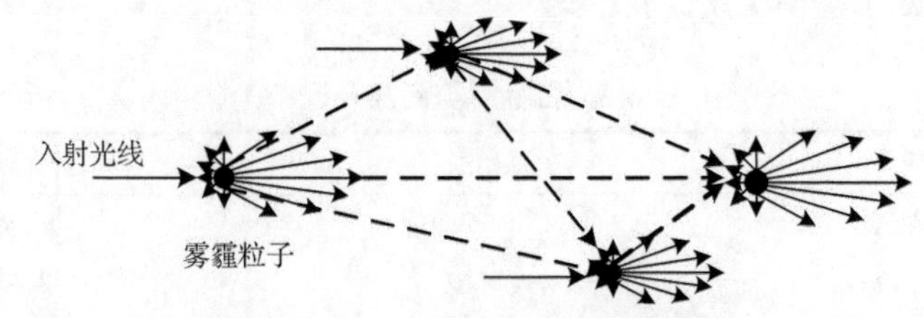

图 6-8　雾霾天气中微粒对光的多重散射

下面在冬季北方雾霾天气条件下对固定点目标进行被动测距试验。

1. 试验天气条件及试验方案

试验天气条件：试验选择在冬季雾霾天气条件下，试验当天为重度霾，地面能见度小于 600m；试验过程中的大气温度和压强通过 BY-2003P 型数字大气压力表实时测量并记录，其中大气温度为 3℃，大气压强为 1018hPa。

试验方案：试验测量地点位于东经 114.51°，北纬 38.04°，光谱仪架设于一栋建筑的 6 层室内，海拔为 80m。由于能见度很小，目标辐射衰减严重，本次试验采用目标光源为 1000W 卤钨灯。受雾霾天气的影响，光谱仪对目标的极限探测距离约为 600m，因此将目标放置到距离较近的另一栋建筑的 4 层窗口外，两者距离通过某型激光测距机测定为 550m，卤钨灯目标和光谱仪所处海拔均差约为 6m，由于距离较短，海拔差很小，整个路径上的氧气浓度和气溶胶粒子浓度分布均匀，所以光谱仪相对目标的观测天顶角可视为 90°。

试验时相关 K 分布法所需的参数分别为：目标相对探测系统天顶角 90°，探测器系统本身海拔 80m，大气温度 3℃，大气压强 1018hpa，建立氧气吸收率与距离的关系模型如图 6-9 所示。

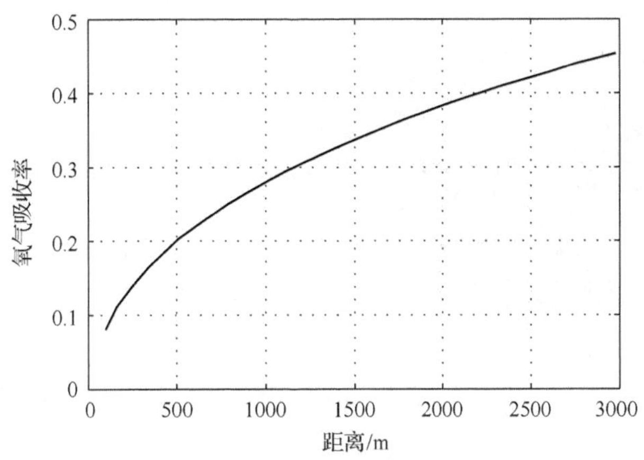

图 6-9　氧气吸收率与距离的关系模型

2. 测距试验及分析

设置光谱仪采集波段为 740～790nm，步长为 1nm，带宽为 3.6nm，调整光谱仪镜头的光圈、焦距和光谱仪采集系统的积分时间，使目标成像效果达到最佳，其中积分时间为 0.5s。数据采集完成后采用提取目标光谱并结合镜头透过率和探测器光谱响应度对光谱进行修正。采集到雾霾天气条件下 750nm、762nm、780nm 波段的场景图像和归一化光谱分布如图 6-10 所示，其中楼层窗口圆圈内的亮斑为所架设的卤钨灯。

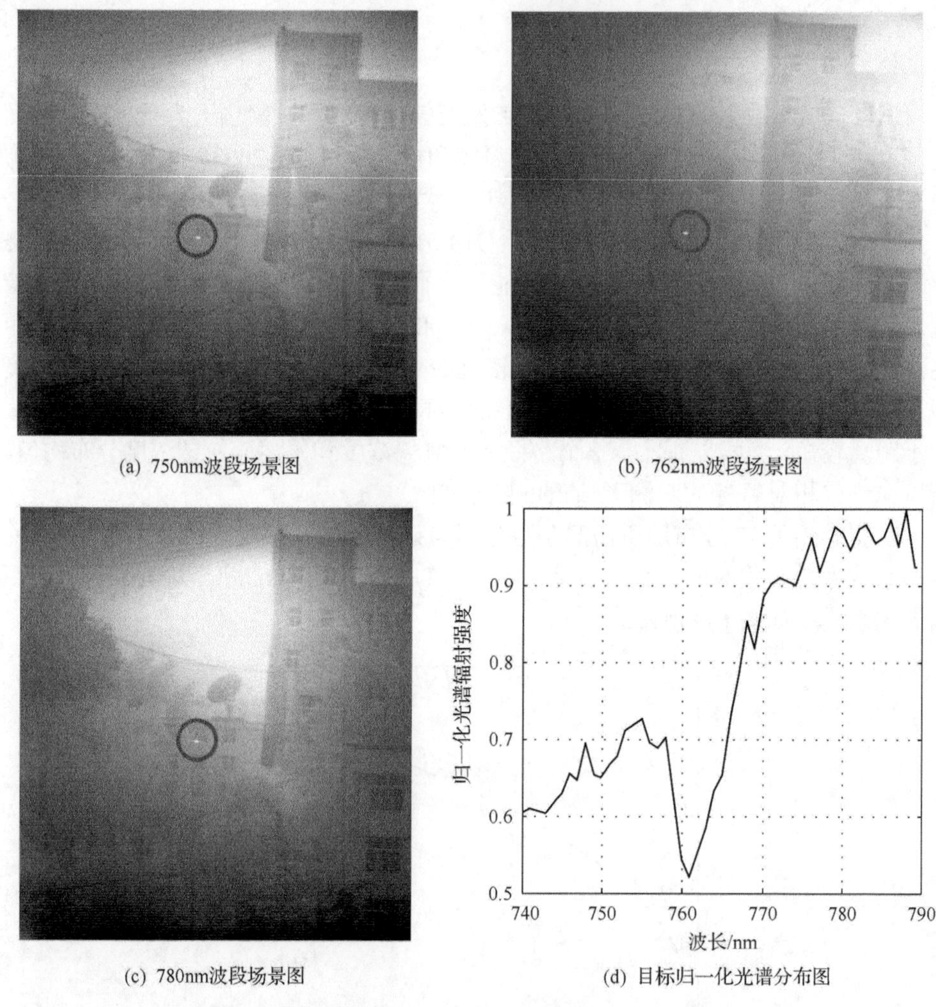

(a) 750nm波段场景图　(b) 762nm波段场景图

(c) 780nm波段场景图　(d) 目标归一化光谱分布图

图 6-10　雾霾天气条件下的场景图像和归一化光谱分布

根据图 6-9 所示模型，结合计算得到的氧气吸收率目标解算距离，解算结果为 1070m，而实际距离经激光测距机标定为 550m，真实距离与测得距离误差达 94.55%。这是由于受天气条件的影响，目标辐射光束传输路径上的光学厚度增大，光谱仪采集到的光谱主要包括三个来源：目标在路径上的直射光谱、目标经气溶胶粒子多次散射后的光谱、路径上经大气吸收散射后的太阳光谱。虽然在计算氧气吸收率的过程中引入非吸收基线的概念，等效消除了大气散射和大气湍流等因素对吸收率的影响，但是实际测得“目标光谱”并非只是卤钨灯辐射光谱，还包括了路径上叠加的背景辐射光谱，直接影响了测距的精度。

为了消除雾霾天气条件背景叠加散射光对实测氧气吸收率的影响，采用背景消除法扣除背景。光谱仪采集的不同波长下灰度图的空间分辨率为 1002×1002

像素，背景消除主要通过以下方法实现：利用各个波长下采集到的卤钨灯目标像元的灰度均值减去对应波长下目标四周紧邻区域内(16×16 像素)背景像元灰度均值。背景消除后目标光谱分布图如图 6-11 所示。

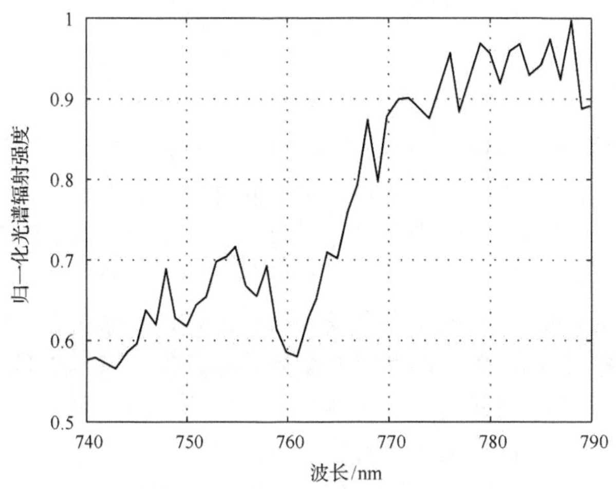

图 6-11　雾霾天气背景消除后目标光谱分布图

同样先用 NSP 算法确定雾霾天气条件下采集得到的光谱图像端元数，然后利用 SMACC 端元提取算法对雾霾天气条件的光谱数据进行提取，获得卤钨灯目标端元光谱和雾霾天气的背景端元光谱，如图 6-12 所示，图中上部的曲线为目标光谱分布。采用相同的方法计算端元提取后目标辐射光谱的氧气吸收率，并用同一个测距模型解算目标距离，所得结果与原始测距数据和背景消除后测距数据对比如表 6-3 所示。

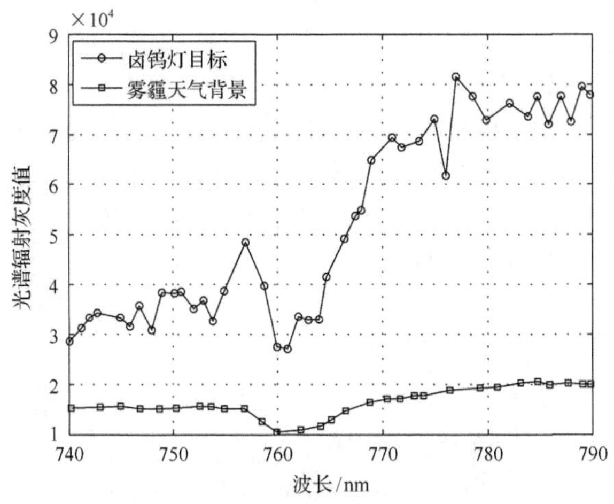

图 6-12　雾霾天气条件下端元光谱分布曲线

表 6-3 雾霾天气条件下目标距离解算及误差

指标	原始测距	背景消除法	像元分解法
氧气吸收率	0.2879	0.1912	0.2172
解算距离/m	1070	465	600
绝对误差/m	520	–85	50
相对误差/%	94.55	15.45	9.09

通过上述计算可以知道，背景消除前的解算距离误差大于背景消除后的误差，这是因为背景光谱来自于目标所处背景中不同物体对太阳光谱的反射或散射，而太阳光谱中的氧气吸收带谱线由于经过了整个大气层的衰减早已变得很深，当其掺杂在提取的目标光谱中时会对真实的目标光谱的氧气吸收起到一定的加深影响，从而导致计算的氧气吸收率误差变大。通过背景消除法将目标周围紧邻区域内的背景光等效为目标位置上的散射背景光进行背景扣除，能够较好地去除提取目标光谱信息中混合的背景光谱，提高目标光谱的准确性和目标光谱氧气吸收率计算的准确度。从表中的数据可以看出，雾霾天气条件下背景消除前后解算距离从 1070m 变为 465m，测距误差从 94.55%降为 15.45%；与经过端元提取之后的解算距离相比可以看出，在同一测距模型下，通过端元提取后测距精度有效提升，其中解算距离从 1070m 降为 600m，绝对误差仅为 50m，雾霾天气条件下 550m 距离处的目标测距误差降到 9.09%。与背景消除法相比，测距误差从 15.45%降至 9.09%，测距精度也大幅提高。

3. 试验结论

对雾霾天气条件下 550m 处卤钨灯目标进行了被动测距试验，利用第 7 章相关 K 分布法建立了试验条件下的测距模型。分别利用背景消除法和基于混合像元分解技术的背景抑制方法解算了目标距离，并与原始光谱数据的解算值进行了对比，发现背景消除可以减少光谱仪所提取目标光谱中的背景光谱，提高目标光谱提取的准确性，雾霾天气解算距离误差在背景消除前后从 94.55%降为 15.45%，但是近距离背景消除后测距误差依然较大；通过基于混合像元分解技术的背景抑制方法同样可以去除雾霾天气叠加的背景光谱，测距精度提高到 9.09%，有效提高氧气吸收率的测量精度和测距精度。

6.3.3 降雪天气条件下被动测距试验

降雪是我国北方冬季常见的天气现象，降雪基本类型主要包括雪、米雪、雪丸和霰等[12]，这些类型的雪花从空中飘落，在大气中形成一层“屏障”，影响大气能见度，对目标辐射造成严重衰减。最常见的雪粒子是由多个冰晶聚合在一起而形成的雪花，其半径介于 1～2mm。一般而言，在相同含水量条件下，雪的衰减比雨要大，但比雾要小[13]，所以雪天能见度介于雾天和雨天之间，被动测距的测程要比雨天小，比雾天大。在这样的极端天气下，雪粒子的散射光也会干扰光谱仪对目标光谱的采集，影响测距精度。

1. 试验天气条件及试验方案

试验天气条件：试验选择在冬季降雪天气条件下，地面能见度小于 600m；试验过程中的大气温度和压强通过 BY-2003P 型数字大气压力表实时进行测量并记录，其中大气温度为 1℃，大气压强为 1018hPa。

试验方案：试验方案与雾霾天气条件下的被动测距试验一致。

根据探测天顶角、海拔、大气温度和压强，利用第 7 章相关 K 分布法，建立氧气吸收率与距离的关系模型，结果如图 6-13 所示。

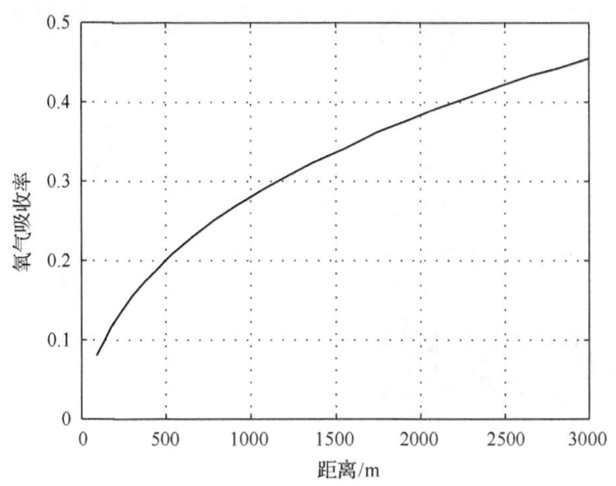

图 6-13　降雪天气下氧气吸收率与距离的关系模型

2. 测距试验及分析

降雨天气条件下的试验方法和雾霾天气条件下的试验方法相同，数据采集完成后采用和上述试验相同的方法获取目标光谱。采集到降雪天气条件下 750nm、762nm、780nm 波段的场景图像和归一化光谱分布如图 6-14 所示，其中楼层窗口圆圈内的亮斑为所架设的卤钨灯。

将降雪天气下的原始图像和雾霾天气下的图像进行对比可以看出，卤钨灯的成像区域明显比雾霾天气下成像区域要大，几乎占据了窗口面积的一半，在目标周围产生“光晕”，造成这种现象的原因是降雪天气雪花粒子较大，而且雪花在飘落过程中，其经过光谱仪像元的时间小于光谱仪的积分时间，在光谱采集过程中会留下白色轨迹对目标和背景产生遮挡，这时光谱仪像元上的像为雪花对背景物体遮挡与雪花经过像元后与背景像元的叠加。

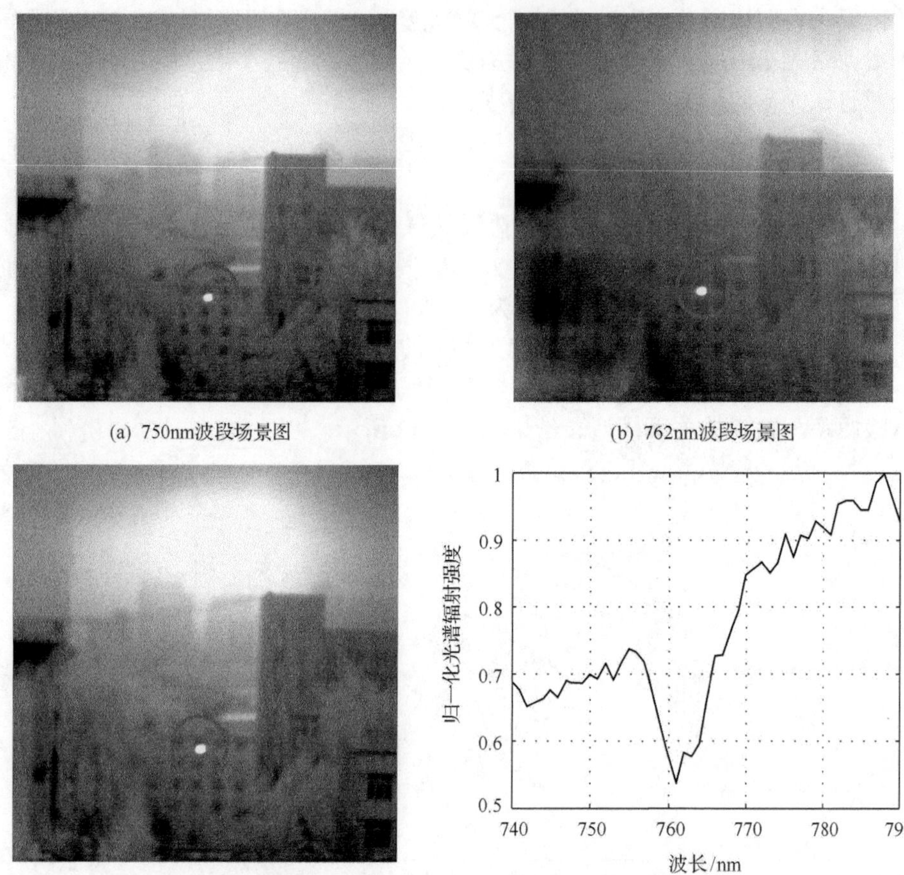

(a) 750nm波段场景图

(b) 762nm波段场景图

(c) 780nm波段场景图

(d) 目标归一化光谱分布图

图 6-14 降雪天气条件下的场景图像和归一化光谱分布

基于图 6-13 所示模型，根据 550m 处目标氧气吸收率解算出的距离为 995m，真实距离与所测得距离也相差近一倍，造成误差大除了有和雾霾天气产生误差较大的相同原因外，还有降雪当天雪花粒子比较大，在卤钨灯附近的雪花散射光很强，在设置提取阈值提取目标光谱时，卤钨灯周围的雪花散射光被平均进了目标光谱，造成所提取的光谱与卤钨灯真实光谱有差异。

采用与雾霾天气条件下同样的背景消除法对数据进行处理，背景消除后的目标归一化光谱辐射强度分布如图 6-15 所示。

同样在确定端元数目的基础上利用 SMACC 端元提取算法对降雪天气条件下的光谱数据进行端元提取，获得卤钨灯目标端元和降雪大气的背景端元，如图 6-16 所示。

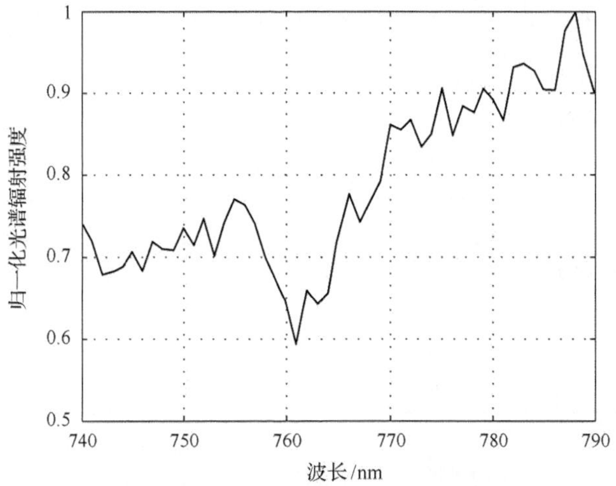

图 6-15　降雪天气背景消除后目标光谱分布图

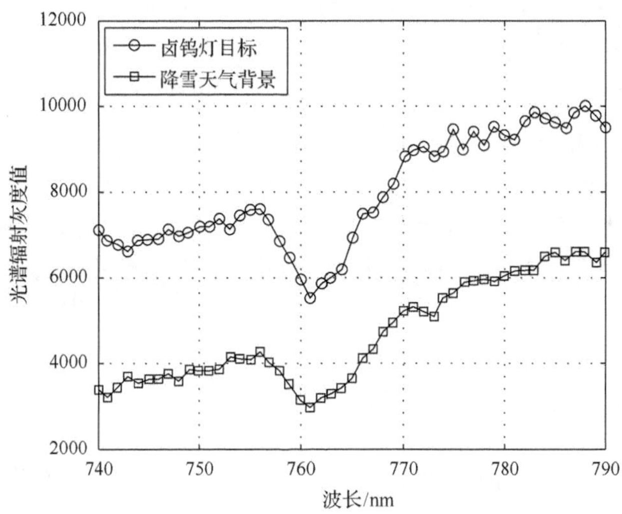

图 6-16　降雪天气条件下端元光谱分布曲线

分别对原始光谱数据、背景消除法和像元分解法得到的卤钨灯目标光谱的氧气吸收率进行计算，并根据图 6-13 的测距模型解算目标距离，所得结果如表 6-4 所示。

通过表 6-4 中的数据可以看出，根据原始光谱数据解算的距离误差最大，误差产生的原因和雾霾天气下相同，都是因为路径上的粒子对背景光谱的散射光叠加到了目标辐射上，使得光谱仪像元中的目标光谱混合了背景光谱；利用背景消除法对原始数据进行背景消除，测距误差从 80.9%降为 16.36%。通过像元分解法得到的解算距离从原始的 995m 降为 595m，绝对误差仅为 45m，目标测距的相对误差也从 80.9%降到 8.19%。该试验结果表明基于混合像元分解技术的背景抑制方法同样可以适用于降雪天气条件的目标提取端元提取和背景抑制，提高氧气吸收率和解算距离的精度。

表 6-4 降雪天气条件下目标解算距离及误差

指标	原始测距	背景消除法	像元分解法
氧气吸收率	0.2778	0.1092	0.2169
解算距离/m	995	460	595
绝对误差/m	445	–90	45
相对误差/%	80.9	16.36	8.19

3. 试验结论

对降雪天气条件下的固定点目标进行了被动测距试验，利用相关 K 分布法建立的测距模型解算了背景消除前后的目标距离，发现背景消除可提高降雪天气条件的氧气吸收率的测量精度和测距精度，降雪天气条件下背景消除前后解算距离误差从 80.9%降为 16.36%。通过基于混合像元分解技术的背景抑制方法同样可以去除降雪天气叠加的背景光谱，测距精度提高到 8.19%。

在三种极端天气条件下的被动试验结果表明，通过混合像元分解技术的端元光谱提取，可以有效去除极端天气复杂背景光对目标光谱造成的干扰，所提取到目标辐射光谱的准确性高于背景消除法，提高了氧气吸收率的计算精度，进而提高了测距精度。

6.4 本 章 小 结

针对氧气吸收被动测距受极端天气影响较大的情况，本章提出了利用混合像元分解技术来提高极端天气条件下测距精度的方法。首先建立了极端天气条件下目标与背景的像元混合模型，给出了基于混合像元分解技术的目标光谱提取方法；然后对降雨、雾霾、降雪等极端天气条件下固定点目标进行了被动测距试验，并根据相关 K 分布法建立了测距模型；最后研究了多次循环采集平均、背景消除法和像元分解法对于提高测距精度的作用。通过试验发现，极端天气下被动测距技术的测距误差大，多次循环平均测量和背景消除法能在一定程度上提高被动测距的测距精度，但是不能从根本上消除叠加的背景光谱并抑制背景，仅可以部分去除背景和噪声的干扰，背景去除后误差仍然较大；混合像元分解法可以有效去除极端天气复杂背景光对目标光谱造成的干扰，所提取到目标辐射光谱的准确性高于背景消除法，有效提高了极端天气条件下氧气吸收被动测距技术的测距精度。

参 考 文 献

[1] 徐青. 遥感影像融合与分辨率增强技术. 北京: 科学出版社, 2007.

[2] 陈雁. 可见光遥感图像分割与提取研究[博士学位论文]. 合肥: 中国科学技术大学, 2010.

[3] 童庆禧, 张兵, 郑兰芬. 高光谱遥感——原理、技术与应用. 北京: 高等教育出版社, 2006.

[4] 张兵, 高连如. 高光谱图像分类与目标探测. 北京: 科学出版社, 2011.

[5] 冯维一, 陈钱, 何伟基, 等. 基于高光谱图像混合像元分解技术的去雾方法. 光学学报, 2015, 35(1): 107-114.

[6] 于钺, 顾华, 孙卫东. 基于混合像元分解的薄云下光学遥感图像恢复方法. 中国图象图形学报, 2010, 15(11): 1670-1680.

[7] 刘姣娣, 曹卫彬, 李华, 等. 基于线性光谱混合模型的棉花遥感识别混合像元分解. 中国棉花, 2011, 38(10): 32-36.

[8] 谢红叶. 基于光谱特征的高光谱丰度估计模型研究[硕士学位论文]. 大连: 大连海事大学, 2013.

[9] Harsanyi J C, Farrand W, Chang C I. Detection of subpixel spectral signatures in hyperspectral image sequences. Proceedings of American Society of Photogrammetry and Remote Sensing, Reno, 1994: 236-247.

[10] Chang C, Du Q. Estimation of number of spectrally distinct signal sources in hyperspectral imagery. IEEE Transactions on Geoscience and Remote Sensing, 2004, 42(3): 608-619.

[11] 刘娟娟. 基于线性模型的高光谱图像解混及应用[硕士学位论文]. 成都: 成都理工大学, 2014.

[12] 刘西川, 高太长, 刘磊, 等. 降水现象对大气消光系数和能见度的影响. 应用气象学报, 2010, 21(4): 433-441.

[13] 高太长, 刘西川, 张云涛, 等. 降雪现象与能见度关系的探讨. 解放军理工大学学报(自然科学版), 2011, 12(4): 403-408.

[14] 张闯, 吕东辉, 项超静. 太阳实时位置计算及在图像光照方向中的应用. 电子测量技术, 2010, 33(11): 87-89.

[15] 邓书斌. 遥感图像处理方法. 北京: 科学出版社, 2010.

第 7 章　氧气吸收率与路径长度关系数学模型

不论是以多光谱系统还是以高光谱系统作为氧气吸收被动测距技术的工程应用系统，它们都可以利用循环采集的目标光谱信息解算出对应时刻目标至系统路径长度上的氧气吸收率；然后根据吸收率与路径长度关系解算出目标距离。由此可见，氧气吸收率与路径长度的关系模型是解算目标距离的关键问题，也是难点问题。

相关 K 分布法通过对不同温度和压强下吸收系数分布相关性的假设，解决了非均匀路径上平均吸收率的求解难题。本章将在深入研究相关 K 分布法的基础上，讨论氧气吸收带吸收系数分布的相关性问题，并在相关假设成立的基础上，利用相关 K 分布法建立起实际大气中非均匀路径上氧气吸收率与路径长度关系的数学模型。

7.1　氧气吸收系数及其相关性

计算大气吸收率的常规方法主要有 LBL 积分法、带模式法、K 分布(KD)法和相关 K 分布(CKD)法等。其中，LBL 积分法精度最高但计算量最大、耗时最长；带模式法简单但精度较低[1]；KD 法精度远高于带模式法且简单快捷但只能解决均匀路径的吸收率问题；而 CKD 法在继承 KD 法优点的基础上，通过对不同压强和不同温度下吸收系数分布相关性的假设，给出了一种非匀质大气中平均吸收率的计算方法，从而逐渐取代带模式法、参数近似法等解决非均匀路径吸收问题方法，成为处理实际大气非均匀路径吸收率问题的主要方法[2-4]。

7.1.1　氧气吸收系数及相关 K 分布法

气体对目标辐射的吸收主要由气体一定光谱区内的吸收系数和辐射传播路径上的气体分子含量共同决定。某一频率处的吸收系数可以利用 HITRAN 光谱数据库中的参数进行计算；HITRAN 光谱数据库是一个高分辨率的传输光谱数据库[5]，它包含了大气传输计算中所需的大部分物理参数，如单分子谱线强度、跃迁低态能量、谱线中心频率、自然展宽半宽度、空气加宽半宽度和空气增宽依赖指数等。以洛伦兹线形函数为例，氧气吸收带内某一吸收谱线在波数 v 处的吸收系数可以表示为

$$k_v = S_l f(v - v_0) = S_l \frac{a_{\mathrm{L}}}{\pi\left[(v - v_0)^2 + a_{\mathrm{L}}^2\right]} \tag{7-1}$$

式中，S_l为吸收带内第 l 条谱线的谱线强度，$\mathrm{cm}^{-1}/(分子\cdot\mathrm{cm}^{-2})$；$f(v-v_0)$为谱线的线形函数；$a_{\mathrm{L}}$为洛伦兹展宽半强度线宽的半宽度，$\mathrm{cm}^{-1}/(分子\cdot\mathrm{cm}^{-2})$。谱线的线形函数和半宽度与环境的温度及压强有关。均匀大气中一定光谱区间内的平均透过率可写成式(7-2)的形式：

$$\bar{T}(u) = \frac{1}{\Delta v}\int_{\Delta v} \exp\left(-\sum_{l=1}^{N} \frac{S_l a_{\mathrm{L},l}}{\pi\left[(v - v_{0,l})^2 + a_{\mathrm{L},l}^2\right]} u\right) \mathrm{d}v \tag{7-2}$$

式中，u 为均匀大气中吸收气体的物质的量；S_l、$v_{0,l}$和 $a_{\mathrm{L},l}$分别为光谱区间内第 l 条谱线的谱线强度、谱线中心波数和洛伦兹展宽半宽度。该式表示 LBL 积分法计算平均吸收率的基本原理，通过逐条计算各谱线对光谱区间内所有波数上吸收系数的贡献，然后利用累加求和的方式得到光谱区间的平均透过率。氧气 A 吸收带内的吸收谱线如图 7-1 所示，谱线强度随波数剧烈变化，并且谱线的线宽也不尽相同；均匀大气内特定谱带范围的平均吸收率计算便是对图 7-1 中吸收系数曲线下面积的积分；由于气体分子的谱线数目十分庞大且谱线线宽非常窄，要想准确解算出吸收系数曲线下的面积，则需要采用非常小的积分步长，所以 LBL 积分法解算平均透过率十分浪费计算资源。

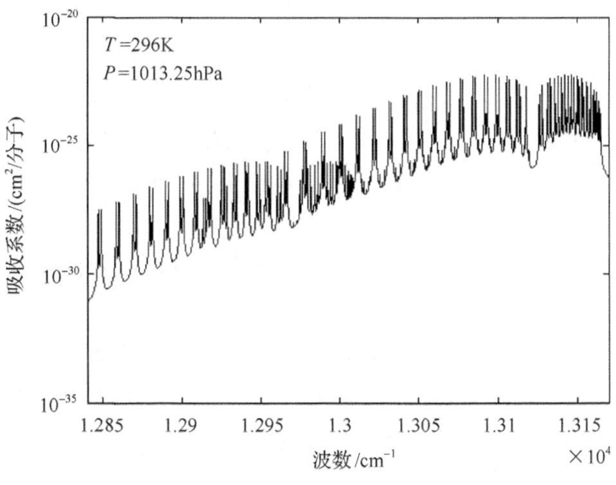

图 7-1　氧气 A 吸收带内的吸收系数曲线

图 7-1 给出的是氧气 A 吸收带在 T=296K、P=1013.25hPa 条件下光谱区间 12840～13170cm^{-1} 内的吸收系数。指定光谱区间内的平均透过率与吸收系数所处

的具体波数位置无关，仅与吸收系数大小有关[6]。所以 KD 法将图 7-1 内的吸收系数按照从小到大的顺序进行排序，便可得到一条较为平滑的吸收系数分布曲线，如图 7-2 所示。

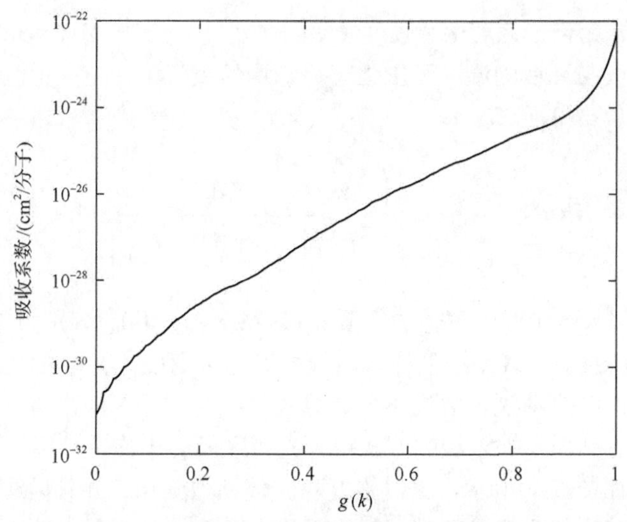

图 7-2　氧气 A 吸收带重排后吸收系数与其累积概率的关系曲线

图 7-2 中的吸收系数分布曲线是重排后吸收系数与其累积概率密度的关系曲线。其中，横坐标表示的是吸收系数空间一个平滑单调递增函数，其定义如式(7-3)所示：

$$g(k)=\int_0^k f(k')\mathrm{d}k' \tag{7-3}$$

式中，$f(k')$ 为吸收系数的概率函数。由此可知图 7-1 中吸收系数曲线下的面积与图 7-2 中曲线下的面积是完全相同的，其数学表达式如式(7-4)所示：

$$\bar{T}(u)=\frac{1}{\Delta v}\int_{\Delta v}\exp(-k_v u)\mathrm{d}v=\int_0^1\exp[-k(g)u]\mathrm{d}g \tag{7-4}$$

式中，k_v 为波数 v 处的吸收系数；u 为均匀大气中吸收气体分子含量；Δv 为所需计算的波数间隔；$\bar{T}$ 为指定波数范围内的平均透过率；$k(g)$ 为累积概率密度 $g(k)$ 所对应的吸收系数值。因为图 7-1 中的吸收系数在波数空间变化十分剧烈，所以式(7-4)中间项的积分十分困难；但图 7-2 中的吸收系数曲线是累积概率密度空间的一条单调平滑曲线，所以式(7-4)右端积分项便可通过若干项高斯积分完成高精度的积分，如式(7-5)所示：

$$\bar{T}(u)=\int_0^1 \exp[-k(g)u]\mathrm{d}g \approx \sum_{j=1}^{n} \exp\left[-k(g_j)u\right]\Delta g_j \tag{7-5}$$

式中，n 为高斯积分点的个数；$k(g_j)$ 为第 j 个高斯积分点处的吸收系数；Δg_j 为第 j 个高斯积分点处的累积概率宽度。从数学意义上讲，$k(g_j)$ 和 Δg_j 分别对应于被积曲线第 j 个积分区间的曲线函数值和区间宽度。这里将重排后吸收系数与累积概率密度的关系曲线称为 k-g 曲线。

由此可知，已知均匀大气中吸收气体含量和所需计算波数范围的 k-g 分布曲线后，便可快捷、精确地计算出指定波段的平均透过率。由于实际大气中对吸收系数影响极大的温度和压强是随海拔变化而不断改变的，所以对于实际大气中的倾斜路径而言，路径上不同点处的吸收系数分布是不相同的。因此便有研究人员在 KD 法的基础上，假设不同温度和压强下的 k-g 分布曲线之间具有一定相关性，进而提出了可用于处理实际非均匀大气内路径平均吸收率问题的 CKD 法[7]。此时，非均匀路径上的平均透过率可以表示为式(7-6)的形式：

$$\bar{T}(u)=\int_0^1 \exp\left[-\int k_l(g)u_l \mathrm{d}l\right]\mathrm{d}g \tag{7-6}$$

若按一定规则将大气层分为若干分层且每个分层均可认为是匀质的，同时式(7-5)中的高斯积分节点分布适用于所有大气层分层，那么实际大气中一条穿过 m 个大气分层非均匀路径的平均透过率可以表示成式(7-7)的形式：

$$\bar{T}(u)=\sum_{j=1}^{n} \exp\left[-\sum_{i=1}^{m} k_j^i(g)u_i\right]\Delta g_j \tag{7-7}$$

式中，$k_j^i(g)$ 为第 i 层大气分层第 j 个高斯积分节点上的吸收系数；u_i 为第 i 层大气分层内吸收气体分子含量。由于光学厚度等于吸收系数和分子含量的乘积，所以上式指数项内的累加便是对路径所穿过所有大气分层光学厚度的求和。由此可见，一旦氧气吸收带内的吸收系数分布满足 CKD 法的相关性假设，便可以利用 CKD 法来建立任意路径上氧气吸收率与路径长度的关系模型。

7.1.2　氧气吸收系数分布的相关性

吸收系数分布的相关性主要是指不同温度和压强下 k-g 分布曲线之间的相关性，它是决定 CKD 法能否适用于处理实际大气吸收问题的关键。如果想利用 CKD 法来处理氧气吸收被动测距技术中氧气吸收率与路径长度的数学模型问题，则必须对用于被动测距氧气吸收带吸收系数分布的相关性进行检验。

根据式(7-1)可知，在波数 v 处的吸收系数取决于吸收谱线的谱线强度和线形函数半宽度。当目标辐射在实际大气中沿倾斜路径进行传输时，路径上的大气压强、温度和吸收气体浓度是随之变化的。其中，大气压强通过改变各吸收谱线的线宽来改变各谱线在不同波数上的吸收系数分布，从而影响各波数上的总吸收系数值；温度则是通过改变跃迁的低态能级量子数来改变各吸收谱线的线强，进而对各波数上的总吸收系数值产生影响。因此可以说压强和温度是影响吸收系数分布的根本原因。下面将依次分析不同压强和不同温度下氧气测距吸收带吸收系数分布的相关性。

1. 不同压强下氧气吸收系数的相关性

为了能够覆盖整个大气层的压强变化范围，故将压强取值设置在 10^{-7}～1.2atm(1atm≈101325Pa)。首先观察压强变化对吸收谱线的影响，选取氧气 A 吸收带内 12976～12979cm^{-1} 波谱范围内的 6 条谱线，具体谱线信息如表 7-1 所示。

表 7-1　12976～12979cm^{-1} 波谱范围内吸收谱线的中心波数和谱线强度

序号	谱线中心波数/cm^{-1}	谱线强度/[cm^{-1}/(分子·cm^{-2})]
1	12976.54462	1.50×10^{-27}
2	12976.65350	7.46×10^{-30}
3	12977.10685	2.18×10^{-26}
4	12977.58387	2.70×10^{-29}
5	12978.37090	7.25×10^{-30}
6	12978.82485	2.12×10^{-26}

在表 7-1 中给出了 12976～12979cm^{-1} 内 6 条吸收谱线的中心波数和谱线强度。从谱线强度可以看出在这 4 个波数范围内共有 3 条强吸收线和 3 条弱吸收线，强弱吸收线的谱线强度相差 2～4 个数量级。选取 9 个离散大气压强，其取值分别为 10^{-7}atm、10^{-6}atm、10^{-5}atm、10^{-4}atm、10^{-3}atm、10^{-2}atm、10^{-1}atm、1.0atm 和 1.2atm，利用 LBL 积分法计算各个大气压强值下的吸收系数分布，其结果如图 7-3 所示。

图 7-3 是利用 LBL 积分法计算所得 6 条吸收谱线的吸收系数曲线。图 7-3(a)是在 296K 温度下不同大气压强上的吸收系数分布；图 7-3(b)是 180K 温度下不同大气压强上的吸收系数分布。由图可知，温度对吸收谱线的影响主要是对吸收谱线强度的影响，其对谱线宽度的改变并不明显；随着大气压强的增加，强弱吸收谱线宽度都会增大，只是强吸收谱线宽度改变幅度更大，并使得各波数点上弱吸收谱线吸收系数在总吸收系数中所占的比例逐渐下降；当大气压强大于 10^{-1}atm 时，强吸收谱线的较大谱线宽度导致其线翼的吸收系数大于弱线线中心的吸收系数，从而使得弱吸收谱线吸收系数所占比例减小直至完全被强吸收谱线线翼淹没。这些现象说明，在大气层底层高压强区域吸收谱线之间的相互重叠现象比较严重，气

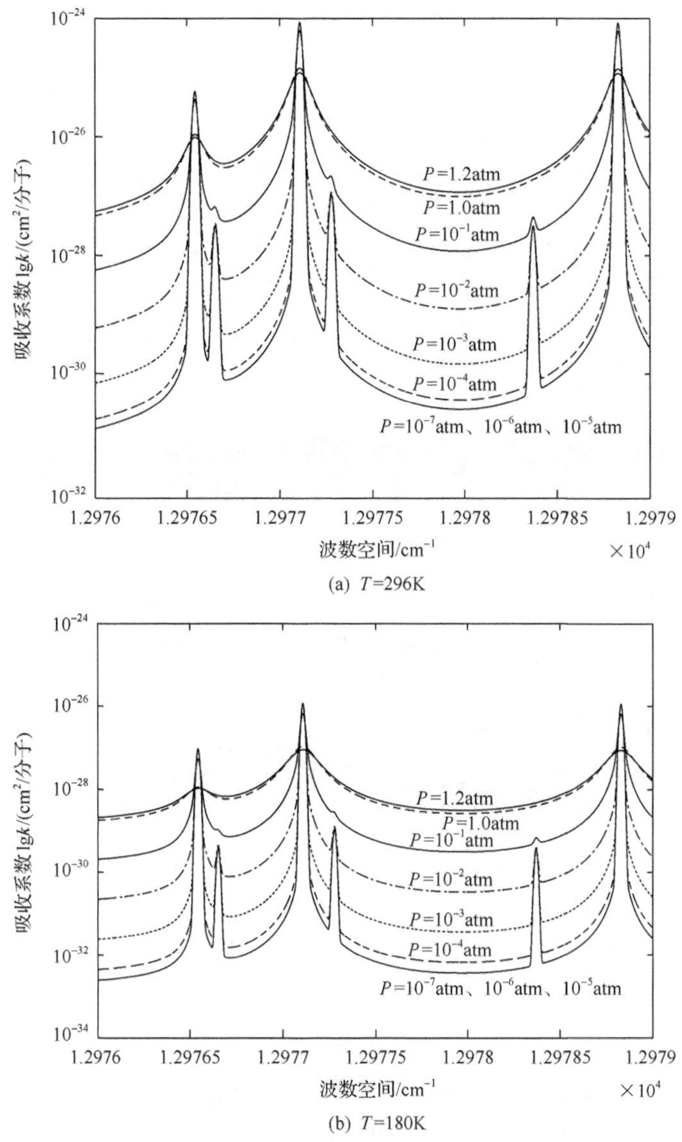

(a) T=296K

(b) T=180K

图 7-3　不同大气压强下 6 条吸收谱线的吸收系数曲线

体总的吸收系数分布主要由其强吸收谱线决定；在高海拔的低压强区域吸收谱线宽度改变较小，谱线之间重叠现象减弱，强弱吸收谱线共同决定了吸收系数的分布。

由于温度对谱线宽度的改变很小且这里主要讨论的是不同压强下吸收系数的相关性，所以下面计算中的所有温度均设定为 296K。首先给出氧气两个备选吸收带在不同大气压强下的 k-g 分布曲线，结果如图 7-4 所示。

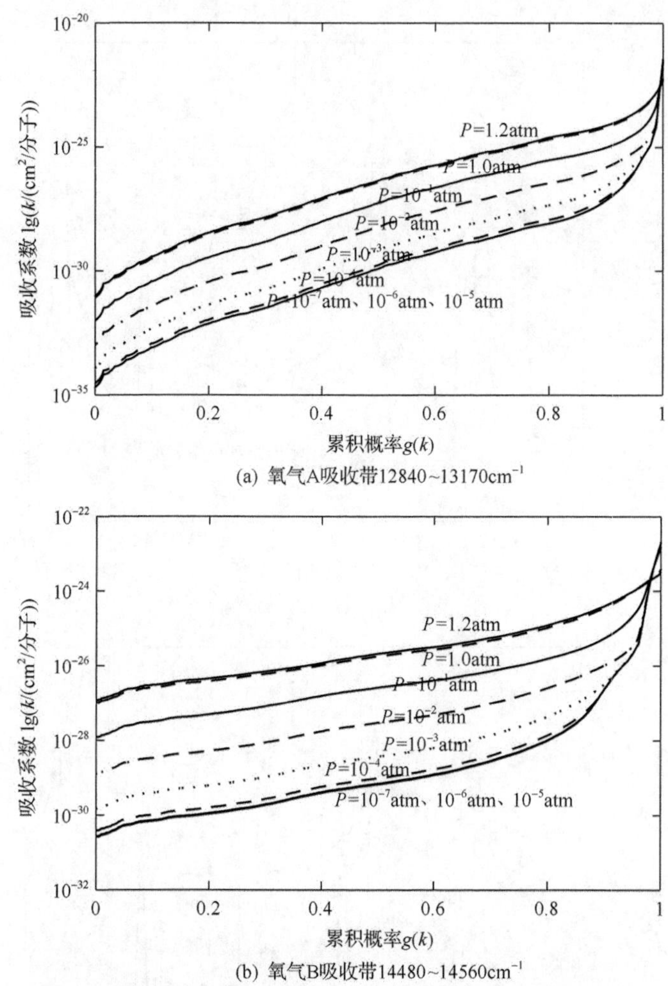

(a) 氧气A吸收带12840~13170cm^{-1}

(b) 氧气B吸收带14480~14560cm^{-1}

图 7-4　氧气 A 和 B 吸收带在不同大气压强下吸收系数的累积概率分布曲线

图 7-4 显示了氧气 A、B 吸收带在不同大气压强下吸收系数与累积概率的关系曲线。从图中可知，所有压强下的 k-g 分布趋势基本一致，分布曲线也较为平滑；在较弱的吸收系数一端，吸收系数与压强变化成正比，吸收系数随压强变化较为明显且在大部分累积概率分布处的吸收系数变化程度也较为一致；在累积概率接近 1 的强吸收系数部分，所有压强下的吸收系数曲线变化较快，同时较小压强下的吸收系数值反而大于较大压强下的吸收系数，吸收系数变化与压强变化成反比。

图 7-4(b) 中 B 吸收带的最大吸收系数要比图 7-4(a) 中的最大吸收系数小 2～3 个数量级，同时 B 吸收带吸收系数的动态范围也比 A 吸收带的动态范围小很多，因此在同样 0～1 的累积概率范围内 B 吸收带的吸收系数曲线要比 A 吸收带的吸

收系数曲线平缓得多。这说明实际大气中不同压强下氧气备选测距吸收带的吸收系数曲线之间具有较好的相关性，虽然不能严格满足压强与吸收系数的一一对应关系，但是依然能够满足 CKD 法处理的要求。为了进一步说明不同压强下吸收系数分布之间的相关性，依次以不同压强下的吸收系数分布曲线作为参考曲线，计算其他压强下吸收系数曲线与参考曲线之间的相关系数。下面分别计算氧气 A 吸收带全部波数 12840～13170cm^{-1} 和氧气 B 吸收带部分波数 14480～14560cm^{-1} 范围内不同压强下吸收系数曲线与参考曲线之间的相关系数，其结果如图 7-5 所示。

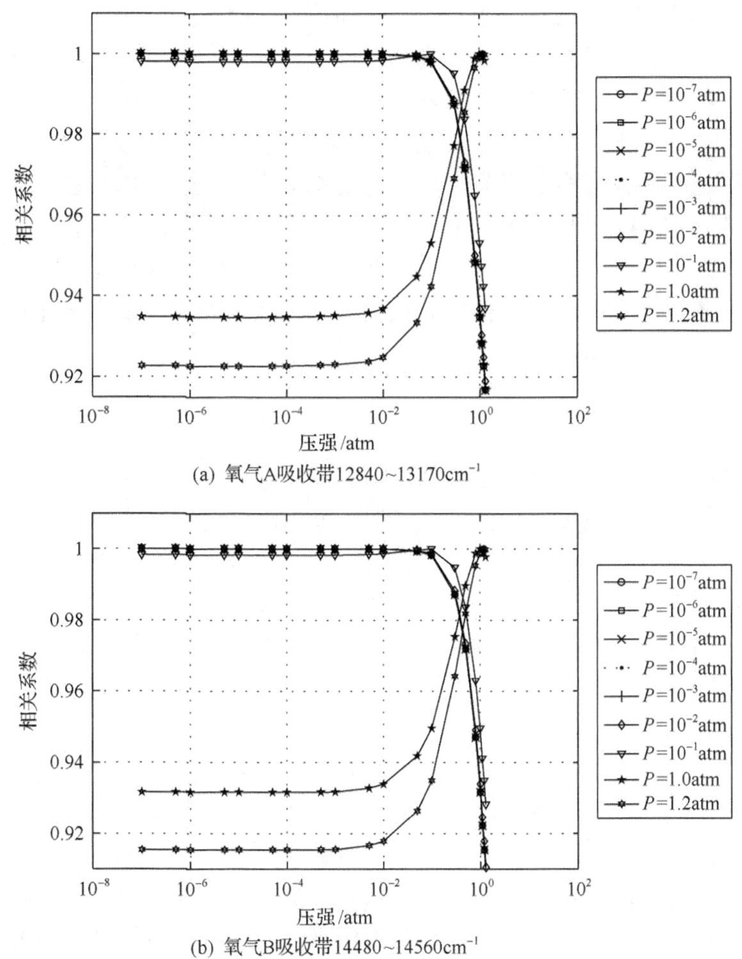

(a) 氧气A吸收带12840~13170cm^{-1}

(b) 氧气B吸收带14480~14560cm^{-1}

图 7-5　不同压强下吸收系数曲线与参考曲线之间的相关系数

由图 7-5 可知，若以 10^{-1}atm 大气压强下的吸收系数曲线作为参考曲线，则其他压强下吸收系数曲线与参考曲线之间的相关系数变化与压强基本无关，在图 7-5(a)和(b)中以 10^{-2}atm 及其以下压强为参考压强的相关系数曲线基本完全重合在一起；随着海拔的降低、大气压强的增大，以中间过渡压强为参考压强的相关系数曲线与高空低气压下吸收系数曲线的相关系数逐渐减小，与低空高气压下吸收系数曲线的相关系数逐渐增大；图 7-5(a)和(b)中以 10^{-1}atm 为参考压强的相关系数曲线与以低气压为参考压强的相关系数相比，在小气压区域相关系数略小，而在大气压区域的相关系数略大；当以低海拔区域的大气压强为参考压强时，随着其他层海拔的升高、与参考层之间距离的增加，它们的相关系数下降到一定程度后便不再随压强减小而变化，会保持在一个常数上且参考压强越大这一常数值越小。对于氧气 A 吸收带，当参考压强为 1.2atm 时，该常数最小为 0.923；对于所讨论的氧气 B 吸收带的部分波段，当参考压强为 1.2atm 时，该最小常数为 0.916。

相关系数分布曲线的这些现象表明，在压强值小于 10^{-1}atm 的高层大气内，它们的相关性非常高，约等于 1；底层大气与高层大气之间的吸收系数相关性略差于高层大气之间的吸收系数相关性，但是相关系数也高达 0.91 以上。也就是说，对于氧气分子的吸收系数而言，虽然压强增加使得谱线之间的重叠现象加重，但谱线重叠对吸收系数分布的影响并不严重。在整个大气层压强范围内，氧气 A、B 吸收带内的吸收系数分布都保持着很高的相关性，因此，压强变化对氧气吸收系数分布的相关性影响很小。

2. 不同温度下氧气吸收系数的相关性

通过分析已知温度对吸收系数的影响主要是对谱线吸收强度的影响，其对谱线宽度影响很小。在通常所研究的大气层高度内温度变化范围比压强要小得多，一般为 170～320K。这里选取 9 个温度节点进行分析，其取值分别为 170K、200K、230K、260K、280K、290K、300K、310K 和 320K；依然选择 12976～12979cm^{-1} 波谱范围内的吸收谱线进行分析，分别计算它们在标准大气压和高层低气压下的吸收系数，并同时计算这 6 条谱线不同温度下的平均谱线宽度，其结果如图 7-6 和表 7-2 所示。

在图 7-6(a)中，3 条强吸收谱线的吸收系数随着环境温度的升高明显增加且增加幅度逐渐减小。谱线宽度虽然逐渐变窄但变化不明显，尤其与温度对谱线强度的影响相比更是可以忽略不计。在图 7-6(b)中，由于大气压强很小，所以 6 条吸收谱线都很明显，吸收系数变化规律与(a)相似，但是谱线宽度变化却截然相反。谱线宽度变化从表 7-2 中可以更加直观地看到，在地面低海拔高压区域，随着温度升高，6 条吸收谱线的平均线宽变化幅度虽然不大，但却在规律性地递减；而在高海拔低气压区域的平均谱线宽度变化却正好相反，规律性地递增。这是因为在低海拔高气压区域氧气浓度较大，温度的升高虽然会使分子运动增加碰撞加剧，但是温度升高导致氧气浓度减小进而使得分子间的碰撞概率大大降低；同时又由于在高气压区域内气体的碰撞展宽在谱线展宽中占主导地位，所以谱线宽度

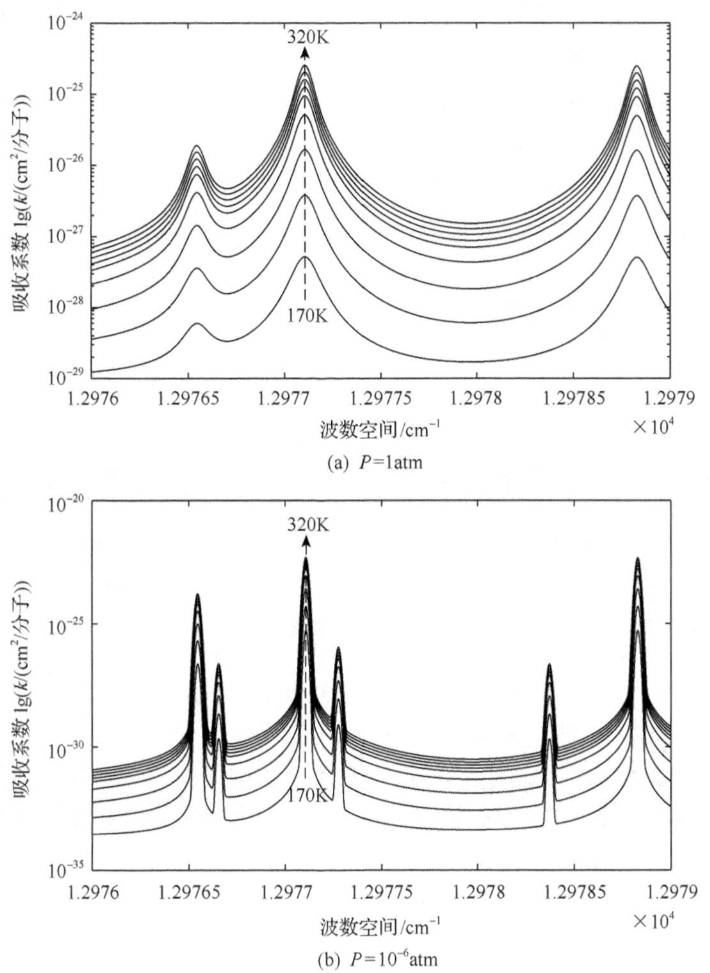

图 7-6　不同温度下 6 条吸收谱线的吸收系数曲线

表 7-2　不同温度下 6 条吸收谱线的平均谱线宽度　（单位：cm^{-1}）

温度/K	170	200	230	260	280	290	300	310	320
图 7-6(a)	0.0740	0.0658	0.0597	0.0551	0.0526	0.0515	0.0505	0.0495	0.0487
图 7-6(b)	0.0108	0.0118	0.0126	0.0134	0.0139	0.0142	0.0144	0.0146	0.0149

会逐渐减小。在低气压区域，温度引起的气体浓度变化已经很小，且在谱线展宽中占主导地位的多普勒展宽与温度的平方根成正比，所以图 7-6(b)中平均谱线宽度随着温度的升高而变宽。

通过对图 7-6 和表 7-2 的分析可知，在整个大气层内温度对氧气吸收谱线强度的影响是一致的，皆随温度的升高而增强且增加幅度越来越小；温度对平均谱线宽度的影响则与大气压有关，但其对谱线宽度的影响要比对谱线强度的影响要小得多。

下面在固定压强情况下独立分析温度对 *k-g* 分布曲线的影响。设压强为标准大气压，温度为选定的 9 个温度节点。分别计算氧气 A 吸收带全部和部分 B 吸收带重排后吸收系数与累积概率之间的关系曲线，其结果如图 7-7 所示。

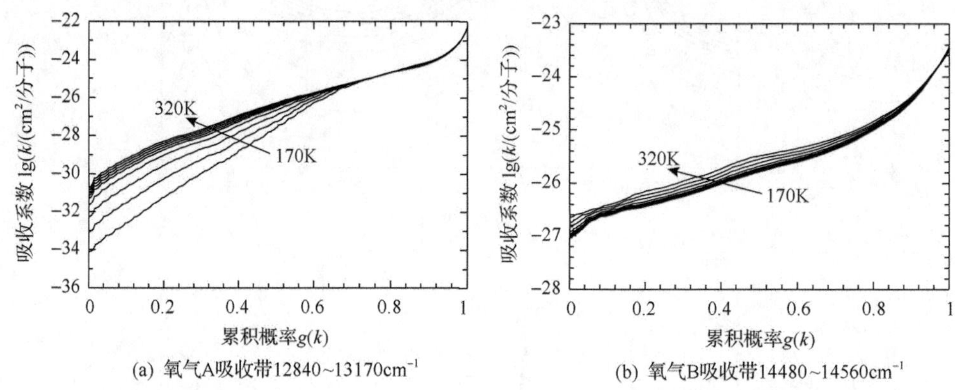

(a) 氧气A吸收带12840~13170cm^{-1}

(b) 氧气B吸收带14480~14560cm^{-1}

图 7-7 氧气 A、B 吸收带不同温度下吸收系数与累积概率的关系曲线

图 7-7 分别给出了标准大气压下氧气 A、B 吸收带在不同温度下的 *k-g* 分布曲线。由图可知，温度对吸收系数的影响比压强影响要小得多；在整个累积概率分布上吸收系数变化均与温度变化成正比且随概率增加而增大，温度对吸收系数的影响变小。由于在计算氧气吸收率或者透过率中大吸收系数起主要作用，所以可以说温度对吸收率或者透过率计算的影响不大。为了说明温度对吸收系数分布相关关系的影响，下面依然计算不同温度下 *k-g* 分布曲线与参考温度下 *k-g* 分布曲线的相关系数。其中参考温度的选择与参考压强的选择相同，依次选择 9 个温度节点作为参考温度进行计算，结果如图 7-8 所示。

图 7-8 表明，氧气 A、B 吸收带不同温度下的吸收系数曲线虽然略有差异，但是它们之间具有相当高的相关性；尤其是氧气 A 吸收带，它们之间的相关系数基本可以认为始终为 1。虽然 B 吸收带不同温度下吸收系数曲线间的相关性略差于 A 吸收带，但是两者不同参考温度下相关系数变化规律基本一致；参考温度为 230K 的吸收系数曲线与其他所有温度的吸收系数曲线相关性最好。

通过上述对不同压强和不同温度下氧气 A、B 吸收带内吸收系数相关性的单独讨论可知，在大气层的温度和压强范围内，按大小重排后的氧气 A、B 吸收带吸收系数分布之间具有很好的相关性。通过本小节的分析证明了 CKD 法在氧气吸收被动测距技术应用中的吸收系数相关性假设，为利用 CKD 法解决非均匀路径上氧气吸收率与路径长度关系模型问题提供了充足的理论支撑。

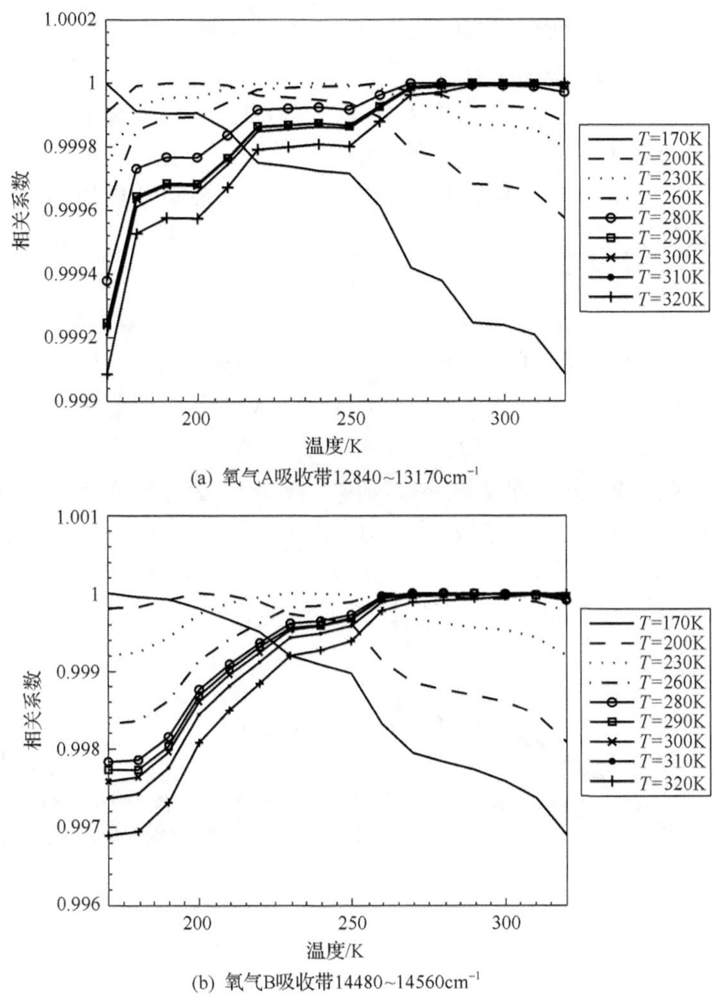

(a) 氧气A吸收带12840~13170cm⁻¹

(b) 氧气B吸收带14480~14560cm⁻¹

图 7-8　不同温度下吸收系数曲线与参考曲线之间的相关系数

7.1.3　氧气吸收系数的温度压强变化关系

7.1.2 节分析了氧气备选测距吸收带 *k-g* 分布曲线的相关性，证明了对氧气吸收带吸收率问题应用 CKD 法的合理性。本节将在此基础之上研究 *k-g* 分布曲线高斯积分节点上吸收系数值随温度和压强的变化规律，并构建不同温度、压强间高斯积分节点上吸收系数间的函数关系或者插值关系，为建立非均匀倾斜路径上氧气吸收率与路径长度数学模型奠定一定的基础工作。

式(7-5)表明，已知某一波数范围内的吸收系数分布，便可利用一定数目高斯积分节点的累加解算出均匀路径的平均透过率。由 *k-g* 分布曲线可知，在曲线的两端，尤其是强吸收系数一侧的曲线斜率很大，吸收系数变化较快，所以在这一部分的积分点要密集；而在曲线中间大部分区域内吸收系数变化平缓，因此在 *k-g* 分布曲线中间区域的积分点要稀疏一些。张华在其文献中针对吸收系数分布特性给出了不同个数高斯积分节点的位置分布及其权重[4]。因为高斯积分节点个数会对平均透过率的计算精度产生一定的影响，所以下面首先对比计算不同个数高斯积分节点对吸收率计算精度的影响，确定合理的高斯积分节点数。

1. 水平均匀路径情形

为了对比不同高斯积分节点下 CKD 法计算吸收率的精度，这里以 LBL 积分法的计算吸收率为真实值进行比较分析，同时提供 MODTRAN 软件的仿真结果进行对比。MODTRAN 软件的设置为中纬度夏季、水平路径、无云雨、能见度 23km、观测海拔 0km、路径长度 1～50km。此时，水平路径上的大气压强为 1013hPa、温度为 294.2K、氧气分子浓度为 5.18×10^{18} 个/cm^3；选择氧气 A 吸收带 12840～13170cm^{-1} 共 330cm^{-1} 波数范围内的平均吸收率作为计算对象；CKD 法的高斯积分节点数分别取 9、16、20 和 32 个，LBL 积分法、MODTRAN 软件及 CKD 法计算的氧气吸收率曲线及相对误差曲线如图 7-9 所示。

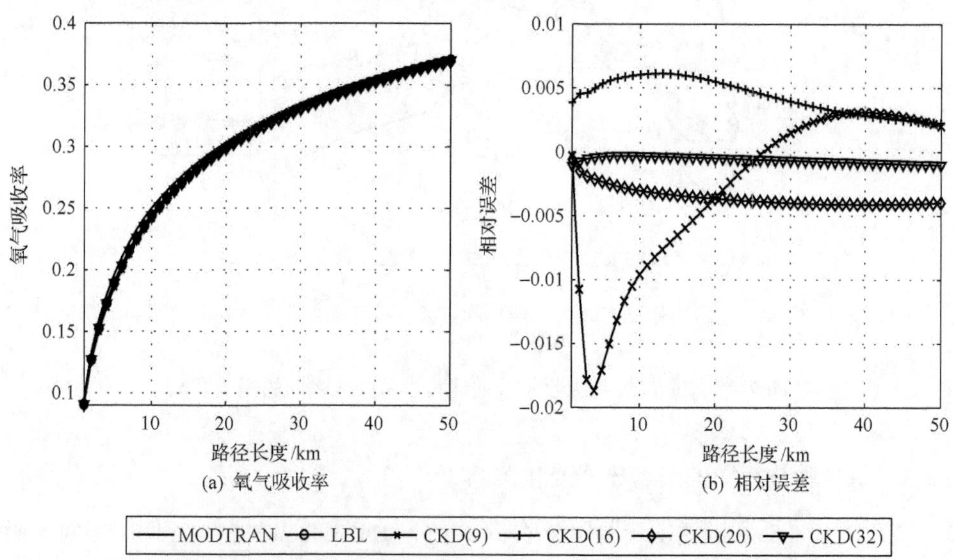

图 7-9　均匀路径上不同高斯积分点数下 CKD 法的计算精度对比

从图 7-9 中氧气吸收率与路径长度的关系曲线可知，LBL 积分法、CKD 法和 MODTRAN 软件仿真计算的氧气吸收率曲线重合度很好，完全可以利用 CKD 法来代替软件和 LBL 积分法来进行平均吸收率的计算。不同高斯积分节点数下吸收率的相对误差曲线表明，相对误差随高斯积分节点个数的增加而减小且随路径长度变化的稳定性变好。相比较而言，虽然 9 个高斯积分节点下的 CKD 法误差最大，但其大小也未超过 2%；16 个高斯积分节点下 CKD 法的大部分误差值和 20、32 个节点下的全部误差值都小于 0.5%。这是因为积分节点越多，对 *k-g* 分布曲线的描述越准确，越不容易遗漏一些关键点。因此可以说明，在均匀大气情况下，CKD 法的积分节点数在取到 16 个时便可满足平均吸收率的计算精度要求。

2. 垂直非均匀路径情形

水平均匀路径情形只能分析固定吸收系数分布情况下，不同高斯积分节点 CKD 法计算误差随吸收气体浓度增加的变化趋势，而无法衡量高斯积分节点数目差异对不同温度、压强下吸收系数分布描述的准确性。7.1.2 节已经分析了 *k-g* 分布曲线随温度和压强的变化规律，*k-g* 分布曲线的改变会使得不同吸收系数的概率重新分配，分布位置固定的高斯积分节点能否适应吸收系数分布曲线的变化，并准确计算平均吸收率则需要在垂直非均匀路径情形下进行分析。

MODTRAN 软件的大部分设置与均匀路径情形相同，只是将天顶角设为 0°；路径长度由 1km 增加到 25km，步长为 1km；25km 的海拔范围可以代表典型温度和压强的变化。LBL 积分法、CKD 法和 MODTRAN 计算的结果如图 7-10 所示。

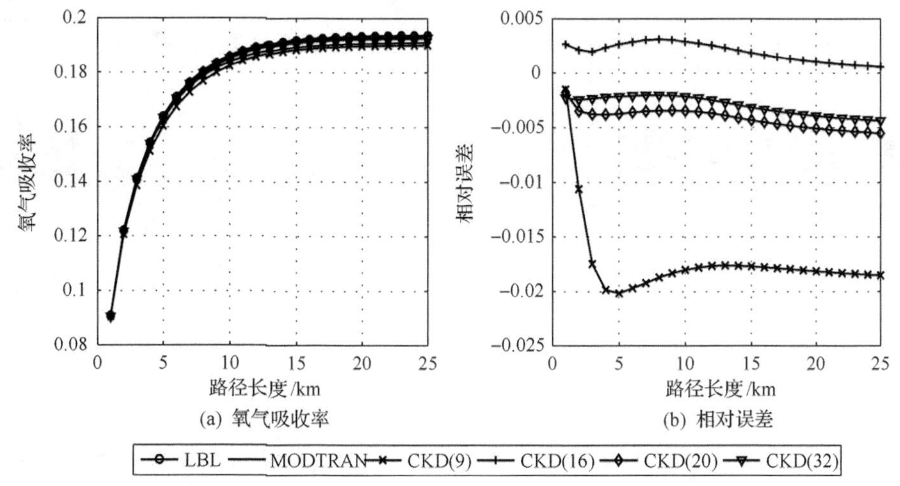

图 7-10　非均匀路径上不同高斯积分点数下 CKD 法的计算精度对比

图 7-10 分别给出了 LBL 积分法、MODTRAN 仿真和不同积分节点数 CKD 法计算的氧气吸收率曲线及其相对误差曲线。从氧气吸收率曲线可知，不论是 LBL 积分法还是 CKD 法都能够较为准确地计算出相应路径长度上的氧气吸收率，它们的计算结果与软件仿真结果的吻合度很高；由于这两种算法在计算过程中都是将每个步长的光学厚度分别计算后进行累加的，并且每个步长的光学厚度均是以低海拔一端的吸收系数和浓度作为整个步长区间的平均吸收系数和浓度进行计算的，所以计算结果要比真实吸收率大；从而造成了除 CKD(9) 以外其他的氧气吸

收率曲线均略高于软件仿真曲线，不过这并不影响相对误差的对比。由相对误差曲线可知，除了积分节点数为 9 时 CKD 法计算结果的相对误差高达 2%以外，其他积分节点数下的 CKD 法依然保持着很高的计算精度，相对误差值同样未超过 0.5%；这说明当积分节点数大于 16 以后，分布位置固定的积分节点能够适应所有压强和温度下的吸收系数分布。

通过水平均匀路径和垂直非均匀路径情形下不同数目高斯积分节点 CKD 法计算精度的比较，证明了 16、20 和 32 个节点的节点位置和积分区间能够适应任意大气压强和温度下的 *k-g* 分布曲线且 CKD 法能够快速、准确地计算出指定光谱区间内的平均吸收率。为了保证较高的计算精度，这里选定高斯积分节点数为 32。下面将对 32 个高斯积分节点所对应吸收系数值随温度和压强的变化趋势进行分析。分别以氧气 A 吸收带全带宽 12840～13170cm^{-1} 和部分带宽 13100～13170cm^{-1} 为计算波数范围；压强分别取 10^{-7}atm、10^{-6}atm、10^{-5}atm、10^{-4}atm、10^{-3}atm、10^{-2}atm、10^{-1}atm、1.0atm 和 1.2atm；温度分别取 170K、200K、230K、260K、280K、290K、300K、310K 和 320K。*k-g* 分布曲线上 32 个积分节点吸收系数值随压强和温度的变化情况如图 7-11 和图 7-12 所示。

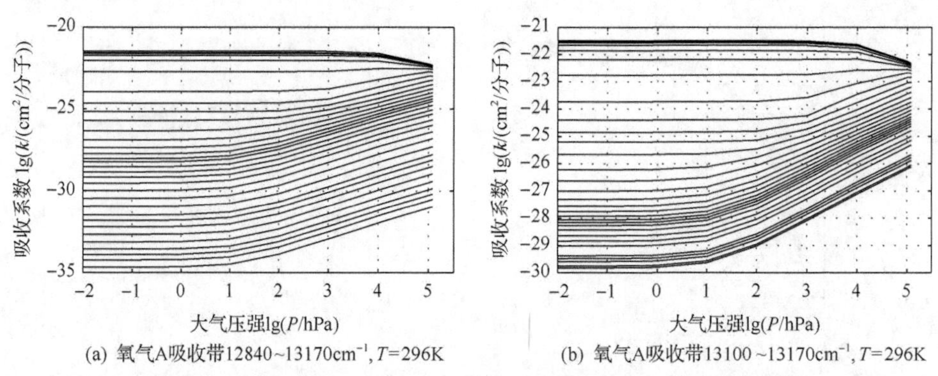

(a) 氧气A吸收带12840~13170cm^{-1}, T=296K　(b) 氧气A吸收带13100~13170cm^{-1}, T=296K

图 7-11　不同高斯积分节点上吸收系数随大气压强的变化曲线

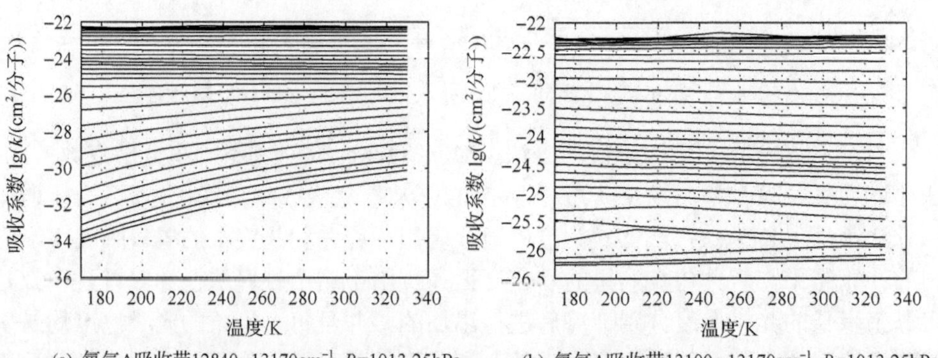

(a) 氧气A吸收带12840~13170cm^{-1}, P=1013.25hPa　(b) 氧气A吸收带13100~13170cm^{-1}, P=1013.25hPa

图 7-12　不同高斯积分节点上吸收系数随温度的变化曲线

由图 7-11 可知，高斯积分节点中在大吸收系数区域节点间隔很小、分布密集，在吸收系数变化比较平缓的中小吸收系数区域节点分布则较为稀疏，这样便能保证 CKD 法计算平均吸收率的精度。其中，最大吸收系数反映的是各条吸收谱线中心位置处的吸收系数；反之，最小吸收系数反映的则是各条吸收谱线线翼部分的吸收系数。从图中可以观察到以下现象：①所有积分节点上的吸收系数都有一段与大气压强无关的水平区域；②大吸收系数位置处几个积分节点的吸收系数值在绝大多数压强值上都是不变的，但随着压强的持续增大，吸收系数开始逐渐减小；③随着积分节点上吸收系数值越来越小，各个节点上吸收系数与压强无关的水平范围越来越窄，吸收系数线性增大的阈值压强越来越小；④从与压强成反比的大吸收系数向与压强成正比的小吸收系数过渡区域应该存在着某个与压强变化无关的吸收系数值。

造成上述现象的原因可能有以下几点：

(1) 根据式(7-1)可知，大吸收系数一般位于吸收谱线中心位置，由于这些吸收系数的波数离谱线中心波数很近，式(7-1)中的$(v-v_0)^2$将远远小于谱线宽度a_L^2而被忽略；又因为谱线宽度与压强成正比，所以这些节点处的吸收系数开始变化时是与压强成反比的。

(2) 与大吸收系数节点的反比关系道理相同，位于谱线线翼部分的小吸收系数所对应的波数使得$(v-v_0)^2$远远大于谱线宽度，分母上谱线宽度项的忽略使得这些节点所对应的吸收系数开始变化时是与压强呈正比关系的。

(3) 由于强吸收谱线的线翼会覆盖或者叠加在一些弱吸收谱线上，当强吸收谱线线翼位置吸收系数随压强正比增加的幅度与该位置处被强线覆盖弱线中心位置或者中心位置附近吸收系数随压强反比减小的幅度相同或者相近时，便造成了某一个或者几个在表现上与压强变化完全无关的吸收系数节点。

(4) 当压强很小时，谱线宽度主要由与压强无关的多普勒加宽决定，所以所有节点吸收系数在最初的小压强区域都是不变的。

由于图 7-11(a)包含了整个氧气 A 吸收带的所有弱吸收线，所以吸收系数的下限要比图 7-11(b)中仅包含强吸收线的部分吸收带的吸收系数下限要小得多。但两者所有节点上的吸收系数随压强变化的规律是一致的，并且波数空间越窄，高斯节点对 *k-g* 分布曲线描述得越精确，计算的平均吸收率精度也就越高。

图 7-12 分别给出了标准大气压下氧气 A 吸收带 12840～13170cm^{-1} 和 13100～13170cm^{-1} 两个波数范围内所有高斯积分节点上吸收系数随温度的变化曲线。从整体趋势上讲，温度对吸收系数的影响要比压强小得多，小吸收系数随压强变化的幅度可达 4 个数量级，而温度对其影响仅有 2～3 个数量级；大吸收系数随温度变化的幅度更小，基本可看成不变。从细节上讲，对气体吸收起主导作用的大吸收

系数随温度变化很小，基本可忽略不计；尤其是只包含强吸收谱线的图 7-12(b)，各节点上的吸收系数随温度变化曲线基本保持水平不变；对气体吸收影响不大的小吸收系数(较大吸收系数小 6～12 个数量级)随温度增加会有一定增大。积分节点上吸收系数之所以呈现如此的变化趋势，主要是因为吸收谱线强度受温度影响较大；在不同温度下氧气吸收系数相关性的分析中已经证明吸收系数随温度升高而增大，吸收谱线宽度与温度也呈弱正相关关系；对于谱线中心位置的大吸收系数由于$(v-v_0)^2$远小于谱线宽度，使得这些吸收系数与谱线宽度成反比，从而与温度也成反比；在吸收系数与谱线强度的正比关系和吸收系数与谱线宽度的反比关系共同作用下，大吸收系数节点上吸收系数曲线基本保持不变；而在线翼位置的小吸收系数在双重正比关系作用下吸收系数曲线逐渐上升。但是小吸收系数增大的量级并不足以使之影响气体的吸收，所以可以说各高斯积分节点上的吸收系数基本不变。积分节点吸收系数随温度变化的规律可以在确定不同温度压强下吸收系数关系式或者预制吸收系数列表时加以考虑，以求在保证精度的前提下进一步简化模型。

通过对氧气吸收系数温度、压强变化规律的分析可知，所有高斯积分节点所对应的吸收系数均存在一个压强阈值；当压强小于该阈值时，吸收系数不随压强改变而变化，当压强大于该阈值时，大吸收系数节点的吸收系数随压强增加反比减小，小吸收系数节点的吸收系数随压强增加正比增大。因此，在设定参考吸收系数后，可以对每个高斯积分节点用分段函数来计算该节点上任意压强下的吸收系数。所有节点上的吸收系数随温度变化基本不变，仅有小吸收系数会随温度增加有一定量级的增大，但其对吸收计算影响不大，所以可以对不同海拔处的压强配置一个固定温度值，在不降低精度的前提下来简化温度对吸收系数的影响。

7.2　非均匀路径的氧气吸收率模型

通过对氧气吸收系数 *k-g* 分布曲线相关性的分析，证明了氧气备选测距吸收带吸收系数分布之间具有很好的温度和压强相关性。在确定了氧气吸收系数的温度、压强变化关系和若干个温度压强关系下各高斯积分点上的吸收系数后，便可以插值计算出任意温度和压强下各高斯积分点的吸收系数值，从而利用 CKD 法解算某一路径的平均吸收率。下面将结合 CKD 法详细讨论实际非均匀大气内倾斜路径的氧气吸收率问题。

在 7.1 节的分析中已知吸收系数随海拔不同而变化，因此能否准确解算倾斜路径上任意点的海拔将直接关系到吸收系数计算的准确性。这里将地球看成一个标准的球体，半径为 R_e；已知观测平台 O 点的海拔为 h_0，从 O 点出发倾斜路径的天顶角为 θ_0，倾斜路径上任意一点 T 距离 O 点的路径长度为 l，如图 7-13 所示。

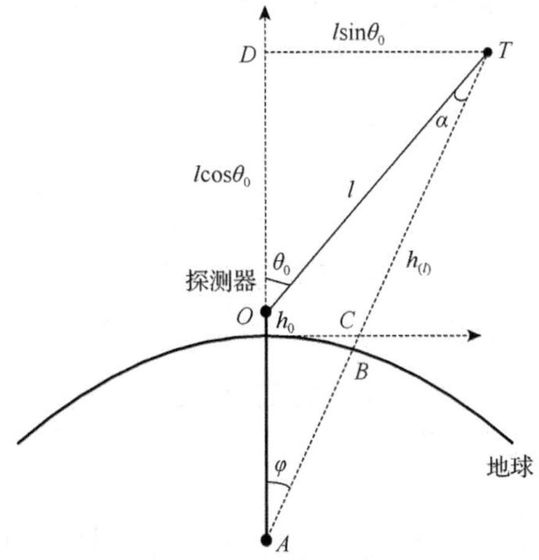

图 7-13　路径上任一点上的海拔图

路径上点 T 处的海拔可以在三角形 OAT 中利用余弦定理解得

$$h_{(l)} = \left[(R_e + h_0)^2 + l^2 - 2(R_e + h_0)l\cos(\pi - \theta_0)\right]^{1/2} - R_e \tag{7-8}$$

由于式(7-8)中开方项的存在不利于数学上的处理，这里对其进行进一步的近似；定义 φ 为目标与探测器连线路径对地心的张角，则在三角形 ATD 中定义张角的正切值：

$$\tan\varphi = l\sin\theta_0 \big/ \left(h_0 + R_e + l\cos\theta_0\right) \tag{7-9}$$

由于在本书所研究的探测距离内存在 $l\cos\theta_0 \ll R_e$ 和 $l\sin\theta_0 \ll R_e$，所以式(7-9)可以简化为

$$\varphi \approx l\sin\theta_0 \big/ (h_0 + R_e) \tag{7-10}$$

路径终点 T 位置上的海拔还可写成线段 BC 和 CT 长度之和，因此分别求出线段 BC 和 CT 之后便可将式(7-8)近似为

$$h_{(l)} \approx h_0 + l\cos\theta_0 + \frac{(l\sin\theta_0)^2}{2R_e} \tag{7-11}$$

如果忽略式(7-11)中第三项，该公式将变成平面地球模型下倾斜路径上海拔的求解公式。第三项的加入正是考虑了地球曲率的影响，等同于在平面地球模型的基础上对地球曲率变化引起的海拔变化进行了修正。所以该地球模型求解海拔的精度要比平面地球模型高，且路径长度越长，修正的效果越明显。

将实际非均匀倾斜路径按照路径长度变化分为若干个等长的子路径，如图 7-14

所示，从而将非均匀倾斜路径转化为若干个均匀路径进行处理。

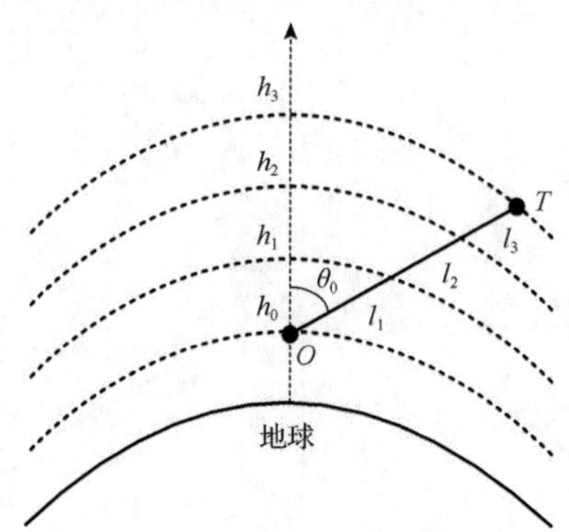

图 7-14　实际非均匀倾斜路径的分段示意图

实际非均匀大气中一条倾斜路径 OT，已知起始位置 O 点处的位置和气象信息 $(h_0,\theta_0;T_0,P_0)$；整个路径 OT 的长度 $L=l_1+l_2+\cdots+l_n=M\Delta l$；倾斜路径的每个分路径 Γ_i 可以用这段分路径两端的海拔信息和该段路径的长度信息进行标示，即 $\Gamma_i=\Gamma(h_{i-1},h_i,l_i)$。则倾斜路径 OT 在指定波数 v 处的光谱透过率为

$$T(L,v)=\mathrm{e}^{-\tau(L,v)} \tag{7-12}$$

式中，$\tau(L,v)$ 为倾斜路径在波数 v 上的光学厚度；L 为倾斜路径的总长度。单位长度上的光学厚度等于吸收气体的吸收系数乘以吸收气体的浓度，因此整个倾斜路径上的光学厚度可以表示为式(7-13)的形式：

$$\tau(L,v)=\int_L k(l,v)N(l)\,\mathrm{d}l \tag{7-13}$$

式中，l 为倾斜路径上的任意一点；$k(l,v)$ 为点 l 上波数 v 处的吸收系数；$N(l)$ 为点 l 处的吸收气体浓度；$\mathrm{d}l$ 为点 l 处的长度微元。

因为吸收系数是路径长度或者海拔的函数，所以用各段分路径中间点处的吸收系数和气体浓度作为该段子路径的平均吸收系数和平均吸收气体浓度，则整个倾斜路径上的总光学厚度公式可以改写为所有子路径光学厚度的累加形式：

$$\tau(L,v)=\sum_{i=0}^{M}k(i,v)N_i\Delta l \tag{7-14}$$

式中，$k(i,v)$ 为第 i 段子路径波数 v 处的吸收系数；N_i 为第 i 段子路径上吸收气体的平均浓度；Δl 为子路径的间隔长度。

接下来便是如何确定各个子路径的平均吸收系数和平均吸收气体浓度的问

题。已知 O 点处的位置信息，则可以根据式(7-11)求出第 i 段子路径两端的海拔信息：

$$
\begin{aligned}
h_{(i-1)} &= h_0 + (i-1)\Delta l \cos\theta_0 + \frac{[(i-1)\Delta l \sin\theta_0]^2}{2R_{\mathrm{e}}} \\
h_{(i)} &= h_0 + i\Delta l \cos\theta_0 + \frac{(i\Delta l \sin\theta_0)^2}{2R_{\mathrm{e}}}
\end{aligned} \tag{7-15}
$$

则该段子路径的平均海拔 $\overline{h_i} = (h_{i-1} + h_i)/2$ 。同时，已知 O 点的气象信息，则可根据式(2-1)和式(2-6)求出平均海拔位置处的温度和压强，并将其作为该段子路径的平均温度和平均压强：

$$
\begin{aligned}
&\overline{T_i} = T_{j,\mathrm{b}} + (\overline{h_i} - h_{j,\mathrm{b}})\delta_j \\
&\frac{\overline{P_i}}{P_{j,\mathrm{b}}} = \begin{cases} \exp[-a_0(\overline{h_i} - h_{j,\mathrm{b}})/\overline{T_i}], & \delta_j = 0 \\ (T_{j,\mathrm{b}}/\overline{T_i})^{(a_0/\delta_j)}, & \text{其他} \end{cases}
\end{aligned} \tag{7-16}
$$

式中，$T_{j,\mathrm{b}}$、$P_{j,\mathrm{b}}$ 和 $h_{j,\mathrm{b}}$ 为第 2 章大气分层中第 j 层大气最底端的温度、压强和海拔；δ_j 为第 j 层的温度变化率。各层底端的温度和压强可以根据 O 点实际测量的气象信息 (T_0, P_0) 进行预先解算，这样既可以避免使用某一固定大气轮廓线造成的误差，又可以避免计算每个子路径时重复计算各层底端的温度、压强信息。在获取该段子路径的平均温度和平均压强后，便可以根据理想气体方程和吸收系数的温压关系求解出该子路径的平均吸收系数和平均吸收气体浓度：

$$
\overline{N}_i = 0.2095 \frac{\overline{P_i}}{R\overline{T}_i} N_{\mathrm{A}} \tag{7-17}
$$

式中，R 为理想气体常数；N_{A} 为阿伏伽德罗常量。此时，倾斜路径上的总光学厚度如式(7-18)所示：

$$
\tau(L,v) = \sum_{i=0}^{M} k_v(\overline{T_i}, \overline{P_i})\overline{N}_i \Delta l \tag{7-18}
$$

则倾斜路径 OT 上的光谱透过率为

$$
T(L,v) = \exp[-\tau(L,v)] = \exp\left[-\sum_{i=0}^{M} k_v(\overline{T_i}, \overline{P_i})\overline{N}_i \Delta l\right] \tag{7-19}
$$

如果需要求解的是吸收带内某一波数空间的平均透过率，则利用 CKD 法可得平均透过率为

$$\overline{T}^{\text{ck}} = \sum_{g=1}^{G} a_g \exp\left[-\sum_{i=0}^{M} k_g(\overline{T_i}, \overline{P_i}) \overline{N}_i \Delta l \right] \tag{7-20}$$

从而得到 CKD 法下平均吸收率与路径长度的关系公式：

$$\overline{A}^{\text{ck}} = 1 - \sum_{g=1}^{G} a_g \exp\left[-\sum_{i=0}^{M} k_g(\overline{T_i}, \overline{P_i}) \overline{N}_i \Delta l \right] \tag{7-21}$$

式中，G 为高斯积分节点的个数；k_g 为第 g 个高斯积分节点处的吸收系数值；a_g 为第 g 个吸收系数所对应的概率。在已知倾斜路径总长度的前提下，可以通过直接累加 M 个子路径解算出倾斜路径上的平均吸收率；如果仅知道倾斜路径起点的位置信息和路径的平均吸收率，则可以利用式(7-21)求出若干个 M 值所对应路径长度处的平均吸收率，绘制出该倾斜路径方向上平均吸收率与路径长度的关系曲线，从而插值出某一测量吸收率所对应的路径长度。

因此，这里将式(7-21)作为实际大气非均匀路径的氧气吸收率模型；该函数不仅是个数值函数，而且还是个隐函数；虽然不能利用该函数直接解算目标距离，但是它却提供了一个方便、快捷的平均吸收率与路径关系曲线的制定方法。

在实际应用中，首先测得目标相对探测系统的方位信息和平均吸收率信息；然后便可利用方位信息结合探测器系统本身的位置信息和气象信息快速给出目标路径上平均吸收率与路径长度的关系曲线；最后利用测得的氧气平均吸收率及时插值出目标距离，数学模型的工作流程图如图 7-15 所示。

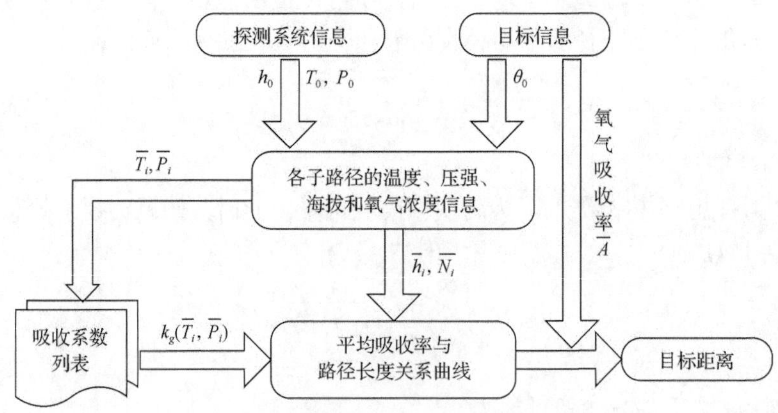

图 7-15　氧气吸收率与路径长度关系模型流程图

7.3　数学模型的数值分析

根据氧气吸收带 k-g 分布曲线的相关性，7.2 节在曲面地球模型的基础上利用

CKD 法建立起了实际大气非均匀路径氧气吸收率与路径长度的数学模型，但该模型是否能够适应于不同大气模式和不同倾斜路径情况尚需证明。下面将以 MODTRAN 软件为主，检验数学模型解算的平均吸收率与路径关系曲线、与软件计算关系曲线的重合度及利用数学模型求解目标距离的精度。

在吸收系数分布的温度压强变化关系分析中，已知不同高斯节点上吸收系数随压强的分段函数式变化规律和随温度的弱正比变化规律；在预先绘制吸收系数列表时，便有两种方式来处理温度变化对吸收系数的影响。第一种是以不同海拔的压强和温度轮廓线组合计算吸收系数分布，并提取相应高斯积分点上的吸收系数值，生成一个高斯积分节点与压强的二维吸收系数列表；当根据路径点上温度和压强插值计算相应高斯积分点上的吸收系数时，只利用压强值进行一维插值计算。第二种则是分别选取一些压强和温度格点，循环计算不同温度压强格点组合下的吸收系数分布，生成一个吸收系数随温度和压强变化的三维数据列表；利用该列表求解路径点的吸收系数时，在压强维度和温度维度进行二维插值求解。显而易见，第一种处理方式将会大大减少数据对资源的消耗并提高程序的解算效率，但对温度影响的简化处理是否会降低数学模型的解算精度，将在下面对其进行对比分析。

氧气 A 吸收带覆盖了约 330cm^{-1} 的波数空间，其中各种强度谱线共 430 条。在充分考虑大气层内温度及压强的变化范围和它们对吸收系数影响的基础上，选择 1976 年的美国标准大气模式的温度和压强轮廓线作为计算吸收系数列表的参考温度和压强，并在海平面位置增加一组（P=1100hPa，T=300K）压强和温度组合以保证压强取值能够覆盖整个大气层内的压强范围；而第二种处理方式中，压强格点仍取前面的压强轮廓线格点值，温度则选择 170K、250K 和 330K 三个温度格点，涵盖了整个大气层的温度变化范围。两种处理方式预制的吸收系数列表分别如图 7-16 和图 7-17 所示。

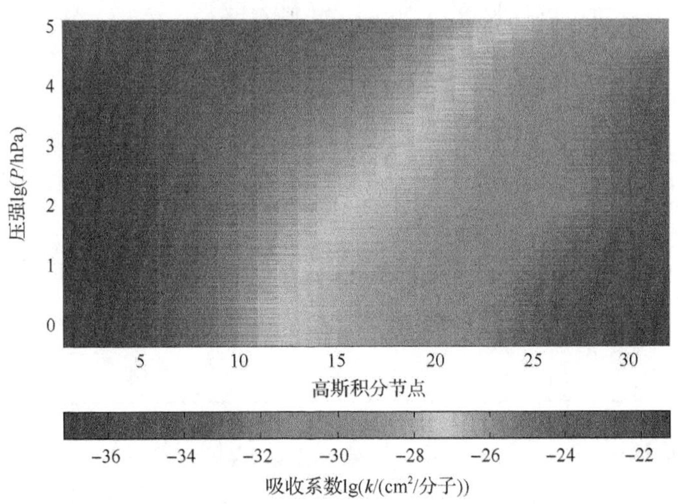

图 7-16　第一种处理方式下的高斯积分节点上的吸收系数图

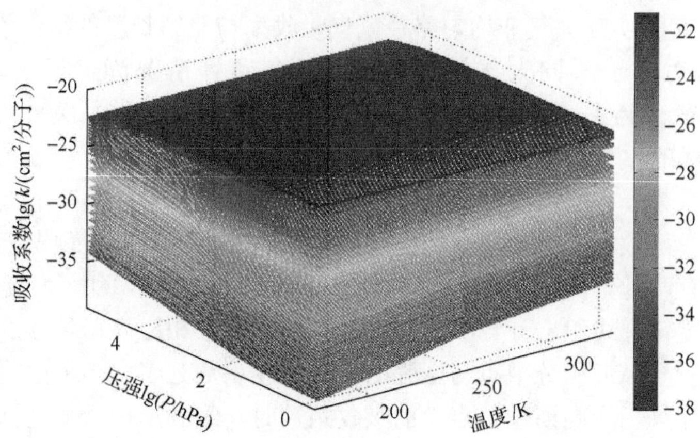

图 7-17　第二种处理方式下的高斯积分节点上的吸收系数图

对比图 7-16 和图 7-17 可知，第二种处理方式下的数据量增大三倍，并且随着温度格点的增多，数据量也会相应成倍增加。

1. 数学模型的适应性

为检验数学模型的正确性和适应性并分析两种吸收系数处理方式精度的差异，这里分别选取 MODTRAN 软件中的三种典型大气模式，并在每种大气模型下设置三条不同方向的非均匀路径，利用氧气吸收率与路径长度的数学模型计算设定路径上的氧气吸收率曲线并与软件的仿真曲线进行对比。第一条路径为从海平面 0km 到海拔 80km 的垂直路径，步长为 0.5km；第二条路径为从海平面 0km 沿 45°天顶角、路径长度为 50km 的倾斜路径，步长为 0.5km；第三条路径为从海拔 10km 沿 90°天顶角、路径长度为 200km 的倾斜路径，步长为 1km。MODTRAN 软件中的气溶胶模式为乡村大气能见度=23km、无云雨。三条路径所对应的探测系统气象信息如表 7-3 所示。

表 7-3　三条倾斜路径起点处的压强和温度信息

路径序号	压强和温度	MLW	TM	SAS
1 和 2	*P*/hPa	1018	1013	1010
	T/K	272.2	299.7	287.2
3	*P*/hPa	256.8	286.0	267.7
	T/K	219.7	237.0	225.2

表 7-3 中的 MLW、TM 和 SAS 分别代表的是 MODTRAN 软件中的中纬度冬季、热带、亚北极区夏季(sub-arctic summer，SAS)这三种大气模式；相应温度和压强信息是从这三种大气模式的轮廓线中获取的。接下来利用上述信息分别计算

各种大气模式下这三条路径的氧气吸收率曲线。

图 7-18 分别给出了三条倾斜路径在两种 CKD 法下的氧气平均吸收率曲线，以及与软件仿真曲线比较所得的相对误差曲线。图中路径 1、路径 2 和路径 3 的天顶角分别为 0°、45°和 90°；CKD1 和 CKD2 分别表示 CKD 法中的吸收系数列表是采用第一种和第二种处理方式绘制的。由图 7-18 可知，氧气吸收率与路径长度的数学模型在这三种典型大气模式中都能很准确地给出设定路径上的氧气平均吸收率曲线，具有很好的气象适应性；天顶角的变化虽然导致相对误差有所增加，但是相对误差限很小，从而证明了数学模型在不需要调整的情况下便可以适应不同海拔、不同天顶角的倾斜路径情况。通过两种吸收系数处理方式计算结果的对比，发现第一种处理方式在大大简化列表和程序复杂性的同时并没有明显的误差增加现象，从而说明利用第一种处理方式计算的吸收系数列表便可满足模型计算精度要求；路径 1 的相对误差基本上小于 1.5%且数学模型计算结果小于软件仿真结果；路径 2 的相对误差基本不大于 2%，其结果同样小于软件仿真结果；路径 3 的相对误差在整个 200km 的长度范围内最大不超过 5%，且比前两种路径的相对误差曲线都要稳定。

由此可知，数学模型能够较好地适应不同地域、不同季节及不同路径上氧气吸收率曲线的求解。整体而言，数学模型计算的氧气吸收率误差均是在开始段有所增加，达到一个最值后迅速减小，并逐渐变得平滑；同时相对误差并没有随路径长度增加而变大，说明了吸收率的计算误差并不随路径长度增加而增大，这便保证了氧气吸收被动测距技术的测距精度，同时也是该被动测距技术好于其他被动测距技术的优势所在。

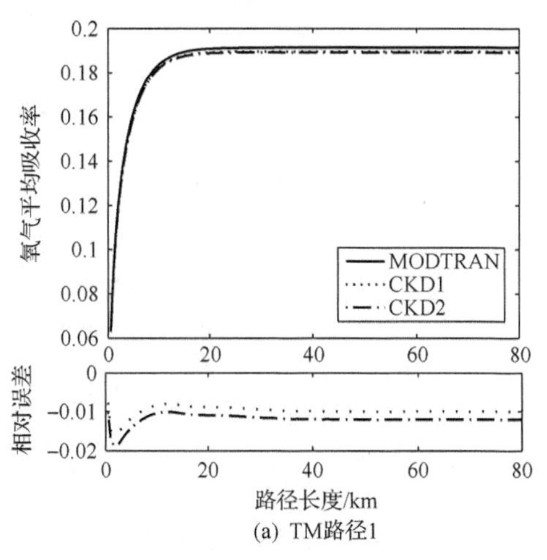

(a) TM路径1

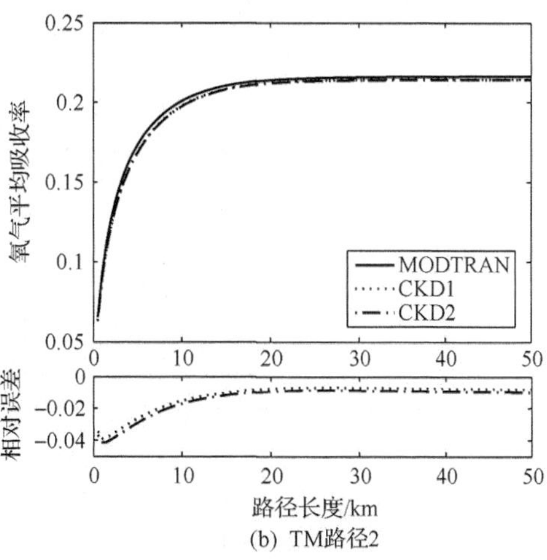

(b) TM路径2

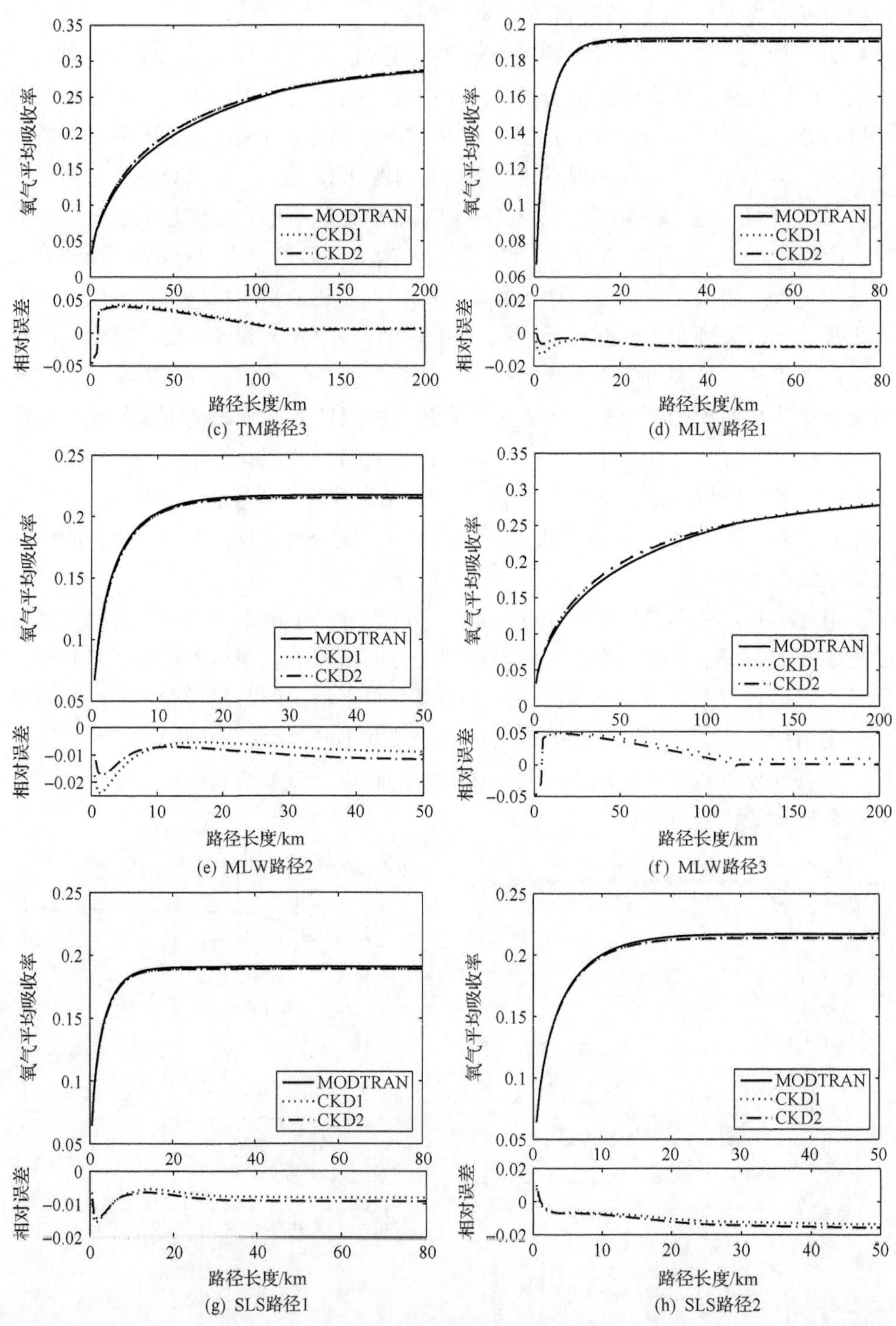

(c) TM路径3

(d) MLW路径1

(e) MLW路径2

(f) MLW路径3

(g) SLS路径1

(h) SLS路径2

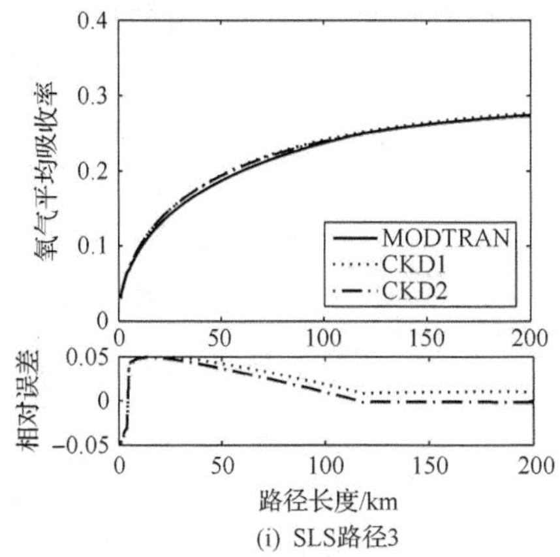

(i) SLS路径3

图 7-18　不同大气模式下氧气平均吸收率及其相对误差曲线

2. 数学模型的计算效率与误差

国外学者 Hawks[8]在 2006 年曾针对氧气吸收率与路径关系问题提出了利用带模式法中的随机分布模型和曲面地球模型建立平均吸收率与路径长度的数学模型，该模型函数与本章所建立的模型函数一样为数值隐函数；但是该模型中不仅包含不完全 Gamma 函数、贝塞尔函数和误差函数等计算复杂的特殊函数，而且还有四个未定参量，每次使用前需要预知所需路径上若干个距离点上的距离与氧气吸收率的对应关系，这样才能通过拟合方法确定该数学模型针对该路径的未定参量，从而绘制所需路径的氧气吸收率曲线，这显然是十分烦琐和困难的。

图 7-19 给出了 MLS 大气模式下 10km 海拔、89°天顶角路径上两种数学模型计算的氧气平均吸收率曲线。图 7-19(a)中显示的是 MODTRAN 软件仿真的平均吸收率曲线和带模式模型计算的平均吸收率曲线，以及带模式模型结果相对于软件仿真结果的相对误差。带模式模型从软件仿真曲线中等间隔地提取了 60 个距离点作为预知点，然后利用模型函数通过拟合方法求解出模型函数中的未定参数值，从而计算了该条路径的平均吸收率曲线；从获取已知数据点到完成曲线计算共耗时约 35s。图 7-19(b)中本章数学模型所计算曲线是在仅知探测系统位置及气象信息的情况下绘制的，过程简洁。当子路径步长为 1km 时计算 300km 距离上的氧气吸收率曲线共需时 1.34s，相比带模式模型来说时间要短得多。之所以本章数学模型在计算上述曲线过程中耗时较多，一方面是因为计算机硬件有限以及数学模型的程序未进行优化；另一方面则是计算的路径长度较长，累加次数较多。随着本书相关课题研究的深入，专用硬件设计和程序优化工作的完善，本章数学模型的计算效率仍能进一步得到提高。

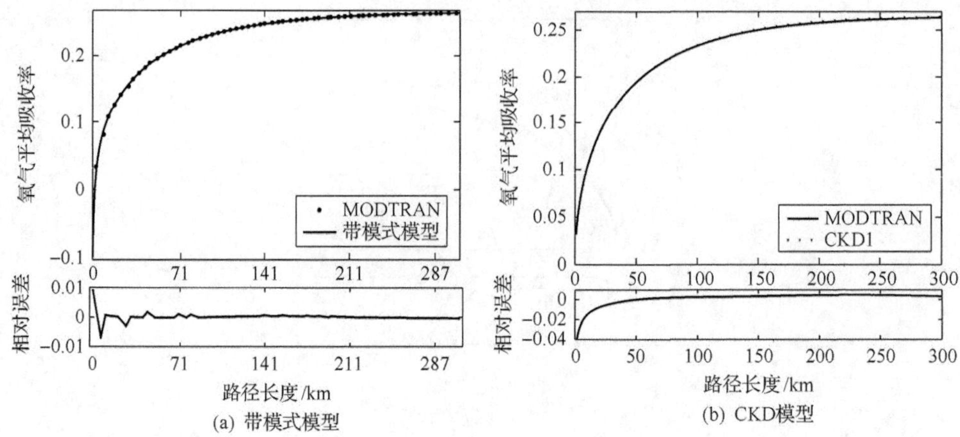

图 7-19　带模式模型和 CKD 模型的氧气平均吸收率及其相对误差曲线

从精度上来说，带模式模型的精度在路径开始段要好于本章数学模型的精度，但在远距离上二者的精度相当。之所以带模式模型精度在开始段要优于本章模型，是因为它利用了较多已知距离点对模型曲线进行了约束；如果已知点数减少，则该模型的计算精度必然受到影响。通过两种模型的对比，可知本章利用 CKD 法建立的数学模型不需要预知所求路径的相关信息，且能够在保证计算精度的同时大大提高计算效率。

在数学模型适应性分析中发现数学模型计算的吸收率误差会随天顶角和路径长度有所变化，但并未能发现吸收率相对误差的变化规律。下面分别利用数学模型解算不同路径长度、不同天顶角下设定吸收率所对应的距离值，将其与设定吸收率所对应的真实距离值进行比较，计算解算距离的相对误差，如图 7-20 所示。为了方便分析误差产生的原因，同时给出了各种情况下数学模型所生成的氧气平均吸收率曲线，如图 7-21 所示。

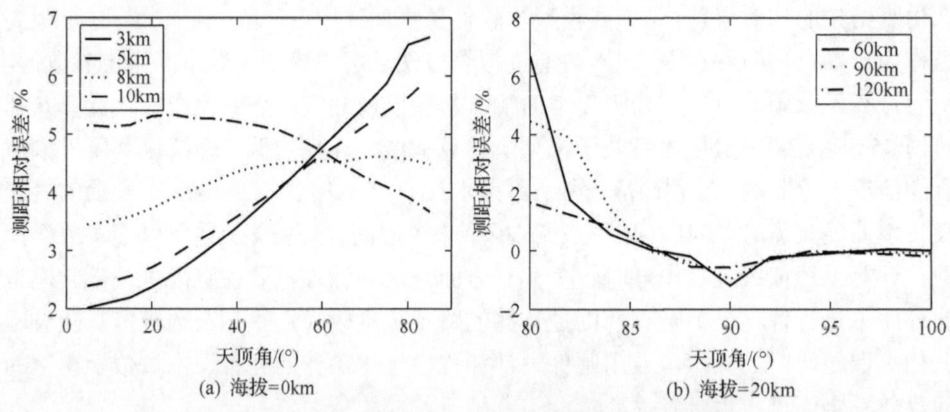

图 7-20　不同天顶角和不同海拔的测距相对误差曲线

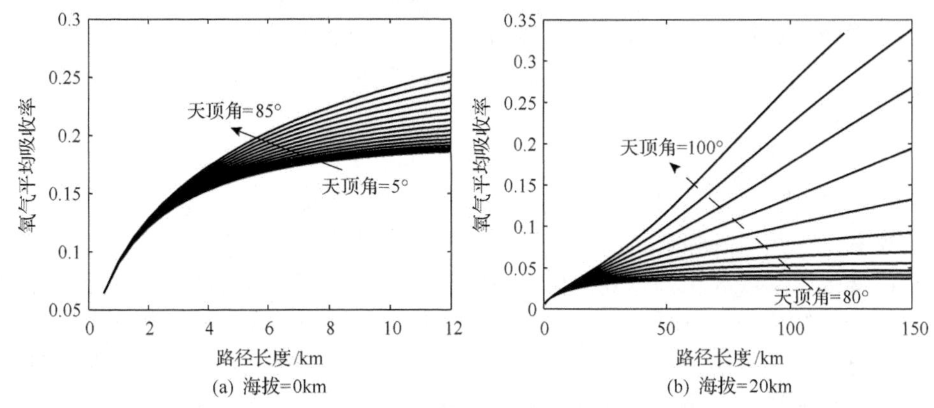

图 7-21　不同海拔和不同天顶角的氧气平均吸收率曲线

图 7-20 和图 7-21 中的(a)和(b)分别代表以下两种设置情况：一是海拔为 0km，天顶角取值范围从 5°度到 85°，相当于地基探测器情形；二是海拔为 20km，天顶角从 80°到 100°，类似于空基探测器情形。

图 7-20(a)中的 3km、5km、8km 和 10km 表示的是真实目标距离，四条曲线分别对应不同天顶角下数学模型在该距离值上的相对误差。从中可以看出，对于同一距离值，天顶角越大则相对误差越大；四条误差曲线在 60°左右发生交叉，小于 60°时距离值越小相对误差越小，大于 60°后则正好相反；其中 10km 距离值的相对误差随天顶角增加而减小好似与其他三条曲线不一致，其实是因为天顶角较小的平均吸收率曲线在 10km 距离长度处已经渐入平缓区域，在该区域内吸收率曲线斜率很小，所以测距误差较大；当天顶角大于一定值后，10km 距离值在其吸收率曲线上所对应的曲线区域又退出了曲线平缓区进入曲率较大的上升区，所以又能够较准确地解算目标距离。

从图 7-21(a)中也可得知，在海拔不变的情况下，小于 90°天顶角范围内的吸收率曲线斜率随角度增加而增大，曲线趋于水平所需的路径长度也越长，这时能够用于测距的有效曲线范围便越广；这也说明了要保证一定的测距精度则需要将被测目标距离保持在吸收曲线的明显上升区段，尽量避免进入平缓区段。

因为考虑到实际天基平台利用被动测距技术测距告警时的工作范围，故将 20km 海拔上的天顶角限制在 80°～100°，但所选距离值较大。在图 7-20(b)中三个距离值的相对误差除了在 80°天顶角附近较大外，在其他天顶角上都保持在 2%以下。由图 7-21(b)可知，在 80°天顶角附近的几条吸收率曲线在 50km 以后几乎水平，而图 7-20(b)中三条曲线的距离值均超过 50km，所以在这些天顶角附近的相对误差很大，解算的距离值近乎无测距意义；随着天顶角的增加，非均匀路径从倾斜向上到接近水平再到倾斜向下，路径上的吸收气体浓度和压强都越来越大，所以这些天顶角上的吸收率曲线保持着很好的曲线斜率，甚至在距离超过 100km 以后吸收率曲线斜率依然很大，这便保证了在如此长的距离上仍然能够保持很小的测距误差。这也说明了氧气吸收被动测距技术完全能够帮助空基平台实现对远距离敌方空中目标、地面目标的探测、识别、告警甚至跟踪，其探测距离远达一二百公里。

3. 数学模型输入参量误差的影响分析

在氧气吸收率与路径长度关系的数学模型中共有四个输入参量：测距系统位置处的海拔、温度和压强以及目标相对于测距系统的视在天顶角。前面不论是数学模型的气候适应性分析还是其相对误差变化规律分析，都是在准确输入参量下进行计算的；当数学模型的输入参量存在一定测量误差时，必然会给数学模型的解算精度造成影响，也就是说输入参量的测量误差会导致数学模型的解算误差进一步增大。

为了评估数学模型输入参量精度对测距误差的影响，在位置信息和气象信息上分别加入不大于±1%的测量噪声，利用具有参量误差的数学模型对 MODTRAN 软件仿真的四个氧气吸收率进行目标距离的解算，分析解算距离误差的变化规律。

MODTRAN 软件的设置情况如下：中纬度夏季大气模型，乡村大气能见度=23km 大气气溶胶模型，无云雨，海拔为 10km，天顶角为 89°，路径长度 300km，步长为 1km；吸收率计算波数范围为 13100～13170cm^{-1}。测距系统位置处的气象信息为 T=235.3K，P=28100.0Pa。四个不同距离点的真实距离及其吸收率为(50km, 0.5781)、(100km, 0.6768)、(150km, 0.7164)和(200km, 0.7333)。分别利用输入信息具有测量误差的数学模型解算对应距离点氧气吸收率的距离估计值，并计算它们的相对误差，结果如图 7-22 所示。

图 7-22 分别给出了不同距离点上海拔、温度、压强和天顶角相对误差与数学模型解算距离相对误差的关系曲线。之所以要分析不同距离点上的距离相对误差变化情况，是因为路径的氧气吸收率曲线会随路径长度增加而逐渐扁平，曲线曲率的减小将造成路径上不同距离点处的解算误差对相同参数误差的敏感程度不同。所有输入参量无测量误差时，数学模型在 50km、100km、150km 和 200km 四个距离点上解算距离的相对误差为 –1.1664%、–2.6451%、–3.8930%和 –7.5425%，这些误差是数学模型的固有误差，与建立模型的方法及对模型的近似处理有关，这些将在 7.4 节进行分析。

海拔误差影响下的距离误差随海拔的降低而增大，但距离相对误差仅在数学模型固有误差附近波动且幅度很小。当测量海拔大于真实海拔时，数学模型中解算路径的氧气吸收率曲线会因为压强和温度的减小而比无误差数学模型中的曲线更加靠近真实路径的氧气吸收率曲线，这时反而抵消了一部分数学模型的固有误差，使得距离相对误差小于固有误差；反之，当测量海拔小于真实海拔时，由于解算路径上温度和压强的增大，模型氧气吸收率曲线进一步升高，从而使得解算距离误差进一步增大。

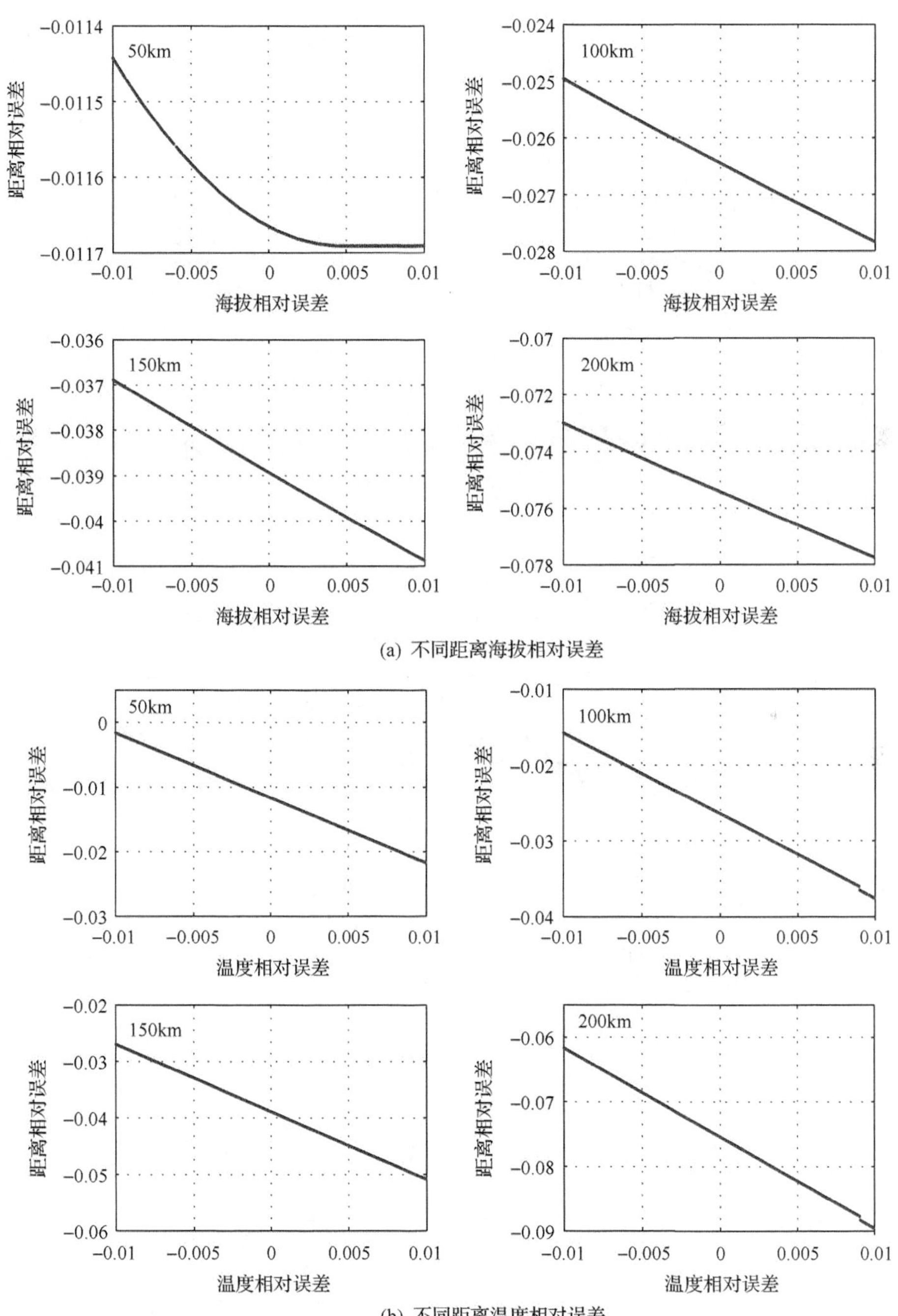

(a) 不同距离海拔相对误差

(b) 不同距离温度相对误差

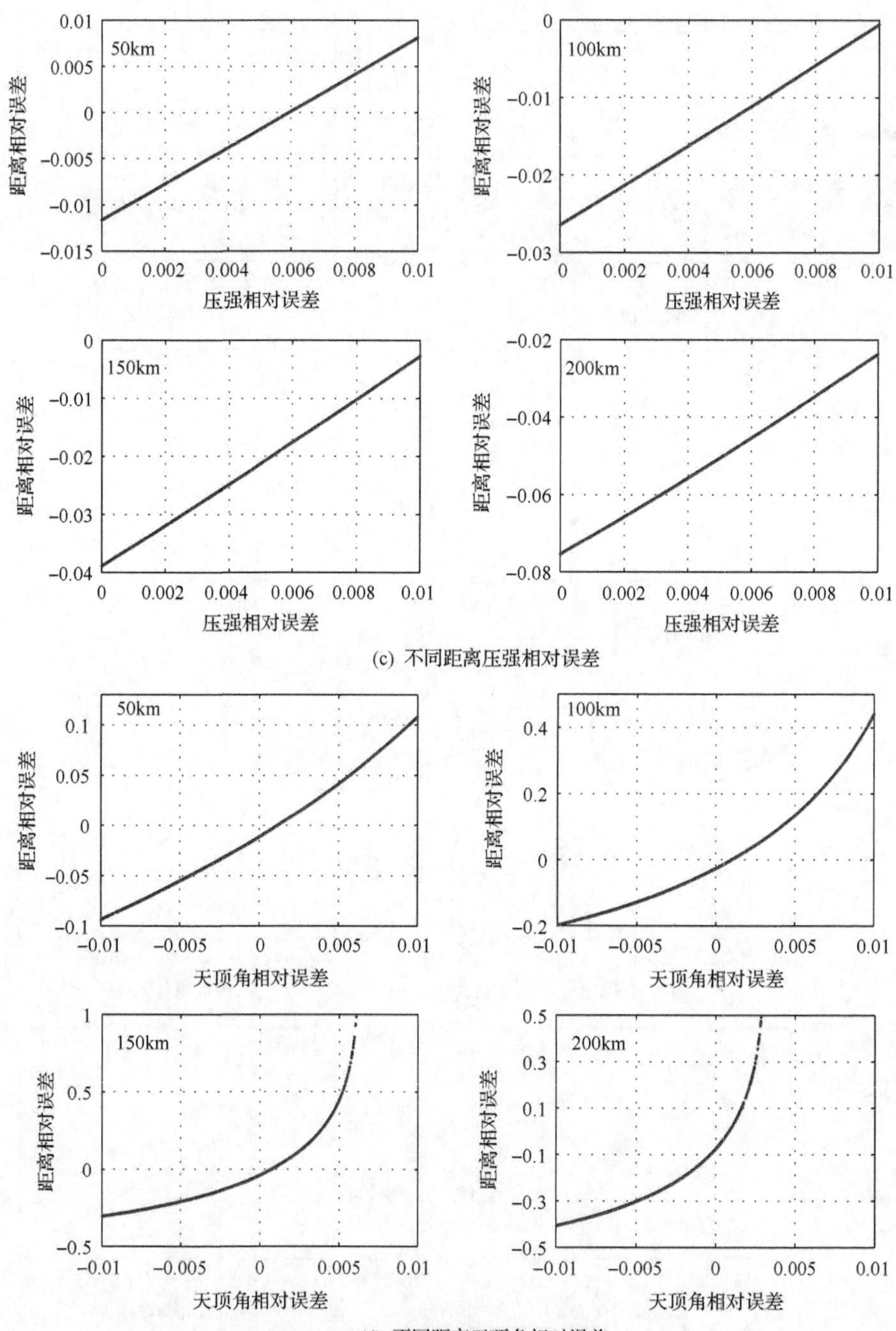

图 7-22　不同参数误差下数学模型解算距离的相对误差曲线

温度误差影响下的距离误差变化规律与海拔误差影响下的变化规律相似。当温度升高时路径上的氧气分子浓度降低吸收变弱，从而导致新的模型曲线低于无误差模型的曲线，但仍高于真实曲线，这时解算距离仍小于真实距离但误差有所减小；反之，模型曲线将接近甚至高于无误差数学模型中的解算曲线，导致测距相对误差进一步增大。

压强误差影响下的距离误差随测量压强减小而减小。这是因为吸收系数大小与压强大小同向变化，压强减小带来的吸收减弱使得新的模型曲线由高向低逐渐接近真实氧气吸收率曲线，所以解算距离误差也随之逐渐减小；在压强持续减小吸收持续减弱下，模型曲线会逐渐低于真实吸收曲线，此时距离误差会随压强减小而开始增大。

天顶角误差影响下的距离误差变化规律与压强误差影响下的变化情况一致；当天顶角测量值大于真实值时，数学模型解算路径上的氧气浓度变大吸收变强，模型曲线高于真实吸收率曲线，所以解算距离误差较大；随着天顶角测量值的减小，解算路径上吸收逐渐减弱，此时模型曲线逐渐下降接近真实吸收曲线，所以解算距离误差逐渐减小；但当模型曲线随天顶角减小而越过真实吸收曲线继续下降时，由于解算路径上氧气浓度的快速减少吸收变弱，此时的解算距离误差迅速增大。

前面单独分析了各个参量误差影响下的距离误差变化规律及其原因。虽然四个参量的测量误差都会对解算距离造成影响，但是距离误差变化趋势和幅度都不相同。相比之下，数学模型对天顶角测量误差最为敏感，其次是压强测量误差；海拔和温度测量误差对数学模型的影响都很小。同时，相同误差影响下的目标距离越远，数学模型解算误差受到的影响越大，这是由吸收率曲线随目标距离增加而逐渐扁平引起的。

通过上述分析可知，在实际应用中为了保证数学模型的解算距离精度，应当尽可能提高测距系统位置和海拔信息的测量精度，尤其目标视在天顶角的测量。

综上所述，通过对两种吸收系数列表生成方式的分析和对比，证明了利用二维吸收系数列表不仅具有与三维吸收列表相似的计算精度，而且数据量小、插值速度快、计算效率高；通过数学模型对不同大气模式下不同倾斜路径氧气吸收率曲线的解算，证明了数学模型在不同大气、不同季节、不同路径下的适应性；通过带模式模型与本章数学模型的对比，证明了本章数学模型虽然形式简单，但由于它是从吸收系数这一根源出发解决平均吸收率计算问题的，所以本章模型能够在保证计算精度的同时大大提高计算效率。地基探测器情形和空基探测器情形的测距误差结果一方面表明应当使被测距离值保持在吸收率曲线的上升区段以减小测距误差；另一方面说明本书所研究的被动测距技术在空基情形下不仅测距精度高，而且测程很远，非常适合作为飞行平台的被动跟踪告警装置。数学模型参量误差的影响分析表明，数学模型对目标视在天顶角和测距系统位置处压强变化都较为敏感，而温度和海拔测量误差对数学模型的影响较小，所以在实际应用中应当尽可能保证目标视在天顶角和压强的测量精度，从而避免不必要的模型解算误差。

7.4　数学模型的误差分析

试验已经证明了基于氧气光谱吸收效应被动测距技术的可行性及数学模型的有效性。虽然在测量误差影响下模型解算距离误差较大，但背景消除后1%的距离计算误差依然表明近距离上数学模型本身的解算距离误差并不是很大。由于实际条件限制，课题组前期所能进行被动测距试验的距离是十分有限的。为了将该数学模型下的被动测距技术扩展到更远的探测距离上，本节将对数学模型进行误差特性分析，研究数学模型误差的变化规律及这些误差对氧气吸收被动测距技术的影响，为氧气吸收被动测距技术的实际应用提供一定的理论依据。

利用 CKD 法和曲面地球模型在建立氧气吸收率计算模型的过程中，共进行了以下三个近似。首先是利用 CKD 法代替 LBL 积分法计算吸收带指定波段范围的平均吸收率；其次是忽略大气折射率对辐射路径的影响，利用曲面地球模型中的视在路径代替真实辐射路径计算氧气吸收率，解算目标距离；最后是将连续路径分割成若干子路径，以有限个子路径代替无限个路径微元计算整个路径上的氧气吸收率。这些近似处理将导致数学模型计算的氧气吸收率与真实氧气吸收率之间存在偏差，从而造成了数学模型的解算距离误差，影响了氧气吸收被动测距技术的测距精度。下面将依次对这些近似处理产生的误差进行分析，给出这些误差影响下氧气吸收被动测距技术中数学模型解算距离误差的变化规律。

7.4.1　吸收系数误差

对于特定温度和压强下一定带宽范围内平均吸收率的计算，LBL 积分法首先以小于谱线宽度的步长对整个带宽范围进行分割离散，然后逐条计算所有谱线在离散波数上的吸收系数，最后通过大量的累加积分得到整个带宽范围内的平均吸收率。而 CKD 法则是对 LBL 积分法第二步得到的离散波数上的吸收系数按照大小进行重排，对重排后得到的单调平滑曲线在吸收系数空间通过若干项的积分得到整个带宽内的平均吸收率。两者的差异存在于它们对吸收系数的处理上；前者精细的子区间分割和上万项的求和必然比后者若干个大积分区间的求和要准确，所以利用 CKD 法代替 LBL 积分法计算平均吸收率必然会给吸收率的计算引入一定的误差。

由于该误差是由两种算法对吸收系数处理方式不同而引起的吸收率计算误差，因此这里称为吸收系数误差；它等于 CKD 法计算所得氧气吸收率相对于 LBL

积分法结果的相对误差。

在 7.1.3 节氧气吸收系数的温度压强变化关系的讨论中简单地对水平均匀路径和垂直非均匀路径上 LBL 积分法和 CKD 法的计算精度进行了对比分析。虽然给出了 CKD 法在一些情况下的误差大小，但其主要目的是确定高斯积分节点的个数。本节将在固定高斯积分节点下，详细分析吸收系数误差大小与温度、压强、谱带宽度的关系。

1. 吸收系数误差与谱带宽度的关系

吸收带内用于测距的谱带位置和宽度是可以根据实际需求进行选定的；谱带位置和宽度不同导致了它们所包含吸收谱线条数和谱线强度的差异；这将导致 *k-g* 分布曲线的形状、平缓程度等发生改变。数学模型中的 CKD 法共利用 32 个高斯积分节点来对 *k-g* 分布曲线进行积分，由于高斯积分节点的个数和分布均是一定的，那么被积曲线的改变必然会导致积分误差发生变化；LBL 积分法被认为是精度最高的算法，其结果可近似为真实值。下面设定一定的温度、压强及氧气浓度，计算不同谱带宽度下吸收系数误差的变化情况。

假设温度为 294.2K，压强为 1013hPa，氧气分子含量为 1mol，吸收谱带范围为 12840～13170cm^{-1}；利用蒙特卡罗法随机产生谱带的起始波数和终止波数，并在该谱带内分别利用 LBL 积分法与 CKD 法计算氧气平均吸收率及 CKD 法计算结果相对 LBL 积分法计算结果的相对误差，该计算过程共循环 3000 次，其结果如图 7-23 所示。

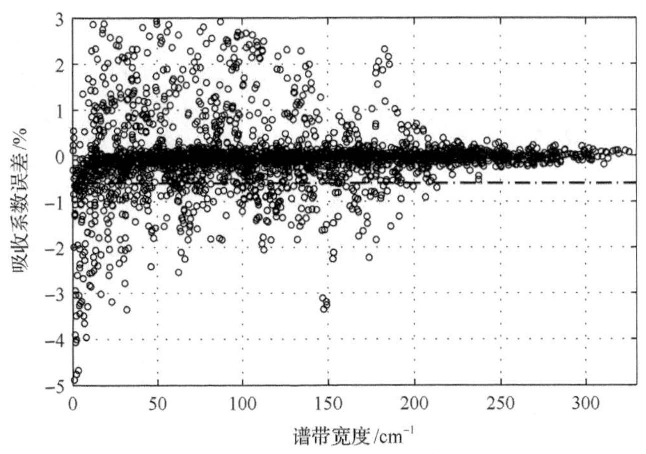

图 7-23　吸收系数误差随谱带宽度变化分布图

图 7-23 中的点画线代表所有循环次数下的平均吸收系数误差，圆圈表示每次循环所对应的具体吸收系数误差值。由图 7-23 可知，在谱带宽度较小时吸收系数

误差分布较为松散，会出现一些较大的吸收系数误差，而随着谱带宽度的增加，吸收系数误差越来越集中，特别是当谱带宽度超过 200cm^{-1} 以后吸收系数误差基本上保持在±0.5%以内；在所有循环内，较大吸收系数误差的次数十分有限，绝大多数循环下的吸收系数误差都很小；虽然所有循环下的平均吸收系数误差为 0.67%，但是绝大多数吸收系数误差值不仅明显小于该误差值而且它们的分布变化几乎水平。

在近红外波段 1nm 约为 17cm^{-1}；在实际应用中吸收带内测距光谱通道为了满足远距离测距需要，谱带宽度往往可达几纳米或十几纳米，这时吸收系数误差会更加集中，出现较大误差的概率也会很低。因此，可以忽略吸收带内测距光谱通道谱带宽度变化对吸收系数误差的影响，将±0.5%作为谱带宽度影响下吸收系数误差的误差限。

2. 吸收系数误差与温度和压强的关系

由于吸收系数大小与温度和压强有关，所以在谱带位置和宽度不变的情况下温度和压强变化会引起 *k-g* 分布曲线形状发生改变，从而导致吸收系数误差的变化。为了了解温度和压强变化对吸收系数误差的影响，这里将吸收带的带宽设为氧气 A 吸收带的全带宽，波数范围为 12840～13170cm^{-1}；单独讨论温度变化影响时，压强值取 1013hPa，温度范围为 200～350K；单独讨论压强变化影响时，温度值取 294.2K，压强范围为 0.5～1013.25hPa。分析方法依然采用蒙特卡罗法，吸收系数误差随温度和压强变化的分布图如图 7-24 所示。

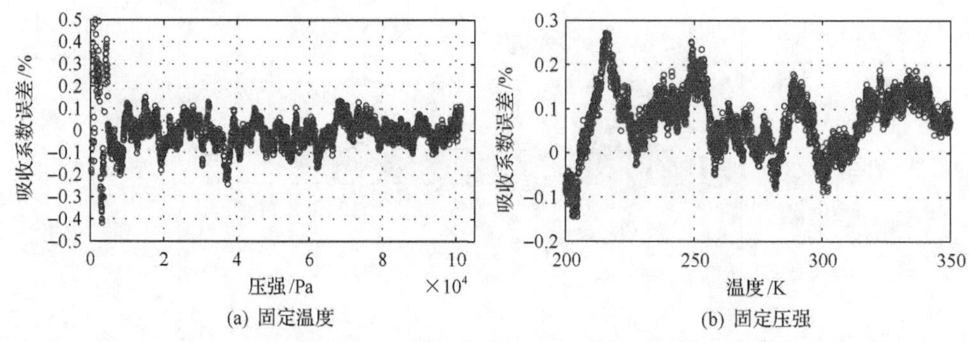

图 7-24　吸收系数误差随温度和压强变化分布图

图7-24单独给出了固定温度下吸收系数误差随压强变化的分布图和固定压强下吸收系数误差随温度变化的分布图。整体上看，不论是温度变化还是压强变化都会导致吸收系数误差产生一定幅度的波动且无明显规律，但是在整个变化范围内的误差大小均十分有限。单独来看，压强影响下的吸收系数误差只有在大气高层的极低压情况下出现稍大的误差值，在中低空压强下的吸收系数误差始终保持

在很小的误差范围内；温度变化对吸收系数误差的影响要比压强简单，所有温度下的误差均落在±0.3%的误差范围内，没有出现较为剧烈的误差变化。由此可以确定温度和压强变化对吸收系数误差虽然有较小的波动影响，但在整个大气层的温度和压强变化范围内吸收系数误差都始终保持在不到±0.3%的误差限内。

本节从谱带宽度、大气压强和温度这三个影响吸收系数计算的因素出发，讨论了利用 CKD 法代替 LBL 积分法计算平均吸收率而产生的吸收系数误差。结果表明，这三个影响吸收系数分布的因素都会引起吸收系数误差的变化，但误差总体保持在一个小于±0.5%的误差范围内，并且在整个大气层尤其是应用最广泛的中低层大气内的吸收系数误差都始终维持在这一误差限内。由此可知，不论是短程距离解算还是远程距离估计，算法替换引起的吸收系数误差对数学模型的影响是一定的且影响程度很小，不会随着测量距离的增加而变化。因此，不会对数学模型在更远距离测距中的应用造成影响。

7.4.2　折射吸收误差

吸收系数误差是从吸收率计算方法本身出发分析数学模型计算氧气平均吸收率的相对误差大小。而在计算实际大气中的氧气吸收率是按照一定的路径进行计算的。如果数学模型用于计算氧气吸收率的路径与真实目标辐射路径不一致时便会导致数学模型解算目标距离与真实目标距离之间产生偏差。

大气的非均匀性不仅造成了氧气分布的不均匀，还使光波传输路径发生弯曲；从而导致了实际大气中目标辐射传输路径与目标和探测器之间直线路径的距离差，这也是主动测距技术的距离误差。

本书被动测距技术中的数学模型在确定吸收计算路径时是根据光路可逆原理沿视在天顶角方向路径进行计算的；它通过对视在天顶角路径不同距离上氧气吸收率的计算寻求与实际测量氧气吸收率相等时的路径长度，并将其作为数学模型的解算目标距离；由于两条路径上的氧气分子浓度和吸收系数都存在差异，所以造成了模型解算距离与真实辐射路径长度之间的距离差。数学模型在利用曲面地球模型确定模型计算路径时为了简化需要，并未考虑由大气折射率不一致导致的视在天顶角方向计算路径、目标真实辐射路径及目标和探测器之间直线路径这三者的不一致情况。因此，视在路径与辐射路径的距离差和辐射路径与真实距离的距离差的代数和便是本节被动测距技术的模型解算距离误差。

由于一方面本节的主要目的是分析大气折射率影响下解算距离误差对数学模型的影响；另一方面是为了分析方便，所以这里暂不考虑吸收系数的影响，将路径上所有点处的吸收系数看成一个常数；此时，吸收率的计算将变成两种路径上氧气分子含量的积分计算。由于这种路径误差是由大气折射引起的，所以这里将路径差异导致的解算距离误差称为折射吸收误差[9]。同时，由于数学模型在确定目标距离时是以解算路径上某一距离值上的氧气吸收率与测量氧气吸收率相等为依据的，所以这里以解算路径长度与真实目标距离的差值作为折射吸收误差的大小。

1. 大气折射率影响下的折射吸收误差

辐射在均匀介质中沿直线传播，但实际大气介质却是非均匀的，折射率的变化必然引起辐射传输方向的改变，使辐射路径发生折射。假定探测器位于海拔 h_0 的位置，目标 T 位于海拔 h_T 的地方，如图 7-25 所示。L_r 为目标与探测器之间直线路径 OT 的长度，它不仅是均匀大气情况下的目标辐射路径，更是所有测距技术求解的目标真实距离。

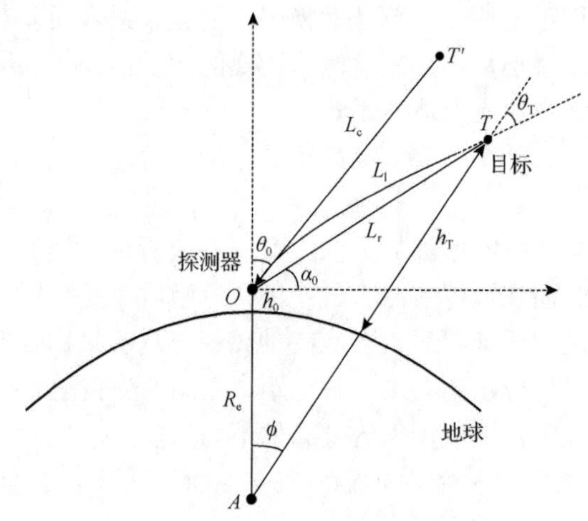

图 7-25　目标辐射路径与视在路径示意图

图 7-25 是实际大气中目标辐射路径与数学模型解算视在路径的示意图。在实际大气中由于大气折射率的影响，目标辐射在大气中的路径由直线变成了弧线，即连接目标位置 T 点与探测器位置 O 点的曲线路径 OT，其长度为 L_l；θ_0 为目标相对于探测器的视在天顶角，它是弧线 OT 在探测器位置处的切线与天顶方向的夹角；L_c 为数学模型的解算路径；T'为与辐射路径等吸收的视在路径终点，也是假目标点。

当不存在大气折射率时图 7-25 中的三条路径将重合，此时 $L_r = L_l = L_c$。但真实存在的大气折射率使得目标辐射在传输过程中不断发生偏折，从而形成了一条弧线；此时目标真实距离为弧线两端连接线的直线距离，显然有 $L_l > L_r$。数学模型中的解算路径是沿视在路径进行计算的，由于该路径是弧线的切线，所以视在路径上所有点的海拔均高于辐射路径上对应点的海拔；而海拔的增加使得路径上的氧气分子浓度减小吸收变弱，从而导致视在路径需要更长的距离方能与辐射路径实现相同的吸收效应，这时便有 $L_c > L_l$。因此，本书数学模型在大气折射率影响下的折射吸收误差便等于 $L_c - L_r$。

为了单独分析折射吸收误差对数学模型的影响，已假定吸收系数为一个常数；根据式(7-13)可知，此时某一路径上的吸收光学厚度便等于该路径上氧气分子含量的积分。数学模型中的氧气含量积分路径是视在路径，为一条倾斜向上的射线，比真实目标辐射路径的海拔要高，且距离探测器越远海拔差越大。众所周知，大气分子浓度随海拔指数衰减，氧气作为大气中的第二大组分气体，其分布规律更是如此。因此，如果要使视在路径上氧气含量积分等于目标辐射路径的氧气总含量，那么视在路径长度 L_c 要大于 L_l。下面将依次对视在路径和目标辐射路径上氧气含量进行积分计算。

2. 视在路径上的氧气含量计算

实际大气复杂多变，很难利用数学公式来精确地描述大气剖面。因此，通常情况下将大气浓度分布假设为一个简单而准确的指数分布。这里假设氧气分子浓度随海拔增加而指数衰减，如式(7-22)所示：

$$N(h) = N_0 \exp(-h / H) \tag{7-22}$$

式中，N_0 为海平面上的氧气分子浓度；H 为大气标高[10]；h 为海拔。

由式(7-8)和式(7-22)积分可得出视在路径上的氧气总量为

$$m_{O_2} = N_0 \int_0^{L_c} \exp\left[-\left(\sqrt{(R_e + h_0)^2 + l^2 + 2(R_e + h_0) l \cos\theta_0} - R_e\right) \Big/ H\right] dl \tag{7-23}$$

式中各符号的定义与图 7-25 和图 7-13 中的定义相同；等式右侧的积分上限即为视在路径上的等效路径长度。

3. 辐射路径上的氧气含量计算

大气折射率影响下的目标辐射在大气中沿曲线路径进行传播。路径的弯曲程度由大气折射率的变化规律和光束的初始入射角共同决定。大气折射率变化是由大气密度的分布不均匀引起的，同时又与温度、压强和湿度有关[10,11]。因为准确获取大气折射率分布是十分困难的。常用的折射率模型有分段分布模型、指数分布模型和 Gamma 分布模型[12]。其中分段分布模型精度最高，指数模型方便但误差较大，Gamma 分布模型可调整参数较多，精度比较好。由于本节的目的是讨论大气折射效应所引起的折射吸收误差及其变化规律，并非分析不同大气折射率模型的精度，因此这里以指数分布模型为例。

一般情况下，水平方向上的大气折射率变化要比垂直方向小 1～3 个量级。这里假设大气折射率在水平方向上均匀。将大气在垂直方向上按折射率分为若干层，各层内的折射率及其他物理参数均相同，如图 7-26 所示。已知探测器位于海拔 h_0

处，折射率为 n_0；目标处的海拔为 h_T，折射率为 n_T；辐射传输路径 S 上任一点 E 处的海拔为 h，折射率为 n，天顶角为 θ。根据大气光路方程可知

$$n_0(R_0+h_0)\sin\theta_0=n(R_0+h)\sin\theta=n_T(R_0+h_T)\sin\theta_T=\text{Const} \tag{7-24}$$

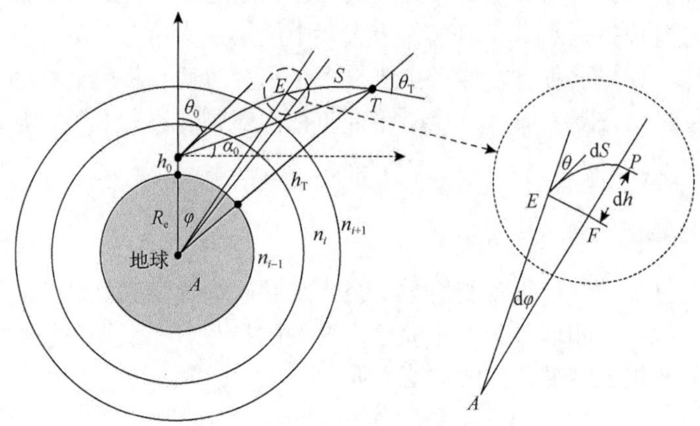

图 7-26 实际大气中目标辐射路径示意图

在辐射传输路径 S 上的 E 点处取小段微元 dS，如图 7-26 右侧所示；E 点处入射角为 θ，海拔变化量为 dh。根据三角函数关系可知

$$\cos\theta=\mathrm{d}h/\mathrm{d}S \tag{7-25}$$

由式(7-24)可知

$$\cos\theta=\sqrt{\frac{n^2(R_0+h)^2-n_0^2(R_0+h_0)^2\sin^2\theta_0}{n^2(R_0+h)^2}} \tag{7-26}$$

联立式(7-25)和式(7-26)可得辐射路径上任一微元为

$$\mathrm{d}S=\frac{n(R_0+h)}{\sqrt{n^2(R_0+h)^2-n_0^2(R_0+h_0)^2\sin^2\theta_0}}\mathrm{d}h \tag{7-27}$$

则辐射路径上的氧气总量为

$$m_{O_2}=\int_0^S N(S)\mathrm{d}S=N_0\int_{h_0}^{h_T}\exp\left(-\frac{h}{H}\right)\frac{n(R_0+h)}{\sqrt{n^2(R_0+h)^2-n_0^2(R_0+h_0)^2\sin^2\theta_0}}\mathrm{d}h \tag{7-28}$$

其中，折射率 $n=1+10^{-6}N$，大气折射指数 $N=N_s\exp(-h/H_s)$，N_s 为地面折射指数，h 和 H_s 分别为海拔和大气等效高度。

当探测器和目标位置已定且辐射进入探测器的天顶角已知时，便可由式(7-28)

计算出目标辐射路径 S 上的氧气含量。当式(7-23)右侧积分上限的距离值使得左侧积分的氧气含量等于式(7-28)左侧的氧气含量值时，积分上限的距离值便是数学模型的解算距离值。显然，该距离值不但大于辐射路径长度，而且大于目标与探测器之间的真实距离。

由图 7-26 右侧的微元放大图可知地心张角为

$$\varphi = \int_{h_0}^{h_T} \frac{\mathrm{d}h}{(R_0 + h)\cot\theta} = \int_{h_0}^{h_T} \frac{n_0(R_0 + h_0)\sin\theta_0}{(R_0 + h)\sqrt{n^2(R_0 + h)^2 - n_0^2(R_0 + h_0)^2 \sin^2\theta_0}}\mathrm{d}h \tag{7-29}$$

在三角形 AOT 中，根据余弦定理可得目标相对探测器的真实仰角和目标距离探测器的直线距离：

$$\alpha_0 = \arctan\left[\frac{(R_0 + h_T)\cos\varphi - (R_0 + h_0)}{(R_0 + h_T)\sin\varphi}\right] \tag{7-30}$$

$$L_r = \frac{(R_0 + h_T)\sin\varphi}{\cos\alpha_0} \tag{7-31}$$

由此便可计算出氧气吸收被动测距技术中数学模型的折射吸收误差为 $\Delta L = L_c - L_r$；俯仰角误差为 $\Delta\alpha = \pi/2 - \theta_0 - \alpha_0$。

4. 数值分析

为了分析不同视在天顶角下折射吸收误差的变化规律，本节对不同视在天顶角下折射吸收误差的相对误差进行计算。在数值计算中，大气折射率指数模型的参数取经验数值[13]：地面折射指数为 255.5，大气等效高度为 8.3857km；海平面单位体积内的氧气分子含量为 5.3368×10^{24} 个/cm^3，且氧气分子分布指数模型中的大气标高为 8km，地球平均半径为 6370km。

1) 视在天顶角≤90°

设探测器海拔为 1km，目标海拔取大于探测器海拔的不同海拔值，视在天顶角取值范围不大于 90°；从而模拟地基探测器被动测距情形，其数值计算结果如图 7-27 所示。

图 7-27 给出了不同视在天顶角下折射吸收误差相对误差与目标真实距离的关系曲线。当天顶角一定时，相对误差随目标真实距离增加而增大，且增大速度是先快后慢。0°到 30°天顶角范围内视在路径长度受大气层高度影响只能达到 80km 左右，但在有限路径长度内各视在路径的相对误差以基本相同的斜率上升。30°以上天顶角内的路径长度随着角度的增加明显增长，同时相对误差随路径长度增加的速率随角度增大而逐渐减小；且斜率减小的开始距离随角度增大而逐渐变短，

在 90°时视在路径的相对误差斜率从 35km 起便开始减小。之所以折射吸收误差呈现如此的变化规律，是因为折射吸收误差是由视在路径与辐射路径之间的海拔差与氧气分子浓度差共同决定的。为了分析折射吸收误差变化规律产生的原因，首先需要了解海拔差和氧气分子浓度差随目标距离的变化规律。因此，分别计算 30°、45°和 60°视在路径上不同目标距离处目标点与对应视在路径上假目标点之间的海拔差与氧气分子浓度差，结果如图 7-28 所示。

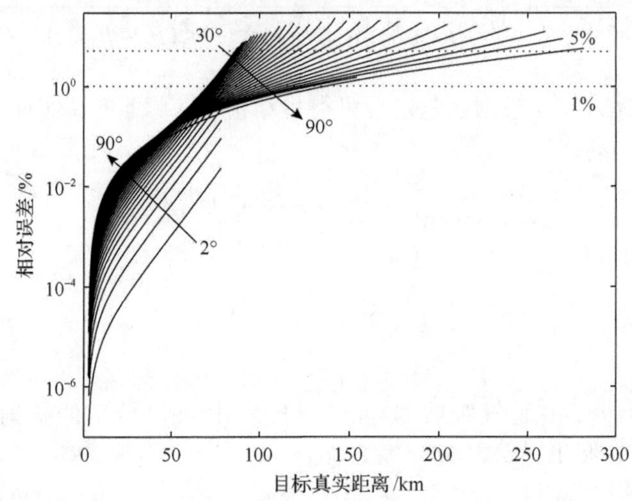

图 7-27　不同视在天顶角下折射吸收误差相对误差与目标真实距离的关系曲线

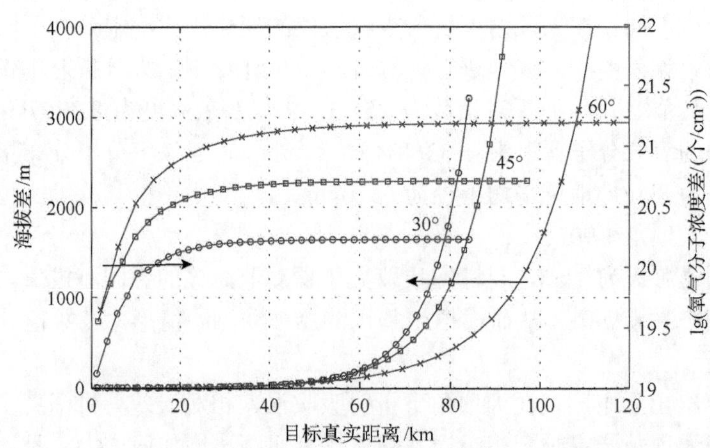

图 7-28　不同视在天顶角下海拔差与氧气分子浓度差的变化曲线

图 7-28 给出了 30°、45°和 60°视在天顶角方向不同目标真实距离上真假目标点间的海拔差与氧气分子浓度差。当视在天顶角一定时，在距离初始段由于大气折射效应影响较小，所以两条等吸收路径上真假目标点之间的海拔差很小；随着

距离的增加，折射效应影响的加大，真假目标点之间的海拔差逐渐增大且速率也逐渐加快。虽然距离初始段氧气分子浓度差由于海拔差很小而变得很小，但是氧气分子浓度随海拔升高的指数衰减效应使得在缓慢增加的海拔差下氧气分子浓度差快速增大；随着距离的继续增加、海拔的升高，虽然海拔差增加得很快，但是由于氧气分子浓度已经十分稀薄，所以氧气分子浓度差增加反而变得缓慢。对于不同视在天顶角，氧气分子浓度差随视在天顶角的增加而增大且在远距离上基本全部趋于水平；海拔差则随着天顶角的增加而减小且增长速率也随之减慢。

在氧气分子浓度差和海拔差的共同作用下，折射吸收误差在近距离上主要受氧气分子浓度差影响迅速增大且天顶角越大误差值越大；在远距离上则主要受海拔差的变化影响，天顶角越大折射吸收误差增加得越慢且误差曲线斜率下降得越早。若不考虑吸收衰减对测程的限制，仅考虑折射吸收误差的影响，则在误差限一定时，天顶角越大，可探测的目标真实距离越长；要求 1%误差时，所有角度下的真实路径长度在 150km 以下，适合高精度的测距；要求 5%误差时，在接近水平方向上的真实路径长度可达 200km 以上，适合远距离测距告警。

表 7-4 给出了不同视在天顶角典型测距距离上的折射吸收误差值。由于 50°以下视在天顶角路径在 80km 以后便到达海拔 60km 以上的稀薄空气层，吸收气体含量很低，导致折射吸收误差很大，所以将这些天顶角下的有效测程定为 80km；同理，70°以下有效测程为 100km。在视在天顶角接近 90°的十几度范围内，目标辐射主要在对流层和平流层范围内进行传输，折射产生的海拔差和氧气分子浓度差都不是很大，所以传播距离可以很远；但是在底层大气内氧气吸收对目标辐射的衰减很大，很难达到二三百公里，故将这些角度下的有效测程定为 150km。

表 7-4　不同视在天顶角典型测距距离上的折射吸收误差　（单位：m）

距离	视在天顶角								
	10°	20°	30°	40°	50°	60°	70°	80°	90°
30km	0.8807	3.2285	6.3215	9.3736	11.844	13.541	14.547	14.990	8.4007
50km	12.431	41.786	71.319	88.709	92.195	87.046	79.443	73.447	52.057
80km	529.69	1611.1	2172.5	1873.4	1261.7	769.02	479.09	339.56	360.01
100km	—	—	—	—	—	3098.3	1340.5	741.79	505.89
150km	—	—	—	—	—	—	—	3780.9	1882.2

2) 视在天顶角＞90°

假设视在天顶角大于 90°，探测器海拔为 20km，目标海拔可以从海平面到探测器所在高度，从而以此来模拟空基探测器的被动测距情形。数值分析所得的相对折射吸收误差变化曲线如图 7-29 所示。

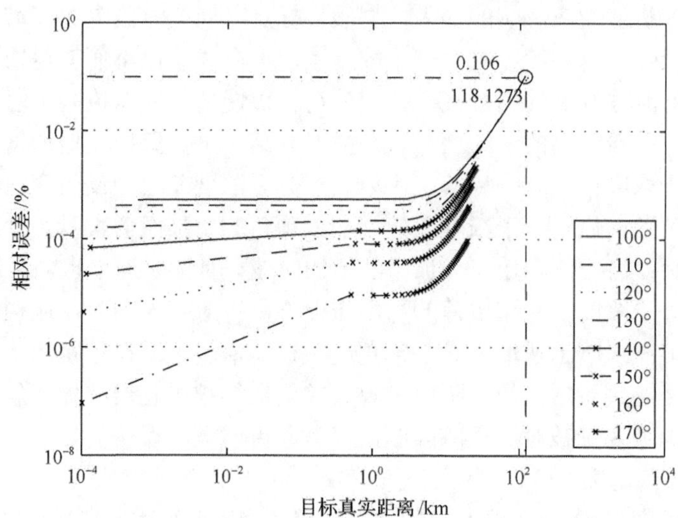

图 7-29　不同视在天顶角下折射吸收误差相对误差随目标真实距离变化的关系曲线

在图 7-29 中最大的相对误差 0.106%发生在 110°视在天顶角上；所有天顶角下的相对误差值都很小，且随着角度的增大，相对误差也逐渐减小；在同一视在天顶角路径上，相对误差在短距离处一直保持平缓的较小值，当达到一定距离后相对误差方才快速增大，但其增大幅度比天顶角小于 90°情形时要小得多；相对折射吸收误差也比其小很多。这是因为当探测器从高海拔向低海拔探测时，虽然高海拔区域不同高度处的氧气分子浓度差很大，但是与辐射路径吸收等效的视在路径长度处的海拔与目标真实海拔差很小，故折射吸收误差值也很小；随着目标真实距离的增加、视在路径射线的不断向下伸展，氧气分子浓度差在减小的同时海拔差却在增大，当后者的程度大于前者时便造成了相对误差值的增加。

图 7-30 给出的是视在天顶角为 100°时，不同视在路径长度上海拔与目标真实海拔的海拔差(实线)以及它们所对应的氧气分子浓度差(虚线)。图 7-30 很好地反映了在大于 90°天顶角情况下，海拔差和氧气分子浓度差随视在路径长度的变化规律。为了对比探测器不同海拔下相同视在天顶角时的折射吸收误差，下面计算了几个典型海拔处 100°视在天顶角路径上的折射吸收误差，其结果如图 7-31 所示。

图 7-31 给出了 100°视在天顶角下，探测器海拔为 20km、30km、40km 和 80km 时折射吸收误差和视在路径长度的关系曲线。由图可知，虽然不同海拔下的曲线快速增大点不同，但是曲线走势完全相同；随着海拔的不断升高、探测器可探测范围迅速增加，折射吸收误差增加幅度也越来越快，但是其绝对误差值并不是很大。因此，在视在天顶角大于 90°的空对空、空对地情形下，基于氧气吸收被动测距的测程很长且折射吸收误差很小，可以进行一定精度下的远程告警测距。

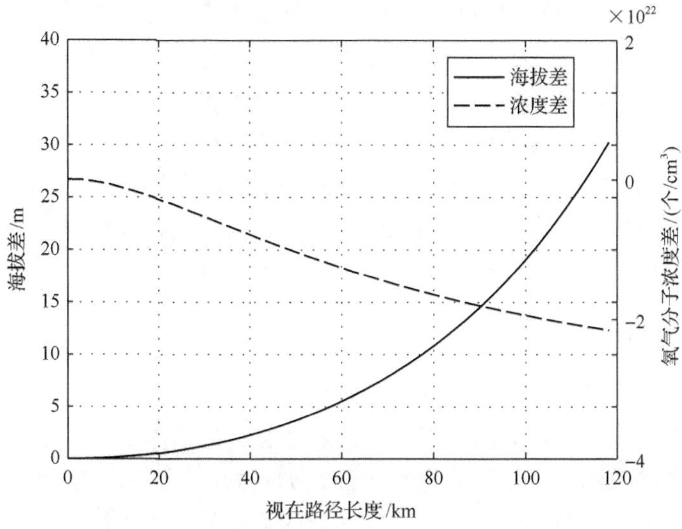

图 7-30　视在天顶角为 100°时海拔差和氧气分子浓度差的变化曲线

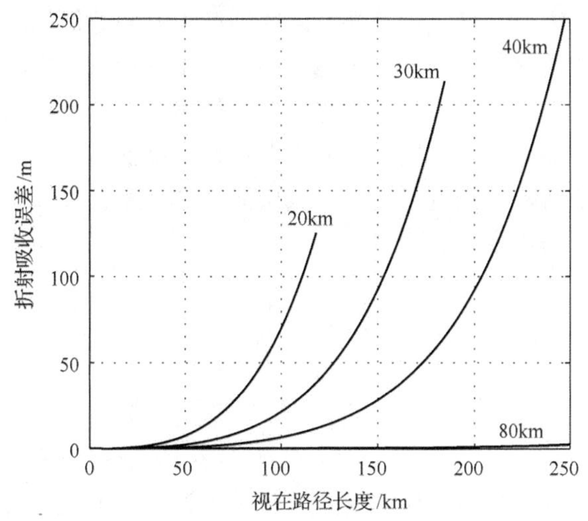

图 7-31　探测器不同海拔下视在路径长度与折射吸收误差的关系曲线

本节认真分析了大气折射率影响下目标辐射路径、目标探测器连线路径和视在路径不一致性给数学模型带来的折射吸收误差，在假设吸收系数不变的情况下，单独讨论了不同测距情形下折射吸收误差对数学模型解算精度的影响。在地基探测器情形下，短距离内折射吸收误差随天顶角增大而增加，在远距离上其变化趋势正好相反；同一角度上，折射吸收误差随目标距离增加先快速增加后缓慢变大；在近距离低海拔地区虽然折射吸收误差增加很快，但误差值很小，所以对测距精度影响较小；在远距离高海拔地区迅速增大的海拔差和越来越大的氧气分子浓度差的双重作用下，折射吸收引起的误差也逐渐变大，会对测距精度产生很大的影响，从而限制了该情况下的被动测距测程。在空基探测器情形下，误差变化规律较地基情形要简单，在有限测程内都是随天顶角增加而减小且误差值要小得多。

通过分析可知，地基探测器情形测距时，要注意考虑测程的限制，在进行远程测距中利用数学模型解算目标距离时必须利用折射吸收误差对距离值进行修正；在空基探测器情形进行告警测距时，由于折射吸收误差较小，可忽略不计；但如果想获得更加精确的目标距离仍需要利用折射吸收误差进行修正。

7.4.3 路径离散误差

视在路径上光学厚度的积分应当是对整个路径进行逐点积分的，但是由于高斯积分节点上的吸收系数无法表达成温度和压强的解析函数，所以只能通过离散的方法对整个路径的总光学厚度进行求和，如式(7-18)所示；这也是利用数学模型解算目标距离的关键一步，前面吸收系数的计算与视在路径的确定都是为了计算路径上氧气吸收率与路径长度的对应关系，以达到解算目标距离的目的。

这种以有限个离散子路径代替整个路径连续积分的近似求解必然会给视在路径上氧气吸收率的计算带来一定的不确定性；由于这种氧气吸收率的计算误差是由对路径积分的离散化造成的，因此称之为路径离散误差；该误差的大小等于相同路径长度上数学模型计算氧气吸收率与真实氧气吸收率之差。

视在路径上子路径的长度不仅与大气层的分层高度有关，而且与视在路径天顶角有关[14]，如式(7-32)所示：

$$l_i = \frac{h_i - h_{i-1}}{\cos\theta_0} \tag{7-32}$$

式中，l_i为第 i 条子路径的长度；θ_0为视在路径的天顶角；h_i和 h_{i-1}分别为第 i 层大气分层上下限的海拔。式(7-32)决定了特定路径上子路径长度是大气分层厚度的函数；而大气分层则是为了将非匀质大气等效为多个匀质大气的组合，其厚度是根据大气密度变化或者折射率变化而定的[15,16]，其厚度可以是固定值，也可以是变化值。

本章在数学模型建立过程中为了简化解算过程将其取为固定值，即 $h_i-h_{i-1}=500\text{m}$；子路径的长度随天顶角的增大而增加，当其长度大于 1km 时，子路径长度不再随视在天顶角改变而是取固定长度 1km。视在天顶角为 0°的垂直方向是大气密度变化最剧烈的方向，因此只要了路经长度在该方向上能够满足路径积分的精度要求，其他方向上便都可满足；同时由于该方向上的目标辐射不会发生折射现象，所以可以避开折射吸收误差的影响，方便单独分析路径离散误差对被动测距技术的影响。但是由于需要对氧气吸收率进行计算，所以吸收系数误差是无可避免的，值得庆幸的是，吸收系数误差很小且在整个路径上的误差限比较稳定且无明显规律可言。

为了与数学模型计算的氧气吸收率进行对比，这里以 MODTRAN 软件计算的氧气吸收率为真实值，分别计算数学模型在不同子路径长度下氧气吸收率值与真实值之间的相对误差，讨论不同子路径长度下路径离散误差的变化规律。软件设置如下：中纬度夏季大气模型，乡村大气能见度=23km 气溶胶模型，无云雨；探测器海拔为 0，目标海拔取值范围为 0.1～80km，步长为 0.1km。数学模型的输入参量分别为海拔 0km、温度 294.2K、压强 1013hPa 及视在天顶角 0°；子路径长度取值为 0.1～1km，步长为 0.1km；所计算氧气吸收带的宽度为整个 A 吸收带带宽，其计算结果如图 7-32 所示。

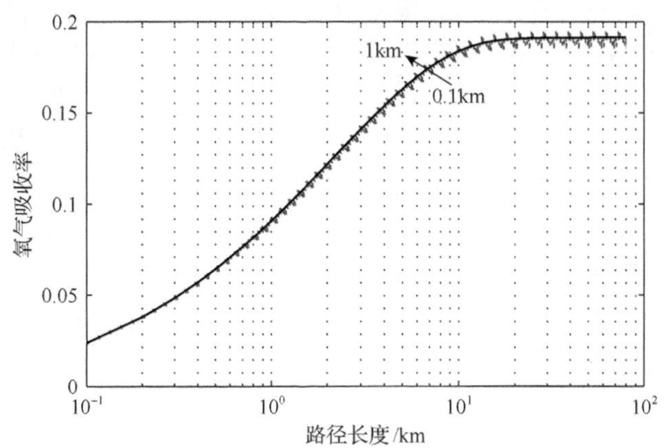

图 7-32　MODTRAN 软件(实线)与数学模型(虚线)计算的氧气吸收率与路径长度的关系曲线

图 7-32 分别给出了软件和数学模型计算的氧气吸收率曲线。由图可知，随着路径长度的增加，氧气吸收率曲线在 25km 以后几乎水平，不再随路径长度的改变而变化；数学模型计算的氧气吸收率曲线随着子路径长度的逐渐增加先接近软件计算结果后又逐渐离开，其中在步长为 700m 时数学模型计算曲线与软件仿真曲线几乎重合。这是因为小步长情况下在吸收系数误差和路径离散误差共同影响下各氧气吸收率的计算值小于真实值；随着步长的增加，由于单步长内低海拔的吸收会对高海拔的吸收进行补偿且步长越长补偿得越多，所以各氧气吸收率计算值会随步长增加而增大。换言之，路径离散误差随步长增加先减小后增大。

下面在一定子路径步长下，分析整个路径上的路径离散误差变化规律。子路径步长取本章数学模型中的取值 0.5km，计算数学模型解算结果与软件计算结果的相对误差，如图 7-33 所示。

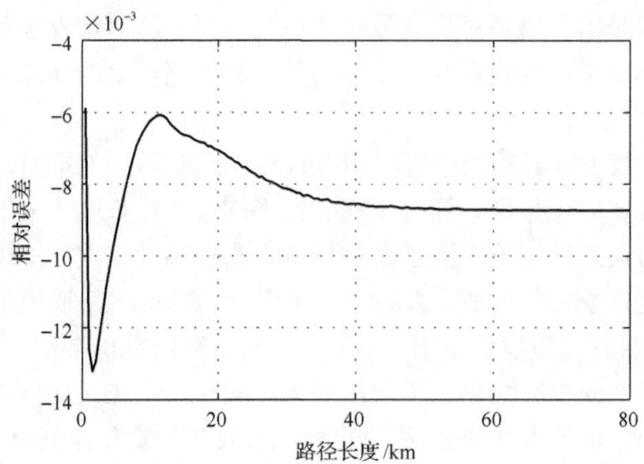

图 7-33　步长 0.5km 时数学模型计算氧气吸收率的相对误差

图 7-33 中的路径长度也是海拔，图中的相对误差曲线是在吸收系数误差与路径离散误差共同作用下形成的；由于吸收系数误差值很小且没有规律，所以图中相对误差曲线随海拔的变化规律可以代表路径离散误差的变化规律。由此可知，路径离散误差在近距离处很小，但随着距离的增加迅速增大且在一定海拔处取到最大值后又迅速减小直至稳定；但整个路径离散误差并不是很大。

综上所述，合理地选择子路径的步长不仅可以减小路径离散误差，还可以对整个路径上的吸收系数误差进行补偿；路径离散误差在近距离上对测距精度影响较在远距离上的影响要大。

7.5　本 章 小 结

本章主要为氧气吸收被动测距技术解决了路径氧气吸收率向目标距离的逆向解算问题，为该被动测距技术的应用提供了一定的理论支撑。本章首先在详细研究 CKD 法的基础上，讨论了氧气吸收系数分布的相关性，证明了不同温度、不同压强下的氧气吸收系数分布之间具有很好的相关性，表明能够利用 CKD 法来解决氧气吸收被动测距中的氧气平均吸收率问题。其次，对比分析了高斯积分节点个数差异对非均匀路径平均吸收率计算精度的影响，并确定了本章数学模型所采用的节点个数；在此基础上分析了各积分节点氧气吸收系数的温度压强变化关系，得到了吸收系数随压强变化的分段函数式变化规律和随温度变化的线性正比式变化关系。再次，利用 CKD 法和曲面地球模型建立了实际大气非均匀路径上氧气吸收率与路径长度的数学模型。在理论模型建立完成后并通过数值分析的方法，证明了本章所建立的数学模型不仅具有很好的适应性，而且能够在保证计算精度的同时大大提高解算效率；通过模型输入参量误差对数学模型解算精度影响的分析，给出了数学模型在实际应用中的注意事项和最佳应用平台。

本章最后针对数学模型建立过程中存在的近似假设可能导致的模型固有误差，定性分析了三种近似处理所产生的吸收系数误差、折射吸收误差和路径离散误差这三个模型固有误差对被动测距技术的影响。结果表明：吸收系数误差的误差限很小，在±0.5%以内，且在整个大气层内对被动测距精度的影响基本一致。路径离散误差在一定程度上能够对吸收系数误差进行补偿，其本身在近距离上对被动测距技术的影响较大而在远距离上对其影响却很小。折射吸收误差对被动测距的影响最为复杂也最大；在地基探测器情形下，要注意考虑过大折射吸收误差对测程的限制，在进行远程测距时必须利用折射吸收误差对距离值进行修正；在空基探测器情形下，由于折射吸收误差较小，可忽略不计。整体而言，数学模型的三项固有误差对近距离的被动测距影响都不大，在进行远距离测距时必须考虑折射吸收误差的影响。数学模型固有误差的详细分析可以很好地为氧气吸收被动测距技术的误差修正提供一定的理论依据。

参 考 文 献

[1] 张华, 石广玉. 一种快速高效的逐线积分大气吸收计算方法. 大气科学, 2000, 24(1): 111-121.

[2] Tsang C C, Irwin P G J, Taylor T W, et al. A correlated-K model of radiative transfer in the near-infrared windows of Venus. Journal of Quantitative Spectroscopy and Radiative Transfer, 2008, 109(6): 1118-1135.

[3] Kato S, Ackerman T P, Mather J H, et al. The K-distribution method and correlated-k approximation for a shortwave radiative transfer model. Journal of Quantitative Spectroscopy and Radiative Transfer, 1999, 62(1): 109-121.

[4] 张华. 非均匀路径相关 K 分布方法的研究[博士学位论文]. 北京: 中国科学院大气物理研究所, 1999.

[5] Rothman L S, Gordon I E, Barbe A, et al. The HIRTRAN 2008 molecular spectroscopic database. Journal of Quantitative Spectroscopy and Radiative Transfer, 2009, 110(9-10): 533-572.

[6] 石广玉. 大气辐射学. 北京: 科学出版社, 2007.

[7] Goody R, West R, Chen L, et al. The correlated-K method for radiation calculations in non-homogeneous atmospheres. Journal of Quantitative Spectroscopy and Radiative Transfer, 1989, 42(6): 539-550.

[8] Hawks M R. Passive Ranging Using Atmospheric Oxygen Absorption Spectra[Ph. D. Thesis]. Ohio: Air Force Institute of Technology, 2006.

[9] 闫宗群, 刘秉琦, 华文深, 等. 氧气吸收被动测距技术中的折射吸收误差. 光学学报, 2014, 34(9): 8-14.

[10] 王敏, 胡顺星, 苏嘉, 等. 纯转动拉曼激光雷达反演低层大气折射率廓线. 中国激光, 2008, 35(12): 1986-1991.

[11] 孙刚, 翁宁泉, 肖黎明, 等. 大气温度分布特性及对折射率结构常数的影响. 光学学报, 2004, 24(5): 592-596.

[12] 张瑜. 激光在大气传输中的到达角误差修正方法研究. 河南师范大学学报(自然科学版), 2008, 36(2): 57-59.

[13] 王海涌, 林浩宇, 周文睿. 星光观测蒙气差补偿技术. 光学学报, 2011, 31(11): 1-6.

[14] 李德鑫, 杨日杰, 孙洪星, 等. 给予射线分层算法的电磁波大气吸收衰减特性分析. 电讯技术, 2012, 52(1): 80-85.

[15] 张永炬, 泮智慧. 非均匀介质中电磁射线的折射. 台州师专学报, 2110, 23(6): 27-30.

[16] 陶应龙, 朱金辉, 王建国, 等. 非均匀大气中 γ 射线输运的蒙特卡罗模拟算法. 计算物理, 2010, 27(5): 740-744.

第 8 章　不同探测系统下的被动测距试验

通过前面章节对基于氧气吸收的被动测距技术基本原理、天空及地面背景光谱特性、光谱图像目标提取技术、极端复杂天气背景抑制技术、氧气吸收率与路径关系数学模型的详细分析，明确了基于氧气吸收的单目被动测距技术具体测距流程。本章将对技术研究过程不同阶段、不同测距系统下所进行的被动测距试验进行试验结果分析和对比。不同类型测距系统的目标光谱采集方式所采集的光谱数据不尽相同，但氧气吸收率的计算方法类似，且后续均是根据非均匀路径上氧气吸收率与路径长度的数学模型直接解算出目标路径氧气吸收率所对应的目标距离。本章所采用的单目被动测距系统主要由点探测式多光谱被动测距系统和成像式高光谱被动测距系统组成，利用它们对不同距离连续路径上的目标点和孤立目标点进行被动测距试验，一方面利用试验证明氧气吸收被动测距技术的可行性；另一方面检验数学模型在实际应用中解算目标距离的有效性，并分析实际测距过程中可能存在的问题和测距误差的产生原因。

8.1　点探测式多光谱被动测距系统测距试验

为了从试验角度检验点探测式多光谱被动测距系统方案的可行性，依据测量方案构建了两种平均氧气透过率的非成像测量系统：一种是旋转滤波片式单通道点探测式多光谱被动测距系统；另一种是并行式多通道点探测式多光谱被动测距系统。本节将详细介绍这两种点探测式多光谱被动测距系统在外场环境下开展的被动测距试验。

8.1.1　旋转滤波片式单通道点探测式多光谱被动测距系统试验

1. 系统设计

依据测量方案，设计的旋转滤波片式单通道点探测式多光谱被动测距试验系统结构如图 8-1 所示。系统主要由窄带滤光片组、光学镜头、PMT 及瞄准望远镜组成；其中，窄带滤光片、光学镜头和 PMT 构成光谱测量通道，瞄准望远镜用于瞄准目标，其瞄准光轴与光谱测量通道光轴保持平行。

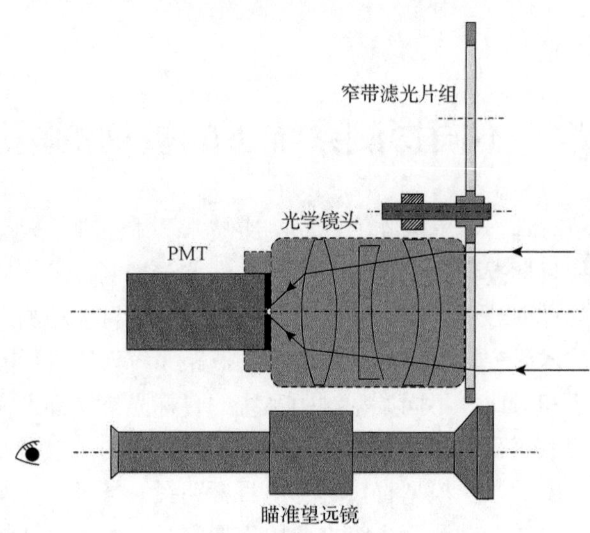

图 8-1　平均氧气透过率的非成像测量试验系统结构示意图

在测量系统中，所选用的三个窄带滤光片的中心波长分别为 752nm、765nm 及 780nm，滤光片直径为 25mm，其透过率曲线如图 8-2 所示。滤光片固定在可旋转镜架上，通过手动旋转镜架来实现不同波段目标辐射的采集。选用 H10722-01 型 PMT 作为系统探测器，其在氧气 A 吸收带及其附近波长范围内的阳极光谱灵敏度如图 8-3 所示，PMT 的感光面位于光学镜头焦平面，镜头焦距为 50mm。

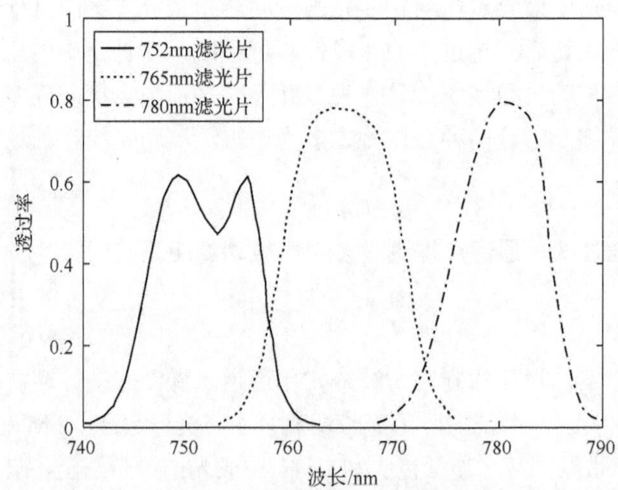

图 8-2　窄带滤光片透过率曲线图

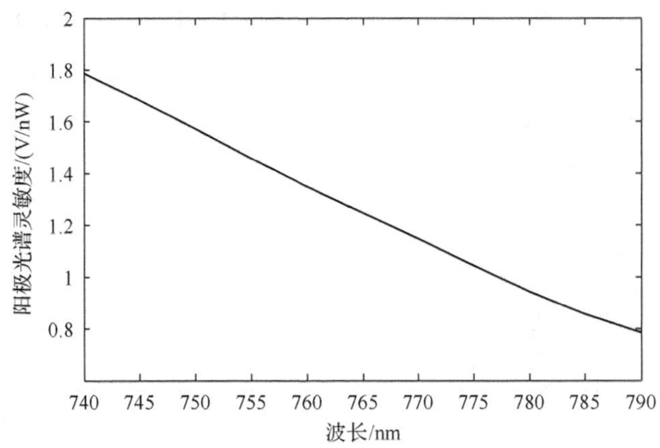

图 8-3　H10722-01 型 PMT 阳极光谱灵敏度

由于测量系统在氧气 A 吸收带左右带肩内各仅有一个窄带滤光片，因此在计算时将目标辐射在氧气 A 吸收带及其邻近的区域近似为一条平滑直线，利用线性拟合的方法来计算氧气 A 吸收带内的吸收基线强度。在氧气 A 吸收带及其左右带肩的波长范围内，基线强度 $I_{b,\lambda}$ 与波长 λ 的关系近似表示为

$$I_{b,\lambda} = c_1\lambda + c_2 \tag{8-1}$$

式中，c_1 和 c_2 为拟合系数。

对于 752nm 和 780nm 滤光片而言，由于所处波段分别位于氧气 A 吸收带的左右带肩，不存在氧气吸收效应，可知探测器输出值为

$$I_1' = \int_{\Delta\lambda_1} I_{b_1,\lambda} R_\lambda \tau_{\lambda,1} \mathrm{d}\lambda \tag{8-2}$$

$$I_3' = \int_{\Delta\lambda_3} I_{b_3,\lambda} R_\lambda \tau_{\lambda,3} \mathrm{d}\lambda \tag{8-3}$$

式中，I_1' 和 I_3' 分别为探测器在 752nm 和 780nm 滤光片的输出值；$I_{b_1,\lambda}$ 和 $I_{b_3,\lambda}$ 分别为对应波段的基线强度值；R_λ 为 PMT 的光谱响应率；$\tau_{\lambda,1}$ 和 $\tau_{\lambda,3}$ 分别为 752nm 和 780nm 滤光片的透过率；$\Delta\lambda_1$ 和 $\Delta\lambda_3$ 为滤光片透过波段。

在实际计算中取滤光片透过率大于 1%的透过波段。结合式(8-1)～式(8-3)可以计算出氧气 A 吸收带左右带肩上基线强度值 $I_{b_1,\lambda}$ 和 $I_{b_3,\lambda}$，然后利用线性拟合计算出氧气 A 吸收带内基线强度值 $I_{b_2,\lambda}$。

对于中心波长为 765nm 的滤光片，探测器测量输出值可表示为

$$I_2' = \int_{\Delta\lambda_2} I_{b_2,\lambda} \tau_{O_2,\lambda} R_\lambda \tau_{\lambda,2} \mathrm{d}\lambda \tag{8-4}$$

式中，$I_{b_2,\lambda}$ 为吸收带内基线强度值；$\tau_{O_2,\lambda}$ 为氧气透过率；$\tau_{\lambda,2}$ 为 765nm 滤光片透过率；$\Delta\lambda_2$ 为 765nm 滤光片透过波段；I_2' 为探测器输出值。

由于 765nm 滤光片的实际透过波段大于氧气 A 吸收带的波长范围，因此在实际计算时，利用基线值对透过波段两端超出氧气 A 吸收带部分进行剔除修正，得到修正后的吸收带内目标辐射的测量值 I_2'' 为

$$I_2'' = I_2' - \int_{\Delta\lambda_{A\_out}} I_{b_2,v} R_v \tau_v \mathrm{d}v \tag{8-5}$$

式中，I_2' 为探测器在 765nm 滤光片的输出值；$\Delta\lambda_{A\_out}$ 为 765nm 滤光片超出氧气 A 吸收带的两侧波长部分。

由此，可以计算出氧气 A 吸收带平均氧气透过率为

$$\tau_{O_2} = \frac{I_2''}{\int_{\Delta\lambda_A} I_{b_2,\lambda} R_\lambda \tau_\lambda \mathrm{d}\lambda} \tag{8-6}$$

式中，$\Delta\lambda_A$ 为氧气 A 吸收带的波长范围(758.7～772.3nm)。

2. 试验与结果分析

试验选取一个功率为 1000W 的卤钨灯作为目标，其辐射光谱类似于色温为 3600K 左右的黑体辐射，卤钨灯的光谱范围和光谱辐射强度均满足试验需要。为了降低背景辐射及其他杂散光对试验的影响，试验选择在中纬度冬季晴朗夜晚进行，试验场地为一条笔直无人的马路，此时背景辐射可以忽略不计。试验由近到远分别设置了 4 个目标位置点，它们与测量起点的距离分别为 100m、200m、300m 和 400m，测量得到各位置点的温度和压强如表 8-1 所示。利用试验系统采集目标在各波段的辐射强度，并计算氧气 A 吸收带的平均透过率。采集过程中，对每块滤光片的 PMT 输出电压信号连续采集 3min 并取均值，每目标位置点循环采集 8 组数据，分别计算各组测量值的平均氧气透过率。

表 8-1 各试验点的温度和压强

指标	目标距离/m			
	100	200	300	400
温度/K	275.5	275.5	274.1	272.6
压强/hPa	1021.5	1021.5	1021.1	1021.0

记录测量系统在不同距离上的平均氧气透过率的测量结果，并利用 MODTRAN 软件计算相同距离上的平均氧气透过率值，MODTRAN 软件设置为中纬度冬季大气模式，并将软件计算结果利用实际测量时大气中氧气分子浓度值进行修正[1]，将试验测量值与修正后的 MODTRAN 软件计算结果进行对比，对比

结果如表 8-2 所示，其中 752nm、765nm 和 780nm 中心波长滤光片对应的 PMT 输出电压均值分别记为 *A*、*B*、*C*。

表 8-2　平均氧气透过率测量结果和相对误差

距离/m	PMT 倍增系数	PMT 输出电压平均值/V			平均氧气透过率	透过率平均值	MODTRAN 计算值	相对误差/%
		A	*B*	*C*				
100	9×10^4	3.035	3.605	3.09	0.9687	0.9609	0.9634	0.26
		3.05	3.58	3.10	0.9567			
		3.05	3.58	3.08	0.9606			
		3.060	3.60	3.075	0.9660			
		3.08	3.62	3.11	0.9621			
		3.09	3.64	3.135	0.9617			
		3.065	3.645	3.16	0.9625			
		3.085	3.625	3.185	0.9486			
200	5×10^5	3.055	3.54	3.185	0.9280	0.9349	0.9418	0.74
		3.065	3.535	3.175	0.9268			
		3.06	3.575	3.15	0.9442			
		3.075	3.545	3.175	0.9282			
		3.035	3.57	3.15	0.9466			
		3.03	3.53	3.15	0.9354			
		3.065	3.57	3.205	0.9317			
		3.045	3.575	3.195	0.9382			
300	1.1×10^6	2.31	2.60	2.35	0.9116	0.9158	0.9254	1.05
		2.305	2.595	2.36	0.9082			
		2.28	2.61	2.37	0.9169			
		2.315	2.62	2.355	0.9174			
		2.25	2.55	2.275	0.9223			
		2.285	2.61	2.36	0.9184			
		2.25	2.565	2.325	0.9160			
		2.32	2.62	2.36	0.9152			
400	1.2×10^6	1.045	1.17	1.075	0.8999	0.8975	0.9120	1.62
		1.095	1.24	1.145	0.9023			
		1.085	1.24	1.15	0.9041			
		1.045	1.165	1.07	0.8981			
		1.065	1.18	1.095	0.8895			
		1.07	1.23	1.16	0.8971			
		1.085	1.225	1.16	0.8867			
		1.03	1.165	1.075	0.9022			

同时，为了检验该方法用于目标距离测量的可行性，利用 100m、200m 和 400m 的平均氧气透过率作为已知历史数据，对其进行最小二乘多项式拟合，将 300m 位置点作为未知距离点，并将该点处的平均氧气透过率代入关系曲线来解算目标距离，得到的解算距离结果如图 8-4 所示。

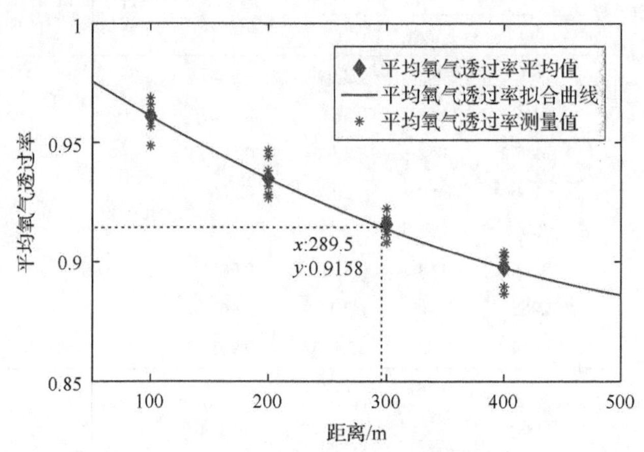

图 8-4 300m 处目标解算距离结果

从表 8-2 和图 8-4 可以看出：在 100～400m 距离之间，平均氧气透过率的测量值随距离的增大而减小，且与 MODTRAN 软件仿真计算结果的误差为 0.26%～1.62%，说明使用该方法能够有效地测量辐射传输路径上的平均氧气透过率。同时，利用 100m、200m 和 400m 处的平均氧气透过率测量值作为历史数据，测量得到 300m 处的测距相对误差为 3.5%，说明该方案测量结果可以用于氧气吸收被动测距试验，具有较好的测量精度。

分析测量结果误差来源，由于系统采用旋转滤光片的方式来切换不同光谱通道，导致目标不同波段的辐射采集不同，这会给测量结果带来较大误差。第一，试验中使用的卤钨灯采用的是市政供电，在夜晚用电高峰期电压不稳定，导致目标自身辐射不稳定；第二，由于实际大气是开放和时刻变化的，传输路径上的大气散射和湍流效应也会导致测量系统接收到的目标辐射强度随时间变化；第三，不同时刻 PMT 内部噪声也不相同，这些因素均会引入测量误差。虽然采用连续采集 3min 并取平均值的方法，能够在一定程度上减小这些因素对测量结果的影响，但仍不能完全消除，同时，采用连续采集取平均值的办法，还增加了单次测量时间，导致本次试验测量次数较少，无法提供足够测量数据开展进一步的误差分析。基于上述原因，将在 8.1.2 节中设计和构建并行式多通道点探测式多光谱被动测距系统中，采用三通道并行的系统结构对测量试验系统进行改进，并选用更大直径的窄带滤光片来提高入射光通量，以提高系统的信噪比。

8.1.2　并行式多通道点探测式多光谱被动测距系统试验

本节在旋转滤波片式单通道点探测式多光谱被动测距系统的基础上，设计和构建并列式多通道点探测式多光谱被动测距系统，也可称为三通道非成像被动测距系统，并研究和解决系统构建过程中各光谱测量通道一致性检测与标定和光轴平行性检校等关键技术问题。

1. 系统设计

结合平均氧气透过率的非成像测量方案和计算模型，设计基于氧气吸收的三通道非成像被动测距试验系统，是将氧气吸收被动测距技术工程实用化的重要试验环节。由于采用旋转滤光片的方式来切换不同光谱通道时，目标不同波段的辐射采集不同，导致平均氧气透过率测量结果受到目标自身辐射不稳定、大气散射、湍流等因素的影响较大，且单次测量时间较长，无法满足测距实时性的要求。因此，为了实现对目标不同波段的辐射进行同时采集，并缩短平均氧气透过率的测量时间，测距试验系统采用三个独立并行光谱测量通道的设计方案。三通道结构不仅避免了循环切换滤光片导致的单次测距耗时较长，而且由于系统能够同时获取目标在三个不同波段的辐射强度，在单次测量时间内，目标辐射强度可视作瞬时静态值，能够有效降低因目标辐射功率不稳定对测距结果造成的干扰。此外，同一时刻辐射传输路径上大气的散射和湍流效应对不同光谱测量通道的影响可视为一致的，因此三通道结构还能有效降低测量过程中大气散射和湍流效应对平均氧气透过率测量的影响。

1) 系统结构与组成

基于氧气吸收的三通道非成像被动测距试验系统的结构如图 8-5 所示，主要由三个光谱测量通道、瞄准望远镜、信号采集模块、PMT 供电电源、大气温压计、测角机构和计算机组成。三个光谱测量通道分别用于测量目标位于氧气 A 吸收带及其左右带肩内的辐射强度；瞄准望远镜用于对目标进行瞄准，瞄准光轴与其他三个光谱测量通道之间需保持严格光轴平行；信号采集模块能够对三个测量通道的输出信号进行同时采集，并将测量信号传输入计算机，由软件计算出平均氧气透过率；大气温压计用于测量系统所在位置的大气温度与压强；测角机构的作用是测量目标的天顶角，其中，大气温度压强及目标天顶角均作为建立平均氧气透过率与路径长度关系模型的参数，以便在测量得到平均氧气透过率后解算出目标距离。

每个光谱测量通道由窄带滤光片、光学镜头、直径 0.5mm 的小孔和 PMT 探测器组成，其硬件信息如下：

(1) 窄带滤光片。考虑到测量系统每次试验前均需要对各测量光谱通道进行光

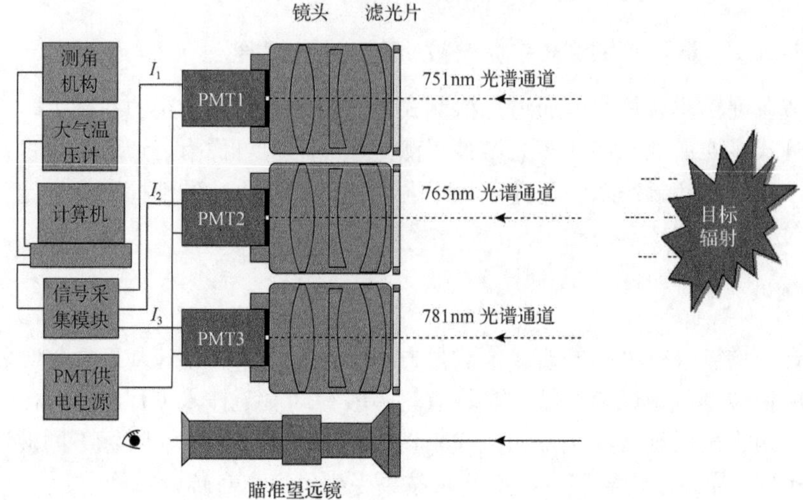

图 8-5　基于氧气吸收的三通道非成像被动测距试验系统结构示意图

轴平行性检校，而窄带滤光片由于表面镀膜，其外观近似平面反射镜，为了方便对测量系统进行光轴平行性检校，故而将滤光片安装在了光学镜头前端。同时，通过 8.1.1 节的测量试验发现，滤光片直径较小会导致测量系统接收信噪比偏低，因此在构建三通道非成像测距试验系统时，我们专门定制了直径为 50mm 的窄带滤光片，其透过率曲线如图 8-6 所示，透过率曲线为利用 Cary 5000 分光光度计测量得到。

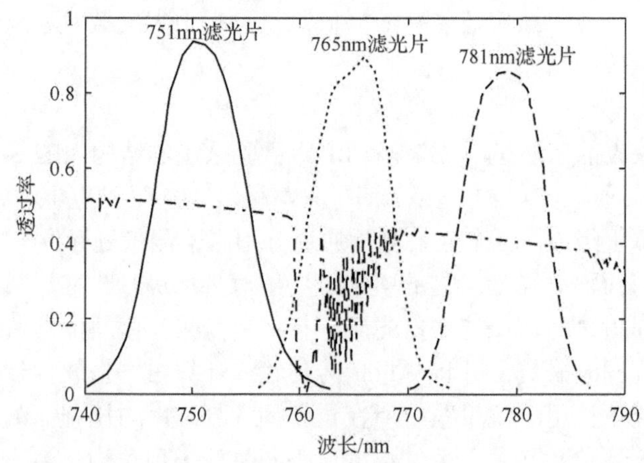

图 8-6　滤光片透过率

(2)光学镜头。使用的光学镜头为焦距 50mm 的定焦镜头，内置大小可调光圈，镜头 F 数变化范围为 1.8～22。

(3)PMT 探测器。根据氧气 A 吸收带的波长位置，选用 H10722-01 型 PMT 作为各通道探测器，其主要性能参数如表 8-3 所示。在实际应用中，为了避免 PMT

因工作电压过高而烧坏，将实际最大工作电压限制为 930V。同时，为了降低测量时背景辐射的干扰，在每个 PMT 感光面上贴附一个直径为 0.5mm 的镀黑小孔作为视场光阑，PMT 感光面位于光学镜头焦平面，对应的接收视场角为 10mrad。

表 8-3　H10722-01 型 PMT 的主要性能参数

参数类别	参数值
有效感光直径	ϕ8mm
光谱响应范围	230～870nm
测量带宽	0～20kHz
最大输出电压(负载电阻为 10kΩ)	+4V
峰值波长	400nm
工作电压	500～1000V
增益典型值(1000V 工作电压)	2.0×10^6
最大暗电流	10nA
暗电流典型值	1nA
电流-电压转换比	1 (V/μA)
渡越时间	2.7ns
倍增极数量	10
环境温度	+5～+50℃

(4)数据采集模块。选用 YW-USB12 AD 高速信号采集卡作为系统的数据采集模块，可同时对三个光谱测量通道的 PMT 输出信号进行采集，并通过 USB 接口将采集数据传输入计算机进行分析处理，信号采集卡的主要性能参数如表 8-4 所示。在默认状态下，信号采集卡的每个通道采集频率为 1kHz。设置采集卡对每 500ms 采集信号取平均值来对采集信号进行平滑降噪，以提高信号采集抗干扰能力。

表 8-4　YW-USB12 AD 型信号采集卡的主要性能参数

参数类别	参数值
测量范围	0～5V
最大并行采集通道数	8
AD 转换器分辨率	12bit
最小测量分辨率	0.1mV
测量精度	1mV
通道数据采样率	1～10kHz
测量精度	0.1%
非线性	0.05% FS
零漂	±3με/4h
工作温度	–30～70℃

注：FS 表示相对误差。

各光谱测量通道通过可调节底座安装在系统基座上，整个测量系统的实物图如图 8-7 所示。

图 8-7　基于氧气吸收的三通道非成像被动测距试验系统实物图

2) 平均氧气透过率的计算

平均氧气透过率计算公式与 3.1 节类似，只需将各通道的窄带滤光片透过率参数取新的滤光片透过率，并将 PMT 响应率参数分别取对应的 PMT 光谱响应率即可，计算得到平均氧气透过率可表示为

$$\tau_{O_2} = \frac{I_2''}{\int_{\Delta\lambda_A} I_{b_2,\lambda} \times R_{2,\lambda} \times \tau_{2,\lambda} \mathrm{d}\lambda} \tag{8-7}$$

式中，$R_{2,\lambda}$ 为 2 号 PMT 的光谱响应率；$\tau_{2,\lambda}$ 为 765nm 滤光片透过率。由式(8-7)可知，准确已知测距系统的滤光片透过率、PMT 响应率等系统参数，是准确计算平均氧气透过率的前提。

3) 目标距离测量流程

基于氧气吸收的三通道非成像被动测距试验系统的测距流程如图 8-8 所示。首先由测距试验系统测量得到辐射传输路径的平均氧气透过率及系统所在位置处的海拔、大气温度和压强及目标的天顶角，根据目标天顶角 θ_0 是否为 0 选择合适的平均氧气透过率计算模型，由模型得到平均氧气透过率与路径长度的关系曲线，最后将测量得到的平均氧气透过率值对模型计算的关系曲线进行插值，得到路径长度即目标距离。

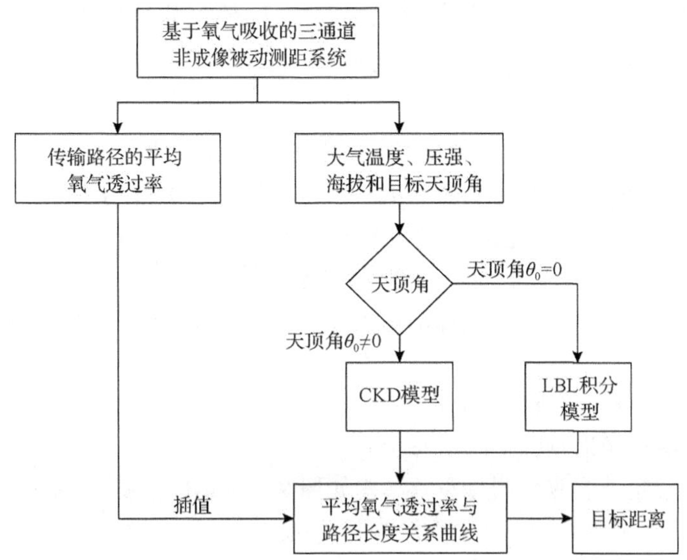

图 8-8　基于氧气吸收的三通道非成像被动测距试验系统测距流程图

2. 测距试验系统各通道一致性测量与标定

在三通道非成像被动测距试验系统中，由于各光谱通道相互独立且对应同一目标辐射的不同光谱波段，因此各通道之间的测量一致性对于保证系统测距精度具有重要意义。在该系统中，各通道间的一致性问题，主要表现为探测器的绝对光谱响应率、增益特性及噪声特性。因此，有必要对三个通道所选用的 PMT 进行绝对光谱响应率、增益特性和噪声特性测量与标定。

1) PMT 绝对光谱响应率测量

通常而言，一种型号的 PMT 在出厂时，厂家会提供其绝对光谱响应率的参考曲线，然而由于光电阴极的制造工艺并不是绝对标准化的[2,3]，即使是同一型号的 PMT，其绝对光谱响应率亦不会完全相同[4,5]。此外，在使用过程中，PMT 的使用疲劳和过度曝光均会影响其绝对光谱响应率，因此在使用前需对 PMT 进行绝对光谱响应率测量，避免直接使用参考曲线而引入测量误差。

(1) PMT 绝对光谱响应率测量原理。

PMT 绝对光谱响应率的定义是在给定波长的单位辐射功率照射下所产生的阳极电流大小：

$$S_{(\lambda)} = \frac{I_{(\lambda)}}{P_{(\lambda)}} \tag{8-8}$$

式中，$S_{(\lambda)}$ 为 PMT 的绝对光谱响应率，A/W；$I_{(\lambda)}$ 为该辐射功率下所产生的阳极电流；$P_{(\lambda)}$ 为照射在光阴极上的单色光辐射功率。它们均是波长 λ 的函数，$S_{(\lambda)}$ 与 λ 的关系曲线称为“绝对光谱响应曲线”[6]。

由式(8-8)可知，若要测量 PMT 在某一波长处的响应率，首先需要定量测量出照射在光电阴极上的单色光辐射功率。由于 PMT 的灵敏度极高，测量时所用的光源必须十分微弱，才能避免 PMT 饱和，而过于微弱的光源则导致单色光辐射功率难以测量。为了解决上述困难，提出一种 PMT 绝对光谱响应率测量方法，利用积分球与可调狭缝构建辐射通量可调的光源系统，利用做过能量响应绝对标定的 DSi200 硅光电探测器作为次级标准探测器，并设计和搭建了 PMT 绝对光谱响应率测量系统。

(2) PMT 绝对光谱响应率测量系统。

①PMT 绝对光谱响应率测量系统组成。

PMT 绝对光谱响应率测量系统结构如图 8-9 所示，主要由光源系统、标准光电探测器、数据采集系统、供电电源和计算机组成。其中光源系统由 75W 溴钨灯光源、积分球、狭缝和分光谱仪构成。溴钨灯辐射出 350～2500nm 的连续复色光，由直流稳流电源供电，以确保光通稳定。将溴钨灯发出的非均匀光经积分球转变成出射度均匀光，经由分光谱仪前限光狭缝后进入光谱仪，光谱仪内部的光栅在计算机软件控制下根据设置的波长数据转到相应的角度位置，使得光谱仪出射光为指定的单色光。通过调整光谱仪前限光狭缝的宽度，可以定量控制进入光谱仪的复色光通量，狭缝宽度为 0.1～3mm 连续可调，高度为 14mm。

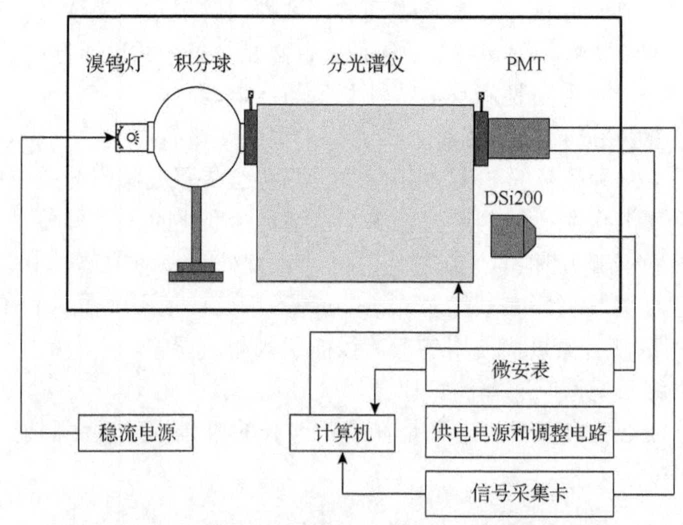

图 8-9　PMT 绝对光谱响应率测量系统结构示意图

利用已做过能量响应绝对标定的 DSi200 硅光电探测器作为标准光电探测器，其在 740～790nm 范围内的光谱响应率如图 8-10 所示。由于 DSi200 硅光电探测器感光面直径为 11.28mm，为了与待测 PMT 感光面直径保持一致，在 DSi200 感光面上贴附一个孔径 8mm 的镀黑薄金属环片。同时设计专用支架，确保将待测 PMT 与 DSi200 硅光电探测器固定在分光谱仪出射狭缝的同一位置。

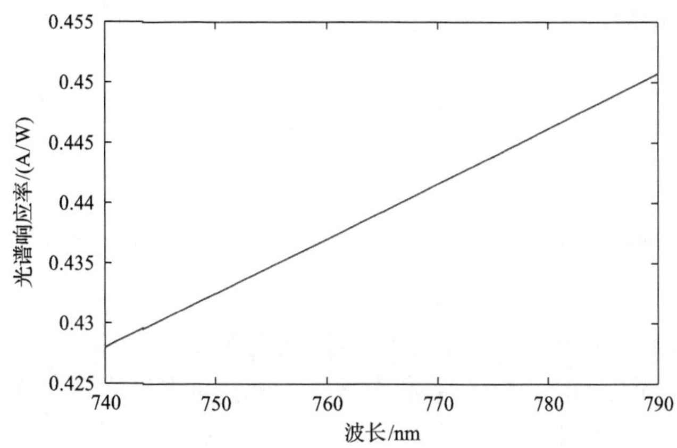

图 8-10　DSi200 硅光电探测器光谱响应率

数据采集系统为用于采集 PMT 输出电压信号的 YW-USB12 AD 型信号采集卡和用于测量 DSi200 标准探测器输出信号的 SP5-DA200uA 数字直流微安表，其测量量程为 0～200μA，测量精度为 0.2μA，将测量所采集的数据传输至计算机。整个试验系统搭建在定制暗箱之中，暗箱外部使用黑色尼龙布遮挡以便更好地隔绝外部杂散光的干扰。

②测量方法。

根据氧气 A 吸收带及其左右带肩的波长范围，将分光谱仪的波长扫描范围设置为 740～790nm，设置光谱仪的扫描步长为 1nm，扫描间隔时间为 60s，调整分光谱仪的出射狭缝宽度，使光谱仪的光谱分辨率为 1nm。首先将待测 PMT 的窗口对准分光谱仪的出射狭缝，设置 PMT 的工作电压为最低 500V(此时对应的增益也最低，约为 4.8×10^3)，将分光谱仪的前限光狭缝宽度设置为 10μm，并适当调整积分球入射孔内的可调光阑大小，确保 PMT 信号强度在其线性响应范围内，进行波长扫描，记录 PMT 的输出信号。然后将 PMT 移出光路，将 DSi200 硅光电探测器移入光路，并将分光谱仪的前限光狭缝宽度调整为 3mm，再次进行波长扫描，并记录 DSi200 硅光电探测器的输出信号。对每个波长单色光在扫描间隔时间内的输出信号取均值，作为探测器在该单色光的输出信号。

由 DSi200 硅光电探测器的输出信号值和其光谱响应率，可以测量出光源的不同单色光辐射功率为

$$P_\lambda = \frac{I_{\mathrm{Si},\lambda}}{R_{\mathrm{Si},\lambda}} \tag{8-9}$$

式中，P_λ 为单色光辐射功率；$I_{\mathrm{Si},\lambda}$ 为 DSi200 硅光电探测器的输出信号值；$R_{\mathrm{Si},\lambda}$ 为 DSi200 硅光电探测器的光谱响应率。

根据两次测量中分光谱仪的前限光狭缝宽度比值，可近似认为测量 DSi200 标准探测器时光谱仪的入射光通量为测量 PMT 的 300 倍，因此得到被测 PMT 的绝对光谱响应率为

$$R_{\mathrm{PMT},\lambda}=\frac{300V_\lambda}{P_\lambda}=\frac{300V_\lambda R_{\mathrm{Si},\lambda}}{I_{\mathrm{Si},\lambda}} \tag{8-10}$$

式中，$R_{\mathrm{PMT},\lambda}$ 为被测 PMT 的绝对光谱响应率；V_λ 为被测 PMT 的输出电压信号值。

(3) PMT 光谱响应率测量试验。

在进行 PMT 绝对光谱响应率测量之前，首先需要验证系统光源辐射通量与前限光狭缝宽度是否呈线性关系。将积分球入射孔内可调光阑孔径调整至最大，并将 DSi200 硅光电探测器感光面对准分光谱仪出射狭缝。设置分光谱仪波长扫描步长为 1nm，扫描间隔时间为 5s，光谱分辨率为 1nm。分别设置前限光狭缝宽度为 1mm、2mm 和 3mm，进行光谱扫描，记录 DSi200 硅光电探测器输出信号如图 8-11 所示，同时将不同狭缝宽度对应的 DSi200 硅光电探测器输出信号进行比值计算，计算结果如图 8-12 所示。从图 8-12 可以看出，探测器输出信号比值随波长变化虽有较小起伏，系统光源辐射通量与前限光狭缝宽度仍可近似呈线性关系。

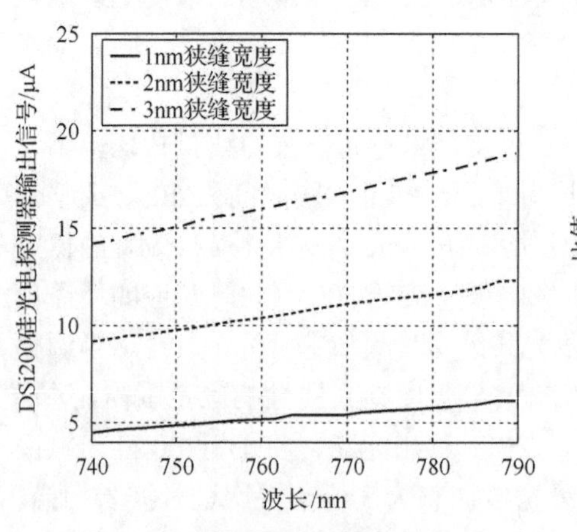

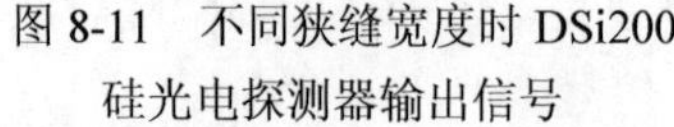
图 8-11　不同狭缝宽度时 DSi200 硅光电探测器输出信号

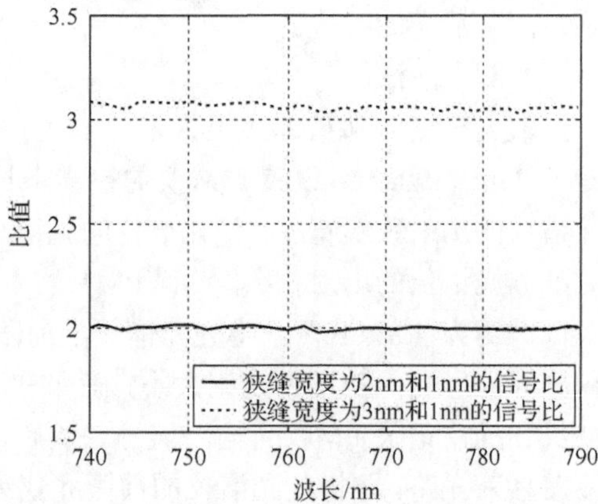

图 8-12　输出信号比值

利用上述绝对光谱响应率测量方法，对构建测距试验系统所选用的三根 H10722-01 型 PMT 进行绝对光谱响应率测量，测量得到 PMT 和 DSi200 硅光电探测器输出信号值如图 8-13 所示。

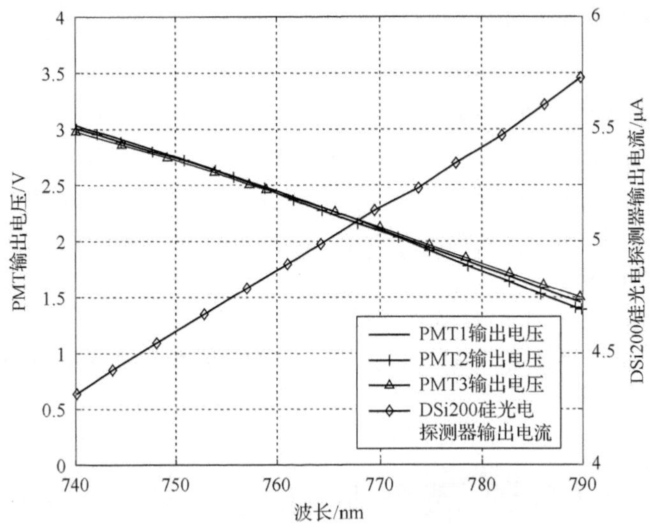

图 8-13 PMT 和 DSi200 硅光电探测器输出信号值

将 DSi200 硅光电探测器输出电流值代入式(8-9)，得到单色光辐射功率 P_λ，并将其代入式(8-10)，得到三根被测 PMT 在 500V 工作电压下的绝对光谱响应率如图 8-14 所示。由测量结果可以看出，在 740～790nm 范围内，三根型号相同的 H10722-01 型 PMT 的光谱响应率之间存在较小差异，且均不等同于厂家提供的参考光谱响应率。在实际使用中，随着 PMT 的工作电压增大(对应 PMT 的倍增系数随之增大)，这种差异也将会随之放大，因此若直接使用厂家参考曲线，可能会给最终测距结果引入较大误差。故而将绝对光谱响应率测量结果对各 PMT 进行标定，并将其作为测距系统的各通道光谱响应率参数。

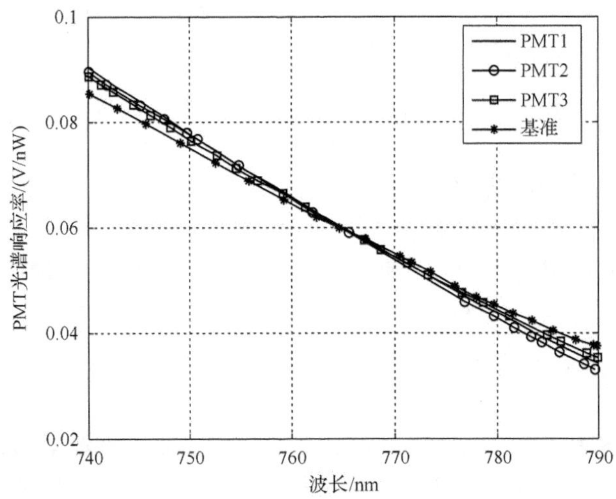

图 8-14 500V 工作电压下 PMT 绝对光谱响应率测量结果

2) PMT 增益特性测量

受到制作工艺的限制，相同型号的 PMT 的增益特性也会存在差异，PMT 的增益特性与各倍增极的电子收集效率、二次电子发射系数和工作电压有关，其中工作电压对增益的影响最为显著，这是因为 PMT 的增益与工作电压呈幂函数的关系。据 PMT 公司提供的信息，即使是同一批次的 PMT，其幂函数的指数 β 值的均方根偏差可达±5%，因此需要对每根 PMT 的增益特性进行测量以得到实际的增益-电压关系曲线。

(1) PMT 增益特性测量原理。

PMT 的输出信号值 I_A 与阳极光谱灵敏度 $S_{A,\lambda}$ 和阴极光通量 $\phi(\lambda)$ 的关系为

$$I_A = S_{A,\lambda}\phi(\lambda) \tag{8-11}$$

可得到输出信号值 I_A 与工作电压 U 之间的关系为

$$I_A = A\frac{e\rho_\lambda\lambda}{hc}\phi(\lambda)U^\beta \tag{8-12}$$

式中，A 为系数；如果测试中保持入射光源波长 λ 和光通量 $\phi(\lambda)$ 不变，而只改变工作电压，则式(8-12)可简化为

$$I_A = \alpha \times U^\beta \tag{8-13}$$

式中，α 为常数，取决于其他几个系数值。由此可知，只需测量不同工作电压下的 PMT 输出信号值，通过拟合即可得出 U-I_A 关系曲线。

(2) 测量方法。

仍使用上述 PMT 绝对光谱响应率测量系统进行测量，为了减小因入射光波长单色性不同而导致测量结果的差异性，调整分光谱仪出射狭缝宽度，使分光谱仪出射光波长中心为 765nm，带宽为 5nm。测量步骤如下：

①将待测 PMT 的窗口对准分光谱仪的出射狭缝，设置 PMT 的起始工作电压为最低 500V。

②适当调整积分球入射孔内的可调光阑大小，使 PMT 获得合适的入射光通量。测量 PMT 增益-电压关系时，入射到 PMT 阴极上的光通量不能过低，过低的光通量会导致 PMT 输出值过小增加测量不确定度，而过高的光通量会导致后续增大工作电压时 PMT 会快速饱和，因此设置入射光通量应使得 PMT 输出信号在其线性响应范围内且输出值较小，在实际测量中，设置起始分光谱仪前限光狭缝宽度为 1mm。

③在 500～930V 电压范围内，按照 25V 的电压步长逐渐增大 PMT 的工作电压，记录 PMT 在不同工作电压下的输出信号值，每组工作电压值持续采集 30s，并取平均值作为 PMT 在该工作电压下的输出信号值。

④用幂函数拟合测量得到的工作电压 U 与 PMT 输出信号值，得到其增益-电压曲线。

(3) PMT 增益特性测量试验。

在实际测量过程中，由于 PMT 输出值与工作电压呈幂函数关系，PMT 输出信号的增速随工作电压的增大而增大，导致当工作电压还未达到 930V 时 PMT 已经发生饱和。为解决这一问题，采用入射光通量分段测量的方法，即在测量过程中，当 PMT 输出信号值接近其线性输出范围上限时，调整分光谱仪前限光狭缝来减小测量系统入射光通量，利用在工作电压节点上调整入射通量前后的 PMT 输出信号比值，来测量 PMT 的相对增益-工作电压曲线。实际测量过程中，选用三组分光谱仪前入射狭缝宽度分别为 1mm、0.2mm 和 0.1mm，对应的各 PMT 输出值如表 8-5 所示。

表 8-5　不同工作电压下 PMT 输出值　（单位：V）

工作电压/V	PMT1 输出值			PMT2 输出值			PMT3 输出值		
	狭缝宽度/mm			狭缝宽度/mm			狭缝宽度/mm		
	1	0.2	0.1	1	0.2	0.1	1	0.2	0.1
500	0.241			0.214			0.212		
525	0.366			0.328			0.324		
550	0.538			0.487			0.488		
575	0.791			0.710			0.709		
600	1.119			1.018			1.023		
625	1.569			1.428			1.443		
650	2.176			1.988			2.007		
675	2.954			2.717			2.781		
700	3.962	0.789		3.727	0.741		3.808	0.756	
725		1.046			0.969			1.009	
750		1.369			1.283			1.352	
775		1.765			1.655			1.776	
800		2.268			2.123			2.290	
825		2.871			2.695			2.946	
850		3.577	1.755		3.376	1.669		3.713	1.802
875			2.147			2.060			2.298
900			2.638			2.522			2.866
925			3.160			3.055			3.495
930			3.270			3.135			3.640

利用这种方法，以 500V 工作电压输出信号作为基准，分别计算各 PMT 相对 500V 工作电压输出信号的放大倍数，通过幂函数拟合得到三根 PMT 的相对增益-电压关系曲线，如图 8-15 所示。

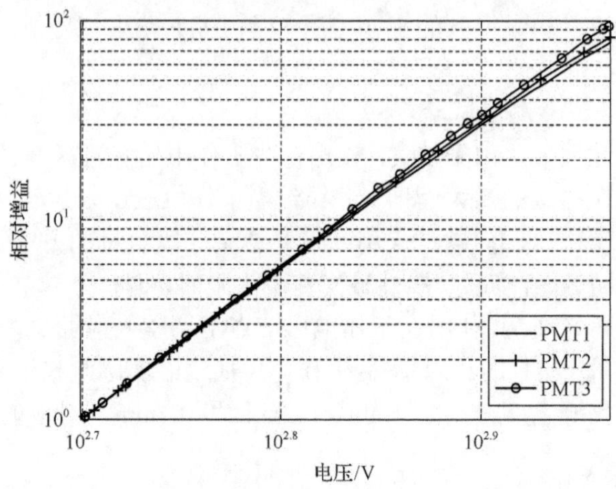

图 8-15 PMT 相对 500V 工作电压的增益特性曲线

3) PMT 暗电流测量

由 PMT 噪声特性可知，PMT 的主要噪声为散粒噪声，其中，信号光和背景光散粒噪声的均方值可由PMT输出信号值根据公式计算得到,因而在不同的PMT之间，主要的噪声差异在于暗电流[1]噪声。暗电流是指在给 PMT 各电极加上正常工作电压以后，在没有光照射时 PMT 产生的信号输出。由暗电流定义可知 PMT 在正常工作时总是会有暗电流存在,并且暗电流噪声会叠加在 PMT 正常输出信号上，难以人为控制，因此有必要对 PMT 进行暗电流测试，观察其是否过大，以及是否会对试验测量结果产生影响。

由暗电流产生机理可知，PMT 的暗电流噪声与环境温度和工作电压等因素有关[8,9]，这里重点测量其随工作电压的变化。将 PMT 置于暗箱之中，分别设置工作电压为 500V、600V、700V、800V、900V 和 930V，每组工作电压下连续采集 PMT 输出电压信号 30min，记录各 PMT 输出信号不为 0 的次数及噪声信号平均值，测量结果如表 8-6 所示。

表 8-6 PMT 暗电流噪声的非 0 次数及平均值

工作电压/V	PMT1		PMT2		PMT3	
	非 0 次数	平均值/mV	非 0 次数	平均值/mV	非 0 次数	平均值/mV
500	0	0	0	0	0	0
600	8	2.5×10^{-4}	16	1.1×10^{-2}	2	0
700	74	8.7×10^{-3}	55	3.7×10^{-3}	12	4.5×10^{-4}
800	207	4.5×10^{-2}	90	3.0×10^{-3}	146	5.6×10^{-3}
900	672	0.35	585	3.3×10^{-2}	696	3.9×10^{-2}
930	853	0.61	696	5.1×10^{-2}	792	6.5×10^{-2}

可以看出，总体上不同 PMT 之间暗电流噪声差异不大，且暗电流噪声大于 0 的次数及噪声平均值均会随着工作电压增大而增大。当 PMT 工作电压小于 900V 时，由于暗电流噪声较小，可以忽略暗电流噪声对测量结果的影响，而当工作电压大于 900V 时，可将 PMT 输出信号减去暗电流噪声平均值，来对测量结果进行修正。

4) 其他一致性问题检测与标定

(1) 镜头光谱透过率测量与标定。

利用某公司的光学镜头光谱透过率检测系统，对三个光谱测量通道的光学镜头进行了光谱透过率测量，测量结果如图 8-16 所示。可以看出，相同型号的光学镜头光谱透过率曲线比较接近但仍存在细微差别，在实际计算中取各镜头透过率测量值作为各通道镜头透过率参数。

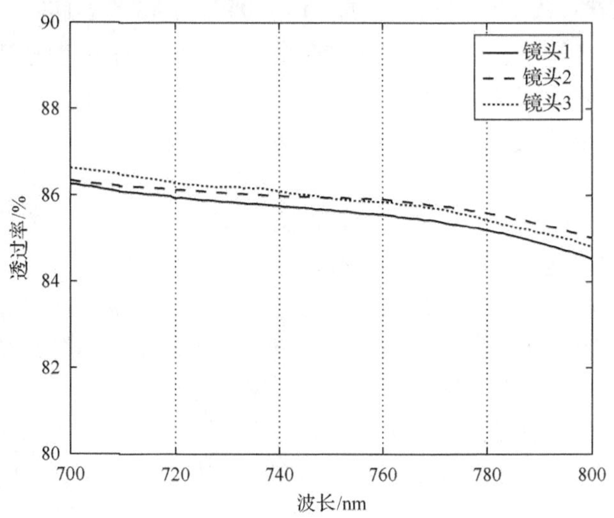

图 8-16　不同镜头的透过率曲线

(2) 小孔孔径一致性测量。

为了降低背景辐射的干扰，在测距系统各个光谱测量通道的 PMT 感光面上贴附了一个孔径为 0.5mm 的小孔作为系统的视场光阑。系统所使用的小孔为定制的镀黑针孔，其外径为 10mm，厚度为 0.1mm。为了检验各小孔孔径是否一致，利用 PMT 来完成对小孔孔径大小的一致性检测，检测方法如图 8-17 所示。

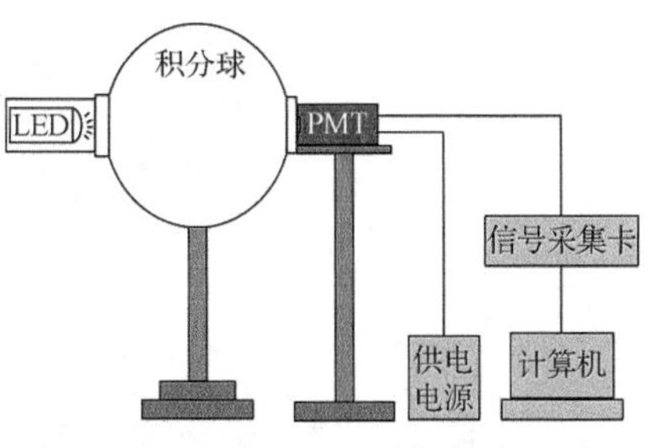

图 8-17　小孔孔径检测方法示意图

将小孔贴附在 PMT 感光面上，设置 PMT 工作电压为 500V，利用信号发生器调整 LED 至合适的亮度，使 PMT 输出信号在其线性范围内，连续采集 3min，记录 PMT 输出信号，然后更换 PMT 上贴附的小孔，将 PMT 固定在同一位置进行再次测量，若不同小孔对应的 PMT 输出信号均值一致，则可认为小孔孔径是一致的。利用该方法对所定制的多个小孔进行测量，从中选择三个一致性较好的小孔作为系统各通道的视场光阑。

3. 系统光轴平行性检测

并行式多光谱点探测式被动测距试验系统由三个光谱测量通道和一个瞄准望远镜组成，各光谱测量通道及瞄准望远镜之间的光轴平行性对系统的测距精度至关重要。考虑到当前开展试验所使用的卤钨灯尺寸为 30cm×15cm，要求测距试验系统能够在 3km 距离上各光谱测量通道的光轴均能对准卤钨灯目标，因此系统的光轴平行性指标为：$\sigma_0 = 15\text{cm}/3000\text{m} = 0.05\text{mrad} \approx 10''$。同时，考虑到被动测距试验均在外场环境下进行，且每次试验前均需要对系统进行光轴平行性检校，需要寻找一种能够适应外场条件且方便操作的光轴平行检校方法。因此我们利用斜方棱镜和角锥棱镜设计了一种自准直光轴平行检校方法。

1) 测量原理

在检测系统光轴平行性误差时，选取瞄准光轴作为基准光轴，并逐次将光谱测量通道的光轴调整至与基准光轴平行，其中光谱测量通道的光轴为 PMT 感光面上贴附小孔的中心与镜头中心的连线，瞄准望远镜的光轴为十字分划中心与物镜中心连线。由于 PMT 感光面位于镜头的焦平面，从小孔中心发射经过镜头的出射光为平行光。斜方棱镜是一种常用于平行光路中可将光轴沿与之垂直方向平移的光学器件，其光轴平移精度与斜方棱镜自身安装姿态无关，因此利用斜方棱镜首先将光谱测量通道的光轴平移引出，然后利用角锥棱镜的光路反向特性将光谱测量通道的光轴反向，并使其进入瞄准望远镜，在瞄准望远镜目镜后方放置 CCD，用于同时接收瞄准镜十字分划和光谱测量通道中小孔的成像，测量光路如图 8-18 所示。

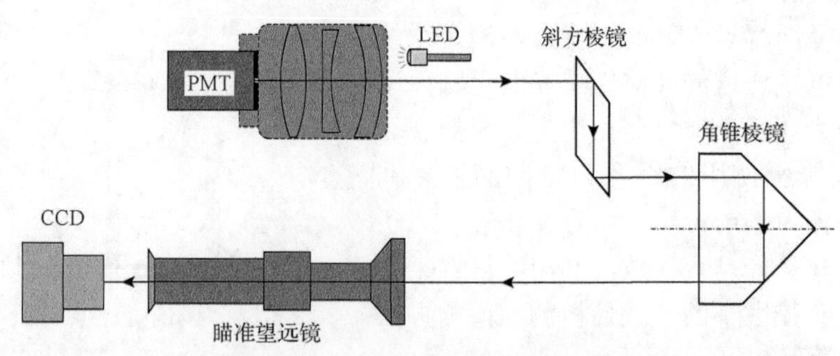

图 8-18　光轴平行性检测原理图

检测前，需调整瞄准望远镜目镜使其视度刻线为 0，此时瞄准望远镜的分划板位于目镜前焦平面。由于 CCD 的感光面位于镜头后焦平面，当两束平行光以相同入射角入射到 CCD 上时，其在 CCD 感光面上成像位置将会重合，反之，当平行光束以不同入射角入射时，则会在 CCD 上不同位置成像[10,11]，且其不平行角度误差可利用成像位置偏差表示为

$$\tan\omega = \Delta d / f \tag{8-14}$$

式中，Δd 为小孔中心和十字分划中心在 CCD 上成像位置之间的距离；f 为 CCD 镜头焦距。

在测量光路中，由于光谱测量通道的光轴在入射到 CCD 前会先经过瞄准望远镜，若二者光轴不平行，则测量通道光轴的入射角度会被瞄准望远镜放大，如图 8-19 所示，因此实际的光轴平行度误差为

$$\omega' = \frac{\omega}{\Gamma} \tag{8-15}$$

式中，Γ 为瞄准望远镜的放大倍数，本测距系统中所使用的瞄准望远镜放大倍数为 8。可以看出，经过瞄准望远镜的放大可以进一步提高光轴平行性误差检测精度。

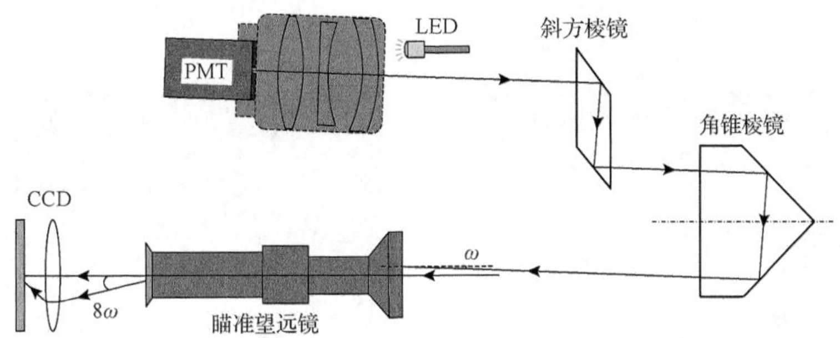

图 8-19　光轴不平行示意图

2) 光轴平行性检校试验

试验使用的 CCD 为 MER-132-30UC 型 CCD，其像元数量为 1292(水平)×964(垂直)，单个像元尺寸为 3.75μm×3.75μm，该型 CCD 可通过 USB 直接将图像传导入计算机，且采集图像像素与 CCD 像元数量为 1∶1 对应，CCD 镜头焦距为 f=30mm。测量时，首先调整 CCD 姿态，使得瞄准望远镜十字分划中心成像在 CCD 中心区域，此时镜头像差最小，采集十字分划图像如图 8-20 所示，利用灰度形态学[12,13]的方法进行图像处理，得到十字分划中心在图像中的坐标，用“×”标示。

图 8-20 十字分划成像

保持 CCD 姿态不变，在待检校光谱测量通道前按照测量光路放置斜方棱镜和角锥棱镜，利用 CCD 采集到小孔图像如图 8-21 所示，利用求质心[14]的方法计算出小孔中心成像坐标，用“*”标示。从图 8-21 可以看出，初始状态下，十字分划中心和小孔中心成像位置不重合，两者之间的光轴平行性误差可利用式(8-14)来计算。通过调整光谱测量通道的可调节底座，直至小孔中心成像位置与十字分划中心重合，如图 8-22 所示，即二者光轴平行。其他两个光谱测量通道可通过旋转斜方棱镜，按照同样的方法进行检校，在此不再赘述。

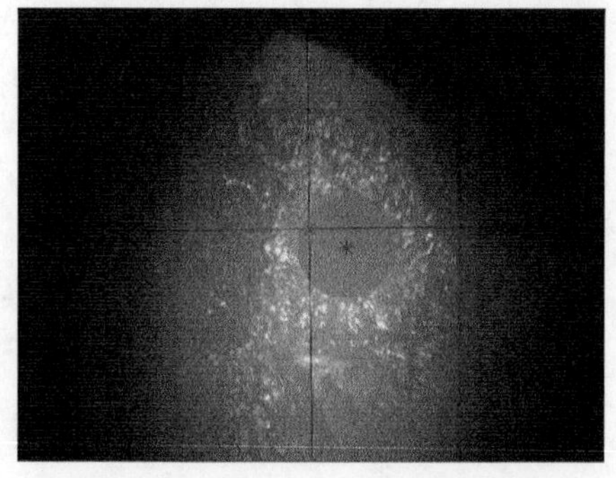

图 8-21 调整前小孔与十字分划成像

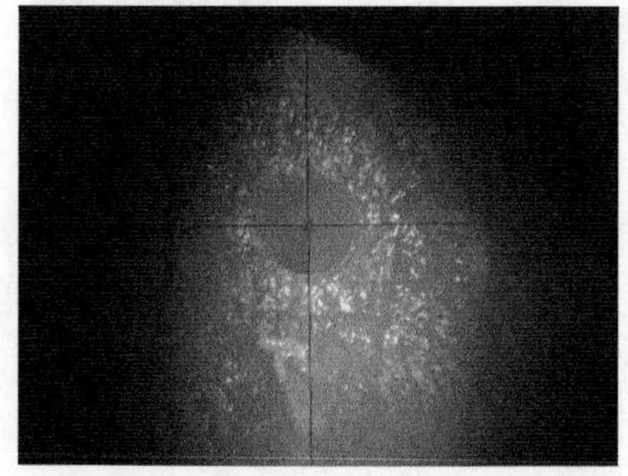

图 8-22 调整后小孔与十字分划成像

3）检测误差分析

本次光轴误差检测试验中，导致检测误差的主要来源有图像中心定位算法误差、斜方棱镜制造误差和角锥棱镜制造误差。

在进行图像中心定位时，分别采用灰度形态学和求质心的方法来定位十字分划和小孔的图像中心，这两种算法的定位精度均小于 0.5 像素[15,16]，且具有计算速度快和计算结果稳定的优点，每一个像素对应的角度误差可由 CCD 像元尺寸和镜头焦距计算得到，因此图像定位误差可由式(8-16)计算得到：

$$\sigma_{\text{pixel}} = \frac{0.5 s_{\text{pixel}}}{f_{\text{lens}} \Gamma} = 1.61'' \tag{8-16}$$

检测所使用的斜方棱镜尺寸为 78mm×28mm×28mm，使用的角锥棱镜端面直径为 60mm，由厂家提供参数可知，斜方棱镜和角锥棱镜的最大光轴平移误差均不超过 5″，将各项误差近似看成相互独立，则光轴平行性检测总误差为

$$\sigma = \sqrt{\sigma_1^2 + \sigma_2^2 + \sigma_{\text{pixel}}^2} = 7.25'' \tag{8-17}$$

可以看出，该光轴平行性检校方法能够满足测距试验系统的光轴平行性指标要求。

本节设计和构建了并行式多通道点探测式多光谱被动测距试验系统，并对系统构建过程中的各光谱测量通道一致性和光轴平行性检校等关键技术问题进行了研究。首先，针对同型号 PMT 绝对光谱响应率之间存在的差异，提出了一种 PMT 绝对光谱响应率测量方法，并搭建了 PMT 绝对光谱响应率测量系统，利用该系统对 H10722-01 型 PMT 进行了绝对光谱响应率测量，并将测量结果作为测距试验系统各通道的光谱响应率参数；其次，对各 PMT 增益特性及暗电流与工作电压之间的关系进行了测量与标定；最后，针对测距试验系统光谱通道及瞄准望远镜之间的光轴平行性检校问题，提出了一种自准直光轴平行检校方法，并通过试验证明了该方法的可行性，检校方法的误差分析结果表明，该方法的检测精度小于等于 7.25″，能够满足测距试验系统的光轴平行性指标要求。

4. *被动测距试验*

1) 近程被动测距试验

为了验证基于氧气吸收的非成像被动测距技术的可行性，利用所构建的并行式多通道探测式多光谱点被动测距系统在近程条件下开展了被动测距试验，其中，近程试验一对传输路径上多个距离点开展了距离测量，目的是检验三通道非成像测距试验系统在近程条件下的测距性能；试验二在试验一的基础上，选择一个固定位置点进行测量，目的是分析不同系统参数设置对测距结果的影响。

(1) 近程试验一。

①试验方案。

试验以一个功率为 1000W 的卤钨灯作为被测目标，其辐射光谱类似于色温 3600K 左右的黑体，在辐射强度和辐射光谱范围上均能满足被动测距试验要求，且方便布置和重复测量。试验选在中纬度冬季晴朗夜晚进行，以减小背景杂散光对测距造成的干扰。试验场地为一条笔直无人马路，试验由近到远分别设置五个目标位置点，其距离分别为 100m、150m、200m、250m 和 300m。

考虑到本次试验测量目标距离较近，设置各通道 PMT 工作电压为 600V，并通过调整镜头 F 数来确保各通道 PMT 在不同距离上能够有效响应且不发生饱和。每个位置点上连续采集 4min，同时，利用 BY-2003P 型数字大气温压表测量每个位置点在测量时的大气温度和压强值，记录各目标位置点的温度、压强和镜头 F 数，如表 8-7 所示。

表 8-7　不同目标位置点上温度、压强和镜头 F 数

指标	目标距离/m				
	100	150	200	250	300
温度/K	278.5	278.3	277.9	277.6	277.1
压强/hPa	1019.1	1019.3	1019.7	1020.1	1020.5
镜头 F 数	5.6	4	4	2.8	1.8

②试验数据及分析。

图 8-23 给出了在目标距离 150m 处测量系统各通道 PMT 的输出信号值，由图 8-23 可以看出，各通道 PMT 输出信号并非稳定值，而是随时间变化在一定幅度内浮动的，且不同通道 PMT 输出信号之间没有表现出预期的较强相关性。分析其原因：首先，由于受到市政供电、散热等因素影响，卤钨灯自身的辐射强度是时刻变化的，因此系统输出信号值也会随时间而变化；其次，由于各 PMT 内部噪声不一致，导致即便三个通道同时对目标辐射进行采集，各 PMT 输出信号之间并没有表现出相同的变化规律；最后，卤钨灯自身辐射光谱不稳定，也会导致各通道 PMT 输出信号之间不存在强相关性。

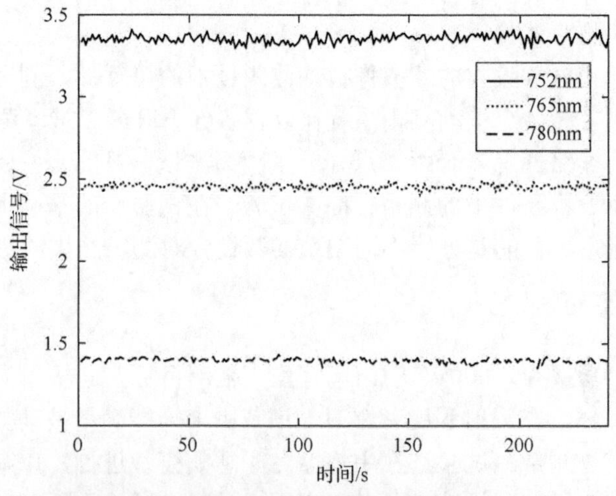

图 8-23　目标距离 150m 处各通道 PMT 输出信号

对五个不同距离点目标进行被动测距试验，试验测量结果如图 8-24 所示。利用 LBL 积分模型计算得到平均氧气透过率与路径长度关系曲线，计算所取的大气温度与压强为各位置点测量时的平均值。

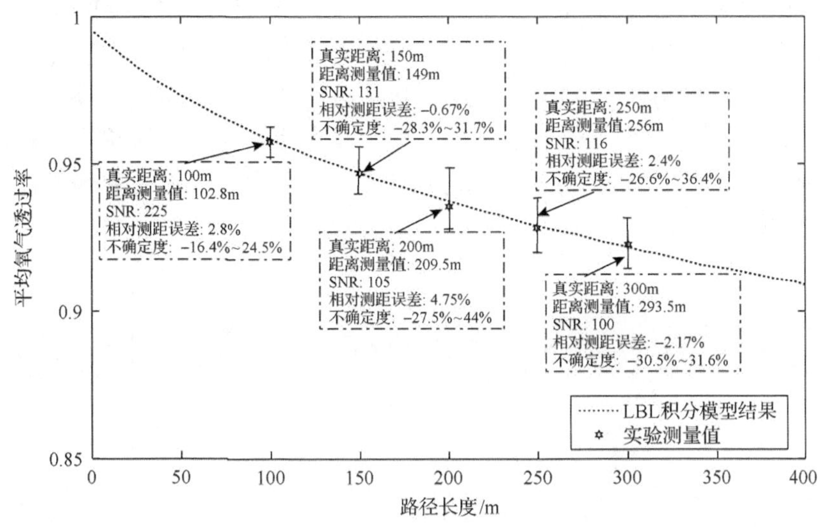

图 8-24　近程被动测距试验结果

从测距结果可以看出，五个距离点上平均氧气透过率误差带中心均接近逐线积分模型曲线，测距相对误差为 −2.17%～4.75%，平均测距误差为 2.14%；平均氧气透过率测量不确定度为 0.54%～1.43%，对应的距离不确定度为 −29.8%～45.3%。测距结果表明，在近程条件下，利用三通道非成像被动测距试验系统，能够有效测量目标距离。

造成如此大的测量不确定度，主要原因是系统信噪比偏低。图中的信噪比是通过计算各个光谱通道 PMT 输出信号平均值并除以其标准差而得到的，可以看出，信噪比越大，对应的平均氧气透过率不确定度越小，且信噪比大小取决于目标距离和测量时选用的镜头 F 数。在 100m 和 150m 距离上，系统接收目标辐射较强，信噪比高，测量不确定度较小，而随着目标距离增大，系统接收目标辐射功率降低，信噪比减小，测量不确定度增大，尤其在 200m 位置点上，为了避免探测器饱和而选取镜头光圈数为 4(与 150m 处光圈数相同)，导致探测器接收目标辐射较弱，信噪比偏低，因此在 200m 位置点处，其测量不确定度比其他位置点更大。

为了进一步分析信噪比与平均氧气透过率不确定度之间的关系，采用多组测量值累加的方法来模拟不同信噪比，以建立信噪比与平均氧气透过率不确定度之间的关系。具体操作过程为：对每一个位置点的测距试验，分别选取 200 组测量数据作为观测样本，从这 200 组数据中，随机抽取 1 组包含 n 组测量数据的子样本，并利用该子样本中输出信号平均值计算平均氧气透过率，得到一个平均信号强度和透过率组合 $(\overline{I}_i,\ \overline{\tau}_i)$，重复上述过程 100 次，将得到一个 1×100 的信号强度向量 I_i 和一个 1×100 的平均氧气透过率向量 τ_i，由信号强度向量 I_i 的均值及其标准差计算得到一个 SNR 值，由平均透过率向量 τ_i 的标准差除以其均值得到平均氧气透过率的不确定度，得到一组信噪比与透过率不确定度坐标 $(\mathrm{SNR}_i, U_{\tau,i})$。通过改变子样本数 n 值，并重复上述过程，得到多组信噪比与透过率不确定度坐标 (SNR, U_τ)，由此得到信噪比与平均氧气透过率不确定度关系如图 8-25 所示。

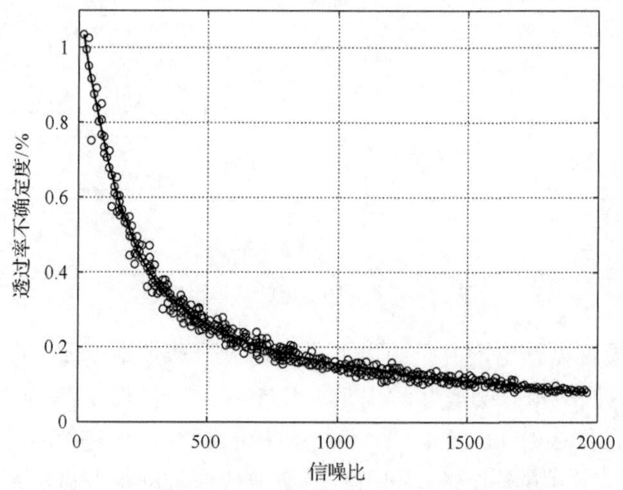

图 8-25　信噪比与平均氧气透过率不确定度的关系

由图 8-25 可以看出，增加系统信噪比可以极大地减小平均氧气透过率不确定度，信噪比与透过率不确定度之间的关系近似于指数函数关系。利用指数和函数对图 8-25 中信噪比与透过率不确定度分布进行最小二乘拟合，得到拟合函数表达式为

$$y = a\exp(bx) + c\exp(dx) \tag{8-18}$$

式中，a=1.617，b= –0.00663，c=0.3377，d= –0.00086。由式(8-18)可知，当信噪比趋于无穷大时，平均氧气透过率测量不确定度接近于 0。

③试验结论。

通过在近程条件下对多个距离点开展被动测距试验，试验结果表明，在 100～300m 范围内，测距相对误差为 –2.17%～4.75%，平均测距误差为 2.14%，证明了基于氧气吸收的非成像被动测距技术的测距可行性；同时，在相同距离上，试验测量平均氧气透过率与模型计算值均比较接近，证明了均匀路径平均氧气透过率

LBL 积分模型的正确性。此外，受限于测量信噪比偏低，目前被动测距试验系统的测距结果存在较大的测量不确定度，通过分析可知，提高系统信噪比，能够有效降低测距不确定度。

(2)近程试验二。

为了进一步分析不同系统参数设置对测距精度的影响，将卤钨灯固定在 300m 位置处，在 PMT 不发生饱和的条件下，分别设置不同镜头 F 数和 PMT 工作电压，对比不同系统参数下的测距结果。

首先，设置各通道 PMT 工作电压为 600V，分别设置镜头光圈数为 1.8 和 2.8，其他系统参数设置与试验一保持不变，每组测量连续采集 4min，记录各通道 PMT 输出信号如图 8-26(a)和(b)所示。

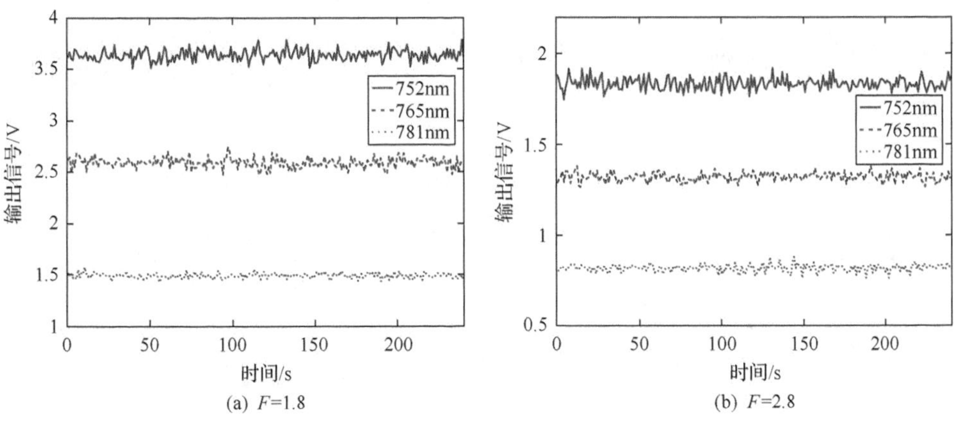

图 8-26　不同镜头 F 数下系统各通道 PMT 输出信号值

然后，保持镜头 F 数为 1.8，分别设置各通道 PMT 工作电压为 575V 和 550V，记录系统各通道 PMT 输出信号如图 8-27(a)和 8-27(b)所示。

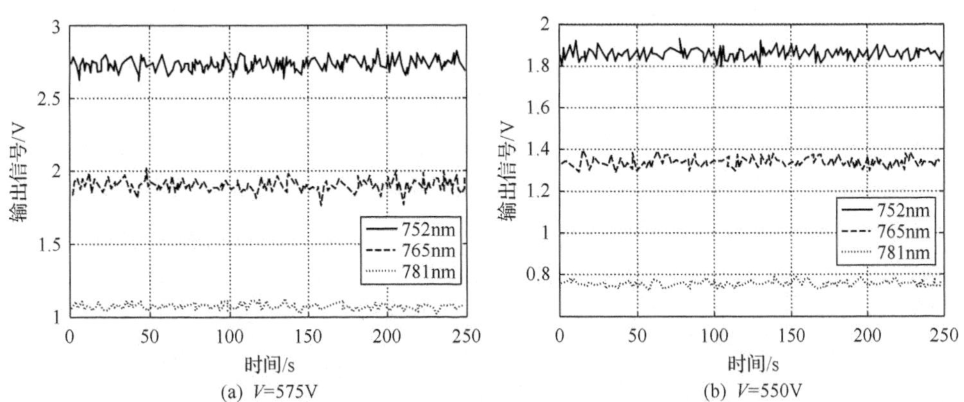

图 8-27　不同工作电压下系统各通道 PMT 输出信号值

仍然选择 LBL 积分模型计算平均氧气透过率与路径长度的关系曲线，并利用各组试验输出信号计算路径的平均氧气透过率，得到平均氧气透过率分布及 LBL 积分模型解算曲线如图 8-28 所示。将平均氧气透过率测量结果代入模型曲线，得到测距结果如表 8-8 所示。

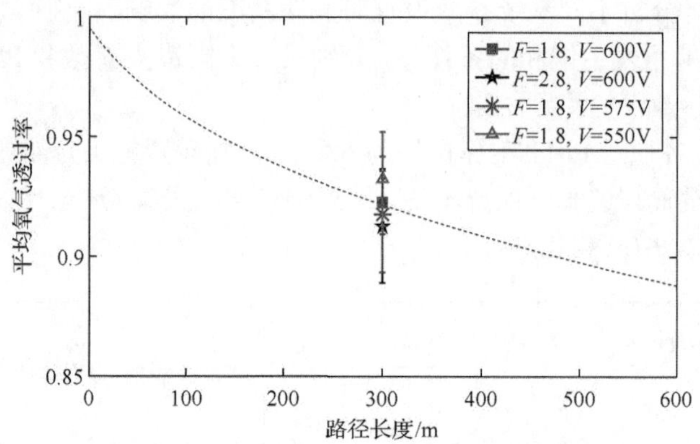

图 8-28　平均氧气透过率分布及逐线积分模型解算曲线

表 8-8　不同系统参数设置下的测距结果及误差

指标	F=1.8, V=600V	F=2.8, V=600V	F=1.8, V=575V	F=1.8, V=550V
平均氧气透过率	0.9227	0.9126	0.9190	0.9311
解算距离值/m	296.6	370.2	319.5	236.4
相对误差/%	−1.13	23.4	6.5	−21.5
测距不确定度/%	−29.8～31.6	−48.4～96.3	−44.2～76.7	−56.3～26.3
SNR	100	43.5	57	68.3

从测量结果可以看出，首先，在相同目标距离上，系统信噪比越高，平均氧气透过率误差带越小，对应的测距不确定度也越小。其次，对比前两组试验可知，相同工作电压下，镜头 F 数越小，信噪比越高，这是因为 F 数越小，镜头孔径越大，入射光通量也越大，从而提高系统接收信噪比；对比后两组试验可以看出，相同入射光通量下，较大 PMT 工作电压对应的信噪比反而较小，这是因为 PMT 工作电压越大，对应的倍增系数也越大，而在 PMT 内部，被放大的不仅有信号电流，还包括噪声电流，工作电压越大，噪声也越大，导致输出信号波动幅度增大，因而信噪比反而会减小。此外，对比不同信噪比与测距误差可以看出，总体上，信噪比越高，系统测距精度也会越高，但是这种关系并不是绝对的，对测距精度起主要作用的仍然为路径上平均氧气透过率的测量精度。在实际测距中，在探测器不发生饱和的前提下，仍应该尽量提高测距系统的信噪比，以便获得较高的测距精度和测距稳定度。

2) 远程被动测距试验

为了检验基于氧气吸收的并行式多通道点探测式多光谱被动测距试验系统在远距离的测距性能，将测距试验系统架设在一栋建筑的 6 层室内，将卤钨灯架设在距离该试验楼 2630m 处的另一栋建筑的 15 层窗口处，该距离为利用某型军用激光测距机测量得到，试验观察方向为由北向南，目标路径上无遮挡。试验地点为东经 114.51°，北纬 38.04°，海拔为 90m，测量时间为 2018 年 5 月 28 日 18：30。利用测角机构测量目标相对测距试验系统的天顶角为 89.34°，利用 BY-2003P 型大气温压计测得大气温度为 291.3K，压强为 1010.9hPa。由于目标距离较远，设置各通道 PMT 工作电压为最大值 930V，镜头 F 数取最小 1.8，连续采集 20min，记录各通道 PMT 输出信号如图 8-29 所示。

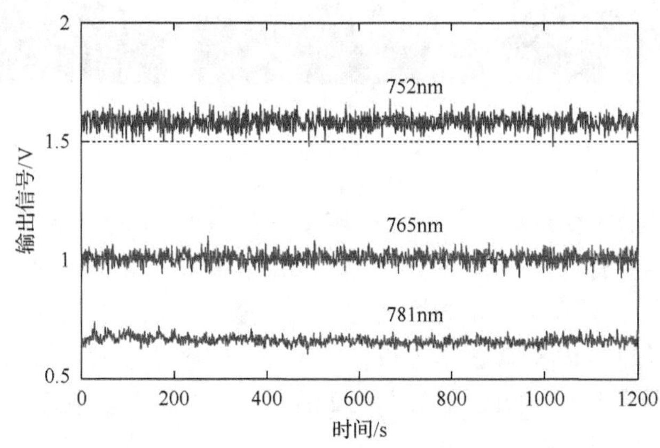

图 8-29　各通道 PMT 输出信号

利用 CKD 模型计算平均氧气透过率与路径长度关系曲线，得到测距结果如图 8-30 所示。

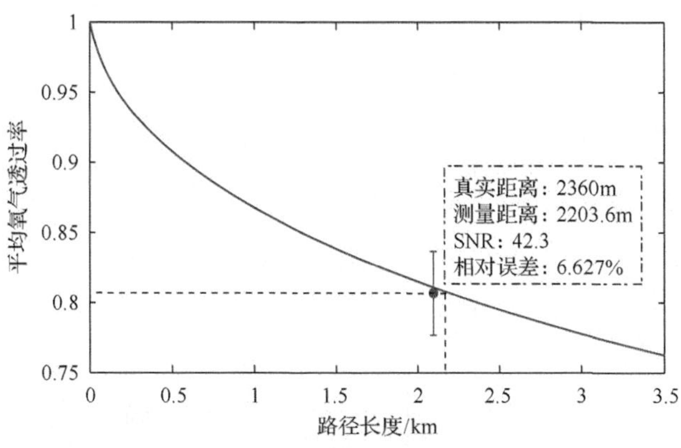

图 8-30　远距离试验测量结果

同时，为了比较测距试验系统与高光谱成像系统之间的测距差异，本次试验还同时利用一台某型声光调制成像高光谱仪对目标辐射光谱进行采集，成像光谱仪参数设置如下：扫描波长范围为 740～790nm，光谱扫描步长为 1nm，带宽为 3.6nm，单幅图像曝光时间为 0.5s，连续循环采集 30 组数据。成像光谱仪采集到目标 752nm、765nm 和 781nm 的原始光谱图像如图 8-31 所示，目标位于方框内。

(a) 752nm　　(b) 765nm　　(c) 781nm

图 8-31　目标原始光谱图像

对每一幅光谱图像选取目标附近区域，计算目标周围背景像素的灰度平均值，然后将该区域内所有像素减去该平均值，以减小背景光谱辐射对目标辐射光谱提取的干扰。将采集的 30 组测量光谱图像累加并取平均值，选取光谱图像中灰度值大于最大灰度值的 9/10 的像素作为目标像素点，取这些像元平均灰度值作为目标光谱灰度值，得到目标光谱曲线如图 8-32 所示，利用二次多项式对氧气 A 吸收带两侧带肩进行基线强度拟合，计算得到平均氧气透过率为 0.7993，代入到平均氧气透过率与路径长度关系曲线，插值得到目标距离为 2387.3m，对比使用三通道非成像测距试验系统和高光谱成像系统的测距结果，如表 8-9 所示。

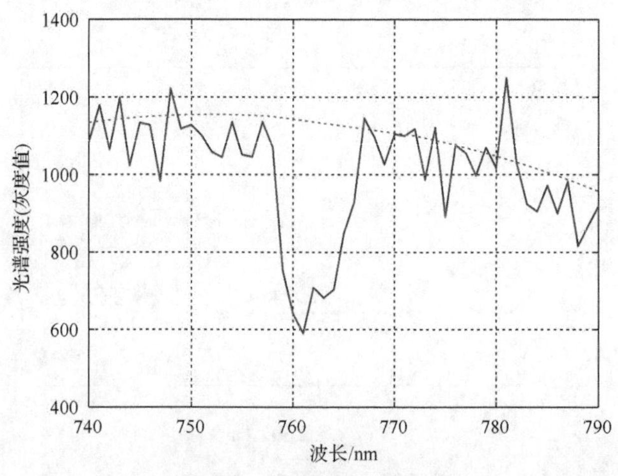

图 8-32　目标光谱曲线

表 8-9　三通道非成像测距试验系统与高光谱成像系统测距结果及误差

指标	三通道非成像测距试验系统	高光谱成像系统
平均氧气透过率	0.8065	0.7993
解算距离值/m	2203.6	2387.3
绝对误差/m	–156.4	27.3
相对误差/%	–6.627	1.156

由测距结果可以看出，在 2360m 距离上，利用三通道非成像测距试验系统测量得到目标距离为 2203.6m，测距绝对误差为 –156.4m，相对误差为 –6.627%。相同距离上，利用高光谱成像系统测量得到目标距离为 2387.3m，测距绝对误差为 27.3m，相对误差为 1.156%。可以看出，该三通道非成像测距试验系统测量得到的目标距离小于真实距离，而高光谱成像系统测量结果略大于真实目标距离。因为在三通道非成像测距试验系统中，计算平均氧气透过率是将目标在氧气 A 吸收带及其邻近区域辐射光谱近似看成一条平滑直线，而由图 8-32 可以看出，实际目标辐射光谱曲线为一条中段微向上弯曲的平滑弧线，利用氧气 A 吸收带左右带肩基线强度值进行线性插值拟合计算得到的氧气 A 吸收带内基线强度值会小于真实基线值，导致透过率 $\tau_{O_2} = I / I_b$ 计算中，分母 I_b 偏小，计算得到氧气透过率 τ_{O_2} 偏大，因而对应的目标距离值偏小。此外，由于此次试验目标距离较远，测距试验系统的信噪比较低，这也是导致测距误差较大的重要原因，在后期试验研究中，可以通过增大系统光学镜头口径，或选用探测灵敏度更高的 PMT，以有效提高系统测量信噪比。

3) 不同背景下的测距试验

前面两次被动测距试验均是在夜间或傍晚进行的，测量时背景辐射较弱，对测距的影响可以忽略不计。为了检测背景辐射对测距的影响，分别在无云天空背景和地面背景下开展被动测距试验，来模拟地对空和空对地目标测距。

(1) 无云天空背景下测距试验。

试验地点位于东经 114.51°，北纬 38.04°，试验时间为 2018 年 6 月 14 日上午，天气晴朗无云。将 1kW 卤钨灯挂置于一根 4m 长直杆上，并将直杆竖置于一栋 8 层建筑楼顶，如图 8-33 所示（目标位于图中方框内），测距试验系统架设在该建筑正南方向的地面上，目标与系统之间的距离利用某型军用激光测距机测量为 325m，目标相对测距试验系统的天顶角为 84.65°，分别在 8：00（第 1 组）、9：00（第 2 组）和 10：00（第 3 组）各进行一次测量，测量过程中，首先测量卤钨灯未打开时天空背景辐射，然后将卤钨灯打开再次测量目标和背景的总辐射强度，将两次测量信号相减进行背景消除，得到目标的辐射强度值。

图 8-33 天空背景下测距试验场景图

设置测距试验系统各通道镜头光圈数为 F=1.8，采集卡设置为默认模式，每组测量连续采集 4min。利用 BY-2003P 型大气温压计测量每组试验时的大气温度、压强值，同时，由于背景辐射亮度随时间不断增强，为避免探测器饱和，每组试验设置的 PMT 工作电压也随时间减小，大气温度压强和 PMT 工作电压如表 8-10 所示。

表 8-10 不同时刻的大气温度、压强和 PMT 工作电压

指标	第 1 组	第 2 组	第 3 组
温度/K	293.9	297.3	303.1
压强/hPa	1004.3	1005.7	1005.3
PMT 工作电压/V	490	450	430

记录各组试验 PMT 输出信号值如图 8-34 所示，其中，(a1)、(b1)、(c1)分别为测量系统采集的原始信号，(a2)、(b2)、(c2)为背景消除以后得到的目标各波段辐射强度信号。

从图 8-35 可以看出，由于天空背景辐射亮度较强，测距试验系统输出信号中背景辐射所占比例远大于目标辐射，并且随着时间推移，这种比例差异越来越大，尤其是在第 3 组试验中，在采集数据的 4min 时间内可以明显观测到天空背景辐射不断增强，目标辐射信号随采集时间而不断减小。分别利用背景消除前和背景消除后的目标辐射测量值计算平均氧气透过率，并利用 CKD 模型建立平均氧气透过率与路径长度的关系模型，得到模型关系曲线和背景消除前后的平均氧气透过率分布如图 8-35 所示，将平均氧气透过率测量结果代入模型曲线得到测距结果如表 8-11 所示。

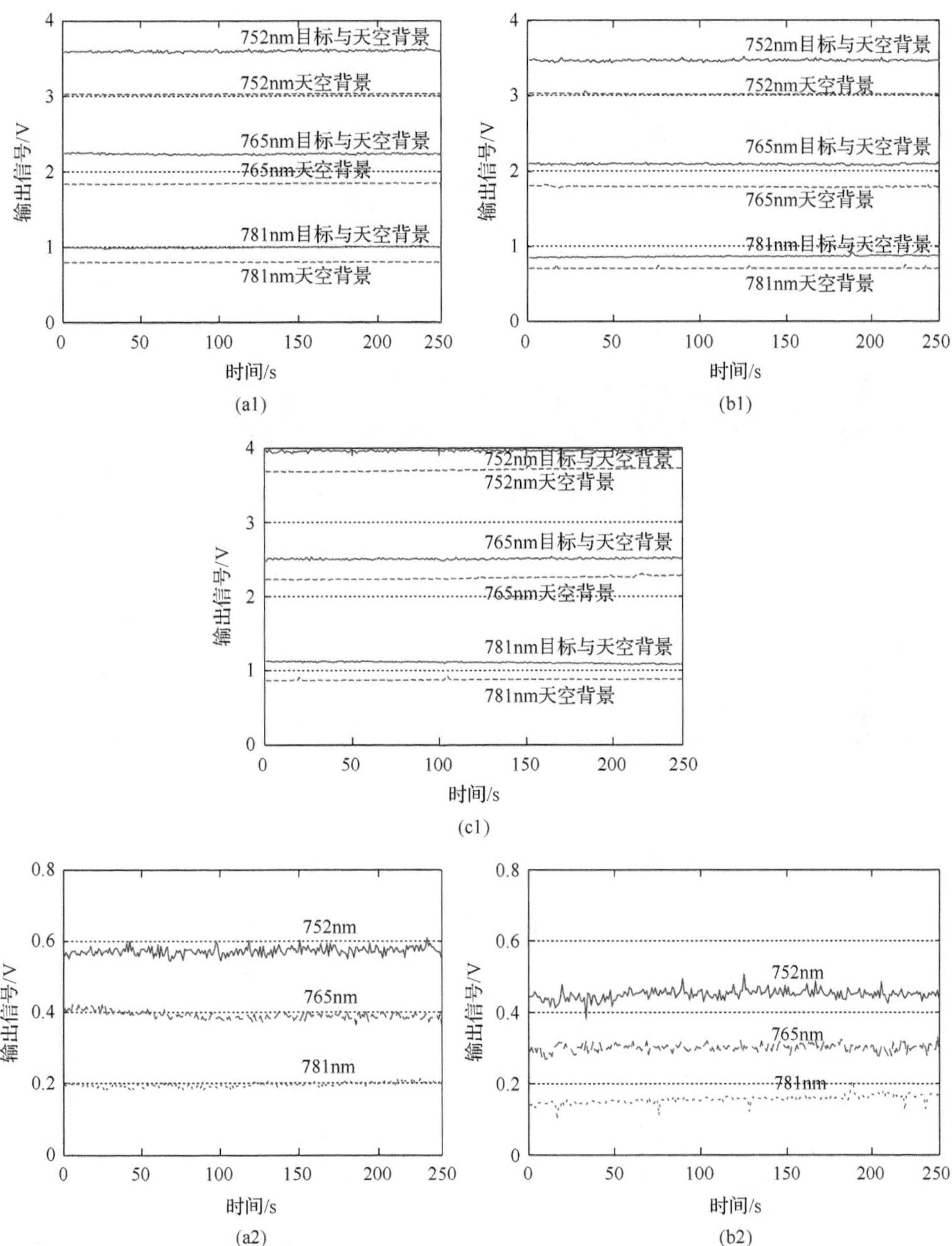
752nm目标与天空背景
752nm天空背景
765nm目标与天空背景
765nm天空背景
781nm目标与天空背景
781nm天空背景
输出信号/V
时间/s
752nm
765nm
781nm

(a1)

(b1)

(c1)

(a2)

(b2)

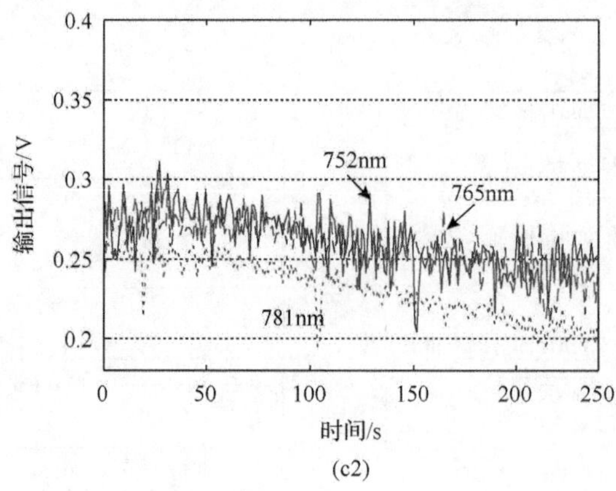

(c2)

图 8-34　不同时刻背景消除前后的 PMT 输出信号值

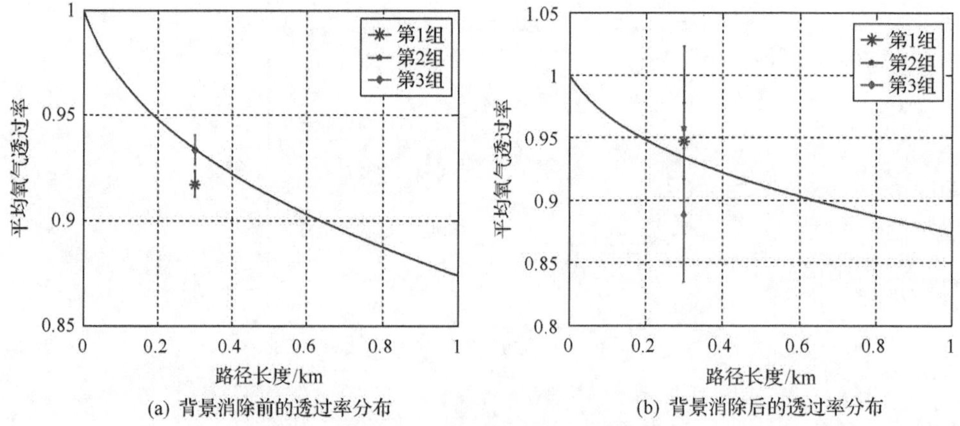

(a) 背景消除前的透过率分布　　(b) 背景消除后的透过率分布

图 8-35　背景消除前后平均氧气透过率分布

表 8-11　不同时刻背景消除前后的测距结果及误差

组别	结果	平均氧气透过率	解算距离值/m	绝对误差/m	相对误差/%	信噪比
第 1 组	背景消除前	0.9173	453.5	128.5	39.53	—
	背景消除后	0.9469	206.7	−118.3	−36.4	32.57
第 2 组	背景消除前	0.9177	449.1	124.1	38.18	—
	背景消除后	0.9569	166.4	−158.6	−48.8	20.12
第 3 组	背景消除前	0.9337	302.3	−22.7	−6.98	—
	背景消除后	0.8881	824.5	499.5	153.6	14.07

从测距结果可以看出，首先，背景消除后的平均氧气透过率误差带远远大于背景消除前，这是因为在测距试验系统所接收的辐射中，背景辐射远远大于目标辐射，在进行背景消除后，得到的目标辐射信噪比极低，对应的平均氧气透过率

不确定度远大于背景消除前。其次，三组试验在背景消除后的测距误差依次递增，这是因为随着时间变化，天空背景辐射亮度逐渐增强，导致背景消除后得到的目标信号越来越小，微小的测量误差都会引起较大的平均氧气透过率计算偏差，其中第三组试验由于目标辐射信号过小，信噪比过低，其测量结果已经没有任何意义；再次，从第 1 组和第 2 组试验结果可以看出，背景消除前的平均氧气透过率均小于背景消除后的平均氧气透过率，这是因为天空背景辐射主要来自于太阳的直接照射和大气对太阳光的散射，而太阳光谱在传输至测量系统前经历了整个大气层的吸收衰减，其本身在氧气 A 吸收带已经具有很深的吸收特性，当其与目标光谱掺杂在一起时，会对吸收衰减特性的测量值起到一定的拉深影响，从而导致计算的平均氧气透过率偏大。

从总体上看，由于此次试验测量系统接收到的辐射中背景辐射远高于目标辐射，极大地掩盖了真实的目标辐射光谱信息，导致三组试验的测距误差均较大。通过背景消除能够在一定程度上减小背景辐射对测量造成的干扰，但由于背景消除后测量系统信噪比过低，对测距精度提升不明显。在实际应用中，可通过减小测距系统的接收视场角，来提高系统接收信号中目标辐射的占比，从而减小背景辐射对测距的影响。

(2)地面背景下测距试验。

试验在 2018 年 6 月 14 日下午进行，试验地点与无云天空背景下的测距试验一致，将测距试验系统架设于一栋建筑 6 层窗口处，卤钨灯架设在该建筑正南面一条马路上，如图 8-36 所示((a)中方框内为卤钨灯)，卤钨灯与测距试验系统之间距离为 323.5m，相对测距试验系统的天顶角为 93.68°。

(a) 试验目标设置位置图

(b) 点亮状态的卤钨灯

图 8-36　地面背景下测距试验场景图

设置各通道 PMT 工作电压为 520V，其他系统参数设置与无云天空背景下的测距试验一致，分别在 16：30(第 1 组)和 17：30(第 2 组)进行两组测距试验，利用 BY-2003P 大气温压计测量得到的大气温度压强分别为(T=304.1K，P=999.2hPa)和(T=302.5K，P=999.7hPa)。测量过程中，首先测量卤钨灯未打开时的地面背景辐射强度，然后将卤钨灯打开再次测量卤钨灯和地面背景的总辐射强度，每次测量连续采集 4min，将两次测量值相减进行背景消除，从而得到目标的辐射强度值。记录各组试验 PMT 输出信号值如图 8-37 所示，其中，(a1)和(b1)分别为测量系统采集的原始信号，(a2)与(b2)为背景消除以后得到的目标各波段辐射强度信号。

从图 8-37 可以看出，相比于天空背景辐射，在地面背景下测距试验系统接收的辐射信号中目标辐射所占比例较高，且由于下午背景辐射随时间减弱，第 2 组试验中目标辐射信号占比要大于第 1 组。分别利用背景消除前和背景消除后的目标辐射测量值计算平均氧气透过率，并利用 CKD 模型建立平均氧气透过率与路径长度的关系模型，得到模型关系曲线和背景消除前后的平均氧气透过率分布如图 8-38 所示，将平均氧气透过率测量结果代入模型曲线得到测距结果如表 8-12 所示。

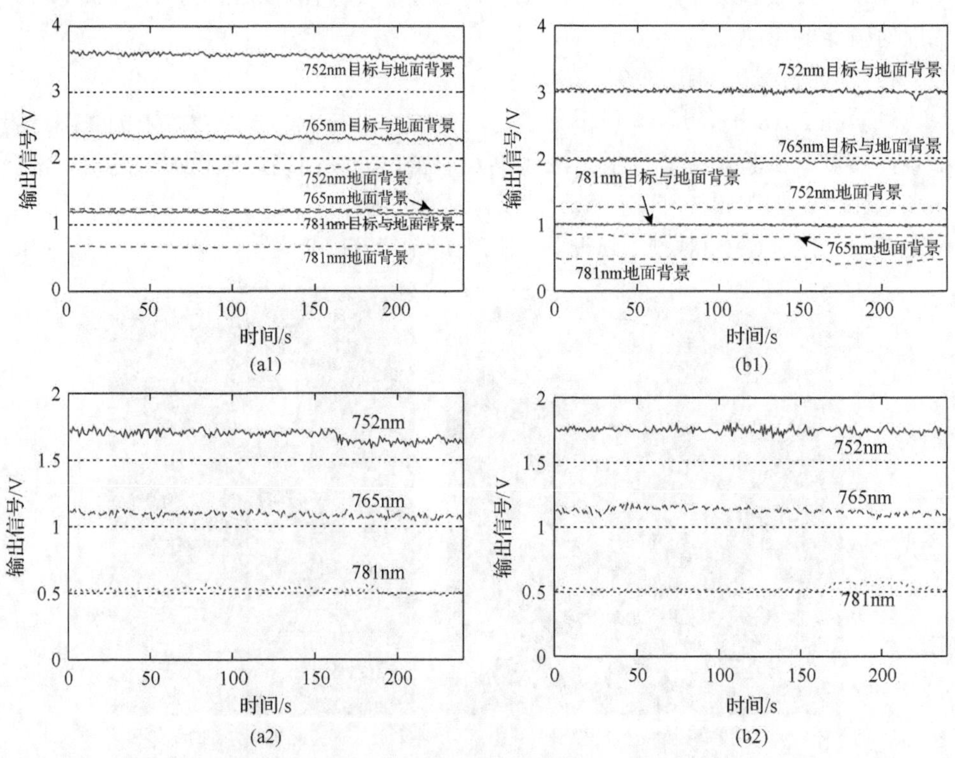

图 8-37 不同时刻背景消除前后的 PMT 输出信号

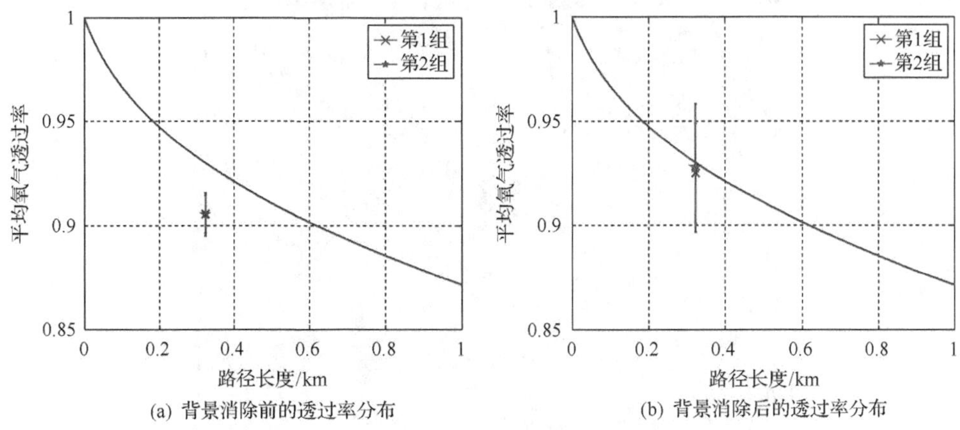

(a) 背景消除前的透过率分布　(b) 背景消除后的透过率分布

图 8-38　背景消除前后平均氧气透过率分布

表 8-12　不同时刻背景消除前后的测距结果及误差

组别	结果	平均氧气透过率	解算距离值/m	绝对误差/m	相对误差/%	信噪比
第 1 组	背景消除前	0.9054	557.2	233.7	72.24	—
	背景消除后	0.9249	366.2	42.7	13.13	52.40
第 2 组	背景消除前	0.9051	560.8	237.3	73.35	—
	背景消除后	0.9276	343.1	19.6	6.05	59.57

从测距结果可以看出，首先，通过对比背景消除前后测距结果可以看出，经过背景消除后，两组试验测距结果分别由 72.24%和 73.35%减小到 13.13%和 6.05%，说明背景消除方法能够有效降低背景辐射对测距造成的干扰，提高平均氧气透过率的测量准确度。其次，对比两组试验结果可知，经过背景消除后的第 2 组试验测量精度高于第 1 组，这是因为第 2 组较第 1 组测量时背景辐射亮度要低，在测距试验系统接收辐射中目标辐射占比较高，经过背景消除后的信噪比更高，由此可见，提高系统接收信号中目标辐射信号的占比，有助于提高系统的测距精度。

8.2　成像式多光谱被动测距系统测距试验

8.2.1　光谱采集系统及目标

被动测距试验设备主要包括目标光谱采集系统和被测目标两个主要部分。本节所采用的光谱采集系统为某型号高光谱成像光谱仪，如图 8-39 所示。

该高光谱成像光谱仪主要由成像光学镜头、可调谐滤波器、EMCCD 相机、控制器及计算机组成。成像光学镜头对一定距离上的目标进行成像，并将目标及场景的连续光谱信息一起传递给声光可调谐滤波器；可调谐滤波器在控制器的控

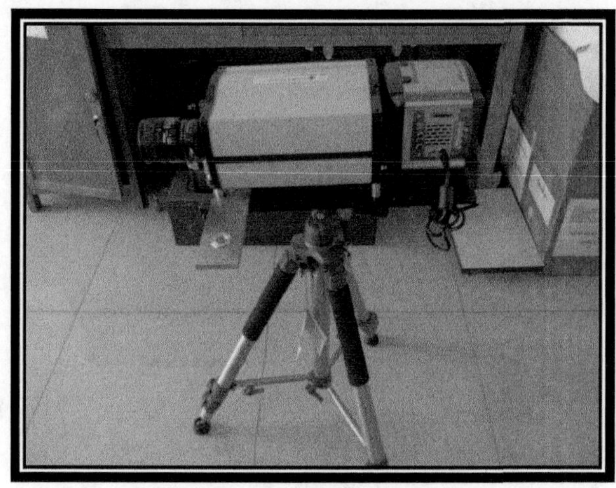

图 8-39　高光谱成像光谱仪

制下，按照软件设置对进入的连续光谱信息进行离散通过，即滤波器通过在不同波长间的连续转换实现对一系列指定波长指定带宽光谱信息的透射；滤波器透射输出的场景光谱信息被 EMCCD 相机同步成像采集，实现对场景光谱信息的二维成像记录；最后相机采集的所有数据在软件控制下由相机内存传输到计算机中，以便在计算机中对采集的图像数据进行检查和处理。

为了详细了解成像光谱仪的性能，下面将具体介绍该光谱采集系统的性能参数。

成像光学镜头：一种是短焦镜头，焦距为 60mm，*F* 数为 2.8；另一种是长焦变焦镜头，焦距在 70mm 到 300mm 之间可变。

可调谐滤波器：该滤波器为声光可调谐滤波器，光谱范围为 450～800nm；光谱分辨率在每个中心波长处均可调，最小光谱分辨率为 1.5nm(450nm 处)和 3nm(800nm 处)；波带外滤光能力为 1000∶1；输出光为线偏光；中心波长转换时间不大于 100μs。

EMCCD 相机：该相机具有超高灵敏度和增益，能够有效去除暗电流，长时间工作；满幅成像时帧频高达 31 帧/s，2×2 像素合并时帧频为 60.5 帧/s；其空间分辨率为 1004×1002 像素，像素大小为 8μm×8μm，图像传感器面积为 8mm×8mm，工作像素井深 30000e^-，增益像素井深 80000e^-，动态范围 14bit，峰值量子效率 65%。

计算机：双核 RAID 计算机，主频 3.01GHz，内存 4GB，Windows 7 系统。

软件：系统控制软件、光谱图像处理软件 ENVI 和数据处理软件 MATLAB 2009。

利用该成像光谱仪进行被动测距试验的数据处理流程图如图 8-40 所示。

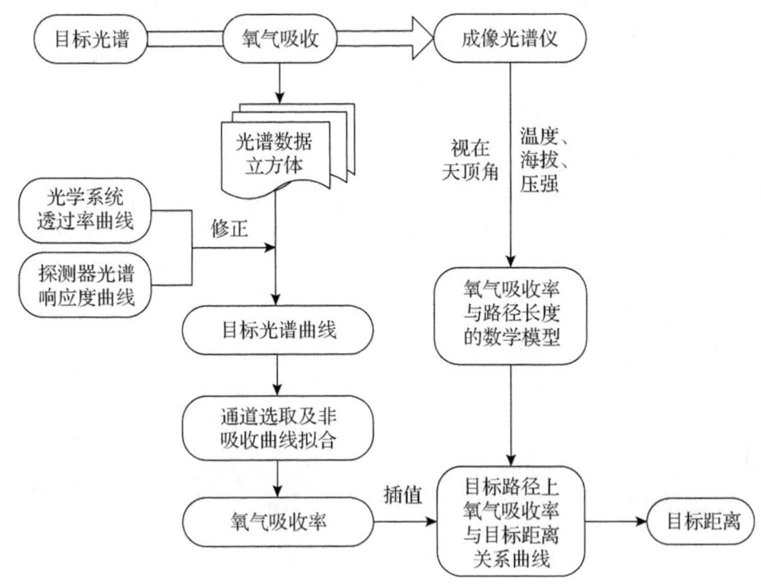

图 8-40　被动测距试验的数据处理流程图

由于高光谱成像光谱仪可以采集目标的高光谱分辨率的图像数据并给出图谱合一的数据立方体，所以数据处理中首先利用成像光谱仪对 A 吸收带的所有光谱数据进行采集，然后在修正后的目标光谱曲线中根据数据分析需要选取测距光谱通道并对非吸收基线进行拟合，计算出氧气吸收率。

试验过程中选择的目标应当能够发射连续光谱，而且其发射光波的波长范围应当覆盖氧气 A 吸收带。卤钨灯或者钨灯的色温为 5500K，它利用钨丝炽热效应进行发光，其发射光谱为 350～2500nm 的连续光谱，其中在可见光波段的光谱最好。

8.2.2　近程被动测距试验

近程被动测距试验的目的是从试验角度证明氧气吸收被动测距技术的可行性。一方面考虑到本次实验的距离较短，整个路径长度上的氧气含量有限；另一方面考虑到整个氧气 A 吸收带的平均吸收率较小。如果计算整个氧气 A 吸收带上的平均吸收率，则平均吸收率随路径长度变化不明显，不利于试验数据分析；所以这里以氧气 A 吸收带的 R 亚吸收带(靠近短波长端的强吸收部分)为测距吸收带。

1. 实验方案

氧气吸收被动测距的基本原理表明，该被动测距技术是通过计算吸收带吸收前后的目标辐射强度比来获取目标路径氧气吸收率的，所以可以适用于任何包含氧气吸收带波段在内的连续光谱辐射源。本次试验以一个功率为 200W 的卤钨灯作为被测目标源，虽然它不能代表一种真实的黑体目标源，但是由于它的辐射光谱类似于色温 5500K 左右的黑体光谱，因此它不仅可以满足试验需要，还有利于试验的便捷布置和重复测量。

考虑到本次试验的目的，需要对同一路径多个距离点上的目标光谱进行测量。目标光谱图像数据是在固定放大倍率、固定波长范围、固定光谱分辨率和不同积分时间下获取的，实验场景的布置如图 8-41 所示。

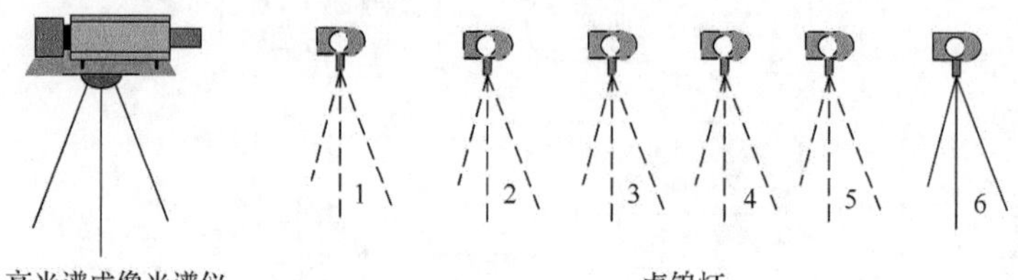

图 8-41　近程被动测距试验方案图

高光谱成像光谱仪的采集参数设置为：扫描波长范围为 740～790nm，步长为 1nm，每个中心波长处的带宽为 3.6nm；镜头采用短焦镜头，为了保证尽可能多地收集目标辐射，缩短曝光时间，镜头光圈设置为最大光圈数 2.8；每个距离点上的曝光时间不同且每个曝光时间仅采集一组数据。本次试验共设置由近及远 6 个测量距离点，每个测量点的真实距离是利用某型号激光测距机测定的，其具体距离值为 130m、195m、270m、305m、370m 和 455m。

2. 试验数据及分析

根据试验方案设定成像光谱仪的各项参数及相应距离上的目标，则不同距离测量点上的曝光时间如表 8-13 所示。

表 8-13　不同测量距离点上的目标距离和曝光时间

测量点	1	2	3	4	5	6
真实距离/m	130	195	270	305	370	455
曝光时间/s	0.050	0.20	0.65	0.70	0.8	1.5
	0.100	0.25	0.70	0.75	0.85	1.6
	0.200	0.30	0.75	0.80	0.9	1.7
	0.300	0.40	0.80	0.85	0.95	1.8

图 8-42 给出了成像光谱仪采集的 130m 距离点上波长 740nm 的目标原始图及其三维灰度图。由于本次试验是在夜间进行的，所以成像光谱仪视场内的背景十分简单，目标信噪比很高。

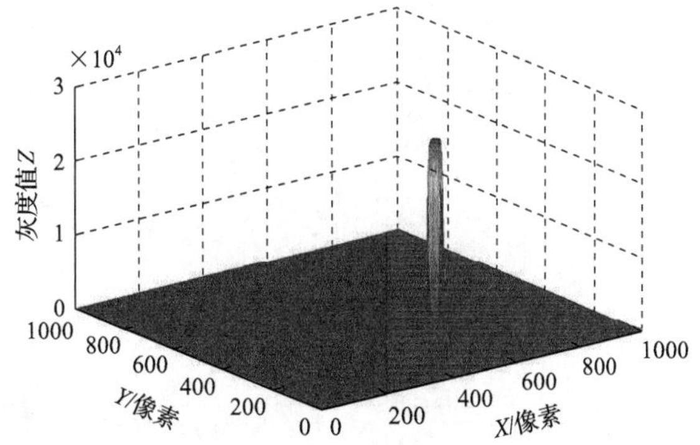

图 8-42　130m 距离点上的目标原始图及其灰度图

由图 8-42 可知，卤钨灯在探测器面上为一个面目标且信号强度要远强于背景强度；同时由于是室外地面静态目标实验，所以对于静态目标的处理方法是在找到目标亮度最大值后，统计灰度值大于某阈值的所有像素点，并将其平均值作为目标在某波长上的光谱灰度值。根据目标提取规则，分别对各个测量点上不同曝光时间下的所有图像数据进行处理，提取各自的光谱曲线，为了比较曝光时间对测量光谱的影响，这里分别将不同测量点各曝光时间的光谱曲线进行比较，结果如图 8-43 所示。

从图 8-43 中可以看出，在固定带宽、固定光圈、固定距离的情况下，目标光谱辐射强度随曝光时间增加而同比例增大；但当探测器接近饱和时，曝光时间的增加不仅不会带来光谱强度的增幅，反而会导致光谱曲线细节信息的丢失，这是因为曝光时间的上限是由探测器像元的势阱深度决定的。同时，采集的光谱曲线随曝光时间增加而变得越来越平滑；这是因为作为目标的卤钨灯，虽然其瞬时光谱强度是不断变化的，但是其平均光谱强度是较为稳定的，曝光时间的增加能够

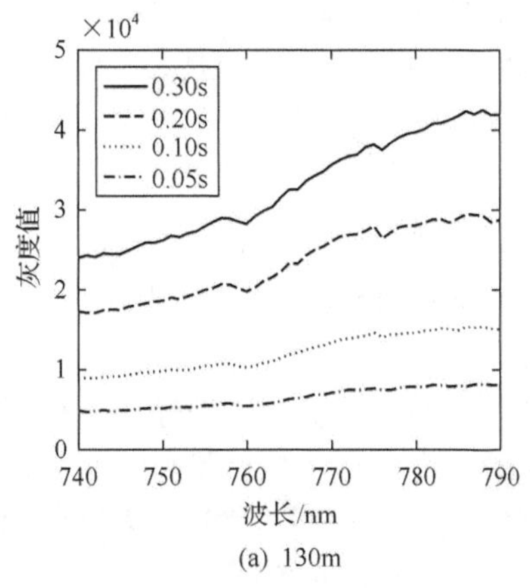

(a) 130m

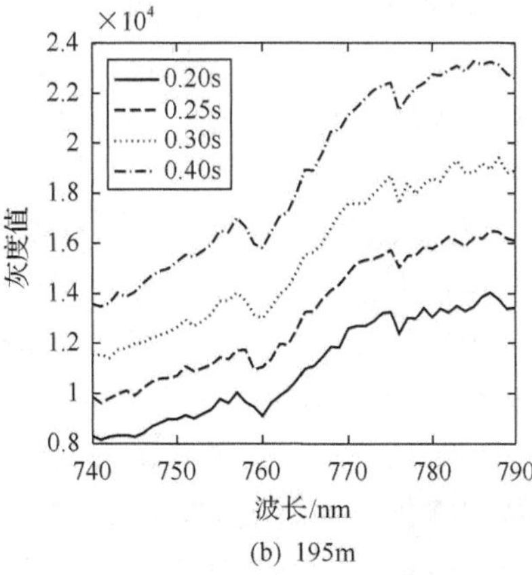

(b) 195m

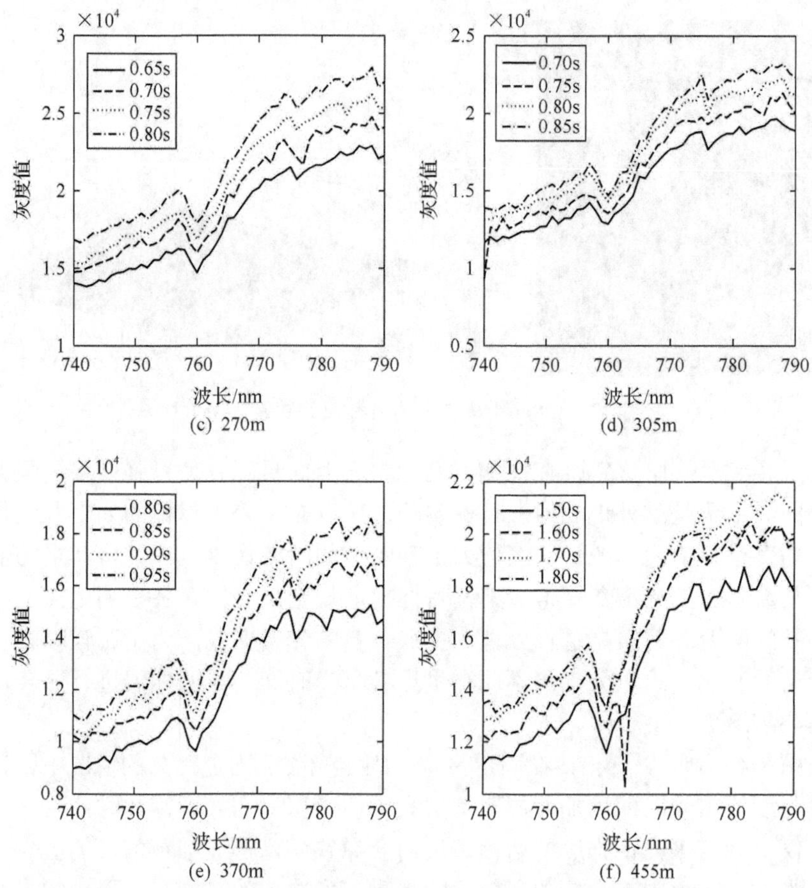

(c) 270m　(d) 305m

(e) 370m　(f) 455m

图 8-43　不同距离点上不同曝光时间下的目标光谱曲线

对瞬时光谱强度变化起到平均抑制作用，所以反而降低了光谱曲线的噪声，提高了光谱曲线的信噪比。因此，对于恒定发射功率的目标而言，适当的延长曝光时间可以提高测量光谱的稳定性，有利于提高氧气吸收率的计算精度。试验过程中，由于试验目标辐射功率较小，大气能见度不高，带宽较窄，所以曝光时间会随距离的增加而逐渐增长。

为了更加直观地理解氧气吸收带吸收深度随目标距离的变化情况，下面将不同距离测量点上采集的光谱曲线利用各自的均值进行归一化处理后绘制在同一幅图中以便进行比较，其结果如图 8-44 所示。

图 8-44 中氧气吸收带吸收深度随距离增加而加深，这一现象充分证明了利用氧气进行测距的可行性；不仅吸收带加深的程度与距离变化呈正比关系，而且短距离的位置变化依然可以从吸收带深度变化中体现出来，说明只要准确测得路径上的氧气吸收率，该测距技术便可以达到很高的测距精度。

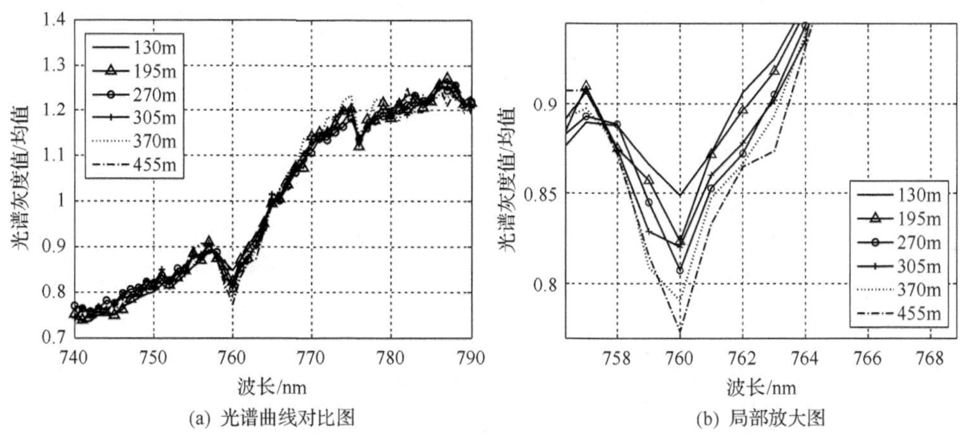

(a) 光谱曲线对比图　(b) 局部放大图

图 8-44　不同距离点的光谱曲线对比图及其局部放大图

前面只是定性分析了氧气吸收带吸收深度随目标距离的变化情况，并没有定量给出吸收带吸收率与目标距离之间的关系，下面将分别计算各个距离点上吸收带一定带宽范围内的平均吸收率。由 HITRAN2008 数据库可知，氧气 A 吸收带吸收谱线中中心波长最小的谱线位于 12847.19cm^{-1}(778.38nm)，中心波长最大的谱线位于 13165.25cm^{-1}(759.58nm)；而成像光谱仪在每个中心波长处的带宽为 3.6nm，即 75 个波数。因此，为了避免将吸收带带肩上的光谱信息平均到吸收带内影响吸收率的计算，在选择吸收带内的光谱通道时应当避开吸收带的边缘波长，同样在选择吸收带带肩上的光谱通道时也应在尽可能靠近吸收带的基础上，避免将吸收带内的光谱信息包含进来。

同时，为了对第 3 章中多光谱系统和高光谱系统的性能进行对比，这里采取两种吸收率计算方法。第一种方法分别在吸收带内及左右两肩按照多光谱系统测距光谱通道选择规则各选择一个波长值作为各自的光谱通道模拟多光谱系统进行测距；第二种方法则是以左右整个吸收带带肩来拟合吸收带内的非吸收基线，然后计算吸收带内若干个波长范围内的平均吸收率，从而模拟高光谱系统进行测距。

第一种方法选择的光谱通道分别为：吸收带带肩上光谱通道位置为 756nm 和 781nm，吸收带内的光谱通道位置为 761nm；第二种方法的各段光谱范围为：吸收带两带肩的光谱范围为 748～757nm 和 779～783nm，吸收带内通道的光谱范围为 761～763nm。图 8-45 给出了各测量距离点不同曝光时间下的氧气吸收率及其相对于各自平均值的相对误差。

130m 测量点中 0.3s 曝光时间一组数据部分波段图像的饱和以及 455m 测量点中 1.6s 曝光时间一组数据部分波段图像的测量错误，导致这两组数据的目标光谱曲线存在明显不同，所以在计算各测量点平均吸收率时将其忽略。图 8-45(a) 和 (c) 为模拟高光谱系统下不同目标距离的氧气平均吸收率，以及各点不同曝光时间氧

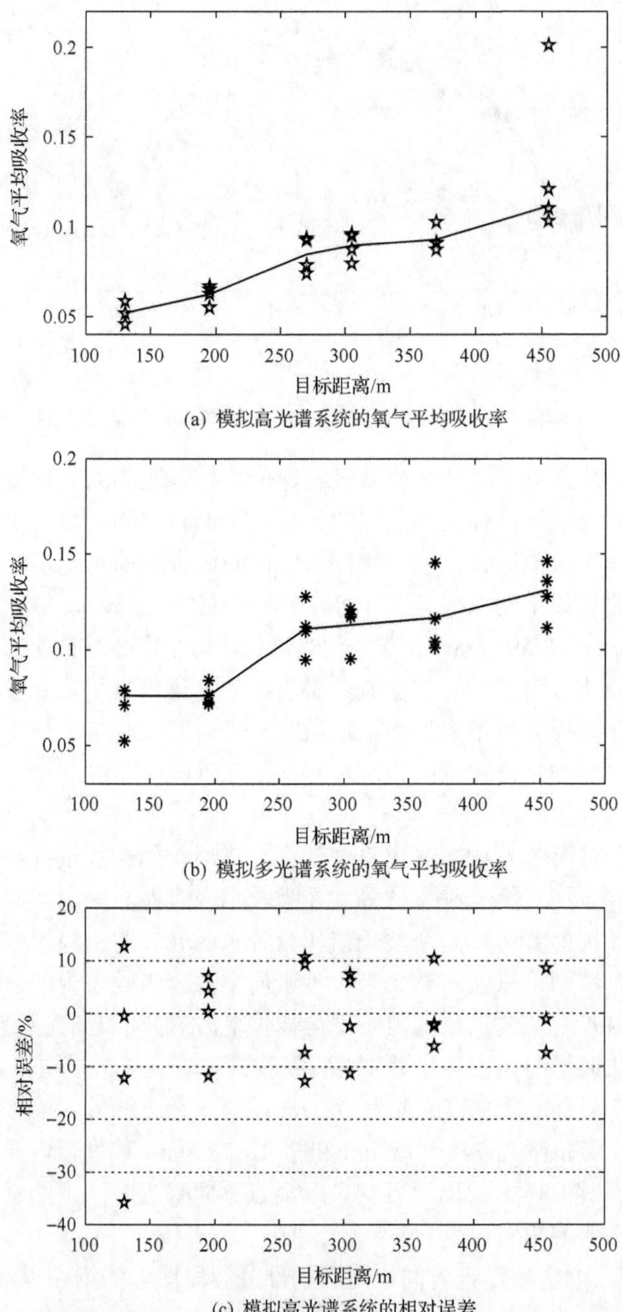

(a) 模拟高光谱系统的氧气平均吸收率

(b) 模拟多光谱系统的氧气平均吸收率

(c) 模拟高光谱系统的相对误差

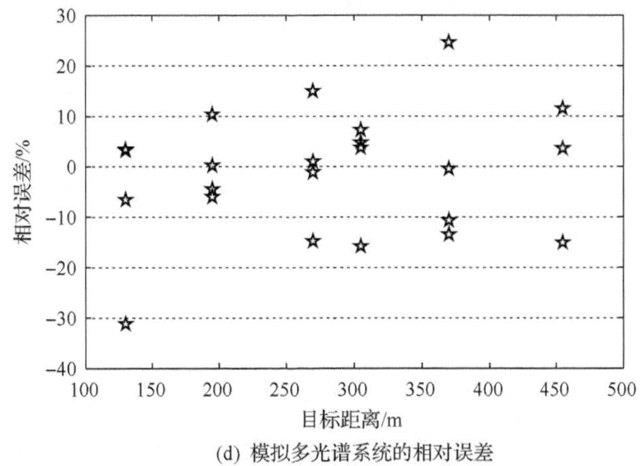

(d) 模拟多光谱系统的相对误差

图 8-45　不同测量点、不同曝光时间下的氧气吸收率及其相对于平均值的误差

气吸收率相对于该点所有平均吸收率的相对误差；(b)和(d)则是模拟多光谱系统下的对应数据。从中可知，曝光时间的不同确实会带来氧气吸收率的变化，这主要是因为目标亮度和路径大气情况都是时刻变化的；不同曝光时间内的目标辐射亮度和大气状况均不相同，即使相同曝光时间内的情况也不一样。通过对比可知，模拟高光谱系统各测量点上氧气平均吸收率与距离的线性关系要比模拟多光谱系统好得多，相应的各测量点不同曝光时间下氧气平均吸收率与该点氧气平均吸收率的相对误差也越小越集中。尤其在图 8-46 中，各模拟测量系统的吸收率值均均匀分布在各自相应的拟合曲线两侧，除个别距离点上的吸收率值偏离拟合曲线较远外，其他各点与拟合曲线贴合得很近。图 8-45 中模拟高光谱测量系统各测量点的氧气吸收率值比模拟多光谱系统的计算结果要相对集中；这都是因为前者利用了更多的光谱信息来计算平均吸收率，在一定程度上减弱了测量误差对氧气吸收率的影响，有利于保证氧气吸收率的计算精度。由此可见，高光谱测量系统中一定波长范围上的平均对减小因测量环境变化而引起的测量误差有一定的抑制效果，同时也说明在氧气平均吸收率计算中的测量误差及因测量误差而引起的基线拟合误差是氧气吸收被动测距技术中一个十分重要的误差来源，是导致吸收率计算误差的根本原因。

图 8-46 给出了不同模拟测量系统目标真实距离所对应的氧气平均吸收率，并利用最小二乘法对这两组数据分别进行了直线拟合。虽然模拟多光谱系统由于单次测量的随机测量误差导致吸收率计算误差大于在谱带内对测量误差进行平均的模拟高光谱系统，但是在短距离范围内氧气平均吸收率与目标距离之间依然保持着很好的线性关系。这些都说明了氧气吸收率与路径长度之间存在很好的对应关系，从试验角度证明了氧气吸收被动测距技术的可行性。

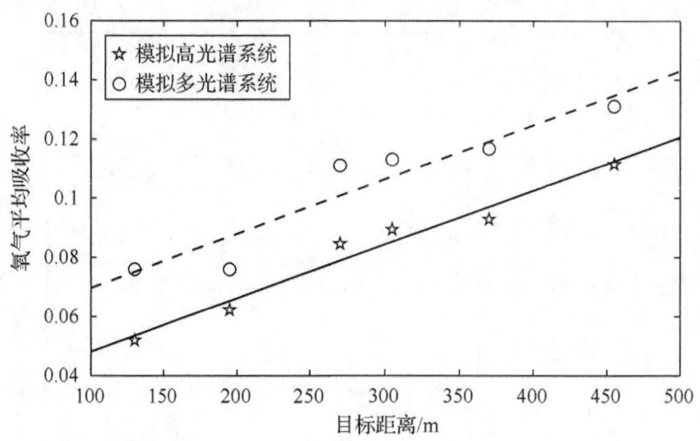

图 8-46 不同模拟测量系统的氧气平均吸收率与目标距离的关系曲线

3. 实验结论

通过对近程被动测距试验数据的处理和分析可知，氧气 A 吸收带的深度不仅能够随目标距离变化而改变，而且能够反映出距离增减的细节；同时，它们的氧气平均吸收率与目标距离之间都具有较好的对应关系，该对应关系能够很好地说明相同路径上氧气吸收率与目标距离之间的线性对应关系。本节从试验角度证明了氧气吸收被动测距技术的实际可行性，为该被动测距技术的进一步应用提供了实验证明。

8.2.3 远程被动测距试验

近程被动测距试验从试验角度证明了氧气吸收被动测距技术的实际可行性，虽然测量误差较大，但依然可以证明氧气吸收被动测距技术具有很好的应用可行性。本节将利用远程被动测距试验对第 7 章建立的非均匀路径氧气吸收率与路径长度的数学模型进行分析和实验验证。

1. 远程试验一

本次试验的方案设计与近程试验方案相似，不过试验场地设置在某训练场，直线路径长度可达 1500m；试验场地和试验设备布置情况如图 8-47 所示。

试验设备如图 8-47(b)所示架设在二层外楼道上，略高于目标海拔；目标在训练场内移动。虽然各测量点不是在同一条直线路径上，但由于整个训练场内场地情况大致一样，落差较小，所以可以将各个测量点看成是同一路径不同距离上的测量点。在整个试验中共设置四个测量点，各测量点处的试验数据结果如图 8-48 所示。其中点画线表示的是利用数学模型计算的目标距离与氧气吸收率关系曲线，模型计算所需的位置和气象信息为测量时间段内各测量信息的平均值，分别为海

(a) 试验场地

(b) 试验设备布置场景

图 8-47　远程被动测距试验场地与设备布置场景图

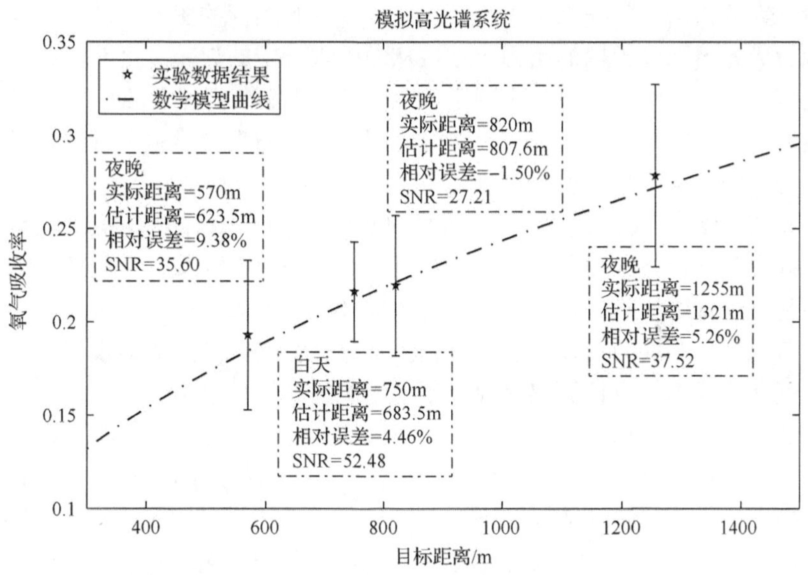

图 8-48　远程被动测距试验数据分析结果

拔 80m、温度 15℃、压强 1019hPa 和天顶角 90°；位置和气象信息测量误差的存在将会对数学模型的解算距离精度造成一定影响。为了减少测量噪声的影响，按照模拟高光谱系统的波段选择进行分析。

图 8-48 的试验是 2014 年 4 月 26 日在某训练场进行的。四个试验点中仅有 750m 试验点是在 17：31 的亮背景下测量的，其他 820m、1255m 和 570m 这三个试验点分别是在暗背景的 19：25、20：41 和 21：04 测量的；测量目标为一个 500W 的卤钨灯。图中的信噪比是根据计算出来的无吸收基线值(信号)与带肩光谱信息的均方根差(噪声)计算得到的。其中无吸收基线值仅取吸收带内选定测距光谱通道内的基线值；带肩的均方根差则是在利用公式对基线进行拟合后，再利用该拟

合公式对带肩对应波长处的光谱强度进行拟合并将其结果作为理想带肩，进而将计算得到的实际带肩均方根差作为吸收带的均方根差。实验数据处理中目标的提取与处理方法与近程被动测距试验的处理方法相同。

由图 8-48 可知，四个试验点的平均测距误差为 4.4%，且所有估算距离值都接近氧气吸收率计算误差带的中心，同时利用数学模型给出的氧气吸收率与目标距离关系曲线基本上从所有试验点误差带的中心通过；所有试验点处的估算距离基本上都大于目标真实距离；信噪比越大，吸收率的计算误差越小，吸收率的计算越稳定。造成如此大的测距误差可能主要有以下几个原因：第一，成像光谱仪光谱采集的非同时性，使得目标光谱和气象等动态因素对光谱测量造成了一定影响，进而引起氧气吸收率较大的计算误差；第二，虽然目标在各个波长图像上的成像情况大致相同，但在细节上也存在差异，这时相同的图像处理和目标提取方法可能造成光谱强度提取的不确定性，从而引入一定的误差；第三，成像光谱仪设置处海拔信息和气象信息的不确定性也会给模型解算距离带来一定的误差；第四，模型在计算路径上的氧气吸收率时利用的大气温度、压强及氧气分子浓度与真实路径上的气象信息有差异，这也会造成一定的模型解算误差。

图 8-48 中四个试验点是根据训练场内具体地形而选择的测量点，虽然不能严格将其视为同一视在天顶角方向上的距离点，但是由于训练场内场地的高度差很小，还是可以将四个试验点处目标相对于成像光谱仪的几何关系看成是一致的。在这种情况下，非均匀路径上氧气吸收率与路径长度关系的数学模型仍能够根据系统位置处的相关信息计算出路径上不同距离的氧气吸收率，并且其趋势和大小与各个真实吸收率都相差不大，这在一定程度上初步证明了数学模型的有效性。

上述估算距离仅利用原始光谱数据进行解算的目标距离，并没有考虑可能对估算距离产生影响的实际情况。下面给出几个可能对估算距离产生影响的因素。

(1) 因为四个试验点的试验数据并非在相同时间段采集，所以各试验点数据测量时的温度和压强之间存在差异；而前面是利用这一时间段的平均温度和压强进行距离解算的，虽然微小的温度和压强变化并未导致较大的解算误差，但仍会对解算距离造成一定影响。四个试验点的温度和压强如表 8-14 所示，利用相应的温度和压强计算各自的氧气吸收率曲线并解算出相应的目标距离，其结果如图 8-49 所示。

表 8-14　各试验点的温度和压强

指标	试验点序号			
	①750m	②820m	③1255m	④570m
温度/℃	16	14	13	13
压强/hPa	1018.0	1019.5	1020.0	1020.0

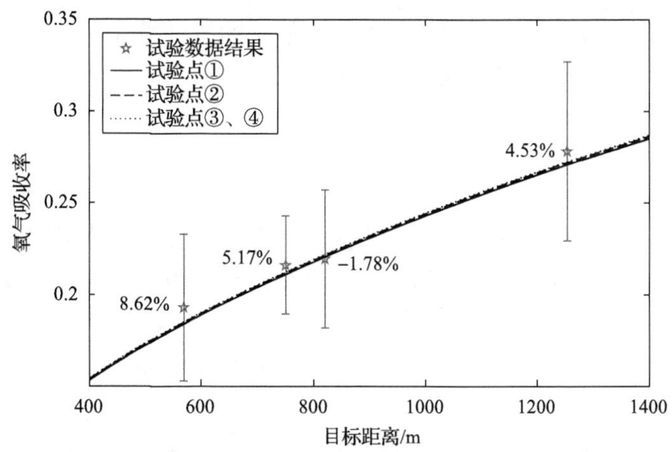

图 8-49　不同试验点数据结果与模型曲线图

图 8-49 给出的是不同试验点数据的处理结果和各自的模型曲线。由图可知，实际温度和压强小于平均值的试验点，估算误差减小，反之，距离估算误差增大；换言之，随着温度的减小和压强的增大，氧气吸收率逐渐增大，反之则逐渐减小。温度和压强变化主要是通过对吸收系数和氧气分子浓度的影响来改变吸收率的；第 7 章已获悉温度对吸收系数的影响很小，而微小的压强变化也不会对吸收系数产生较大的改变，同时考虑到氧气分子浓度是由理想气体方程根据温度和压强计算所得的，所以这里温度和压强变化主要是通过影响氧气分子浓度来改变氧气吸收率的。因此，在实际应用中应当尽可能准确地测量系统处的温度和压强信息，以减小模型输入参量误差而引起的模型误差。

(2)因为光谱测量系统为成像式光学系统，所以系统视场内将不可避免地包含或多或少的背景；不论是简单背景还是复杂背景，它们都是不断变化的，只是变化的速度和幅度不尽相同而已。亮背景下散射的太阳光随太阳高低角、天空云团和背景景物自身状态等因素不断变化，给目标光谱提取带来很大的不确定性。当目标亮度远远大于背景亮度时，可以忽略变化背景对目标提取的影响；但当目标亮度与背景亮度相差不大时，则必须考虑背景对氧气吸收率计算精度的影响，采取必要的背景处理方法消除或者减小背景的影响，从而保证氧气吸收率的计算精度。

(3)吸收率的大小依赖于真实路径长度，但是实际利用激光测距机测量目标距离时往往测量的是目标到系统入瞳处的距离，且激光测距机本身有±5m 的测距误差，因此利用激光测距机测量的目标距离可能小于也可能大于目标真实距离；如果将成像光谱仪入瞳到相机之间 50cm 的长度和激光测距机本身 5m 的测距误差考虑进去应当会进一步提高距离估算精度。

远程试验一模拟的是某一视在路径不同目标距离上实际氧气吸收率的变化趋势，并以此验证数学模型的距离估算能力。虽然实际情况差异、测量误差及模型误差等不确定性因素的存在使得模型解算误差较大，平均测距误差在 4.4%左右；

但是数学模型还是较为准确地给出了指定路径上的氧气吸收率曲线，为距离解算提供了一定依据。通过对测距误差的分析，定性地给出了可能影响测距精度的若干因素。

2. 远程试验二

前两个被动测距试验均是多点多次测量，提供了大量可分析比较的数据，从氧气吸收率的分布变化规律上证明了氧气吸收被动测距的可行性和数学模型的有效性。为了进一步验证数学模型的有效性，并对目标提取、背景抑制等影响测距精度的因素进行进一步分析，这里对一个远距离独立目标点进行被动测距，模拟真实的被动测距情况。

试验地点位于市内，经纬度为东经 114.51°，北纬 38.04°；时间为 2014 年 5 月 22 日，地面能见度约为 5km，气溶胶模式为典型的城市气溶胶，天空晴朗无云。系统架设于一栋建筑的 6 层室内，目标布置在距离该建筑 2360m 远的另一栋建筑的 15 层室内；观测方向由北向南，目标路径上无遮挡，视场范围内背景复杂。

成像光谱仪的参数如下：测量波段为 740～790nm，光谱分辨率为 1nm，带宽为 3.6nm。测量时成像光谱仪位置处的海拔为 90m，温度为 297K，大气压强为 1007hPa，目标相对成像光谱仪的视在天顶角为 89.34°。为了对比分析不同复杂程度背景对测距精度的影响，本次试验分别在大视场条件下和小视场条件下对目标光谱进行测量。

图 8-50 给出的是不同视场条件下成像光谱仪所采集的 740nm 波长目标原始图像，图中方框内的亮点为设置在对面楼内功率为 1000W 的卤钨灯目标。由图可知，图像背景中同时包含了树木、楼房、天空等不同反射率的复杂景物；大视场条件下的图像更加复杂，目标与背景的对比度也更小；小视场条件下虽然也存在一些较亮的树叶干扰，但目标区域大面积的墙体背景使得目标与背景的信噪比能够得到保证。

(a) 大视场条件

(b) 小视场条件

图 8-50　不同视场条件下 740nm 波长的目标原始图

在对静态目标进行提取时，前面两组试验采用的处理方法均是在确定目标灰度最大值后设定一定比例的阈值，通过求取大于阈值的所有目标点灰度均值确定目标光谱强度。这时阈值的选取将可能对氧气吸收率的计算带来误差。为了对背景和阈值的影响进行分析，在数据处理过程中将分别在不同视场条件下对背景消除前后不同阈值下的目标光谱进行分析，计算相应的氧气吸收率并利用数学模型解算其距离。

1) 大视场条件

大视场条件下成像光谱仪的镜头焦距为 70mm，单幅曝光时间为 0.11s。由于视场较大焦距较短，所以目标的成像面积很小；740nm 波长的目标灰度图如图 8-51 所示。

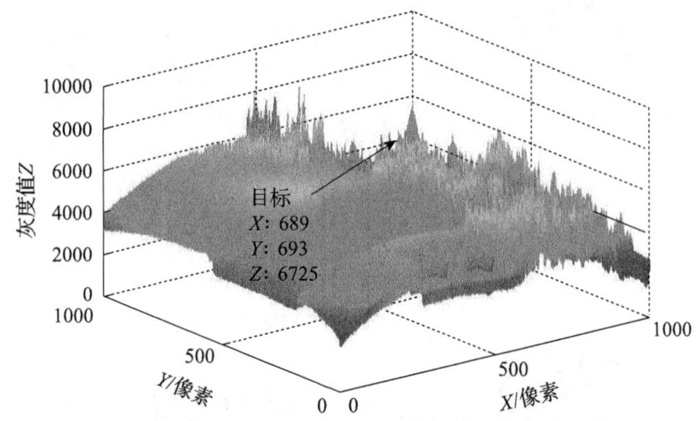

图 8-51　740nm 波长大视场图像修正后的灰度图

图 8-51 为修正后的大视场图像在 740nm 波长处的灰度图。修正数据是在原始图像数据的基础上，分别利用镜头光谱透过率、探测器光谱响应度、带宽及曝光时间进行的修正。灰度图中背景亮度较大而目标亮度却一般，目标与背景的信噪比仅有 3 左右。在目标附近区域内，用所有像元灰度减去背景像元灰度均值的方法作为简单的背景消除方法，背景消除前后的目标灰度图如图 8-52 所示。

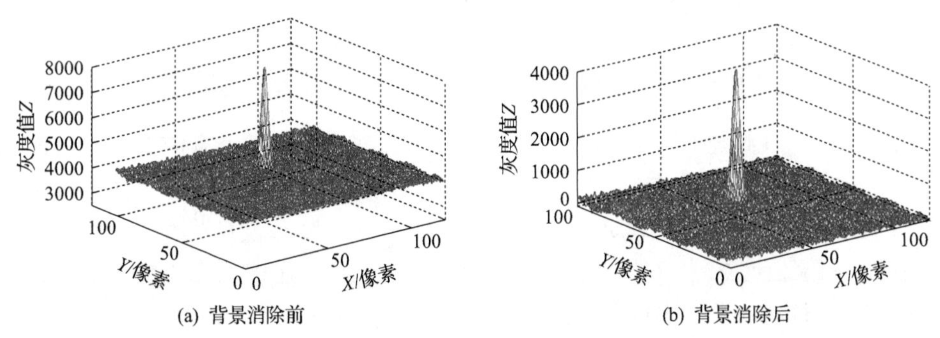

图 8-52　背景消除前和背景消除后的目标灰度图

由图 8-52 可知，简单的背景消除大大提高了目标区域内目标与背景的信噪比，同时也会在一定程度上减去目标光谱中叠加的背景光谱，提高目标光谱的准确性。设定目标提取的阈值比为 0.5、0.6、0.7、0.8 和 0.9，这里阈值比指的是阈值灰度值与目标灰度最大值的比。利用不同阈值对消除背景前后的目标图像进行处理，提取不同阈值比下的光谱曲线，并利用各光谱曲线的均值对其进行一致化处理，则背景消除前后不同阈值比下的目标光谱曲线如图 8-53 所示。

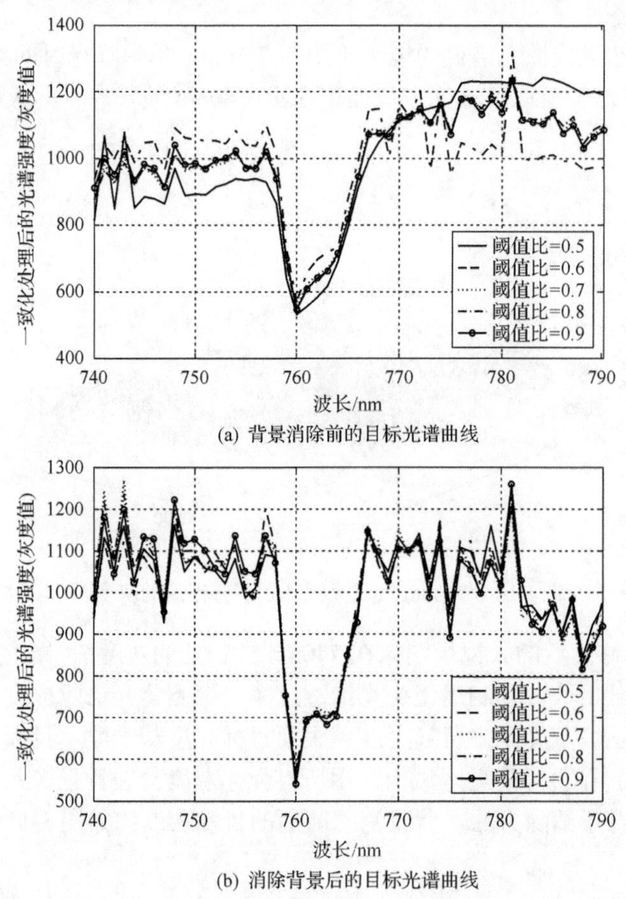

图 8-53　背景消除前后不同阈值比下的目标光谱曲线

图 8-53 对比地给出了背景消除前后的目标光谱曲线，为了方便观察光谱曲线的差异，对所有光谱曲线进行了一致化处理。从背景消除前的目标光谱曲线中可以看出，阈值比越小，光谱曲线越平滑；其中阈值比为 0.5 的光谱曲线轮廓简单少尖峰，而阈值比大于 0.7 以后的光谱曲线基本重合，轮廓较为一致。这是因为低阈值比下的目标光谱中包含了大量的背景光谱，降低了提取像元中目标光谱所占比例，掩埋了目标光谱的细节信息。随着阈值比的提高，虽然用于计算的目标

像元数减少了，但是像元中的目标光谱信息却被保留了下来，所以光谱曲线的细节便显现出来了。消除背景后的目标光谱曲线的相似性更加说明了背景消除对目标光谱的影响，所有阈值比下的光谱曲线均较为一致，尤其是吸收带内的光谱曲线基本完全重合，吸收带两侧的光谱曲线起伏较大，应该与大视场下的低信噪比有关。通过背景消除前后的曲线对比可知，背景消除虽然不能有效改善目标的信噪比，但是能够较好地去除提取光谱信息中混合的背景光谱，提高目标光谱的准确性。在计算氧气吸收率时依然按照模拟高光谱系统的波段选择进行解算，利用上述目标光谱信息计算的氧气吸收率如表 8-15 所示。

表 8-15　背景消除前后不同阈值比下的氧气吸收率

氧气吸收率	阈值比				
	0.5	0.6	0.7	0.8	0.9
背景消除前	0.3786	0.3435	0.3650	0.3754	0.3631
背景消除后	0.3548	0.3459	0.3374	0.3359	0.3529

通过对比表 8-15 中背景消除前后不同阈值比下的氧气吸收率可知，背景光谱影响下的氧气吸收率几乎均大于背景消除后的氧气吸收率，这是因为背景光谱来自于周围背景景物对太阳光谱的反射或散射，而太阳光谱中的氧气吸收带谱线由于经过了整个大气层的衰减早已变得很深，当其掺杂在提取光谱中时会对真实的目标光谱起到一定的拉深影响，从而导致计算的氧气吸收率变大。

因为已知成像光谱仪位置处的海拔信息、气象信息及目标视在天顶角信息，所以可以利用数学模型解算各氧气吸收率所对应的目标距离。数学模型计算出来的目标视在路径上氧气吸收率曲线及背景消除前后的氧气吸收率分布如图 8-16 所示。

图 8-54 分别给出了数学模型利用已知信息计算出来的距离解算曲线及背景消

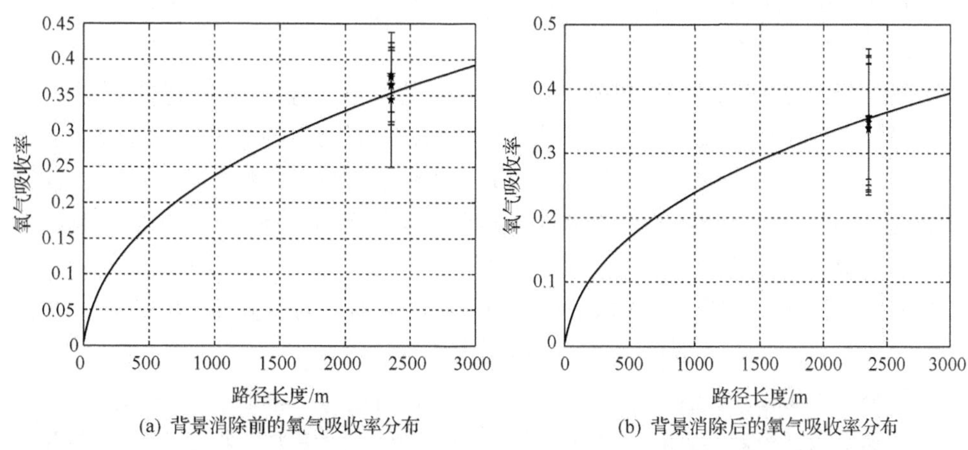

(a) 背景消除前的氧气吸收率分布　(b) 背景消除后的氧气吸收率分布

图 8-54　背景消除前后的氧气吸收率分布及数学模型解算曲线

除前后不同阈值比下的氧气吸收率分布。由图可见，不论是背景消除前还是背景消除后，所有氧气吸收率都有较大的误差带，这是因为大视场条件下不仅图像的信噪比较低而且目标光谱本身由于目标亮度的时变性也会变得起伏不定；背景消除后的所有氧气吸收率分布明显比消除前的分布要集中，所有氧气吸收率的误差带也相差不大。利用数学模型的解算曲线通过插值求解的方法解算出的目标距离如表 8-16 所示。

表 8-16　不同阈值比氧气吸收率的数学模型解算距离及其相对误差

结果	指标	阈值比				
		0.5	0.6	0.7	0.8	0.9
背景消除前	解算距离/m	2766.6	2214.9	2543.1	2712.3	2511.6
	相对误差/%	17.2	–6.14	7.76	14.93	6.425
背景消除后	解算距离/m	2382.8	2250.3	2126.7	2105.5	2353.5
	相对误差/%	0.9657	–4.65	–9.88	–10.78	–0.276

表 8-16 中的解算距离是利用数学模型对不同阈值比的氧气吸收率进行目标距离反演而得到的，相对误差则是解算距离与目标真实距离之间的相对误差。背景消除前的解算距离几乎全部大于目标的真实距离 2360m，而背景消除后的解算距离则小于或者接近目标真实距离。从相对误差上来看，背景消除后的相对误差几乎全部减小了，其中阈值比=0.5 和阈值比=0.9 光谱曲线所对应的解算距离最为接近目标真实距离。同时，在背景消除情况下，除了阈值比=0.9 的相对误差外，其他四个相对误差均随阈值比的增加而逐渐增大，其原因可能是用于计算目标光谱的像元数随着阈值比的增加而逐渐减少，从而减弱了对目标光谱强度变化的平均抑制作用，增强的目标光谱强度干扰降低了目标光谱的准确性，最终导致氧气吸收率的计算误差逐渐增大。

通过分析可以得到以下结论：第一，复杂背景下的背景抑制和背景消除对于目标光谱提取及氧气吸收率计算是非常必要的；通过背景消除可以减少或者去除提取光谱中的背景光谱，从而提高目标光谱提取的准确性，增加氧气吸收率计算的精度。第二，目标提取阈值的选取会对氧气吸收率的计算产生一定的影响，选取合适的提取阈值能够大大提高氧气吸收率的计算精度，从而保证数学模型解算目标距离的准确度。第三，在保证氧气吸收率计算精度的情况下，1%左右的解算距离误差充分证明了数学模型在实际应用中的有效性。

2) 小视场条件

小视场条件下成像光谱仪的镜头焦距为 300mm，采集图像时各个波长图像的曝光时间为 0.05s；该视场条件下的目标图像灰度图如图 8-55 所示。

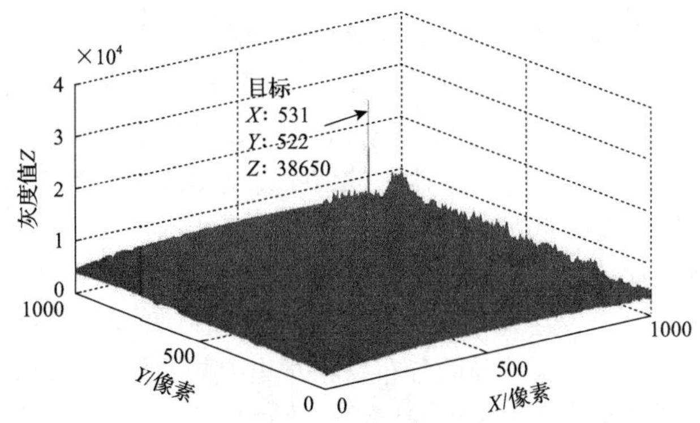

图 8-55　740nm 波长处小视场图像修正后的灰度图

图像数据的修正与大视场图像数据的修正方法一致。由图 8-55 可知，小视场条件下的目标图像虽然也存在一些较亮的背景干扰，但是大范围的暗背景保证了目标位置处的信噪比。对目标区域进行相同的背景消除处理，并分别提取阈值比为 0.1、0.2、0.3、0.4 和 0.5 时的目标光谱曲线，根据目标光谱曲线解算所得的氧气吸收率如表 8-17 所示。

表 8-17　背景消除前后不同阈值比下的氧气吸收率

氧气吸收率	阈值比				
	0.1	0.2	0.3	0.4	0.5
背景消除前	0.3588	0.2748	0.3219	0.3002	0.3188
背景消除后	0.3543	0.3511	0.3100	0.3431	0.3911

由表 8-17 可得，当阈值比=0.1 时，背景消除前后的氧气吸收率相差不大，而其他阈值比下背景消除前后的氧气吸收率不仅差异较大，而且即使在同一种背景下的氧气吸收率也存在较大起伏。这是因为阈值比=0.1 时大部分目标像元都被包含并用以计算目标光谱强度，同时背景干扰又相对较弱，所以该阈值比下的氧气吸收率在背景消除前后相差较小；由于目标成像面积有限和积分时间的缩短，所以其他阈值比下可用以计算目标光谱强度的目标像元大大减少，目标亮度的不稳定性成了影响目标光谱强度准确性的主要因素，从而也成了决定吸收率计算正确与否的决定性因素。虽然此刻背景消除依然能够提高目标提取光谱的准确度，但目标光谱本身的不确定性依然严重影响了氧气吸收率的正确计算。

将成像光谱仪位置处的海拔、气象和目标信息输入数学模型，可以得到目标视在路径上的距离解算曲线；代入不同阈值比的氧气吸收率，便可根据解算曲线解得背景消除前后不同阈值比下的目标解算距离及其相对误差。为了证实目标光谱自身不确定性对氧气吸收率计算精度的影响，在计算氧气吸收率的同时还计算了不同阈值比下各条谱线的信噪比。

表8-18给出的是背景消除前后不同阈值比下氧气吸收率所对应的模型解算距离、解算距离的相对误差及光谱曲线的信噪比；图8-56显示的是背景消除前后氧气吸收率及数学模型的解算曲线。在表8-18中背景消除前仅阈值比=0.1时目标光谱曲线的信噪比最好，而其他阈值比下的信噪比均很差；背景消除后全部阈值比下的目标光谱信噪比都很低且与背景消除前的信噪比水平相当。同时，通过对相同背景处理下相对误差和信噪比的同步对比分析，发现光谱曲线信噪比越小，氧气吸收率的计算误差越大且氧气吸收率的计算越具有偶然性。在图8-56中背景消除后的氧气吸收率虽然较消除前的分布要相对集中些，但是其误差带依然很宽，表明这些吸收率的计算存在很大的偶然性，这也导致了背景消除后相同信噪比水平下的目标光谱曲线计算出的氧气吸收率和解算距离相差很大。这些现象说明背景消除虽然能够去除背景光谱对提取目标光谱的影响，但是曝光时间短和测量非同时性共同导致的目标光谱自身的低信噪比将大大增大氧气吸收率的计算误差。

表8-18 背景消除前后不同阈值比下的解算距离、相对误差以及信噪比

结果	指标	阈值比				
		0.1	0.2	0.3	0.4	0.5
消除背景前	解算距离/m	2444.4	1360.0	1916.6	1644.9	1875.4
	相对误差/%	3.58	–42.37	–18.78	–30.30	–20.53
	信噪比	53.18	7.87	10.18	9.45	12.06
消除背景后	解算距离/m	2375.2	2362.1	1763.9	2209.4	2984.9
	相对误差/%	0.6438	–1.43	–25.25	–6.38	26.48
	信噪比	8.03	10.05	8.38	10.78	9.92

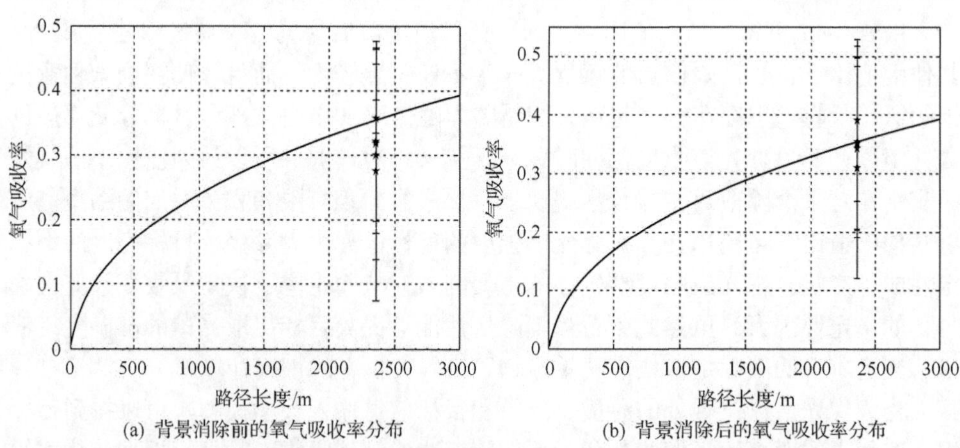

(a) 背景消除前的氧气吸收率分布 (b) 背景消除后的氧气吸收率分布

图8-56 背景消除前后不同阈值比的氧气吸收率分布及模型解算曲线

在小视场条件下，虽然单个波长图像均具有很高的信噪比，但是在目标光谱时变性、曝光时间及采集光谱的同时性影响下，目标光谱的信噪比可能很差，这也会对氧气吸收率的计算引入较大的误差。这就要求一方面要尽可能在单次测量中实现对目标光谱的全部获取以保证目标光谱的准确性，避免因目标亮度的时间变化特性造成的提取目标光谱误差；另一方面在无法实现目标光谱的一次性采集时要在探测器不饱和的情况下适当延长曝光时间，减弱目标亮度变化带来的影响。

3. 实验结论

通过对远程被动测距试验数据的分析可知，在保证氧气吸收率计算精度的情况下，氧气吸收率与路径长度关系的数学模型能够根据探测器位置处的海拔、气象和目标信息较好地解算出目标距离；远程试验一中多个测量点原始数据下数学模型平均 4.4%的相对误差和远程试验二中独立点消除背景后数学模型 1%左右的相对误差都证明了氧气吸收率与路径关系数学模型在实际应用中的有效性。

在数学模型解算目标距离过程中解算距离的误差主要依赖于对探测系统位置信息和气象信息的测量及高信噪比目标光谱的提取。探测系统位置信息和气象信息的准确测量主要是为了保证数学模型输出目标视在路径解算曲线的精度，应当尽可能地将每次测量的信息实时提供给数学模型从而确保解算曲线与测量数据的对应性，减小模型误差对解算距离误差的影响。高信噪比目标光谱的提取是为了保证氧气吸收率的计算精度，通过背景抑制和消除、目标提取与目标光谱解混、提高采集系统实时性等方法能够进一步减少背景光谱、目标亮度时变性等因素引起的测量误差及由测量误差而引起的基线拟合误差，从而提高目标路径上氧气吸收率的计算精度。

8.3　本 章 小 结

利用基于氧气吸收的并行式多光谱点探测式被动测距试验系统，分别在近距离和远距离及不同背景下开展了被动测距试验。在近程试验一中，测距系统在 100～300m 范围内的平均测距误差为 2.14%，证明了基于氧气吸收的非成像被动测距技术的可行性。在近程试验二中，在不同系统参数设置下对一固定距离的目标进行测距试验，通过分析对比测距结果可知，平均氧气透过率的不确定度随测距系统的信噪比增大而减小，测距相对误差总体上随信噪比增大而减小，但这一关系并非绝对的。在远程测距试验中，分别利用三通道非成像测距试验系统和某型高光谱成像光谱仪对同一远距离目标进行测距，从测距结果可以看出，三通道非成像测距试验系统的测距相对误差要略大于高光谱成像光谱仪，分析其原因如下：第一，三通道非成像测距试验系统在进行基线拟合时，将目标基线强度近似为一条直线，而真实目标基线强度为一条平滑向上微弯的曲线，可以看出，基线拟合误差为三通道非成像被动测距试验系统的一项固有误差；第二，由于目标距离较远，三通道非成像测距系统接收信噪比较低，也是导致测距误差较大的另一个原因。在不同背景条件下的测距试验中，分别在无云天空背景和地面背景下开展了测距试验。试验结果表明，通过背景消除和提高目标辐射在测距系统接收辐射中的占比，能够有效提高系统的测距精度。

利用成像式多光谱被动测距系统进行被动测距试验部分，首先介绍了作为光谱采集系统的某型号成像光谱仪和被测目标卤钨灯。其次，通过近程被动测距试验证明了氧气吸收被动测距技术的实际可行性，氧气吸收率与目标距离之间良好的线性对应关系为氧气吸收被动测距技术理论的进一步应用提供了实验支撑；同时，模拟高光谱系统下更多光谱信息的利用可以减小测量误差及基线拟合误差对氧气吸收率计算精度的影响。最后，利用氧气吸收率与路径关系数学模型对远程多个测量点原始数据和一个独立点背景消除后数据下的氧气吸收率进行距离解算，原始数据下 4.4%的平均测距误差和背景消除后 1%左右的测距误差不仅有效证明了数学模型在解算目标距离上的有效性，实验结果还表明在背景干扰、目标亮度变化、目标提取方法等因素影响下的测量误差及由测量误差引起的基线拟合误差是氧气吸收被动测距技术的主要误差来源，为以后氧气吸收被动测距技术工作的进一步展开提供一定的思路。

参 考 文 献

[1] 李晓峰. 星地激光通信链路原理与技术. 北京: 国防工业出版社, 2007.

[2] Wang Y X, Tian W J, Bin X L. Theoretical model of the modulation transfer function for fiberoptic taper. Proceedings of SPIE, 2005, 5638: 865-872.

[3] 李坤宇. 无源光纤传像系统传像质量的评价与优化研究[博士学位论文]. 南京: 南京理工大学, 2001.

[4] Shen X J, Wang L, Shen H B, et al. Propagation analysis of flattened circular Gaussian beams with a misaligned circular aperture in turbulent atmosphere. Optics Communications, 2009, 282(24): 4765-4770.

[5] 黄元申, 陈南曙, 张大伟, 等. 一种凸面光栅 Offner 结构成像光谱仪的设计方法. 仪器仪表学报, 2008, 29(6): 1236-1239.

[6] 季轶群, 沈为民. Offner 凸面光栅超光谱成像仪的设计与研制. 红外与激光工程, 2010, 39(2): 285-287.

[7] Rothman L S, Gordon I E, Barbe A, et al. The HITRAN 2008 molecular spectroscopic database. Journal of Quantitative Spectroscopy and Radiative Transfer, 2009, 110: 533-572.

[8] 闫宗群, 刘秉琦, 华文深, 等. 利用氧气吸收被动测距的近程实验. 光学精密工程, 2013, 21(11): 2744-2750.

[9] 闫宗群, 刘秉琦, 华文深, 等. 氧气吸收被动测距技术中的折射吸收误差. 光学学报, 2014, 34(9): 8-14.

[10] 孙刚, 翁宁泉, 肖黎明, 等. 大气温度分布特性及对折射率结构常数的影响. 光学学报, 2004, 24(5): 592-596.

[11] 王敏, 胡顺星, 苏嘉, 等. 纯转动拉曼激光雷达反演低层大气折射率廓线. 中国激光, 2008, 35(12): 1986-1991.

[12] 张瑜. 激光在大气传输中的到达角误差修正方法研究. 河南师范大学学报(自然科学版), 2008, 36(2): 57-59.

[13] 王海涌, 林浩宇, 周文睿. 星光观测蒙气差补偿技术. 光学学报, 2011, 31(11): 1-6.

[14] 李德鑫, 杨日杰, 孙洪星, 等. 给予射线分层算法的电磁波大气吸收衰减特性分析. 电讯技术, 2012, 52(1): 80-85.

[15] 张永炬, 泮智慧. 非均匀介质中电磁射线的折射. 台州师专学报, 2110, 23(6): 27-30.

[16] 陶应龙, 朱金辉, 王建国, 等. 非均匀大气中γ射线输运的蒙特卡罗模拟算法. 计算物理, 2010, 27(5): 740-744.

附录　光谱仪作用距离分析

大自然中的物质都是由不同种类的原子和不同结构的分子构成的，不同的原子和分子振动能级不同，使物质辐射出特有波长分布的电磁波。同时，不同的物质对太阳辐射光具有特定的反射率和反射光谱分布特性。成像光谱探测技术正是利用了物质的光谱特性，通过接收物质辐射或反射在各个不同波段的电磁波来获得光谱分布。

1. 光谱成像模型

在被动测距中，所利用的氧气特征吸收峰位于可见光近红外波段，在该波段太阳辐射是主要的光源，到达地球大气顶的太阳辐射除了被大气层反射回太空外，大部分进入大气层，进入大气层的太阳辐射被大气中的粒子散射和吸收，形成天空背景辐射。当成像光谱仪对任一距离处的目标进行成像时，光谱仪所接收的辐射能会包含目标辐射、大气散射光构成的背景辐射，其成像探测示意图如附图 1 所示。

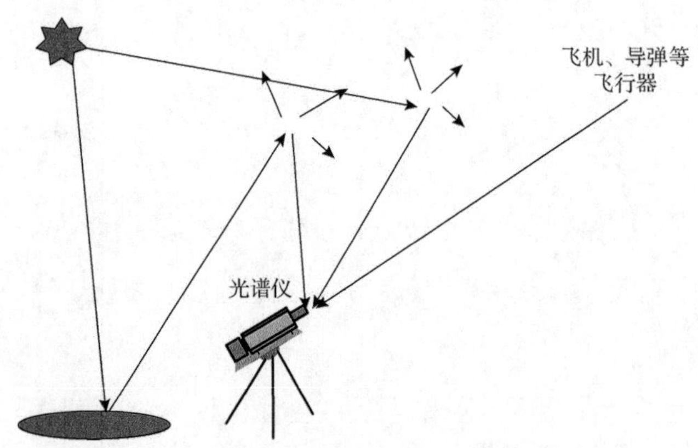

附图 1　光谱成像探测示意图

从附图 1 分析可知，对于本书所研究的被动测距系统来说，光谱仪获得的光谱图像中包括：

(1) 目标辐射。飞机、导弹等对我方军事设施安全构成威胁的来袭目标尾焰。

(2) 背景辐射。根据测距系统工作环境的不同，背景可以分为天空、云层、海天等，这些背景光辐射形成了被动测距中的背景信号；同时在目标辐射传输路径上叠加的大气散射辐射也成为被动测距中的背景干扰信号。

在目标辐射和背景辐射进入光谱仪内部后，还会受到光谱仪内部噪声信号的影响。噪声信号是由探测系统内部光学系统和CCD探测器等产生的具有统计分布特性的非目标信号，包括光子散粒噪声、暗电流噪声等。

综合考虑大气传输效应的影响和成像光谱仪噪声的影响，整个成像光谱仪探测系统成像过程可以通过更为完整和详细的综合框图来进行描述，如附图2所示。

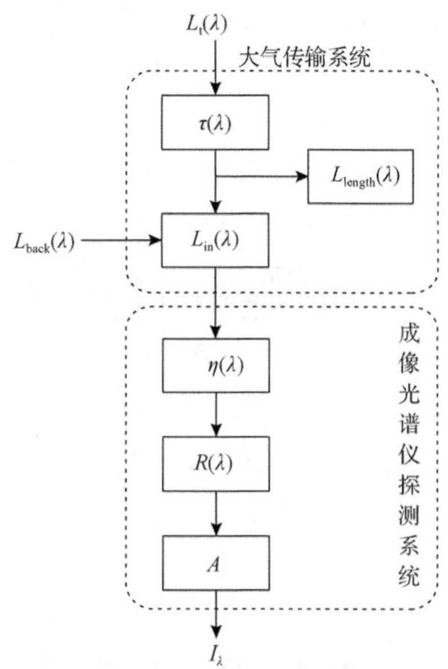

附图2　成像光谱仪探测系统框图

附图2更为直观地描述了成像光谱仪探测系统的成像过程。$L_t(\lambda)$为目标辐射亮度；$\tau(\lambda)$为大气透过率；$L_{back}(\lambda)$为天空背景辐射亮度，包括大气散射太阳辐射、大气散射地表辐射等背景辐射；$L_{length}(\lambda)$为大气路径散射辐射；$L_{in}(\lambda)$为入至光谱仪的总辐射亮度，是上述三者之和；$\eta(\lambda)$为成像光谱仪系统的光学透过率；$R(\lambda)$为光谱仪系统探测器的光谱响应度；A为光谱仪系统的增益。$L_{in}(\lambda)$的辐射经过大气传输后进入成像光谱仪系统中，经过光学系统的投射和探测器响应及增益放大，再混合成像光谱仪系统的噪声，最终得到目标辐射光谱图。

通过上面的分析可知，光谱仪所成的目标辐射光谱图包含目标辐射、背景辐射和光谱仪噪声三方面，其成像模型可以表示为

$$I_\lambda(i,j)=I_{t,\lambda}(i,j)+I_{b,\lambda}(i,j)+I_{n,\lambda}(i,j) \tag{1}$$

式中，$(i,\ j)$表示光谱图像中像素点的坐标位置；下标λ表示光谱仪在不同波长下的灰度值；$I_\lambda(i,j)$表示光谱仪成像的灰度值；$I_{t,\lambda}(i,j)$表示光谱仪采集到的光谱图像中目标尾焰辐射的灰度值，在传输过程中受到大气散射、大气吸收等大气效

应的影响；$I_{b,\lambda}(i,j)$ 表示光谱仪探测器采集到的背景辐射灰度值，包括天空背景辐射 $L_{back}(\lambda)$ 和大气路径散射辐射 $L_{length}(\lambda)$；$I_{n,\lambda}(i,j)$ 表示光谱图像中噪声的灰度值。

2. 成像光谱仪作用距离

测距系统最重要的性能指标之一是最大测程，在其他条件一定的情况下，目标距离越远，探测器所采集到的目标光谱辐射值就越小。假定在某一距离处，探测器接收的目标辐射能量刚好为探测器最小探测灵敏度的值且满足信噪比要求，则这个距离称为测距系统的最大测程。主动测距系统的测程受多个因素的影响，相关文献给出了激光主动测距系统测距方程的表达式：

$$R_{max} = \sqrt{\frac{p_t k_t k_c^2 k_r A_r \rho \cos\alpha}{\pi p_{r\,min}}} \tag{2}$$

从式(2)中可以看出，影响主动测距系统最大测程 R_{max} 的因素主要包括：接收功率 $p_{r\,min}$ (即探测器的探测灵敏度)，目标对电磁波的反射系数 ρ，测距系统发射峰值功率 p_t，大气衰减系数 k_c，目标对电磁波的反射面积 A_r，目标表面法线方向与测距光束的夹角 α，接收系统与发射系统的光学透过率 k_t 和 k_r。从公式中可以看出，在测距系统发射峰值功率、最小可探测功率(探测灵敏度)、光学系统参数及目标反射特性一定的情况下，影响最大测程的因素主要就是大气衰减系数。

对于利用光谱成像技术进行被动测距的系统来说，为了估算系统测距的测程，分析影响其测程的因素，需要在成像模型的基础上，建立合理的作用距离模型。当光谱仪对一定距离下的目标进行成像时，在光谱图像中刚好可以区分出目标和背景，那么这个距离就称为光谱仪的作用距离，也就是被动测距技术的作用距离，即最大测程。光谱图像中能否有效区分目标和背景通常由两个因素决定：一是接收到的目标辐射强度和背景辐射强度之间的比值，即目标与背景的对比度；二是目标辐射强度与背景辐射强度之差必须大于光谱仪内部的噪声电压值，也就是信噪比必须大于 1。当信噪比等于 1 时对应的距离记为被被动测距的作用距离。但是为了保证测距系统具有较高的探测概率，信噪比还需要更高。

通常光谱图像中目标辐射亮度和背景辐射亮度的差值记为

$$\Delta I(\lambda) = I_t(\lambda) - I_b(\lambda) \tag{3}$$

式中，$I_t(\lambda)$ 为探测器接收到的目标辐射亮度，$I_t(\lambda) = L_t(\lambda)\tau(\lambda, L)$，$L_t(\lambda)$ 为目标初始辐射强度；$I_b(\lambda)$ 为背景辐射亮度。

这时，信噪比可以表示为

$$\mathrm{SNR}=\frac{\pi A_{\mathrm{d}}R(\lambda)\Delta I(\lambda)\Delta\lambda\tau(\lambda,L)\eta(\lambda)}{4F^{2}I_{\mathrm{n}}} \tag{4}$$

式中，$R(\lambda)$ 为探测器的光谱响应度；A_{d} 为探测器中像元的面积；$\tau(\lambda,L)$ 为大气在距离 L 处对波长 λ 的透过率；F 为光学镜头 F 数；I_{n} 为探测器的噪声信号强度；$\eta(\lambda)$ 表示成像光谱仪光学系统对波长 λ 的透过率；$\Delta\lambda$ 为波段的带宽。当信噪比 SNR=1 时，可以得到：

$$\tau(\lambda,L)=\frac{4F^{2}I_{\mathrm{n}}}{\pi A_{\mathrm{d}}R(\lambda)\Delta I(\lambda)\Delta\lambda\eta(\lambda)} \tag{5}$$

根据比尔定律可知，大气光谱透过率 $\tau(\lambda,L)$ 可以表示为距离的函数：

$$\tau(\lambda,L)=1-\mathrm{e}^{-\alpha(\lambda)L} \tag{6}$$

式中，$\alpha(\lambda)$ 为单位距离上大气分子的消光系数，包括散射和吸收两部分，所以将式(5)和式(6)联立可得成像光谱仪的作用距离方程：

$$L=-\frac{1}{\alpha(\lambda)}\ln\left[1-\frac{4F^{2}I_{\mathrm{n}}}{\pi A_{\mathrm{d}}R(\lambda)(I_{\mathrm{t}}(\lambda)-I_{\mathrm{b}}(\lambda))\Delta\lambda\eta(\lambda)}\right] \tag{7}$$

同样式(7)也可以表示为被动测距技术的作用距离。式中探测器所接收到的目标辐射强度 $I_{\mathrm{t}}(\lambda)$ 又和传输距离及大气的消光系数有关。